省级示范性高职院校建设项目成果

电气控制与 PLC

主　编　何　军

副主编　谢大川　郑　辉

主　审　杨开明

西南交通大学出版社

·成　都·

内容提要

本书以任务为载体、项目为驱动，坚持"以学生为中心、以能力培养为本位"的职教思想，倡导"做中学、学中做"的教学理念，彰显理论够用、适用，技能专题化，突出应用技能的培养，内容充实，图文并茂，实用性强。全书有电气控制线路安装基础知识与基本技能、电气控制基本环节、PLC 基础知识、PLC 技术应用、PLC 控制装置设计与调试五个项目，分别介绍了电气图纸识读、电压线路安装工艺、低压电气设备、电动机基本控制环节、PLC 的选用、FX_{2N} 系列基本逻辑指令、经验编程法、技术文件形成与整理、利用 PLC 进行电气控制技术改造与设计等，有利于学习者系统地学习电气控制与 PLC 技术及其应用。

本书可作为高职高专机电类、电气类专业教学用书，也可作为广大工程技术人员参考用书。

图书在版编目（CIP）数据

电气控制与 PLC / 何军主编. —成都：西南交通大学出版社，2014.3

四川省示范性高职院校建设项目成果

ISBN 978-7-5643-2927-3

Ⅰ. ①电… Ⅱ. ①何… Ⅲ. ①电气控制②plc 技术 Ⅳ. ①TM571.2②TM571.6

中国版本图书馆 CIP 数据核字（2014）第 031300 号

电气控制与 PLC

主编　何　军

责任编辑	李芳芳
助理编辑	宋彦博
特邀编辑	张少华
封面设计	墨创文化
出版发行	西南交通大学出版社 （四川省成都市金牛区交大路 146 号）
发行部电话	028-87600564　028-87600533
邮政编码	610031
网　　址	http://press.swjtu.edu.cn
印　　刷	成都中铁二局永经堂印务有限责任公司
成品尺寸	185 mm × 260 mm
印　　张	16.75
字　　数	415 千字
版　　次	2014 年 3 月第 1 版
印　　次	2014 年 3 月第 1 次
书　　号	ISBN 978-7-5643-2927-3
定　　价	33.00 元

图书如有印装质量问题　本社负责退换

版权所有　盗版必究　举报电话：028-87600562

序

在大力发展职业教育、创新人才培养模式的新形势下，加强高职院校教材建设，是深化教育教学改革、推进教学质量工程、全面培养高素质技能型专门人才的前提和基础。

近年来，四川职业技术学院在省级示范性高等职业院校建设过程中，立足于“以人为本，创新发展”的教育思想，组织编写了涉及汽车制造与装配技术、物流管理、应用电子技术、数控技术等四个省级示范性专业，以及体制机制改革、学生综合素质训育体系、质量监测体系、社会服务能力建设等四个综合项目相关内容的系列教材。在编撰过程中，编著者立足于“理实一体”、“校企结合”的现实要求，秉承实用性和操作性原则，注重编写模式创新、格式体例创新、手段方式创新，在重视传授知识、增长技艺的同时，更多地关注对学习者专业素质、职业操守的培养。本套教材有别于以往重专业、轻素质，重理论、轻实践，重体例、轻实用的编写方式，更多地关注教学方式、教学手段、教学质量、教学效果，以及学校和用人单位“校企双方”的需求，具有较强的指导作用和较高的现实价值。其特点主要表现在：

一是突出了校企融合性。全套教材的编写素材大多取自行业企业，不仅引进了行业企业的生产加工工序、技术参数，还渗透了企业文化和管理模式，并结合高职院校教育教学实际，有针对性地加以调整优化，使之更适合高职学生的学习与实践，具有较强的融合性和操作性。

二是体现了目标导向性。教材以国家行业标准为指南，融入了“双证书”制和专业技术指标体系，使教学内容要求与职业标准、行业核心标准相一致，学生通过学习和实践，在一定程度上，可以通过考级达到相关行业或专业标准，使学生成为合格人才，具有明确的目标导向性。

三是突显了体例示范性。教材以实用为基准，以能力培养为目标，着力在结构体例、内容形式、质量效果等方面进行了有益的探索，实现了创新突破，形成了系统体系，为同级同类教材的编写，提供了可借鉴的范样和蓝本，具有很强的示范性。

与此同时，这是一套实用性教材，是四川职业技术学院在示范院校建设过程中的理论研究和实践探索的成果。教材编写者既有高职院校长期从事课程建设和实践实训指导的一线教师和教学管理者，也聘请了一批企业界的行家里手、技术骨干和中高层管理人员参与到教材的编写过程中，他们既熟悉形势与政策，又了解社会和行业需求；既懂得教育教学规律，又深谙学生心理。因此，全套系列教材切合实际，对接需要，目标明确，指导性强。

尽管本套教材在探索创新中存在有待进一步锤炼提升之处，但仍不失为一套针对高职学生的好教材，值得推广使用。

此为序。

四川省高职高专院校
人才培养工作委员会主任
二〇一三年一月二十三日

前　言

本书为适应机电一体化技术和电气自动化技术的发展，培养具有创新和创业能力的、从事机电一体化技术和电气自动化技术工作的高端技能型专门人才，在多年高等职业教学改革与实践的基础上，结合高职教育办学定位、区域自动化行业的岗位需求、校企合作共育人才要求等，为机电一体化技术专业和电气自动化专业编写的电气控制与PLC教材。

针对高职教育的特点与要求，编写组的教师们以现代职教理论为引导，以多年的高职教学经验为基础，坚持“以学生为中心、以能力培养为本位”的职教思想，倡导“做中学、学中做”的教学理念，编写出了这本具有以下特色的教材：

（1）基于“项目实施”规划教材目标。

以“任务教学”为载体，将电气控制与PLC的内容分解到项目中，将知识与技能融入到每个学习任务中，强调知识、技能、职业素养的有机融合，彰显理论够用、适用，技能专题化，突出应用技能的培养。

（2）基于“能力养成”优化教材结构。

项目驱动是手段，能力养成是目的，通过任务单明确学习任务及要求，按任务学习、技能训练、拓展学习的编写结构，逐渐提升学习者能力，一方面完善课程体系，满足课程对知识与技能的要求，另一方面以技术改造、技术应用为目标，提升学习者知识与技能的应用水平，有助于工程经验的丰富。

（3）基于“工作任务”编写教材内容。

项目与学习任务的编写，都是基于今后工作岗位的能力要求，知识点要求简明、够用，技能点要求专业、实用，能力培养有技术性、针对性和职业性。拓展学习内容有助于拓宽学习者视野，指引拓展能力方向。

本书由四川职业技术学院电子电气工程系副教授、高级工程师何军任主编，四川职业技术学院工程师谢大川、副教授郑辉任副主编。项目一由四川职业技术学院王婷编写，项目二由何军编写，其中项目一的拓展训练、项目二的技能训练由四川明星电力公司工程师彭曦编写，项目三由谢大川编写，项目四、五由郑辉编写。本书由四川职业技术学院副教授杨开明担任主审。

本书在编写过程中，得到了四川职业技术学院电子电气工程系老师们的大力支持及很多宝贵意见。多家机电企业和遂宁电子园区电子企业的技术骨干也为本书的编写提出了许多修改意见。在此向对本书编写工作给予帮助的各位老师和企业技术人员表示衷心的感谢。

由于编者水平有限，书中难免有不妥之处，欢迎读者批评指正，也热切盼望从事职业教学的教师、企业专家和我们联系，共同探讨教学方案和教材编写等问题。

编　者

2014年1月

目　　录

项目一　电气控制线路安装基础知识与基本技能

【项目任务单】

<table>
<tr><td>项目任务</td><td colspan="2">低压电气设备选用与控制线路安装工艺</td><td>参考学时</td><td>10</td></tr>
<tr><td>项目描述</td><td colspan="4">生产设备的工作几乎都是由电动机来拖动的，电气控制就是对拖动系统实施控制，其常用的方式是继电器-接触器控制，它采用接触器、继电器、按钮等低压电器组成控制电路和控制系统。本项目围绕电气控制系统图和低压电器的知识展开学习，讲解低压电气设备的选用与安装、控制线路的识读与工艺要求以及常用电工仪器仪表。</td></tr>
<tr><td rowspan="3">项目任务目标</td><td>专业知识</td><td colspan="3">1. 电气控制系统图的概念
2. 电气控制系统图的图形符号和文字符号
3. 电气原理图绘制原则
4. 电气布置图绘制要求
5. 电气安装接线图绘制要求
6. 电气控制线路安装步骤和工艺要求
7. 低压电器的分类
8. 常用低压电器的用途、结构、工作原理、图形符号、选用和安装注意事项
9. 常用电工工具及仪表的用途和使用方法</td></tr>
<tr><td>专业技能</td><td colspan="3">1. 电气原理图的识读和绘制
2. 电气布置图的绘制
3. 电气安装接线图的绘制
4. 电气控制线路的安装
5. 电气控制线路的调试
6. 电气控制线路故障分析和排除能力
7. 常用低压电器的选择、使用和安装
8. 常用低压电器的检测
9. 常用电工工具及仪表的使用
10. 会正确操作常用电工工具和电子仪器检测电气控制线路</td></tr>
<tr><td>职业素养</td><td colspan="3">1. 严谨的学习态度，科学的求索精神
2. 遵守安全文明操作规范，养成爱护电气设备和仪器的习惯
3. 团队协作能力、组织协调能力
4. 高度的责任心、事业心</td></tr>
<tr><td>任务完成评价</td><td colspan="4">1. 电气系统图的识读和绘制
2. 常用低压电器的选用
3. 常用电工工具及仪表的使用</td></tr>
</table>

任务一　电气控制系统图识读与绘制

一、电气控制系统图的基本知识

电气控制系统是由电气控制元器件和导线按一定要求连接而成。为了清晰地表达生产机械电气控制系统的结构、工作原理等意图，同时便于系统的安装、调整、使用和维修，将电气控制系统中的各电气元器件用一定的图形符号和文字符号来表示，再将其连接情况用一定的图形表达出来，这种图形就是电气控制系统图。

常用的电气控制系统图有电气原理图、电气布置图和电气安装接线图。

二、图形符号和文字符号

1. 图形符号

图形符号通常用于图样或其他文件，用以表示电气设备、电气元器件或概念的图形、标记或字符。电气控制系统图中的图形符号必须按国家最新标准绘制，即 GB/T 4728—2005—2008《电气简图用图形符号》。

2. 文字符合

文字符合分为基本文字符号和辅助文字符号。文字符号适用于电气技术领域中技术文件的编制，也可在电路图中用来区分不同的电气设备、电气元器件或在区分同类设备、电气元器件时，在相对应的图形、标记旁标注其名称、功能、状态和特征。文字符号也必须按国家最新标准，即 GB/T 5094—2003—2005《工业系统、装置与设备以及工业产品——结构原则与参照代号》和 GB/T 20939—2007《技术产品及技术产品文件结构原则》。

三、绘制、识读电气控制系统图的原则

1. 电气原理图绘制识读原则

电气原理图是用来表示电路各电气元器件中导电部件的连接关系和工作原理的图。该图采用将电气元件以展开的形式绘制而成；包括所有电气元件的导电部件和接线端点。电气原理图并不按照电气元件的实际安装位置来绘制，也不反映电气元件的大小和安装位置。电气原理图便于操作者详细了解其控制对象的工作原理，用以指导安装、调试与维修以及为绘制接线图提供依据，在设计部门和生产现场有广泛的应用。

现以图 1.1 所示的 C620-1 型普通车床电气原理图为例说明绘制电气原理图的原则和注意事项。

（1）电气原理图分为主电路和辅助电路两部分。主电路是从电源到电动机的电路，绘制在图纸的左侧或上方，线条用粗实线；辅助电路包括控制电路、照明电路、信号电路及保护电路等，绘制在图纸的右侧或下方，用细实线。主电路和辅助电路可以绘制在一起，也可以分开绘制。

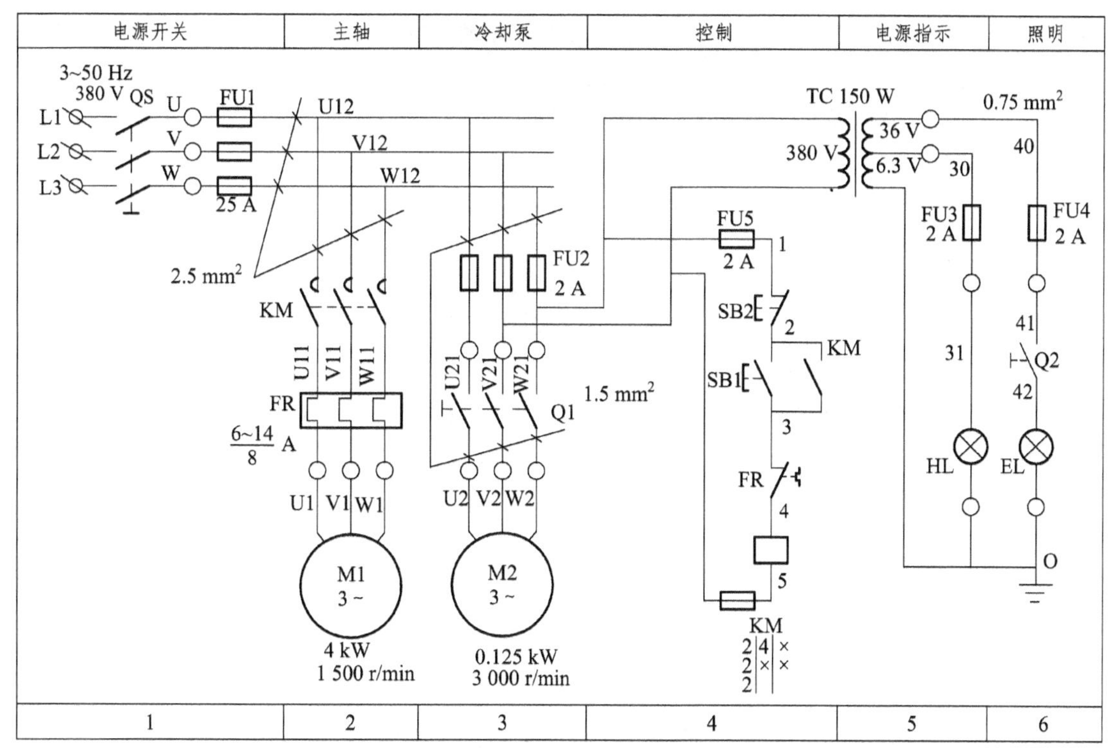

图 1.1　C620-1 型普通车床电气原理图

（2）电气原理图中所有电气设备都应采用国家标准中统一规定的图形符号和文字符号表示。文字符号一般标注在触点的侧面或线圈的下方。各个电气元件和部件在控制线路中的位置，应根据便于阅读、按功能布置来安排。布置的顺序应为从左到右或从上到下，同一元件的各个部件根据作用可以画在图纸中的不同位置，但应标相同的文字符号。

（3）图中元件、器件和设备的可动部分，都按没有通电和没有外力作用时的自然状态画出。电气原理图可以水平布置，也可以垂直布置。垂直布置时，相类似的项目应横向对齐，水平布置时，相类似的项目应纵向对齐。

（4）在电路图中，有直接联系的交叉导线连接点要用实心圆点表示；无直接联系的交叉导线连接点不画实心圆点；对于需要测试和拆装的外部引线的端子，采用空心圆表示。

（5）为便于确定原理图的内容和组成部分在图中的位置，利于检索电气线路，常在图纸上分区，上方为该区电路的用途和作用，下方为图区号。根据需要可在电路图中各接触器或继电器线圈的下方，绘制出所对应的触点所在位置的位置符号图。其中左栏为常开触头所在图区号，右栏为常闭触头所在图区号。

（6）电气原理图中各电气元件的相关数据和型号，常标注在相关电气元件文字符号的下方。如图 1.1 中热继电器文字符号 FR 下方标有 6 ~ 14 A，该数据为热继电器的动作电流值范围，而 8 A 为该热继电器的整定电流值。

2. 电气布置图

电气元件布置图主要是用来表明电气系统中所有电气元件的实际位置，为生产机械电气控制设备的制造、安装提供必要的资料，是控制设备生产及维护的技术文件。一般情况下，电气布置图是与电气安装接线图组合在一起使用的，既起到电气安装接线图的作用，又能清晰表示出所使用的电器的实际安装位置。电气元件布置应注意以下几点：

（1）体积大和较重的电气元件应安装在电器板的下面，而发热元件应安装在电器板的上面。

（2）强电、弱电分开并注意屏蔽，防止外界干扰。

（3）电气元件的布置应考虑整齐、美观、对称。外形尺寸与结构类似的电气元件应安放在一起，以利于加工、安装和配线。

（4）需要经常维护、检修、调整的电气元件安装位置不宜过高或过低。

（5）电气元件布置不宜过密，应留有一定间距。若采用板前走线槽配线方式，应适当加大各排电气元件间距，以利于布线和维修。

电气布置图根据电气元件的外形尺寸绘出，并标明各元器件间距尺寸。控制盘内电气元件与盘外电气元件的连接应经接线端子进行，在电气布置图中应画出接线端子板并按一定顺序标出接线号。如图 1.2 所示为 CW6132 型车床控制盘电气布置图。

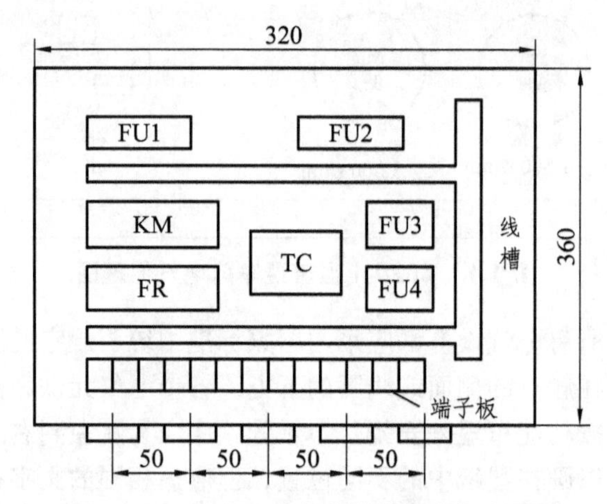

图 1.2　CW6132 型车床控制盘电气布置图

任务二　电气控制线路安装工艺

一、电气控制线路安装步骤和方法

安装电动机控制线路时，必须按照有关技术文件执行，并应适应安装环境的需要。

控制线路可以比较简单，也可以相当复杂。但是，任何复杂的控制线路总是由一些比较简单的环节有机组合起来的。因此，对不同复杂程度的控制线路在安装时，所需要技术文件的内容也不同。对于简单的电气设备，一般可把有关资料归在一个技术文件里（如原理图），但该文件应能表示电气设备的全部器件，并能实施电气设备和电网的连接。电气控制线路安装步骤和工艺如下：

（1）根据控制要求绘制电气控制原理图。

（2）填写元件明细表，并按元件明细表配齐电气元件，并进行检验。

电气元件明细表是把成套装置、设备中的各组成元件（包括电动机）的名称、型号、规格、数量列成表格，供准备材料及安装维修使用。

（3）根据电气原理图绘制电器布置图和电器安装接线图。

电气安装接线图是用规定的图形符号，按各电气元件相对位置绘制的实际接线图。所表示的是各电气元件的相对位置和它们之间的电路连接状况。在绘制时，不但要画出控制柜内部各电气元件之间的连接方式，还要画出外部相关电气元件的连接方式。

绘制接线图的要求如下：

（1）电源开关、熔断器、交流接触器、热继电器画在配电板内部，电动机、按钮画在配电板外部。

（2）安装在配电板上的元件布置应根据配线合理，操作方便，保证电气间隙不能太小，重的元件放在下部，发热元件放在上部等原则进行，元件所占面积按实际尺寸以统一比例绘制。

（3）各电气元件的图形符号和文字符号必须和原理图完全一致，并符合国家标准。

（4）各电气元件上凡是需要接线的部件端子都应绘出并予以编号，各接线端子的编号必须与原理图的导线编号相一致。

（5）电气配电板内电气元件之间的连线可以互相对接，配电板内接至板外的连线通过接线端子板进行。

（6）因配电线路连线太多，因而走向相同的相邻导线可以绘成一股线。

二、电气控制线路安装工艺及要求

1. 检验元件质量

应在不通电的情况下，用万用表、蜂鸣器等检查各元件是否功能完好，特别是各触点的分、合情况是否良好。检验接触器时，应拆卸灭弧罩，用手同时按下三副主触点并用力均匀；若不拆卸灭弧罩检验时，切忌将旋具用力过猛，以防触点变形。同时应检查接触器线圈电压与电源电压是否相符。

2. 布置、固定电器

依照电器布置图用固定螺栓把电气元件按确定的位置（安装前应核对器件的型号、规格，检查其性能是否良好）逐个固定在配电板上。各元件的安装位置应整齐、匀称、间距合理和便于更换元件。

3. 配　线

在进行电气控制板安装配线时，一般采用明配线即板前配线。明配线的一般原则如下：

（1）选取合适的导线，明配线一般选用 BV 型单股塑料硬线或 BVR 多芯软线作连接导线。

（2）考虑好元器件之间连接线的走向、路径；导线不重叠、不交叉、不架空、不跨接。

（3）根据导线的走向和路径，量取连接点之间的长度，截取适当长度的导线并理直。所有导线的连接必须牢固，不得松动。导线与端子连接，一般一个端子只连接一根导线。如果采用专门设计的端子，可以连接两根或多根导线，但导线的连接方式，必须是工艺上成熟的各种方式。如夹紧、压接、焊接、绕接等。保证连接接触良好，不压绝缘线，用电工刀或剥线钳剥去两端的绝缘层，裸露线头不超过 1 mm。

（4）按先控制电路后主电路的顺序接线，选线合理。走线通道应尽可能少，同一通道中的沉底导线，按主、控电路分类集中，单层平行密排，并紧贴敷设面。根据导线应走的方向和路径，做到走线横平竖直，每个转角需用尖嘴钳将其都弯成 90°角（尤其要注意不能破坏导线绝缘层）。

（5）导线上需套上与原理图相对应的号码套管。

导线线号的标志应与原理图和接线图相符合，并在每一根连接导线的线头上套上标有线号的套管，位置应接近端子处。线号编制方法如下：

① 主电路：三相电源按相序自上而下编号为 L1、L2、L3；经过电源开关后，在出线端子上按相序依次编号为 U11、V11、W11。主电路中各支路的，应从上至下、从左至右，每经过一个电气元件的线桩后，编号要递增，如 U11、V11、W11，U12、V12、W12…。单台三相交流电动机（或设备）的三根引出线按相序依次编号为 U、V、W（或用 U1、V1、W1 表示），多台电动机引出线的编号，为了不致引起误解和混淆，可在字母前冠以数字来区别，如 1U、1V、1W，2U、2V、2W…。在不产生矛盾的情况下，字母后应尽可能避免采用双数字，如单台电动机的引出线采用 U、V、W 的线号标志时，三相电源开关后的出线编号可为 U1、V1、W1。当电路编号与电动机线端标志相同时，应三相同时跳过一个编号来避免重复。

② 控制电路与照明、指示电路：应从上至下、从左至右，逐行用数字来依次编号，每经过一个电气元件的接线端子，编号要依次递增。编号的起始数字，除控制电路必须从阿拉伯数字 1 开始外，其他辅助电路依次递增 100 作起始数字，如照明电路编号从 101 开始，信号电路编号从 201 开始，等等。

（6）在所有导线连接后，对其进行整理。

（7）配线完毕后，根据图样检查接线是否正确。

4. 电气控制板安装检查

电气控制板全部安装完毕后，在通电前必须进行如下项目的认真检查：

（1）清理电气控制板及周围的环境。

（2）对照原理图与接线图检查各电气元件安装配线是否正确、可靠；检查线号、端子号是否一致。

（3）各个电气元件安装是否正确和牢靠。用万用表检查主电路、控制电路是否存在短路、断路的情况。控制电路是否满足原理图所要求的各种功能。

（4）各种安全保护措施是否可靠，电动机的安装是否符合要求。

（5）进行必要的绝缘耐压检验。

5. 空载例行试验

通电试车前，应检查所接电源是否符合要求。通电后能进行点动的先点动，然后验证电气设备的各个部分工作是否正确以及操作顺序是否正常，特别要注意验证急停器件的动作是否正确。验证时，如有异常情况，必须断电检查，直到试车达到控制要求。

6. 负载形式试验

在正常负载下连续运行，验证电气设备所有部分运行的正确性，特别要验证电源中断和恢复时是否会危及人身安全、损坏设备。同时要验证全部器件的温升不得超过规定的允许温升和在有载情况下验证急停器件是否仍然安全有效。

任务三　常用低压电器及选择

一、低压电器的分类

（一）低压电器的分类方式

低压电器是工作在交流电压 1 200 V 或直流电压 1 500 V 及以下的电器。它的作用是对供、用电系统进行开关、控制、保护和调节。

低压电器的种类繁多，用途广泛，常用的分类方式有以下三种：

1. 按用途和控制对象分类

（1）低压配电电器。用于低压供电系统中进行电能的传输和分配的电器。电路出现故障（过载、短路、欠压、失压、断相、漏电等）起保护作用，断开故障电路，对这类电器要求分断能力强，限流效果好，动稳定及热稳定性能好，如熔断器、低压断路器等。

（2）低压控制电器。用于各种控制电路和控制系统的电器，能分断过载电流，但不能分断短路电流，操作频率高，电气和机械寿命长，如接触器、继电器等。

2. 按工作原理分类

（1）电磁式电器。电磁机构控制电器动作，如电磁式继电器。

（2）非电量控制电器。非电磁式控制电器动作，如速度继电器。

3. 按工作方式分类

（1）手动电器，如刀开关、按钮等。

（2）自动电器，如接触器、继电器等。

电压电器具有工作准确可靠、操作效率高、寿命长、体积小、使用方便等优点。在使用过程中，应综合考虑各种电器的功能和结构特点，正确选用各种电气元件，可以组成具有各种控制功能的控制电路，满足不同设备的控制要求。

（二）电磁式电器

电磁式电器是采用电磁现象完成信号检测及工作状态转换的电器，在传统低压电器中结构最典型、应用最广泛，占有十分重要的地位，各种类型的电磁式电器主要由电磁机构、执行机构和灭弧装置组成。电磁机构按其电源种类可分为交流和直流两种，电磁线圈还有电流线圈和电压线圈的区分；低压电器的执行机构是指由触点构成的触头系统；大功率（大电流）低压电器通常还配有灭弧装置。

1. 电磁机构

（1）电磁机构的用途。电磁机构是通过电磁感应原理将电能转换成机械能，将电磁机构中输入的电流或电压转换成电磁力，带动触头动作，完成接通、分断电路的控制作用。

（2）电磁机构的组成和结构形式。电磁机构由线圈、铁芯（静铁芯）和衔铁（动铁芯）等几部分组成。图 1.3 是几种常用电磁机构的结构形式，根据衔铁相对铁芯的运动方式，电磁机构有直动式与拍合式，拍合式又有衔铁沿棱角转动和衔铁沿轴转动两种。

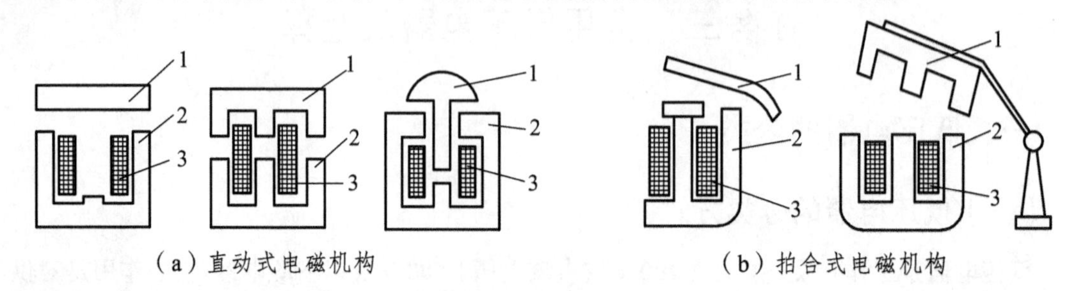

图 1.3　电磁机构

1—衔铁；2—铁芯；3—线圈

线圈由漆包线绕制而成，按线圈通入电流种类不同，电磁机构分为直流电磁机构和交流电磁机构两种，其线圈称为直流电磁线圈和交流电磁线圈。直流电磁线圈一般做成无骨架、高而薄的瘦高型，线圈与铁芯直接接触，易于线圈散热；交流电磁线圈由于铁芯有磁滞和涡流损耗，为此铁芯和衔铁用硅钢片叠制而成，线圈设有骨架，做成短而厚的矮胖型，易于散热。同时在交流电流产生的交变磁场中，为避免因线圈中交流电流过零时，磁通过零，为了避免衔铁的振动，通常在铁芯断面开一小槽，嵌入一个铜质短路环（相当于另一相绕组），使环内感应电流产生的磁通与环外磁通不同时过零，线圈通电时电磁吸力总是大于弹簧的反作用力，衔铁便能牢牢吸住，消除衔铁的振动。

（3）电磁机构工作原理。当线圈中有工作电流通过时，通电线圈产生磁场，磁通经铁芯、衔铁和工作气隙形成闭合回路，产生电磁吸力，将衔铁吸向铁芯。当电磁吸力大于弹簧的反作用力时，衔铁被铁芯可靠吸住，从而由连接机构带动相应的触头动作，完成触头的断开和闭合，实现电路的分断和接通。当线圈断电时，电磁吸力消失，在弹簧作用下，衔铁被释放。

2. 触头系统

（1）触头系统的用途。触头也称触点，是电磁式电器的执行机构，由机械连接部件、静触点和动触点等部件构成，其作用是通过衔铁的动作使触点接通或分断电路，因此要求触头具有良好的导热和接触性能。

（2）触头的结构形式。触头的结构形式有桥式和指式两种。图 1.4 为桥式和指式触头结构。桥式触头形式一般是点接触和面接触两种结构，点接触式适用于电流不大的场合，面接触式适用于电流较大的场合。桥式触头通常采用含银材料，可以避免触头表面氧化膜电阻率增加而造成接触不良，延长使用寿命。指式触头一般采用线接触，在接通或断开时产生滚动摩擦，能去掉触头表面的氧化膜，减小触头的接触电阻，故其触头可以用黄铜制成，特别适合于触头分合次数多、电流大的场合。

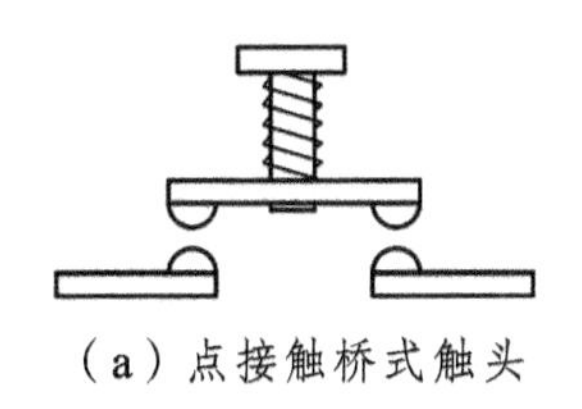
（a）点接触桥式触头

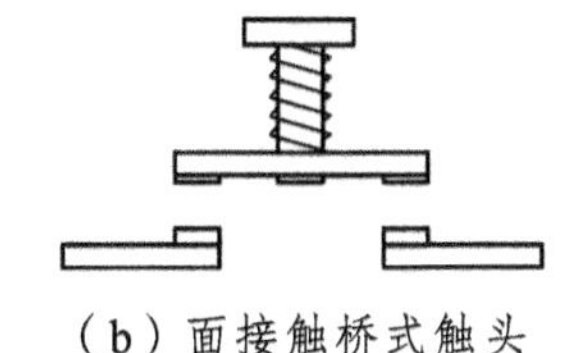
（b）面接触桥式触头

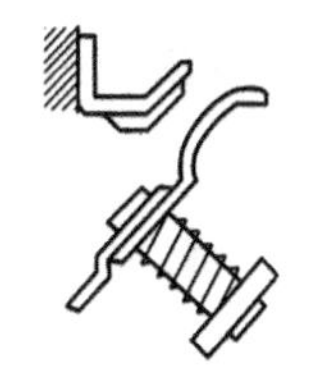
（c）线接触指式触头

图 1.4　触头的结构形式

3. 灭弧系统

（1）电弧的产生。触头在通电状态下动、定触头脱离接触时，由于电场的存在，使触头表面的自由电子大量溢出，在高热和强电场的作用下，电子运动撞击空气分子，使之电离而产生电弧。电弧产生高温并有强光，可将触头烧损，并使电路的切断时间延长，严重时可引起事故或火灾，所以必须迅速消除。

（2）灭弧的基本方法。

① 快速拉长电弧，以降低电场强度，使电弧电压不足以维持电弧的燃烧，熄灭电弧。

② 使电弧与流体介质相接触，加强冷却和去游离作用，使电弧加快熄灭。

电弧有直流电弧和交流电弧两类。交流电弧存在电流的自然过零点，主要防止过零点重燃的问题，故其电弧较易熄灭；而直流电弧没有过零的性质，产生的电弧相对不易熄灭，因此一般还需附加其他灭弧措施。

（3）低压控制电器常用的灭弧装置。

① 机械灭弧。通过机械装置将电弧迅速拉长，多用于开关中。

② 电动力吹弧。图 1.5 是一种桥式结构双断口触头，当触头断开电路时，在断口处产生电弧，电弧电流在两电弧之间产生图中所示磁场，电弧电流将受到指向外侧的电动力 F 的作用，使电弧向外运动并拉长，迅速冷却并熄灭。这种方法常用于小容量的交流接触器中。

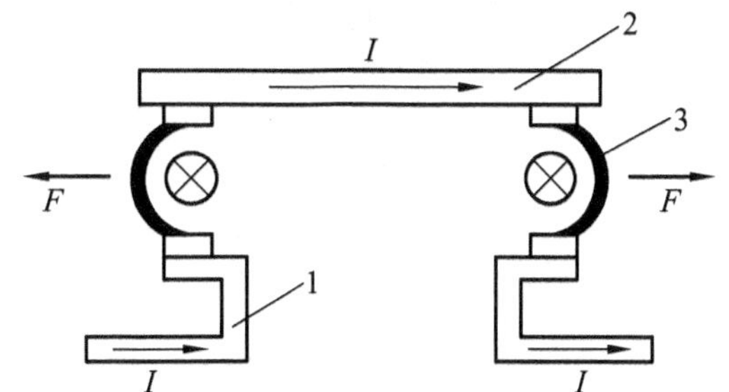

图 1.5　双断口电动力吹弧

1—静触头；2—动触头；3—电弧

③ 磁吹灭弧。在一个与触头串联的磁吹线圈产生的磁力作用下，电弧被拉长且被吹入由固体介质构成的灭弧罩内，电弧被冷却熄灭。这种方法常用于直流灭弧装置中。

④ 栅片灭弧。灭弧栅是由多片镀铜薄钢片（栅片）和石棉绝缘板组成，彼此相互绝缘。当触头分开时，产生的电弧在电场力的作用下被推入栅片而被分割成一段段的短弧，如图 1.6 所示。栅片相当电极，因而就有许多阴阳极压降，对交流电弧来说，在电弧过零时使电弧无法维持而熄灭，同时栅片还能吸收电弧热量，使电弧迅速冷却也利于电弧熄灭。灭弧栅常用于交流灭弧装置中。

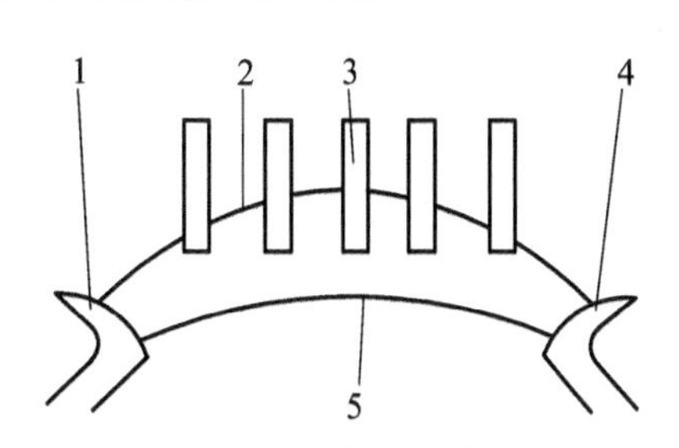

图 1.6　栅片灭弧

1—静触头；2—短电弧；3—灭弧栅片；4—动触头；5—长电弧

⑤ 窄缝灭弧。在电弧形成的磁场、电场力的作用下，将电弧拉长进入灭弧罩的窄缝中，窄缝可将弧柱分为若干直径较小的电弧，加强冷却和去游离作用，使电弧迅速熄灭，灭弧罩通常用陶土、

石棉水泥或耐弧塑料制成。该方式主要用于交流接触器中。

二、常用电压电器

（一）刀开关

刀开关，又称隔离开关，它是低压电器中结构最简单的一种手动电器，应用十分广泛，品种很多。主要用作电源切除后，隔离线路与电源，也可用于不频繁地通、断小容量负载。

1. 瓷底胶盖刀开关（开启式负荷开关）

刀开关分单极、双极和三极三种，常用的产品有 HD11～HD14、HS11～HS13 单、双投刀开关系列，HK1、HK2 开启式负荷开关系列，HH3、HH4 封闭式负荷开关系列和 HR3 刀熔开关系列，HH3、HH4 系列铁壳开关等。

2. 刀开关的结构及分类

刀开关的外形和结构如图 1.7 所示，符号如图 1.8 所示。

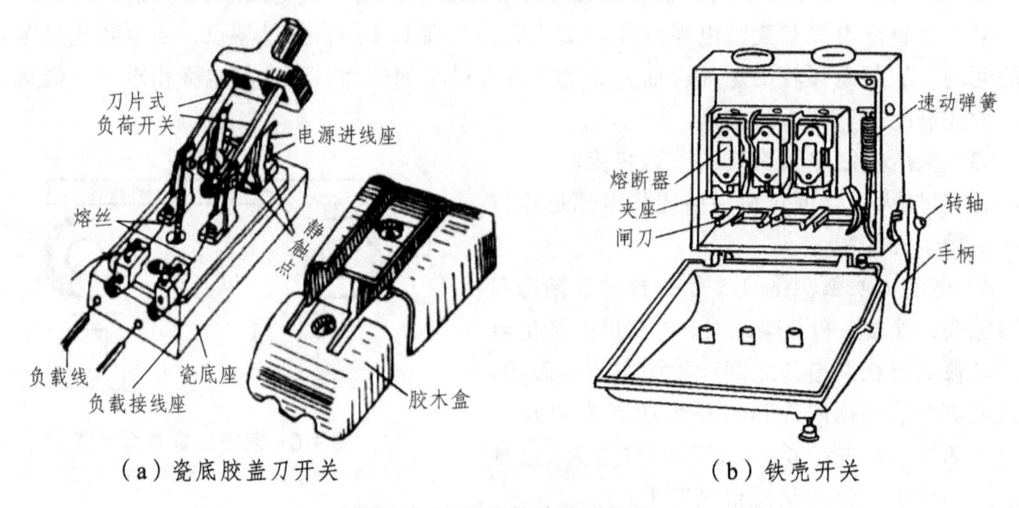

（a）瓷底胶盖刀开关　　（b）铁壳开关

图 1.7　刀开关的外形结构

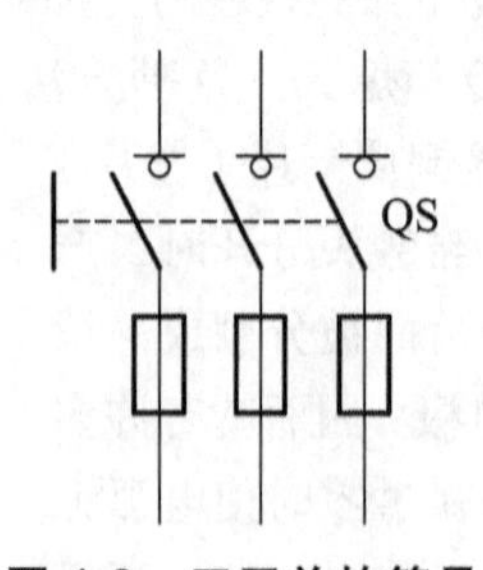

图 1.8　刀开关的符号

3. 刀开关的选用

（1）根据使用要求，合理选择刀开关的类型、极数和操作方式。用于控制单相负载时，选用 220 V 或 250 V 二极开关；用于控制三相负载时，选用 380 V 三极开关。

（2）控制照明电路或其他电阻性负载时，刀开关额定电流应等于或大于各负载额定电流之和；控制电动机或其他电感性负载时，开启式负荷开关额定电流可取为最大一台电动机额定电流的 2.5 倍加其余电动机额定电流之和，封闭式刀开关额定电流可取为最大一台电动机额定电流的 1.5 倍加其余电动机额定电流之和。

（3）刀开关额定电压应大于或等于线路工作电压。

4. 刀开关的安装注意事项

（1）选择开关安装前，应注意检查各刀片与对应夹座是否直线接触，有无歪扭，有无各刀片与夹座开合不同步的现象，夹座对刀片接触压力是否足够。如有问题，应先修理或更换。

（2）操作手柄不能倒装，一定要向上，防止倒装后操作手柄意外落下而接通电源，出现安全事故。电源接线应在上端，负载接线在下端，保证断开后起到隔离电源的作用。

（3）铁壳开关不能放置在地面上操作，也不能面对开关操作。

（二）转换开关

1. 转换开关的用途

转换开关又称组合开关，与刀开关同属手动控制电器，适用于交流 380 V 以下、直流 220 V 及以下电源引入，或 5.5 kW 以下电动机的直接启动、正反转和调速等之用。

转换开关常用的有 HZ5、HZ10、HZ12、HZ15 等系列。

2. 转换开关的结构

转换开关的外形及结构如图 1.9 所示，图形符号如图 1.10 所示。

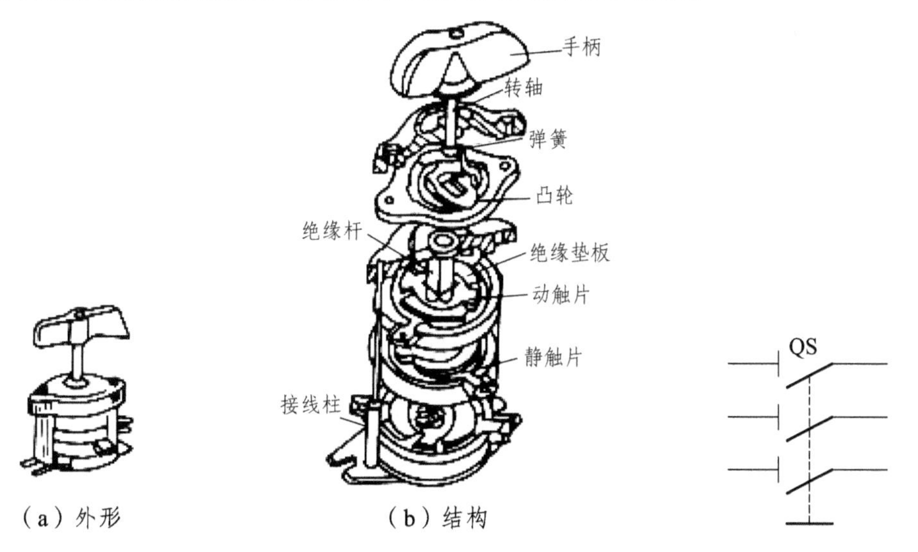

（a）外形　　（b）结构

图 1.9　转换开关的外形结构　　图 1.10　转换开关的符号

3. 转换开关的选用

（1）根据用电设备的耐压等级、容量和极数等综合考虑。用于控制照明或电热设备时，其额定电流应等于或大于被控制电路中各负载电流之和。用于控制小型电动机不频繁的全压启动时，其容量应大于电动机额定电流的 1.5 ~ 2.5 倍，每小时切换次数不宜超过 15 ~ 20 次。

（2）转换开关本身不带过载和短路保护装置，在它所控制的电路中，必须另外加装保护设备，才能保证电路和设备的安全。

（三）低压断路器

1. 低压断路器的用途

低压断路器又称自动空气开关，主要用于不频繁地通、断负载电路。当电路发生过载、短路、失压等故障时，能自动切断故障电路，保护电路和用电设备的安全。常用的低压断路器因结构不同分为塑壳式（装置式）和万能式（框架式）两类。

常用的低压断路器有 DZ5、DZ10、DZX10、DZ15、DZ20 等系列塑壳式断路器；DW15、DW16、DW17、DW15HH 等系列万能式断路器。

2. 低压断路器的结构

低压断路器主要由触头系统、灭弧装置、自动化操作机构、电磁脱扣器（作短路保护）、热脱扣器（作过载保护）、手动操作机构及外壳等部分构成，它的外形和符号如图 1.11 所示。

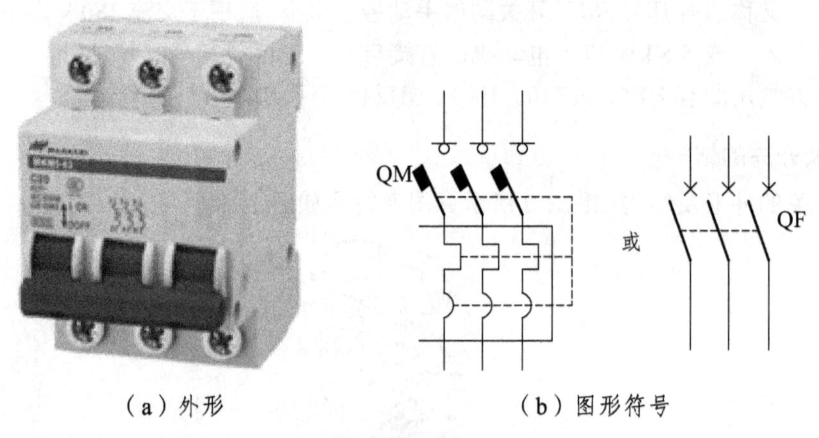

（a）外形　　（b）图形符号

图 1.11　低压断路器

3. 低压断路器的型号含义

低压断路器的型号含义如图 1.12 所示。

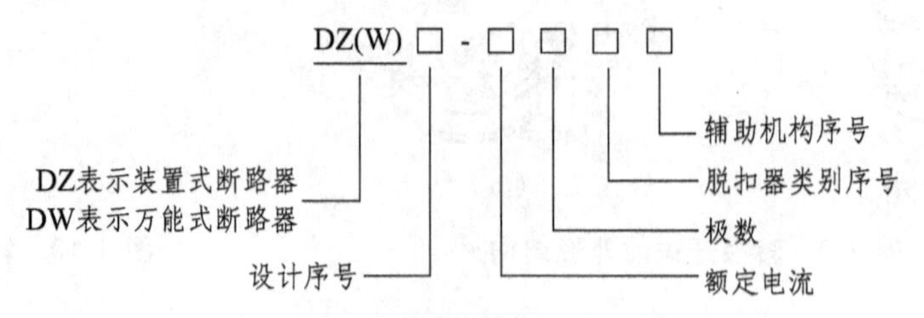

图 1.12　低压断路器的型号含义

4. 低压断路器的工作原理

装置式断路器工作原理如图 1.13 所示。

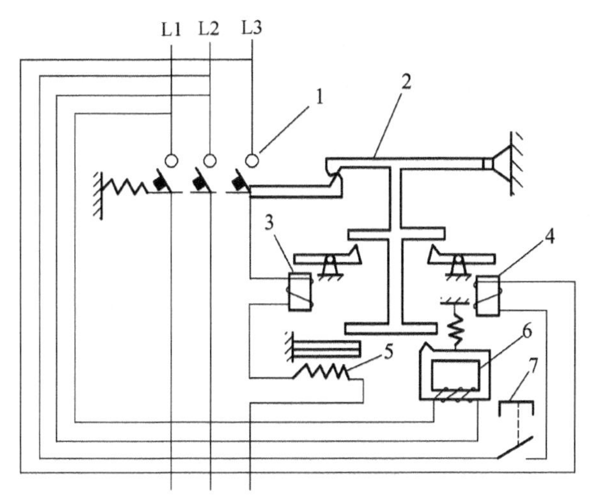

图 1.13 断路器工作原理图

1—主触点；2—自由脱扣机构；3—电磁脱扣器；4—分励脱扣器；5—热脱扣器；6—欠电压脱扣器；7—停止按钮

低压断路器的三极主触点 1 是靠手动操作或电动合闸的。主触点闭合后，自由脱扣机构将主触点锁在合闸位置上。如果主电路工作正常，热脱扣器的发热元件 5 温度不高，不会使双金属片弯曲到顶动连杆 2 的程度。电磁脱扣器 3 的线圈磁力不足以吸引衔铁去拨动连杆 2，断路器正常吸合，向负载供电。若当主电路发短路，电磁脱扣器的衔铁吸合，使自由脱扣机构动作，主触点断开主电路。当电路过载时，热脱扣器的热元件发热使双金属片上弯曲，推动自由脱扣机构动作。当电路欠电压（或失去电压）时，欠电压脱扣器 6 的衔铁释放。也使自由脱扣机构动作，起欠（失）压保护作用。分励脱扣器 4 则作为远距离控制用，在正常工作时，其线圈是断电的，在需要距离控制时，按下启动按钮，使线圈通电，衔铁带动自由脱扣机构动作，使主触点断开。

5. 低压断路器的选用

（1）低压断路器的额定电压和额定电流应不小于线路的工作电压和工作电流

（2）电磁脱扣器的瞬时脱扣整定电流通常应为负载电流的 6 倍。用于电动机保护时，装置式断路器电磁脱扣器的瞬时脱扣整定电流应为电动机启动电流的 1.7 倍；万能式断路器的上述电流应为电动机启动电流的 1.35 倍。

（3）热脱扣器整定电流应不小于负载额定电流之和。

（4）极限分断能力应不小于线路中最大短路电流。

（5）欠压脱扣器额定电压应等于线路额定电压。

6. 低压断路器的安装

（1）安装前应检查断路器的规格是否符合使用要求，擦净脱扣器电磁铁工作面上的防锈漆脂，并检查机构动作是否灵活以及分、合是否可靠。

（2）断路器与熔断器配合使用时，为保证使用的安全，断路器应尽可能装在熔断器之前。断路器的安装应平稳，不得有附加机械应力。

（3）断路器内各脱扣器的整定值不得随意调整，以免脱扣器的动作特性变化而发生误动作或造成事故。

（4）应定期清除断路器上的粉尘和异物，防止绝缘性能降低。

（5）应定期检验在不带电情况下，断路器动作的可靠性，传动机构是否生锈、卡塞，防止其不能正常动作。

（6）应定期检查触头接触面的状况，若发现有污垢和烟灰时，应使用溶剂将其除去；发现有毛刺，可用砂纸或细锉修整，主触头一般不允许用锉刀修整。

（四）低压熔断器

1. 熔断器的用途

熔断器是低压线路和电动机控制电路中最简单、最常用的短路保护（有时也用作过载保护）电器。

2. 熔断器的结构

熔断器由熔体和安装熔体的外壳（或称绝缘底座）两部分组成。熔体是核心部分，串联在被保护电器或电路的前面，当电路或设备短路时，大电流将熔体迅速熔化，分断电路起保护作用。熔断器的种类很多，常用的低压熔断器外形和结构如图 1.14 ~ 1.17 所示。

瓷插式熔断器的外形和结构如图 1.14 所示。螺旋式的外形和结构如图 1.15 所示。无填料封闭管式的外形和结构如图 1.16 所示。有填料封闭管式的外形和结构如图 1.17 所示。熔断器的图形符号如图 1.18 所示。

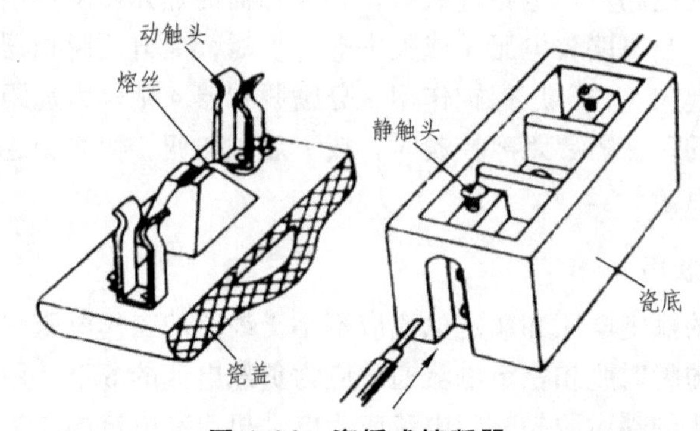

图 1.14　瓷插式熔断器

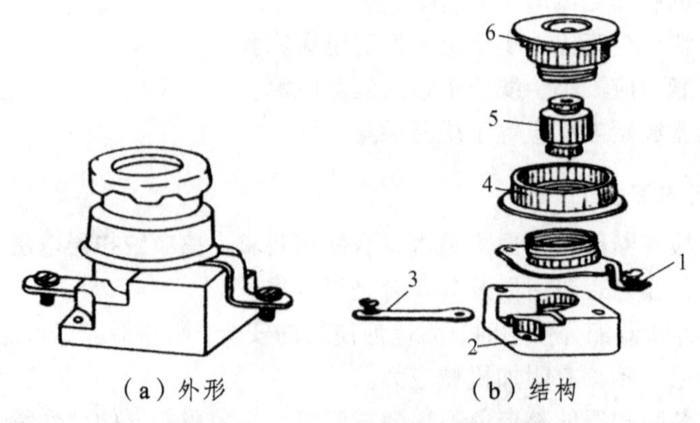

图 1.15　RL1 系列螺旋式熔断器

1—上接线端；2—座子；3—下接线端；4—瓷套；5—熔断器；6—瓷帽

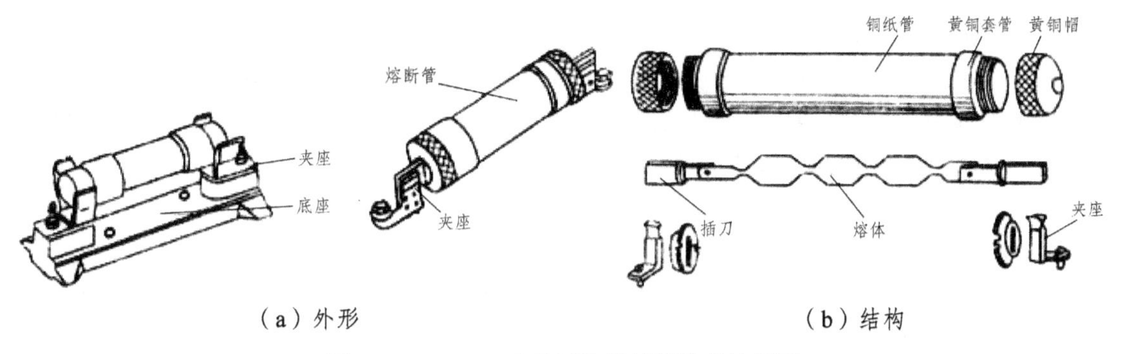

（a）外形　　（b）结构

图 1.16　RM10 系列无填料封闭管式熔断器

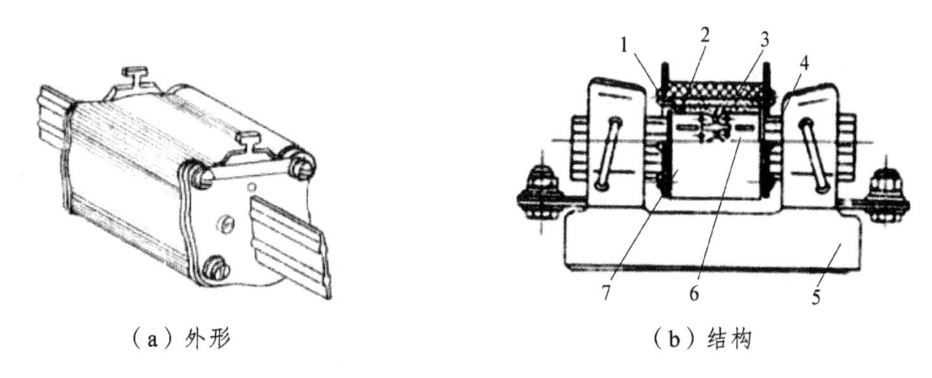

（a）外形　　（b）结构

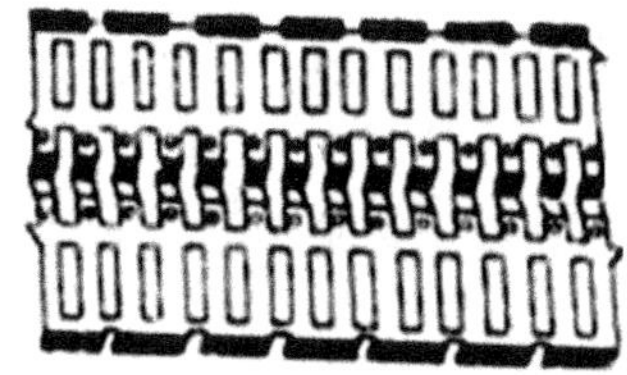

（c）锡桥

图 1.17　RT10 有填料封闭式熔断器

1—熔断指示器；2—石英砂填料；3—指示器熔丝；4—插刀；5—底座；6—熔体；7—融管

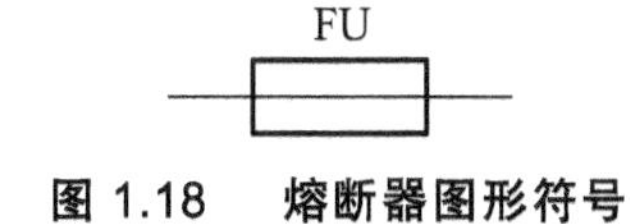

图 1.18　熔断器图形符号

3. 熔断器的型号含义

熔断器的型号含义如图 1.19 所示。

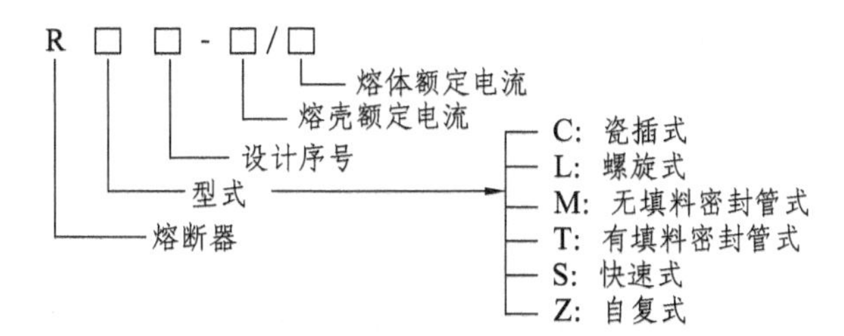

图 1.19　熔断器的型号含义

4. 低压熔断器的选用

低压熔断器多用于保护照明电路及其电热设备、单台电动机、多台电动机、配电变压器低压侧等。对低压熔断器的选择也因保护对象不同而有所区别。选用低区熔断器时应注意以下事项：

（1）熔断器额定电压应大于或等于线路工作电压。

（2）熔体额定电流：

① 照明电路或电热设备，熔体额定电流应大于电路工作电流；

② 单台电动机，熔体额定电流可按电动机额定电流的 1.5～2.5 倍来选择。对轻载电动机取较小值，重载电动机取较大值。

③ 多台电动机，熔体额定电流可根据最大一台电动机额定电流的 1.5～2.5 倍加上其余电动机额定电流之和来选择。

（3）熔断器额定电流应大于或等于熔体额定电流。

5. 低压熔断器的安装

（1）熔断器安装前，应检查熔断器的额定电压、额定电流及极限分断能力是否与要求的一致。核对所保护电气设备的容量与熔体容量相匹配；对后备保护、限流、自复、半导体器件保护等有专用功能的熔断器，严禁替代。

（2）安装时，应保证熔体和触刀及触刀和刀座接触良好，以免熔体温度过高而误动作。同时还要注意不使熔体受到机械损伤。

（3）瓷质熔断器在金属底板上安装时，其底座应垫软绝缘衬垫。

（4）螺旋式熔断器的安装，底座严禁松动，电源线必须与瓷底座的下接线端连接，防止更换熔体时发生触电。

（5）熔断器安装位置及相互间距离，应便于更换熔体，更换熔体应在停电状况下进行。

（五）接触器

1. 接触器的用途

接触器是一种应用非常广泛的电磁式电器，可以频繁地接通和分断交、直流主电路，并可以实现远距离控制，主要用来控制电动机，也可以控制电容器、电阻炉和照明器具等电力负载。

2. 接触的结构

接触器主要由电磁系统、触点系统、灭弧装置组成。根据电源的种类，接触器分为交流和直流两种。交流接触器的外形和结构、图形符号如图 1.20 所示。直流接触器的工作原理和结构基本上与交流接触器是相同的。

（1）电磁系统，由线圈（吸引线圈）、静铁芯、动铁芯（衔铁）和短路环等组成。线圈通电后产生磁场，使静铁芯产生足够的吸力克服弹簧反作用力，将动铁芯吸合，带动触点系统动作。线圈断电后，磁场消失，动铁芯在复位弹簧作用下回到原位，各触点也一起复位。短路环的作用是减小电磁噪声和振动，也称减振环。

（2）触点系统，按功能不同分为主触点和辅助触点两类。主触点一般是三对常开触点，体积较大，接在主电路中，用于接通和断开主电路；辅助触点又分常开和常闭两种，体积较小，多用在控制电路中，用来实现各种控制。常开触点是指电磁系统未通电或触点不受外力的情况下，触点为断开状态；如果在这种情况下触点为闭合状态，则称为常闭触点。

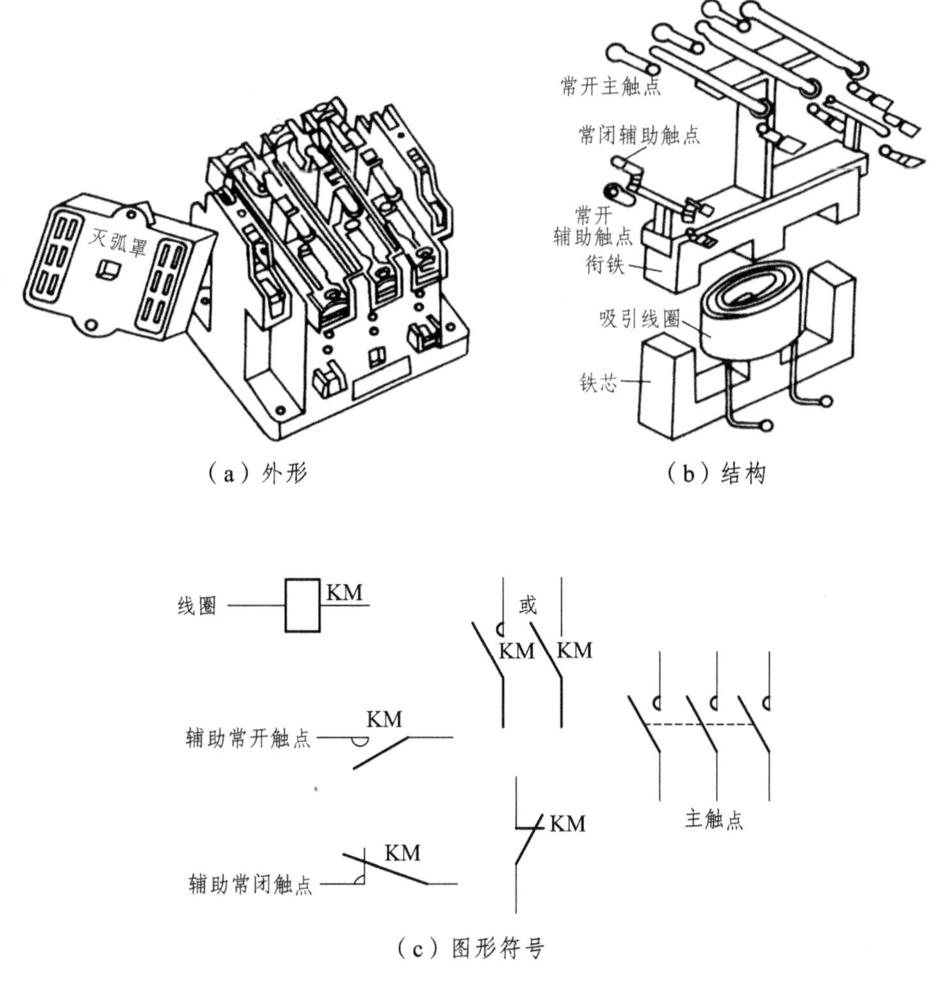

（a）外形　　（b）结构

（c）图形符号

图 1.20　交流接触器

（3）灭弧装置，交流接触器在分断较大电流时，在动、静触点之间将产生较强的电弧，它不仅会烧伤触点，延长电路分断时间，因此在容量较大的电气装置中，均加装了一定的灭弧装置用以熄灭电弧。

（4）附件，除上述三个主要部分外，还有外壳、传动机构、接线桩、复位弹簧、缓冲弹簧、触点压力弹簧等附件。

3. 交流接触器的型号含义

交流接触器的型号含义如图 1.21 所示。

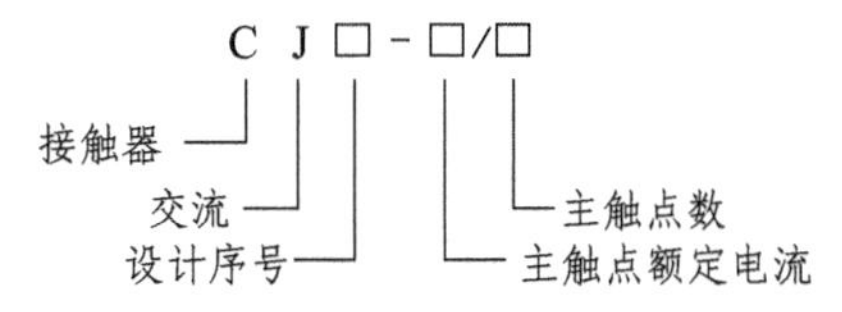

图 1.21　交流接触器的型号含义

接触器的主要技术参数有主触点额定电流、吸引线圈电压等，CJ20 系列交流接触器的主要技术参数见表 1.1。

表 1.1　CJ20 系列交流接触器主要技术参数

<table>
<tr><th>型　号</th><th>主触点
额定电流/A</th><th>额定电压/V</th><th>辅助触点额
定电流/A</th><th>吸引线圈额
定电压/V</th><th>380 V 时控制电动
机最大功率/kW</th><th>操作频率/
（次·h^{-1}）</th></tr>
<tr><td>CJ20-10</td><td>10</td><td>380/220</td><td>5</td><td rowspan="9">36　127
220　380</td><td>4</td><td rowspan="6">1 200</td></tr>
<tr><td>CJ20-25</td><td>25</td><td>380/220</td><td>5</td><td>11</td></tr>
<tr><td>CJ20-40</td><td>40</td><td>380/220</td><td>5</td><td>22</td></tr>
<tr><td>CJ20-63</td><td>63</td><td>380/220</td><td>5</td><td>30</td></tr>
<tr><td>CJ20-100</td><td>100</td><td>380/220</td><td>5</td><td>50</td></tr>
<tr><td>CJ20-160</td><td>160</td><td>380/220</td><td>5</td><td>85</td></tr>
<tr><td>CJ20-250</td><td>250</td><td>380/220</td><td>5</td><td>132</td><td rowspan="3">600</td></tr>
<tr><td>CJ20-250/06</td><td>250</td><td>660</td><td>5</td><td>190</td></tr>
<tr><td>CJ20-630</td><td>630</td><td>380/220</td><td>5</td><td>300</td></tr>
</table>

4. 接触器的选用

（1）接触器的类型，根据所控制的电动机或负载电流类型来选择接触器类型（交流或直流）。

（2）接触器额定电压应大于或等于被控制电路的额定电压。

（3）主触点额定电流应大于被控制电路的额定电流。用于控制电动机时，电动机额定电流不应超过接触器额定电流。用于控制可逆或频繁启动的电动机时，接触器要增大一至二级使用。

（4）吸引线圈的额定电压应与所控制电路的额定电压一致。一般电路，多用 380 V 或 220 V；对复杂、有低压电源场合、工作环境特殊时，也可选用 36 V、127 V 等。

（5）接触器的触点数量、种类等应满足控制电路的要求。

5. 接触器的安装

（1）接触器安装前应先检查线圈的额定电压、额定电流等技术数据是否符合使用要求；然后将铁芯极面上的防锈油擦净；用手分合接触器，检查各触点接触是否良好，有无卡阻现象。

（2）接触器安装时，其底面与地面的倾斜度应小于 5°。对有散热孔的接触器，应使有孔两面放在上下位置，以利于散热。

（3）安装于接线时，切勿把零件失落在接触器内部，以免引起卡阻，或引起短路故障。

（4）接触器的触点不允许涂油，当触点表面因电弧作用而形成金属小珠时，应及时铲除；但银及银合金触点表面产生的氧化膜由于其接触电阻很小，可不必锉修，否则将缩短触点的使用寿命。

（六）继电器

继电器是一种小信号控制电器，它利用一定的信号（电流、电压、速度、时间等）来接通和分断小电流电路，广泛应用于电动机或线路的保护及各种生产机械的自动控制。继电器一般都不直接用来控制主电路，而是通过接触器或其他开关设备对主电路进行控制，因此继电器载流容量小，一般不需要灭弧装置。继电器结构简单、体积小、重量轻，但对其动作的灵敏度和准确性要求较高。

继电器的种类很多，本书主要介绍中间继电器、电流继电器、电压继电器、时间继电器、热继电器和速度继电器。

1. 中间继电器

中间继电器可以将一个输入信号变成多个输出信号，用来增加控制回路或放大信号，因为其在控制电路中起中间控制作用，故称为中间继电器。

中间继电器实质上是一种电压继电器，其结构和工作原理与接触器相同。但它的触点数量较多，无主触点（无大电流触点）和灭弧装置，其触点的额定电流较小（5 A），在电路中主要是起扩展触点数量和中间放大作用。中间继电器的结构和图形符号如图 1.22 所示。

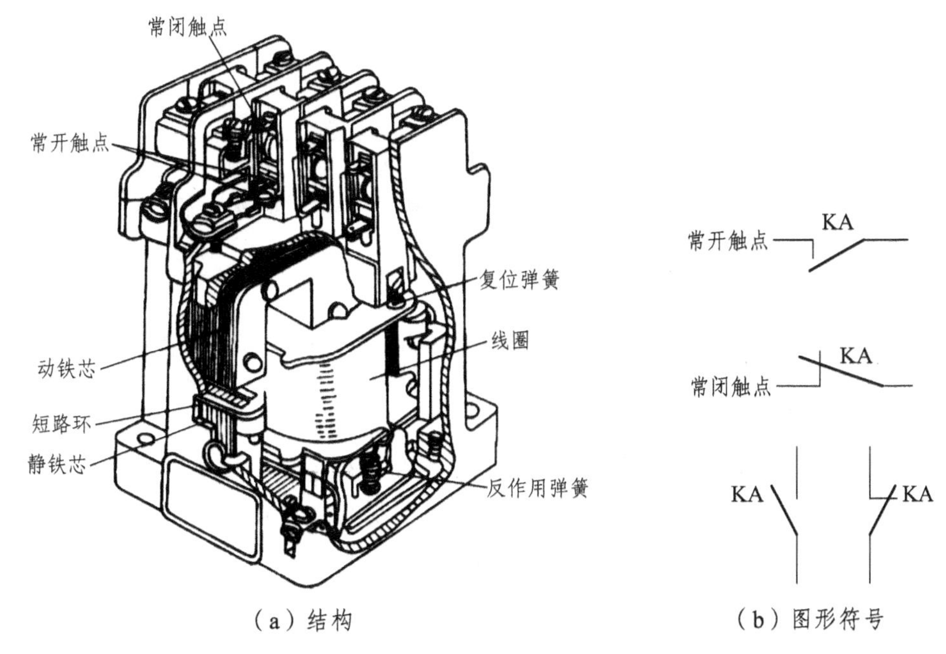

（a）结构　　（b）图形符号

图 1.22　中间继电器

常用的中间继电器有 JZ7、JZ15、JZ17 等系列，其型号含义如图 1.23 所示。

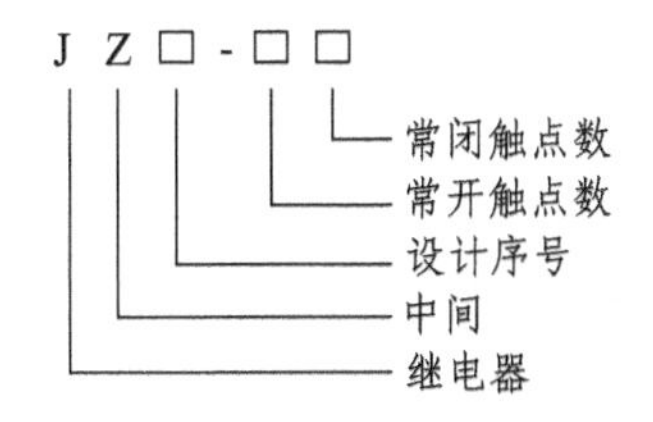

图 1.23　常用中间继电器的型号含义

中间继电器的主要技术数据有触点额定电压、触点额定电流、吸引线圈电压等。如表 1.2 所示为 JZ7 系列中间继电器的主要技术数据。

表 1.2　JZ7 系列中间继电器的技术数据

型号	触点额定电压/V	触点额定电流/A	触点数量		吸引线圈电压/V	额定操作频率/(次·h^{-1})
			常开	常闭		
JZ7-44	500	5	4	4	12、24、36、48	1 200
JZ7-62			6	2	110、127、380	
JZ7-80			8	0	420、440、500	

中间继电器的选择主要考虑触点的类型和数量以及线圈额定电压的种类和数值等。

中间继电器的安装方法和接触器类似。新型中间继电器触点闭合过程中动、静触点间有一段滑擦、滚压的过程，可以有效地清除触点表面的各种生产膜及尘埃，减小了接触电阻，提高了接触可靠性，有的还装了防尘罩或采用密封结构，也是提供可靠性的措施。有些中间继电器安装在插座上，插座有多种形式可供选择；有些中间继电器可直接安装在导轨上，便于安装和拆卸。

2. 电压、电流继电器

电压、电流继电器均属于电磁式继电器，其线圈串联接入被测电路的主电路中，用来感测电压、电流的变化，并使输出触点的状态相应转换，在电力拖动系统中起电压、电流保护和控制作用。

1）电流继电器

电流继电器是根据输入电流大小而动作的继电器。其线圈串联接入主电路，用来感测主电路的线路电流，故线圈匝数多而导线。常用的电流继电器有过电流继电器和欠电流继电器两种。

过电流继电器在电路正常工作时不动作，当被保护线路的电流高于额定值，达到过电流继电器的整定值时，衔铁吸合，触点机构动作，控制电路失电，对电路起过流保护作用。动作电流的整定范围为：交流过电流继电器为额定电流的 110%～350%，直流过电流继电器为额定电流的 70%～300%。欠电流继电器用于电路起欠电流保护，吸引电流为线圈额定电流的 30%～65%，释放电流为额定电流的 10%～20%，因此，在电路正常工作时，衔铁是吸合的，只有当电流降低到某一整定值时，继电器释放，控制电路失电，从而控制接触器及时分断电路。

常用的电流继电器有 JT10、JT12、、JT14、JT18 等系列。电流继电器的主要技术参数包括线圈额定工作电流、触点工作电压、动作电流等。JT14 系列电流继电器的型号含义如图 1.24 所示。

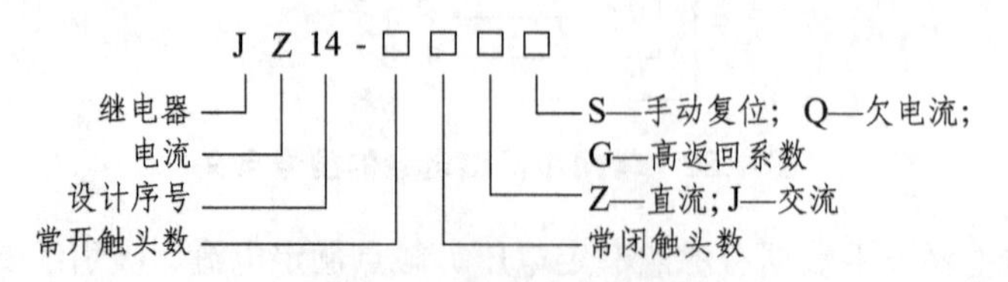

图 1.24　常用电流继电器的型号含义

电流继电器的选用：电流继电器的额定电流可按电动机长期工作的额定电流来选择。电流继电器的触头种类、数量、额定电流应满足控制线路要求。

电流继电器的安装：安装前应检查继电器的额定电流和整定电流值是否符合要求；安装后应在触头不通电的情况下，使吸引线圈通电操作几次；定期检查继电器各零部件是否有松动及损坏现象。

2）电压继电器

电压继电器是根据输入电压大小而动作的继电器。电压继电器的线圈与负载并联以反映负载电压，其线圈匝数多而导线细。电压继电器可分为过电压继电器、欠电压继电器和零电压继电器。

过电压继电器（FV）用于线路的过电压保护，其吸合整定值为被保护线路额定电压的105%～120%。当被保护的线路电压正常时，衔铁不动作；当被保护线路的电压高于额定值，达到过电压继电器的整定值时，衔铁吸合，触点机构动作，控制电路失电，控制接触器及时分断被保护电路。欠电压继电器（KV）用于线路的欠电压保护，其释放整定值为线路额定电压的 30%～50%。当被保护线路电压正常时，衔铁可靠吸合；当被保护线路电压降至欠电压继电器的释放整定值时，衔铁释放，触点机构复位，控制接触器及时分断被保护电路。零电压继电器是当电路电压降低到额定电压的 7%～20%时释放，对电路实现零电压保护。用于线路的失压保护。常用的电压继电器有 DJ-100、DJ-20C、DY-30 等系列和由集成电路构成的 JY-10、20、30 系列静态继电器（过电压、欠电压）。

电压继电器的选用，主要根据继电器线圈的额定电压、触头的数目和种类进行。电压继电器安装使用等知识，与电流继电器类似。电流、电压继电器的图形符号如图 1.25 所示。

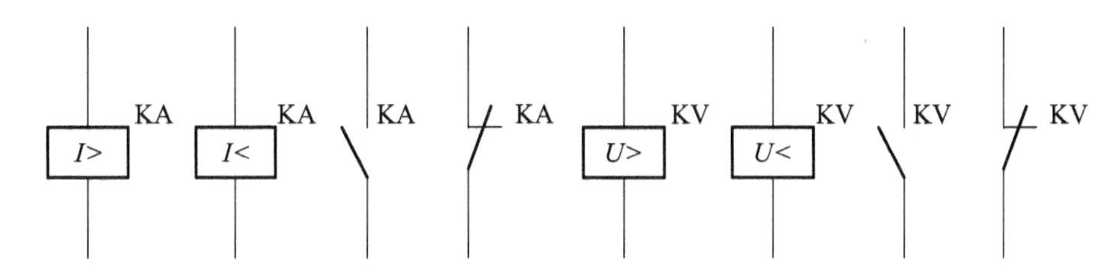

图 1.25　电流、电压继电器图形符号

3. 时间继电器

时间继电器是利用电磁原理或机械动作原理实现触点延时闭合或延时分断的自动控制电器。其种类很多，有空气阻尼式、电磁式、电动式、电子式（晶体管、数字式）等。时间继电器的延时类型有通电延时型和断电延时型两种形式。

1）空气阻尼式时间继电器

空气阻尼式时间继电器又称为气囊式时间继电器，是利用空气通过小孔节流的原理来获得延时动作的，常用的空气阻尼式时间继电器 JS7-A 系列有通电延时和断电延时两种类型，主要由电磁系统、工作触点、气室和传动机构等部分组成，其外形、结构如图 1.26 所示，图形符号如图 1.27 所示。

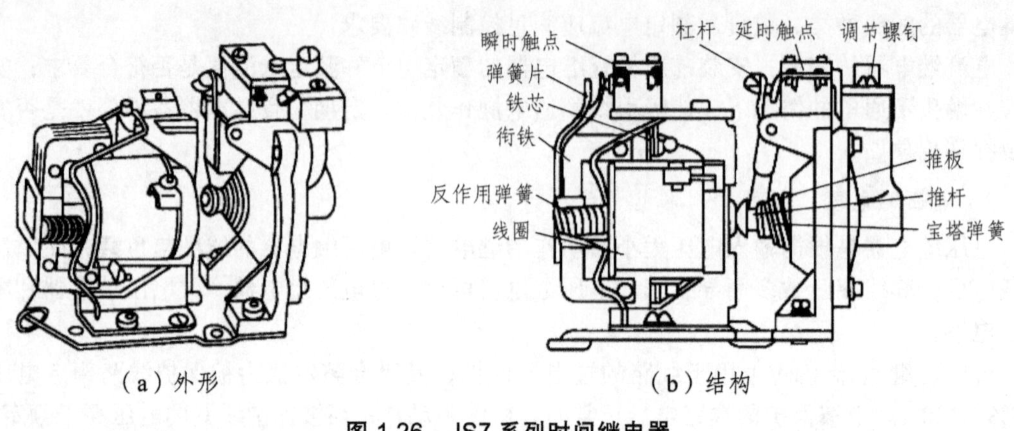

（a）外形　　（b）结构

图 1.26　JS7 系列时间继电器

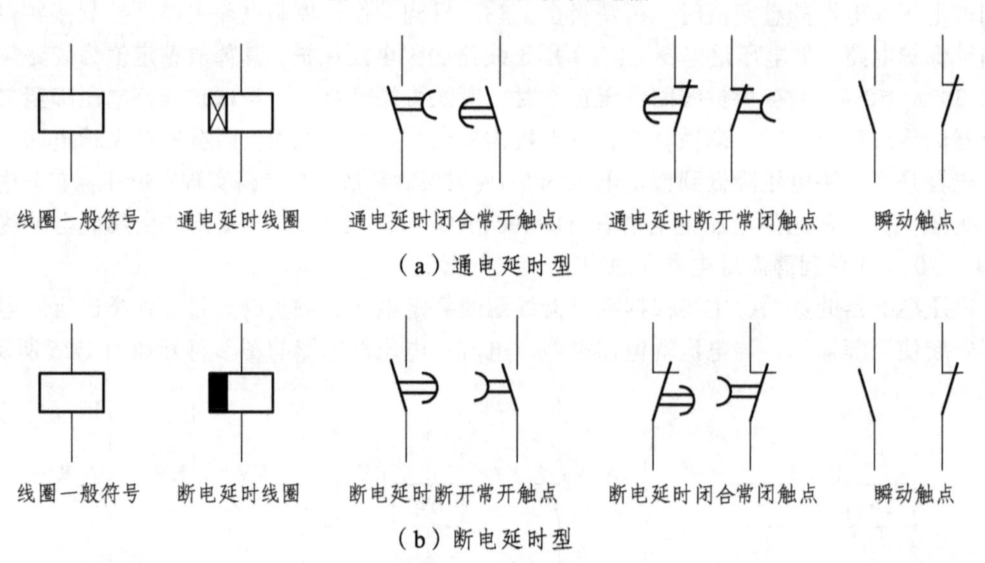

（a）通电延时型

（b）断电延时型

图 1.27　图形符号

空气阻尼式时间继电器的工作原理如下：

通电延时原理：当电路通电后，电磁线圈的静铁芯产生磁场力，使衔铁克服弹簧的反作用力被吸合，瞬动触点瞬时动作。于是推杆与衔铁间出现一个空隙，当与推杆相连的活塞在弹簧作用下，由上向下移动时，在橡皮膜上面形成空气稀薄的空间（气室），空气由进气孔逐渐进入气室，活塞因受到空气的阻力，不能迅速下降，而是缓慢下降，下降的速度由气室进气口的节流程度决定，其节流程度可用调节螺钉完成。经过一定时间，活塞杆下降到一定位置时，杠杆使延时触点动作，从线圈通电到延时触点动作所经过的时间为延时时间。线圈断电后，弹簧使衔铁和活塞等复位，空气经橡皮膜与推杆之间推开的气隙迅速排出，所有触点瞬时复位。

断电延时原理：工作原理与通电延时原理相似，将时间继电器的电磁线圈翻转 180°安装即可。

空气阻尼式时间继电器的型号含义如图 1.28 所示。

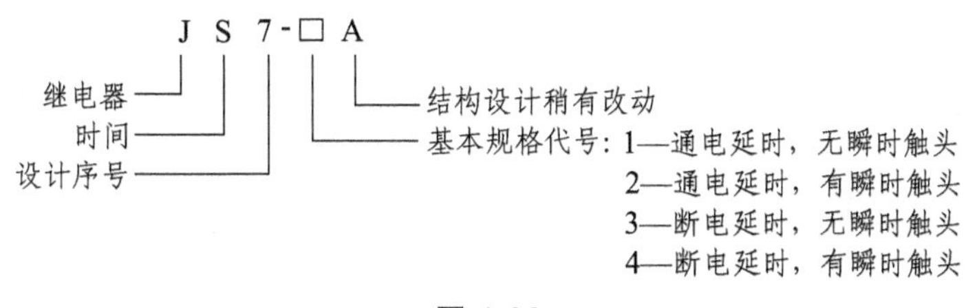

图 1.28

表 1.3 为 JS7-A 型空气阻尼式时间继电器的技术数据。

表 1.3　JS7-A 系列空气阻尼式时间继电器技术数据

<table>
<tr><th rowspan="3">型号</th><th colspan="2">触点额定容量</th><th rowspan="3">吸引线圈电压/V</th><th colspan="4">延时触点对数</th><th colspan="2">瞬时动作触点数量</th><th rowspan="3">延时范围/s</th></tr>
<tr><th rowspan="2">电压/V</th><th rowspan="2">电流/A</th><th colspan="2">通电延时</th><th colspan="2">断电延时</th><th rowspan="2">常开</th><th rowspan="2">常闭</th></tr>
<tr><th>常开</th><th>常闭</th><th>常开</th><th>常闭</th></tr>
<tr><td>JS7-1 A</td><td rowspan="4">380</td><td rowspan="4">5</td><td rowspan="4">36，127
220，380</td><td>1</td><td>1</td><td></td><td></td><td></td><td></td><td rowspan="4">0.4～60 及
0.4～180</td></tr>
<tr><td>JS7-2 A</td><td>1</td><td>1</td><td></td><td></td><td>1</td><td>1</td></tr>
<tr><td>JS7-3 A</td><td></td><td></td><td>1</td><td>1</td><td></td><td></td></tr>
<tr><td>JS7-4 A</td><td></td><td></td><td>1</td><td>1</td><td>1</td><td>1</td></tr>
</table>

2）电动式时间继电器

电动式时间继电器主要由同步电动机、减速齿轮机构、离合电磁铁及执行机构等组成。常用产品有 JS10、JS11 系列和 7PR 系列。其特点是延时精确度高，因为同步电动机的转速是恒定的，不受电源电压波动的影响，且延时调节范围广，最长延时时间可达数十小时，但结构复杂，体积较大。

3）电子式时间继电器

电子式时间继电器有晶体管式（阻容式）和数字式（计数式）两种不同的类型。晶体管式时间继电器是基于电容充、放电工作原理延时工作的。数字式时间继电器由脉冲发生器、计数器、数字显示器、放大器及执行机构组成，具有定时精度高、延时时间长、调节方便等优点，通常还带有数码输入、数字显示功能，应用范围广，可取得阻容式、空气式、电动式等时间继电器。常用的晶体管式时间继电器有 JSJ、JS14、JS20、JSCF、JSMJ 等系列。常用的数字式时间继电器有 JSS14、JSS20、JSS48、JS11S 等系列。

时间继电器的选用：应根据被控制线路的实际要求选择延时方式；应根据使用场合、工作环境选择时间继电器的类型；应根据被控制电路的电压等级选择电磁线圈电压，使两者电压相符。

4）时间继电器的安装

时间继电器应按说明书规定的方向安装；时间继电器的整定值，应预先在不通电时整定好；时间继电器金属底板上的接地螺钉必须与接地线可靠连接；通电延时型和断电延时型可在整定时间内自行调换，把线圈转 180°即可；使用时，应经常清除灰尘及油污，否则延时误差将增大。

4. 热继电器

热继电器是利用电流的热效应对电动机及其他用电设备进行过载保护的保护电器，大部分热继电器除了具有过载保护功能以外，还具有断相保护、温度补偿、电流不平衡运行的保护等功能。从结构原理上看，热继电器有双金属片式和电子式两类。热继电器主要由热元件触点、动作机构、复位按钮和整定电流调节装置等组成。其外形和结构及图形符号如图 1.29 所示。

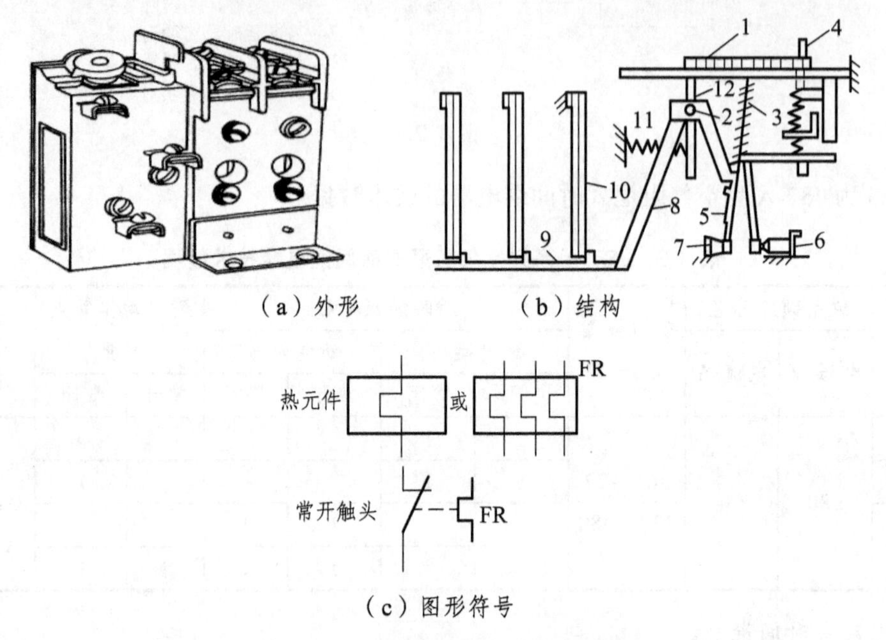

（a）外形　（b）结构

（c）图形符号

图 1.29　热继电器结构及图形符号

1—电流调节器；2—推杆；3—拉簧；4—手动复位按钮；5—动触点；6—调节螺钉；7—常闭静触点；8—温度补偿双金属片；9—导板；10—主双金属片；11—压簧；12—支撑杆

热继电器主要技术参数有：热继电器额定电流、相数、热元件额定电流、整定电流及调节范围等。热元件的额定电流时指热元件的最大整定电流值，热继电器的额定电流是指热继电器可以安装热元件的最大额定电流值。常用的电动机热保护继电器有 JR16、JR20、JR36 等系列热继电器，NRE6、NRE8 等系列电子式过载继电器。热继电器的型号含义如图 1.30 所示。

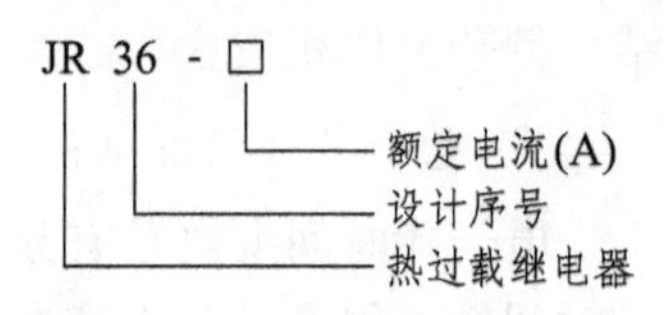

图 1.30　热继电器的型号含义

表 1.4 为 JR36 系列热继电器的主要参数。

表 1.4　JR36 系列热继电器的主要参数

型号	额定电流/A	热元件规格	
		额定电流/A	电流调节范围/A
JR36-20	20	0.35	0.25 ~ 0.35
		11	6.8 ~ 11
		16	10 ~ 16
JR36-32	32	16	10 ~ 16
		32	20 ~ 32
JR36-63	63	22	14 ~ 22
		63	40 ~ 63

5. 速度继电器

速度继电器又称反接自动继电器。根据电磁感应原理制成，多用于电动机反接制动控制，当电动机反接制动过程结束，转速过零时，自动切除反相序电源，以保证电动机可靠停车，广泛用于机床控制电路中。

速度继电器主要由用永磁铁制成的转子、用硅钢片叠成的铸有笼形绕组的定子、支架、摆杆和触点系统等组成，其中转子与被控制电动机的转轴相接。速度继电器的外形、结构及图形符号如图 1.31 所示。电气符号中的“*n*”可以用“*n*>”表示正转，“*n*<”表示反转。

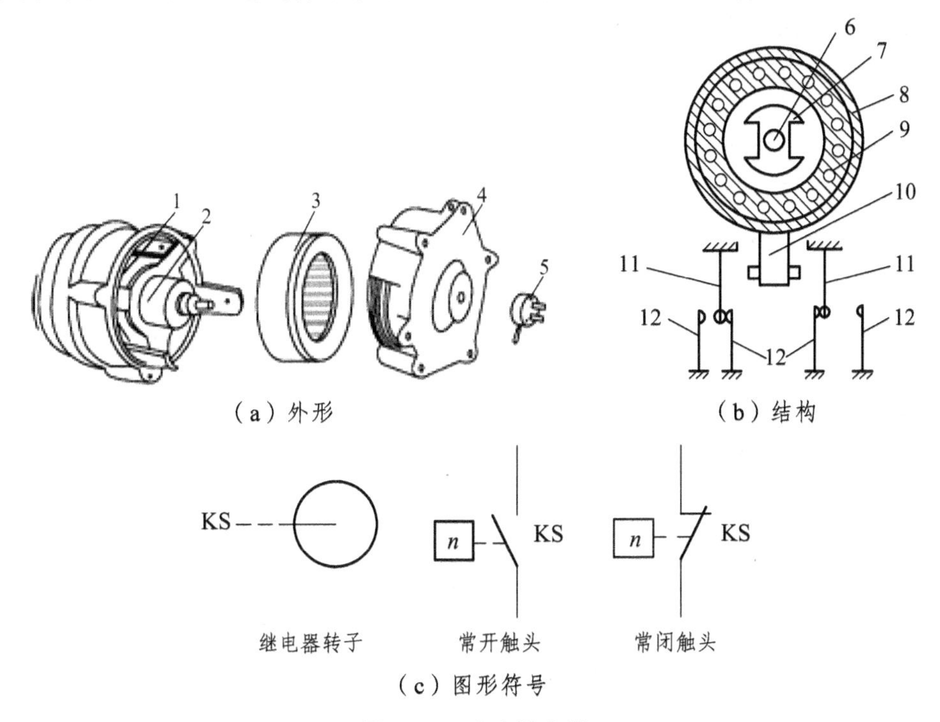

（a）外形　　（b）结构

（c）图形符号

图 1.31　速度继电器

1—可动支架；2—转子；3—定子；4—端盖；5—连接头；6—电动机轴；7—转子（永久磁铁）；8—定子；9—定子绕组；10—胶木摆杆；11—簧片（动触点）；12—静触点

速度继电器的工作原理：速度继电器的转子与电动机同轴相连，用以接受速度信号。需要电动机制动时，被控制电动机带动速度继电器转子转动，该转子的旋转磁场在速度继电器定子绕组中感应出电动式和电流，通过左手定则可以判断，此时定子受到与转子转向相同的电磁转矩的作用，使定子和转子沿着同一方向转动。定子上固定有胶木摆杆，摆杆随定子转动，并推动簧片（端部有动触点）断开动断触点，接通动合触点，切断电动机正转电路，接通电动机反转电路而完成反接制动。这里的静触点起挡块作用，它限制着定子只能转动一个不大的角度。

常用的速度继电器有 JY1 和 JFZ0 型。JY1 型速度继电器的主要技术参数有：工作时，允许被控电动机转速为 1 000 ~ 3 600 r/min；制动时，动作转速一般不低于 120 r/min，复位转速不高于 100 r/min。调节速度继电器的弹簧弹性力时，速度继电器在不同转速点切换触点的通断状态。

速度继电器的选用：速度继电器主要根据所需控制的转速大小、触头数量和电压、电流来选用。

速度继电器的安装：速度继电器的转轴应与电动机同轴连接，且使两轴的中心线重合；速度继电器安装接线时，应注意正反向触头不能接错；速度继电器的金属外壳应可靠接地。

（七）主令电器

主令电器是指电气自动控制系统中用来发出信号指令的操纵电器，信号指令将通过继电器、接触器和其他电器的动作，接通和分断被控制电路，以实现电动机和其他生产机械的远距离控制。常用的主令电器有按钮、行程开关、万能转换开关、主令控制器、脚踏开关等。

1. 按　钮

按钮是一种结构简单、应用广泛的手动控制电器。在控制短路中用于短时间接通或断开小电流电路，向其他电器发出指令性的电信号，控制其他电器（接触器、继电器等）动作，再由它们去控制主电路。

按钮的结构形式和操作方法多种多样，可以满足不同控制系统和工作场合的要求。按功能分自动复位和带锁定功能两种，按结构分单个按钮、双钮和三钮，按操作方式分一般式、蘑菇头急停式、旋转式和钥匙式等，按钮有红、绿、黑、黄、蓝、白、灰等颜色，通常红色为停止按钮，绿色表示启动，黑色表示点动，指示灯式按钮内可以装入指示灯显示电路工作状态。按钮主要由按钮帽、复位弹簧、动断触点（常闭触点）、动合触点（常开触点）、接线桩及外壳等组成，其外形、结构和图形符号如图 1.32 所示。

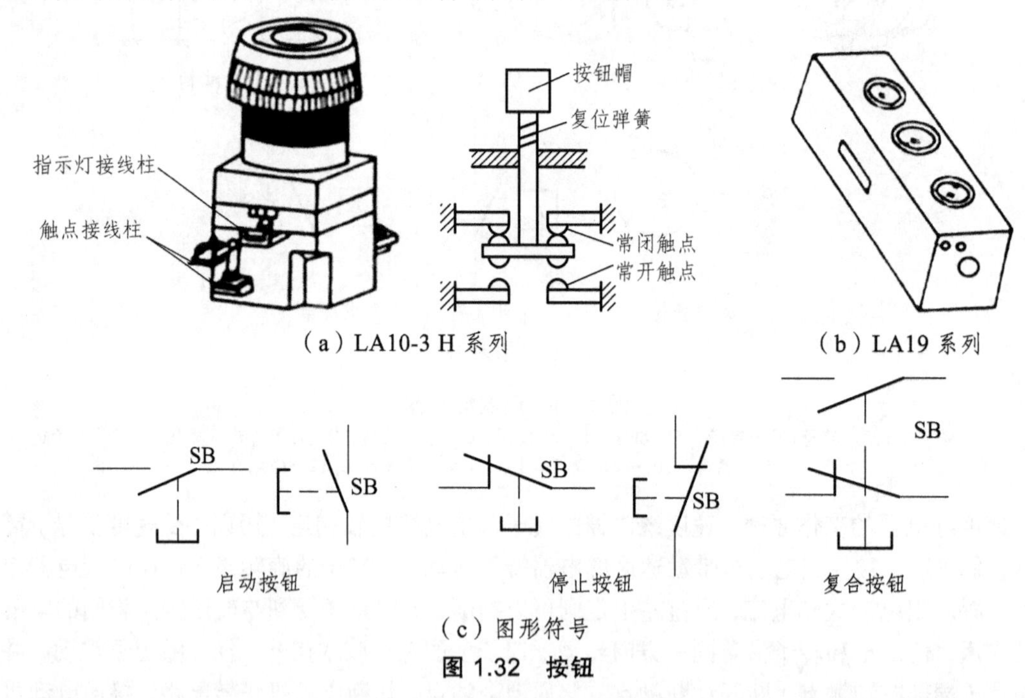

（c）图形符号

图 1.32　按钮

按钮的工作原理：对于自复式按钮，按下按钮，动断触点先断开，通过一定行程后动合触点再闭合；松开按钮，复位弹簧先将动合触点分断，通过一定行程后动断触点再闭合。对于带锁定的按钮，按下后，机械结构锁定，松手后不能自行复位，须再次按下后，锁定结构脱扣，松手后才能复位。

常用的按钮有 LA2、LA4、LA10、LA18、LA19、LA20、LA25 等系列。引进国外技术生产的有 LAY3、LAY5、LAY8、LAY9 系列和 NP2、3、4、5、6 等系列。其中 LA18 系列按钮采用积木式结构，触点数量可按需要拼装。LA19 系列为按钮开关与信号灯的组合，按钮兼作信号灯灯罩，用透明塑料制成，作为工作状态、预警、故障及其他信号指示用。

按钮的主要技术数据有额定电压（380 V AC/22 V DC）、额定电流（5 A）等。按钮的型号含义如图 1.33 所示。

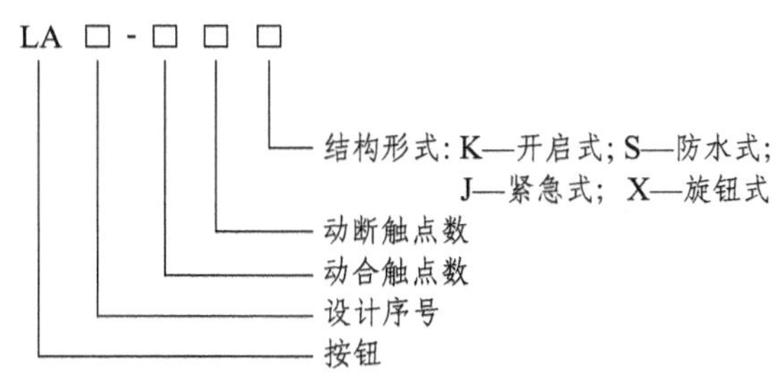

图 1.33 按钮的型号含义

按钮的选用：按钮额定电压不小于线路工作电压；按钮的类型、结构形式、操作方式根据工作环境选择；按钮触点的类型和数量、颜色以及是否需要指示灯根据电路的需要决定。

2. 行程开关

行程开关又称限位开关或位置开关，是用来限制机械运动的行程的一种电器，它可将机械位移信号转换成电信号。行程开关的作用与工作原理和按钮类似，不同的是按钮靠手动操作，行程开关则是靠生产机械的某些运动部件与它的传动部位发生碰撞，令其内部触点动作，分断或切换电路，从而用来做程序控制、改变运动方向、定位、限位及安全保护之用。

为了适应生产机械对行程开关的碰撞，行程开关与生产机械的碰撞部分有不同的结构形式。行程开关按外壳防护形式分为开启式、防护式及防尘式；按动作速度分为瞬动和蠕动；按复位方式分为自动复位和非自动复位；按接线方式分为螺钉式、焊接式及插入式；按操作头的形式分为直杆式、滚轮式、转臂式、万向式、双轮式等；按用途分为一般用途行程开关、起重设备用行程开关及微动开关等多种。LXK1 系列行程开关的外形、结构如图 1.34 所示，图形符号如图 1.35 所示。其中滚轮式又有单滚轮式和双滚轮式两种。

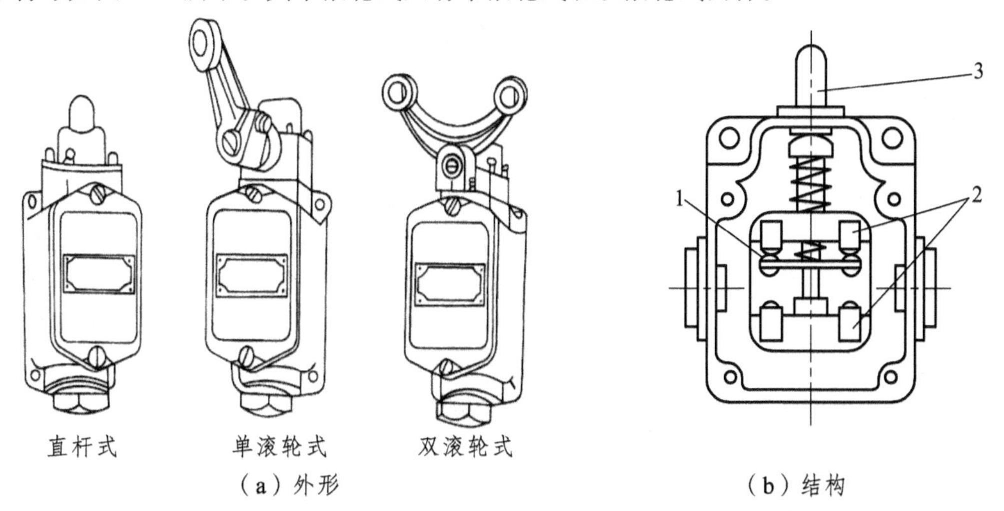

图 1.34 LXK1 系列行程开关的外形、结构

1—动触点；2—静触点；3—推杆

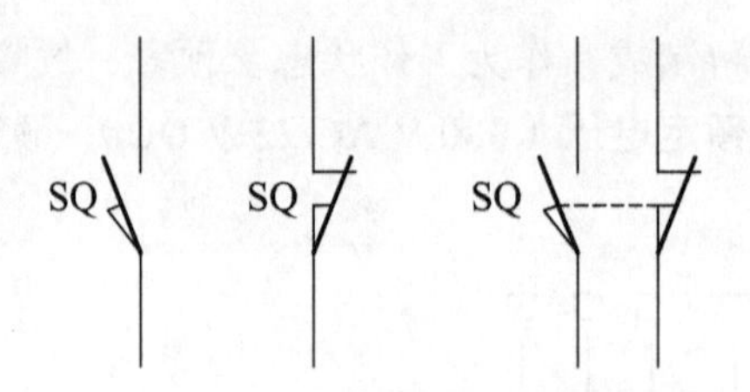

图 1.35　LXK1 系列行程开关的图形符号

常用的行程开关有 LX2、LX19、LXK1、LXK3 等系列和 LXW5、LXW-11 等系列微动行程开关。行程开关的型号含义如图 1.36 所示。

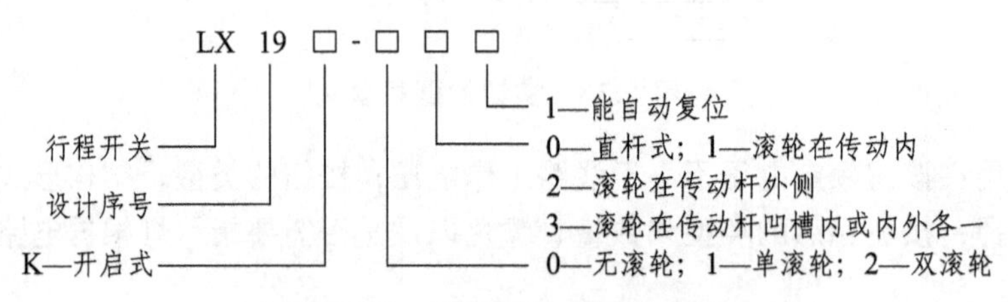

图 1.3.6　行程开关的型号含义

行程开关的选用：应根据被控制电路的特点、设备运动要求及生产现场条件和触点数量等因素考虑。

行程开关安装：注意滚轮方向不能装反，与工作机械撞块碰撞位置应符合线路要求，滚轮固定应恰当，有利于工作机械经过预定位置或行程时能较准确地实现行程控制。

3. 万能转换开关

万能转换开关是一种多档位、多段式、控制多回路的主令电器。万能转换开关主要用于各种控制线路的转换、电压表、电流表的换相测量控制、配电装置线路的转换和遥控等，也可以用于直接控制小容量电动机、伺服电动机、微电动机。

万能转换开关由多层触点底座叠装而成，每层触点底座内装有一副（或三副）触点和一个装在转轴上的凸轮。当操作手柄转动时，带动开关内部的凸轮机构转动，从而使触点按规定顺序闭合或断开。万能转换开关的手柄操作位置是以角度表示的。不同型号的万能转换开关的手柄有不同万能转换开关的触点，可使触点按设置的规律接通或分断，因而这种开关可以组成数百种控制线路方案，以适应各种复杂要求，故被称为“万能”转换开关。常用的万能转换开关有 LW5、LW6 等系列。图 1.37 为万能转换开关一层的结构示意图。万能转换开关的文字符号为 SA。

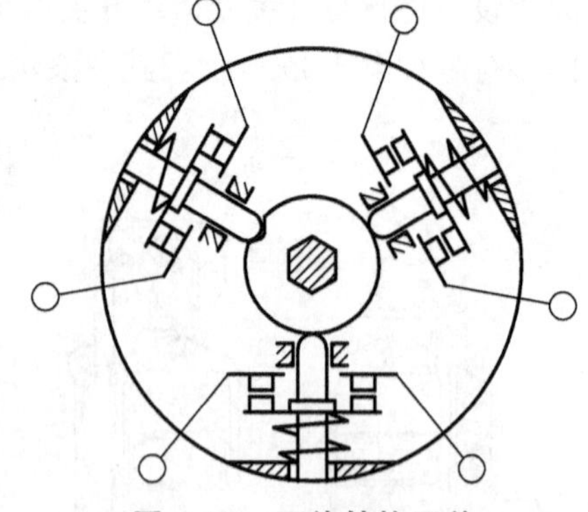

图 1.37　万能转换开关

万能转换开关可根据用途、所需触点挡数和额定电流来选择。

4. 主令控制器

主令控制器是一种多挡位、多控制回路的控制电器，适用于频繁对电路进行接通和切断，常配合磁力启动器对绕线式异步电动机的启动、制动、调速及换向实行远距离控制，广泛用于各类起重机械的拖动电动机的控制系统中。

主令控制器的文字符合为 SA，常用的主令控制器有 LK14、LK15、LK18、LK28 等系列。主令控制器的选择可根据额定电流和所需控制电路数来考虑。

5. 凸轮控制器

凸轮控制器是一种大型的多挡位、多触点开关的手动控制电器，手动操作通过轴的连接，转动凸轮去接通或分断允许通过大电流的触点开关。主要用于起重设备中控制中小型绕线转子异步电动机的启动、制动、调速和换向，也适用于有相同要求的其他电力拖动场合，如卷扬机等。

凸轮控制器主要由触点、手柄、转轴、凸轮、灭弧罩及定位机构等组成，其结构原理如图 1.38 所示。当手柄转动时，在绝缘方轴上的凸轮随之转动，从而使触点组按规定顺序接通、分断电路。凸轮控制器与万能转换开关虽然都是使用凸轮来控制触点的动作，但因为触点的额定电流值相差很大，体积和用途完全不同。

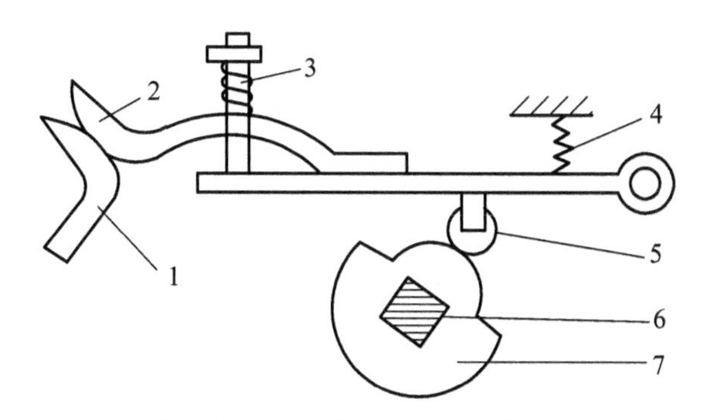

图 1.38　凸轮控制器结构原理图

1—静触点；2—动触点；3—触点弹簧；4—复位弹簧；5—滚子；6—绝缘方轴；7—凸轮

凸轮控制器的文字符号为 Q，常用的凸轮控制器有 KT10、KT14 及 KT15 等系列，其额定电流有 25 A、60 A 及 32 A、63 A 等规格，额定电压为 380 V。

拓展学习　常用电工工具

常用电工工具分为通用工具、线路安装工具和设备装修工具三大类。

一、通用工具

通用工具是指一般专业电工在工作时随时都要用到的工具和装备。

（一）验电器

验电器又叫电压指示器，是用来检查导线和电器设备是否带电的工具。验电器分为高压和低压两种。

1. 低压验电器

常用的低压验电器是验电笔，又称试电笔，检测电压范围一般为 60～500 V，常做成钢笔式或螺丝刀式，如图 1.39 所示。

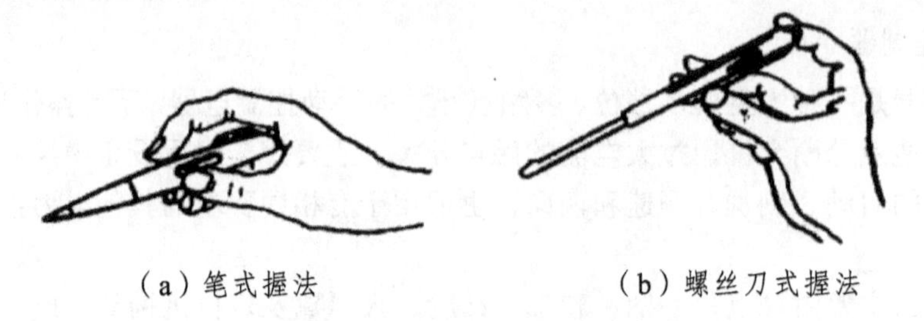

（a）笔式握法　　（b）螺丝刀式握法

图 1.39　低压验电笔握法

低压验电器的使用方法：

（1）必须按照图所示的方法握紧笔身，触及笔尾的金属体，并使氖管小窗背光朝向自己，以便于观察。

（2）为防止笔尖金属体触及人手，避免触电，在螺钉旋具试验电笔的金属杆上，必须套上绝缘套管，仅留出刀口部分供测试需要。

（3）每次使用验电笔前，应先在有电的带电体上试验，检查其是否能正常验电，以免因氖管损坏，检验中因误判危及人身或设备安全。

（4）验电笔不可受潮，不可随意拆装或受到严重振动。

（5）验电器区分交直流电时，交流电通过氖管，两极附近都发亮；而直流电通过时，仅一个电极附近发亮。验电器区分相线和零线时，氖管发亮的是相线，不亮的是零线。

2. 高压验电器

高压验电器属于防护性用具，检测电压范围为 1 000 V 以上。

高压验电器的使用方法：

（1）使用高压验电器时必须先注意其额定电压和被检验电气设备的电压等级是否相适宜，使用时应两人操作：一人操作，一人监护。

（2）验电时操作人员应戴绝缘手套，手握在护环以下的握手部位，如图 1.40 所示。

（3）使用前先在有电设备上进行检验，检验时应逐渐移近带电设备至发光或发声，以验证验电器性能完好。测电时人体与带电体应保持足够的安全距离，10 kV 以下的电压安全距离应为 0.7 m 以上。验电器应每半年进行一次预防性试验。

（4）在室外使用高压验电器时，必须在气候良好的情况下进行，以确保验电人员的人身安全。

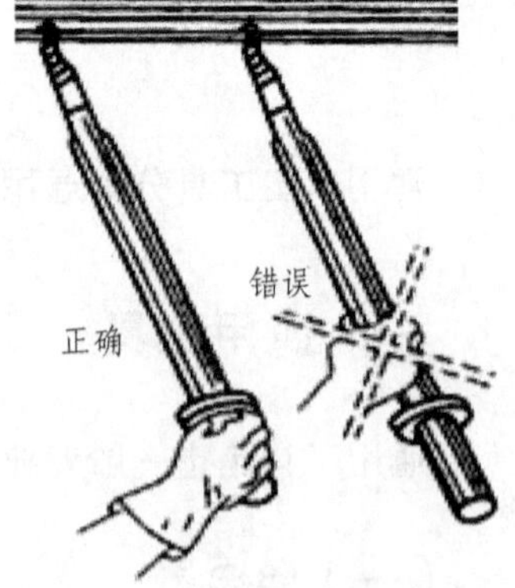

图 1.40　高压验电器握法

（二）钢丝钳

钢丝钳是一种夹持或折断金属薄片，切断金属丝的工具。电工用钢丝钳的柄部套有绝缘套管（耐压 500 V），其规格用钢丝钳全长的毫米数表示，常用的有 150 mm、175 mm、200 mm 等。

1. 各部分作用

钢丝钳的各部分构造及应用如图 1.41 所示。

（1）钳口：用来弯绞或钳夹导线线头。

（2）齿口：用来旋紧或起松螺母。

（3）刀口：用来剪切导线、剖切软导线的绝缘层或掀拔铁钉。

（4）铡口：用来铡切电线线丝和钢丝、铅丝等较硬金属线材。

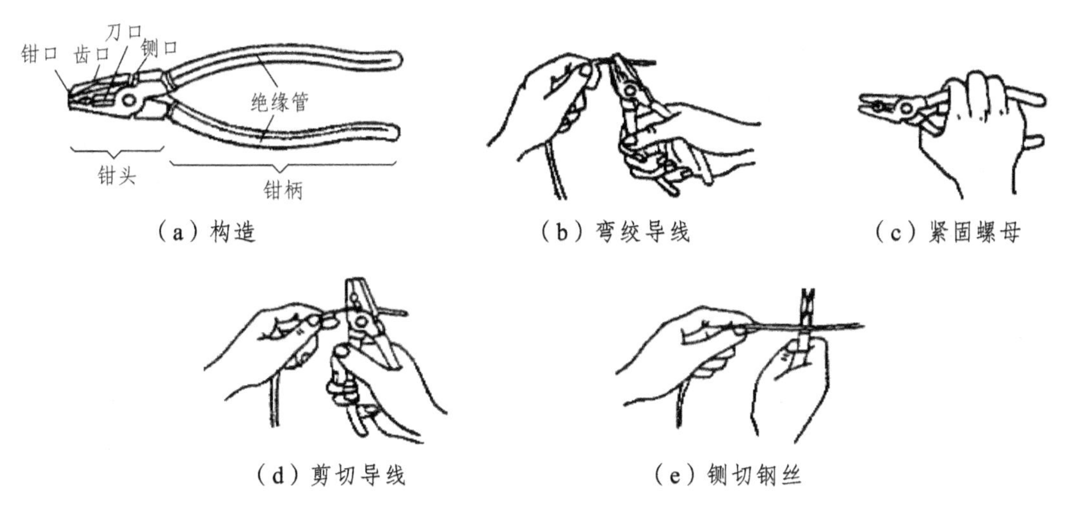

（a）构造　（b）弯绞导线　（c）紧固螺母

（d）剪切导线　（e）铡切钢丝

图 1.41　钢丝钳的构造及应用

2. 使用钢丝钳注意事项

（1）使用钢丝钳之前，必须检查绝缘套的绝缘是否安好。

（2）使用钢丝钳，要使钳口朝外侧，便于控制钳切部位；钳口不可代替锤子作为敲打工具使用；钳头的轴销上应经常加机油润滑。

（3）用钢丝钳剪切带电导线时，不得用刀口同时剪切相线和零线，或同时剪切两根相线，以免发生短路事故。

（三）电工刀

电工刀是一种切削工具，是用来剖切导线、电缆的绝缘层、切割木台缺口、削制木枕、绳索的专用工具。电工刀有普通型和多用型两种。电工刀的外形如图 1.42 所示。

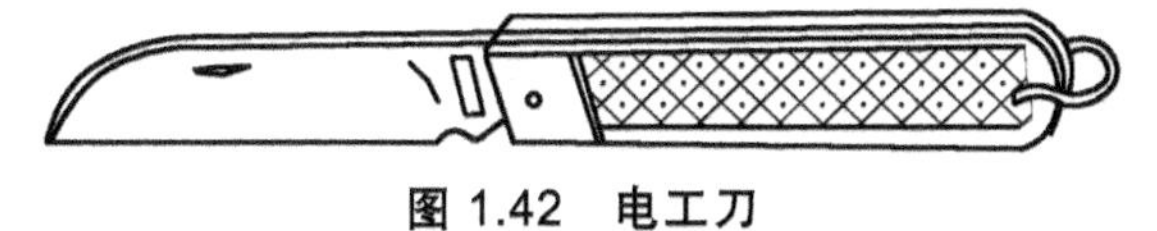

图 1.42　电工刀

使用电工刀时应注意：

（1）使用电工刀，应将刀口向外剖削，剖削导线绝缘层时，应使刀面与导线成较小锐角，以免损伤芯线。

（2）电工刀使用时应注意避免伤手。使用完毕后，应随时将刀身折进刀柄。

（3）电工刀的刀柄不是用绝缘材料制成，所以不能再带电导线或器材上剖削。

（四）螺钉旋具

螺钉旋具俗称“起子”、“螺丝刀”，用来拧紧或旋下螺钉。按照其功能和头部形状的不同一般可分为一字形和十字形。电工不可使用金属杆直通柄顶的螺钉旋具（俗称通芯螺丝刀），应在金属杆上加套绝缘层。

二、线路安装工具

（一）尖嘴钳

尖嘴钳的头部尖细（见图 1.43）。适应于狭小的工作空间或带电操作低压电气设备；尖嘴钳也可用来剪断细小的金属丝。它适应于电气仪表制作或维修。在安装控制线路时，尖嘴钳能将单股导线弯成接线端子（线鼻子），有刀口的尖嘴钳还可剪断导线、剥削绝缘层。尖嘴钳的绝缘柄耐压为 500 V，其规格以全长表示，有 130 mm、160 mm、180 mm 和 200 mm 四种。

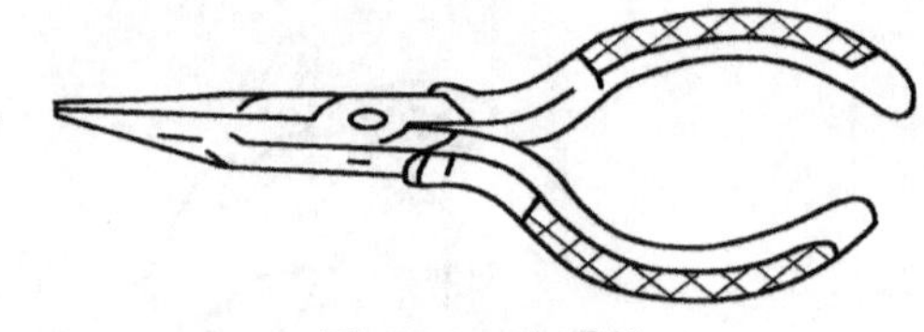

图 1.43　尖嘴钳

（二）断线钳和剥线钳

1. 断线钳

断线钳 [见图 1.44（a）] 的头部“扁斜”，因此又叫斜口钳、扁嘴钳或剪线钳，是专供剪断较粗的金属丝、线材及导线、电缆等用的。它的柄部有铁柄、管柄、绝缘柄之分，绝缘柄耐压为 1 000 V。

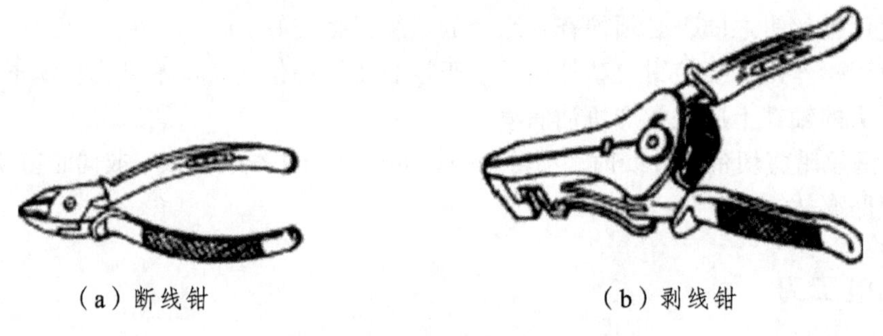

（a）断线钳　　（b）剥线钳

图 1.44　断线器和剥线钳

2. 剥线钳

剥线钳是用来剥落 6 mm^2 以下电线端部塑料线或橡皮绝缘的专用工具。它由钳头和手柄两部分组成，如图 1.44（b）所示。钳头部分设有几个刃口，用以剥落不同线径的导线绝缘层。其柄部是绝缘的，耐压为 500 V。使用时，电线必须放在大于其线芯直径的切口上剥，否则会切伤线芯。

（三）导线压接钳

导线压接钳是连接导线时将导线与连接管压接在一起的专用工具，分为手动压接钳和手提式油压钳两类，如图 1.45 所示。

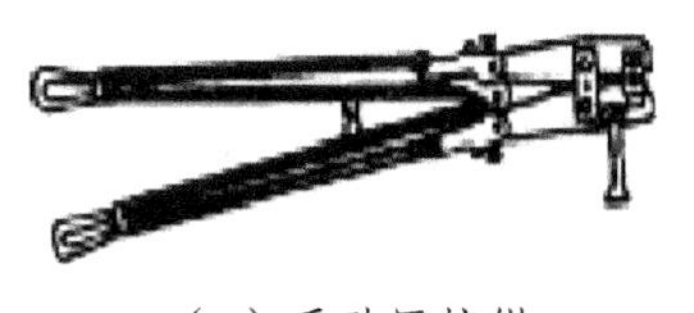

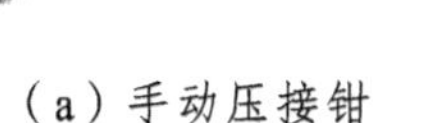

（a）手动压接钳

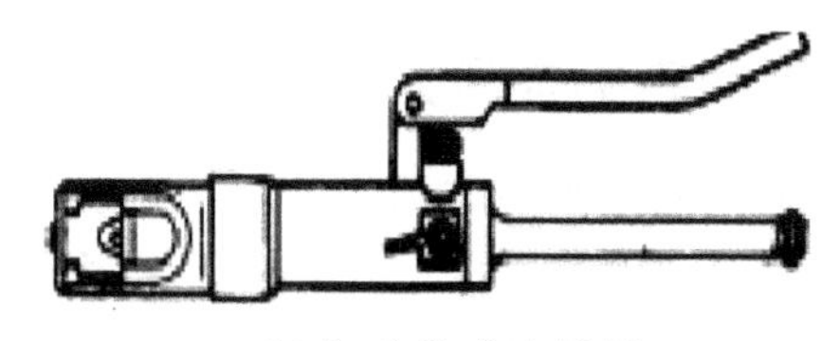

（b）手提式油压钳

图 1.45　导线压接钳

三、万用表

万用表又叫多用表、复用电表，它是一种可测量包括直流电压、直流电流、交流电压和电阻、电容量、电感量等多电量的多量程便携式仪表。由于它具有测量种类多、测量范围宽、使用和携带方便、价格低等优点，因而常用来检验电源或仪器的好坏，检查线路的故障，判别元器件的好坏及数值等，应用十分广泛。

（一）万用表的基本结构及外形

1. 模拟式万用表

模拟式万用表又称指针式万用表。模拟式万用表的基本结构分为指示部分（俗称表头）、测量电路、转换装置三部分组成。表头是一只高灵敏度的磁电式直流电流表；测量电路是把被测的电量转换为适合表头要求的微小直流电流，通常包括分流电路、分压电路和整流电路；转换装置通过各触点的接通来实现对不同种类电量的测量及量程的选择。模拟式万用表面板如图 1.46 所示。

2. 数字式万用表

数字式万用表由液晶显示屏、量程转换开关、表笔插孔等组成。数字式万用表面板如图 1.47 所示。

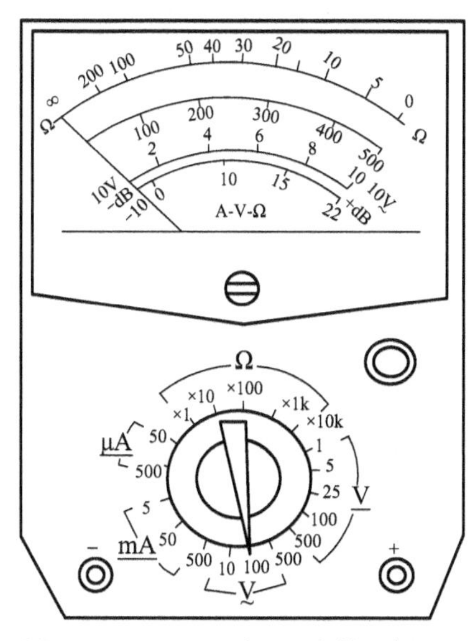

图 1.46　MF-30 型万用表的面板图

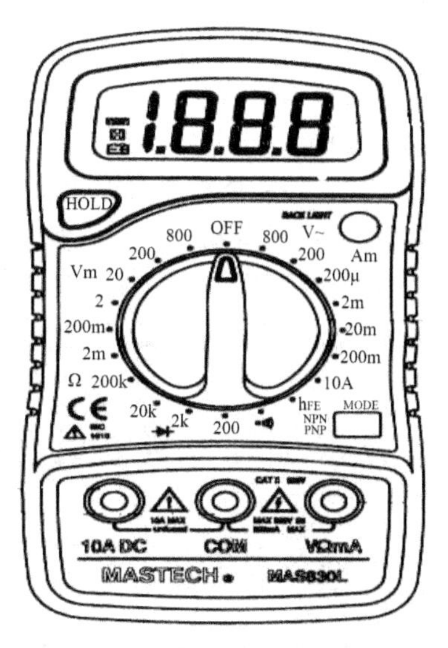

图 1.47　MAS830 L 数字万用表的面板图

（二）万用表的使用方法

（1）首先应根据所要求测量的项目和精确度，以及经济许可来选择万用表。通常根据灵敏度高；电压、电流挡的基本误差小；测量项目多，量程范围大；转换开关良好等原则来选择。

（2）插孔选择要正确。指针式万用表黑色表笔连接线接到标有“－”号插孔内，红色表笔连接线接到标有“＋”号插孔内。数字万用表黑色表笔插入 COM 插孔，红色表笔插入相应的被测电量插孔。

（3）转换开关位置选择要正确。根据测量对象将转换开关转到需要的位置上，使用时先选择测量种类，然后选择测量量程。量程的选择要合适，对指针式万用表应尽量使表头指针偏转到刻度尺满刻度偏转的 2/3 左右。若事先无法估计被测量的大小，可在测量中从最大量程挡逐渐减小到合适挡位。

（4）用指针式万用表测量电阻的正确方法。

① 严禁在被测电路带电的情况下测量电阻（特别严禁用万用表直接测电阻内阻）。被测电阻不能带电，以免损坏表头。如果被测电路中有大容量电解电容器，应先将该电容器正、负极短接放电，避免积存的电荷通过万用表泄放，导致表头损坏。

② 调零。测量前或每次更换倍率挡时，都应重新调整欧姆零点。即将两表笔短路，同时转动“调整旋钮”，使表头指针准确指在欧姆标度尺的零位上。如果指针不能调到零位，说明表内电池电压太低需要更换。在测量间歇，应注意不要使两支表笔相接触，以免短路空耗表内电池。

③ 选择合适的欧姆挡。由于电阻标度尺的刻度是不均匀的，在测量电阻时，应使指针指在刻度线较稀的部分为宜，即标度尺的几何中心，越往左端阻值的刻度越密，读数误差就越大，准确度越差，故应尽量避免选择使指针停在标度尺左端的倍率挡。

（5）使用注意事项。

① 仪表只能和所配备的测试笔一起使用才符合安全标准的要求。如测试笔破损需更换，必须换上同样型号或相同电气规格的测试笔。在使用过程中，手不可触及测试笔的金属部分，以保证安全和测量的准确度。

② 切勿超过每个量程所规定的输入极限值。数字万用表如果显示器只显示“1”，这表示已经过量程，功能量程开关应置于更高量程。

③ 指针式万用表用毕，应使转换开关在交流电压最大挡位或空挡上。

④ 数字式万用表在测试晶体管前，必须确保测试笔没有连接到任何被测电路。在用测试笔测量电压前，必须确保没有电源连接在晶体管测试座上。

拓展训练　导线的直线连接、“T”字连接及绝缘的恢复

一、训练目的

（1）学会单芯铜导线的连接方法；

（2）学会绝缘恢复的方法。

二、学习内容

1. 单芯铜导线的直线连接

截面较小的导线，连接时把两根线端作 X 形相交，然后互相绞合 2 ~ 3 圈后，扳直两线端，将每线端在线芯上紧贴并缠绕 6 圈。多余的线端剪去，并钳平切口毛刺，如图 1.48（a）所示。截面较大的导线，用连接线（绑线）缠绕连接，把需要连接的两根线端并靠在一起，中间填一根同径线芯，然后用连接线从中部开始向两头紧密缠绕，如图 1.48（b）所示。

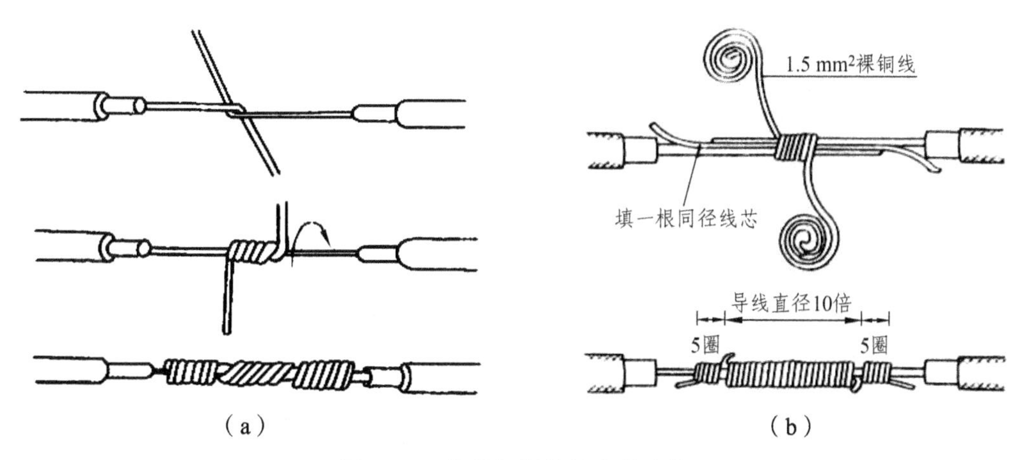

图 1.48　单芯铜导线的直线连接

2. 单芯铜导线的“T”字连接

连接时，要把支线芯线线头与干线芯线十字形相交，使支线芯线根部留出 3 ~ 5 mm。线径为 2 mm 及以下的芯线按图 1.49（a）所示方法，环绕成结状，再把支线线头抽紧扳直，然后紧密地缠绕 8 ~ 10 圈，剪去多余芯线，钳平切口毛刺。线径为 2 mm 以上的芯线，把支线芯线线头与干线芯线十字形相交，直接将支线芯线线头在干线芯线上紧密地缠绕 8 ~ 10 圈，剪去多余芯线，钳平切口毛刺，如图 1.49（b）所示。

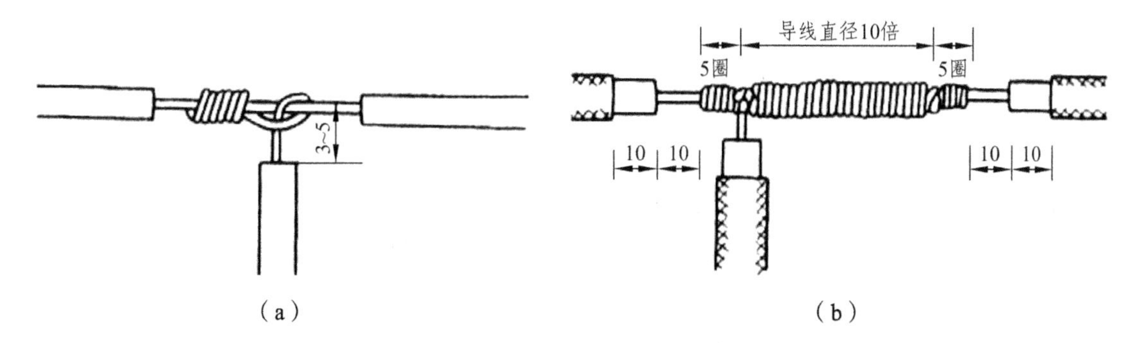

图 1.49　单芯铜导线的“T”字连接

3. 绝缘恢复

首先根据导线的工作电压选择绝缘带的类型和缠绕层数。如果工作电压 220 V，用黑胶布缠绕两层；工作电压 380 V 时，首先用塑料绝缘带缠绕一层，然后用黑胶布缠绕一层。

从线芯绝缘层开始处向有绝缘方向以两个绝缘带带宽的距离作为起点，将绝缘带向缠绕方向倾斜，并与芯线成 55°夹角，在缠绕中后一圈应压住前一圈的一半，最后在另一端以线芯绝缘层开始处向有绝缘方向以两个绝缘带带宽的距离作为终点结束缠绕。

三、仪表仪器、工具

尖嘴钳（钢丝钳）、电工刀、剥线钳、绝缘带、BV 1.5 mm^2 导线。

四、训练内容（见表 1.5）

表 1.5 训练内容

内容	技能点	训练步骤及内容	训练要求
直线连接	1. 绝缘层去除方法 2. 连接方法	1. 根据导线类型和规格选择绝缘层剖削工具； 2. 根据导线规格确定剖削长度； 3. 根据连接方法进行导线连接	连接处要有足够的机械强度、良好的电连接
“T”字连接	1. 绝缘层去除方法 2. 连接方法	1. 根据导线类型和规格选择绝缘层剖削工具； 2. 根据导线规格确定剖削长度； 3. 根据连接方法进行导线连接	连接处要有足够的机械强度、良好的电连接
绝缘恢复	恢复方法	1. 根据导线的工作电压，确定绝缘带的类型和缠绕的层数； 2. 确定起点位置，然后按方法进行绝缘恢复，最后在终点结束	连接处要有足够的绝缘强度和完整的绝缘层

习　题

一、填空题

1. 电气控制系统图一般分为_______、_______、_______三种。

2. 电气原理图一般分为_______和_______两部分，辅助电路又分为_______和_______、_______等。

3. 低压电器通常指工作在交流______V 以下，直流_______V 以下的电路。

4. 电磁式电器是由_________、__________和__________组成。

5. 低压断路器又称__________，当电路发生______、______或_____等故障时，能自动切断电路。

6. 常用的主令电器有________、________、________、万能转换开关等几种。

7. 交流接触器的结构是由________、________、________等部分组成。

8. 电工常用工具分为_________、___________和_________三大类。

9. 验电器又叫_______，分为_______和_______两种。

10. 表通常能测量________、________、________和________等。

二、选择题

1. 机构中，吸引线圈的作用是（　　）。

A. 将电能转换成磁场能量　　B. 将磁场能量转换成电能

C. 将电能转换成电场能量

2. 中间继电器的电气符号是（　　）。

A. SB　　B. KT　　C. KA　　D. KM

3. 自动空气开关的电气符号是（　　）。

A. SB　　B. QF　　C. FU　　D. FR

4. 分析电气原理图的基本原则是（　　）。

A. 先分析交流通路　　B. 先分析直流通路

C. 先分析主电路，后分析辅助电路　　D. 先分析辅助电路，后分析主电路

5. 时间继电器除具有延时触头外，还有（　　）触头。

A. 小电流　　B. 大电流　　C. 灭弧　　D. 瞬时

6. 刀开关垂直安装时，手柄（　　）时为合闸状态。

A. 向上　　B. 水平　　C. 向下

7. 组合开关一般用于直流（　　）。

A. 220 V　　B. 380 V　　C. 1 000 V

8. 把线圈额定电压为220 V的交流接触器线圈误接入380 V的交流电源上会发生的问题是（　　）。

A. 接触器正常工作　　B. 接触器产生强烈震动

C. 烧毁线圈　　D. 烧毁触头

9. 熔体熔化时间的长短取决于通过电流的大小和（　　）。

A. 电流通过的时间　　B. 熔体熔点的高低

C. 电源电压的大小

10. 验电器验电时如果氖管内的金属丝单根发光，则是（　　）电。

A. 交流　　B. 直流　　C. 交、直流

三、问答题

1. 什么是低压电器？按用途可分为哪些类型？

2. 试比较刀开关与铁壳开关的差异及各自用途。

3. 继电器和接触器有何异同？

4. 热继电器和熔断器的作用有何不同？

5. 低压电器常用的灭弧方法有哪些？

6. 选择交流接触器时，应主要考虑哪些参数？

7. 熔断器的额定电流和熔体额定电流两者有何区别？

8. 空气式时间继电器的延时时间如何调节？

9. 两台电动机不同时启动，一台电动机额定电流为14.8 A，另一台电动机额定电流为6.47 A，试选择同时对两台电动机进行短路保护的熔断器，其额定电流及熔体额定电流分别是多少？

10. 一台长期工作的三相交流异步电动机的额定功率为13 kW，额定电压为380 V，额定电流为25.5 A，试按电动机额定工作状态选择热继电器的型号和规格，并说明热继电器整定电流的数值是多少？

项目二 电气控制基本环节

【项目任务单】

<table>
<tr><td>项目任务</td><td colspan="2">继接控制线路</td><td>参考学时</td><td>10</td></tr>
<tr><td>项目描述</td><td colspan="4">生产设备的工作几乎都是由电动机来拖动的，电气控制就是对拖动系统实施控制，其常用的方式是继电器-接触器控制，它采用接触器、继电器、按钮等低压电器组成控制电路和控制系统。本项目围绕电气控制系统图和低压电器的知识展开学习，掌握低压电气设备的选用与安装，掌握控制线路的识读与工艺要求，能熟练使用常用电工仪器仪表</td></tr>
<tr><td rowspan="3">项目任务目标</td><td>专业知识</td><td colspan="3">1. 点动控制原理与电路构成
2. 长动控制原理与电路构成
3. 电动机正反转控制原理
4. 自动往返控制原理与应用
5. 降压启动控制原理与电路构成
6. 电动机高速控制原理
7. 电动机控制控制原理</td></tr>
<tr><td>专业技能</td><td colspan="3">1. 控制线路的分析
2. 控制线路安装工艺
3. 控制线路故障检测的基本方法
4. 简单控制线路设计
5. 典型继接控制线路的检查和维修</td></tr>
<tr><td>职业素养</td><td colspan="3">1. 严谨的学习态度，科学的求索精神
2. 遵守安全文明操作规范，养成爱护电气设备和仪器的习惯
3. 团队协作能力、组织协调能力
4. 高度的责任心、事业心</td></tr>
<tr><td>任务完成评价</td><td colspan="4">1. 电气系统图的识读和绘制
2. 常用低压电器的选用
3. 常用电工工具及仪表的使用</td></tr>
</table>

任务一 电动机全压启动控制

因受交流异步电动机启动电流的影响，异步电动机启动方法有全压启动和降压启动两种。通常 10 kW 以下的异步电动机都可以全压启动，即启动时电动机的定子绕组直接接在额定电压的交流电源上，也称直接启动。全压启动也可用下面的经验公式进行判断，电源容量满足下式要求时也可以全压启动：

$$\frac{I_{st}}{I_N} \leqslant \frac{3}{4} + \frac{S_N}{4P_N}$$

式中 I_{st}——电动机的启动电流，A；

I_N——电动机的额定电流，A；

S_N——电源容量，一般指变压器容量，kV·A；

I_N——电动机的额定功率，kW。

一、手动控制

如图 2.1 所示为手动控制的三相异步电动机单相旋转控制线路图。工作原理为：合上电源开关 QS，电动机得电运行，断开开关则失电停止。电源开关一般采用负荷开关或胶盖开关，用于小容量电动机的控制，熔断器起短路保护作用。这种控制方式的特点是电气线路简单，但操作不方便、不安全，不能进行自动控制。

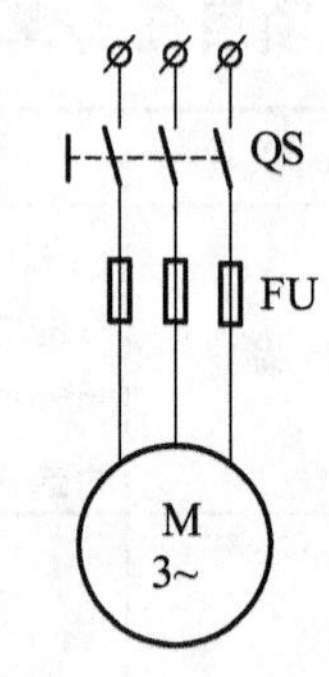

图 2.1 三相异步电动机手动控制线路图

二、点动控制

如图 2.2 所示为三相异步电动机的点动控制线路图。工作原理为：电动机启动时，合上电源开关 QS，再按下启动按钮 SB，接触器 KM 线圈获电，KM 主触头闭合，电动机得电转动；松开按钮，接触器线圈 KM 失电，主触头断开，电动机断电停止。

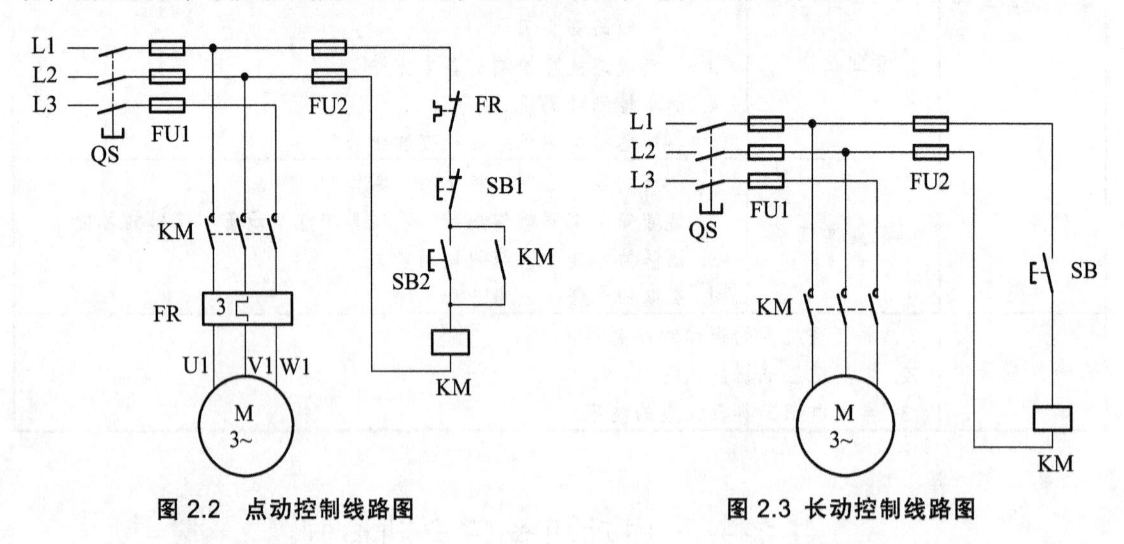

图 2.2 点动控制线路图　　**图 2.3 长动控制线路图**

三、长动控制

1. 工作原理

如图 2.3 所示为三相异步电动机长动控制线路图。工作原理为：合上电源开关 QS，按下启动按钮 SB1，接触器 KM 线圈获电，其主触头闭合，电动机得电运转，同时其常开辅助触头与主触头一起闭合，即使松开启动按钮，接触器线圈仍能保持通电状态。这种靠接触器自身辅助触头使线圈保持通电的现象称为自锁，起自锁作用的辅助触头称为自锁触头。

2. 电路的保护环节

该控制线路具有短路保护、过载保护和欠压、失压保护等功能。

短路保护电器是熔断器 FU。

过载保护电器是热继电器 FR。当电路发生过载，热继电器的热元件 FR 发热，使连接在控制电路中的动断触头 FR 断开，接触器 KM 线圈失电，主触头断开，电动机失电停止。

失压、欠压保护电器是接触器 KM。当电源突然断电或电压严重下降时，接触器 KM 失电或因电压不足致使衔铁释放，其主触头和自锁触头同时复位，电动机失电停转。当电源电压恢复正常时，若不按下启动按钮，则电动机不能自行启动。

任务二　电动机正反转控制线路

生产设备中，往往要求运动部件具有两个相反的运动方向。例如，机床工作台的前进与后退，主轴的正反装，起重机的提升与下降等，这就要求电动机能实现正反转。实现上述要求，必须要两个交流接触器来控制同一台电动机。主电路由正、反转接触器 KM1、KM2 的主触头来实现电动机三相电源任意两相的调换。如图 2.4 所示为接触器控制电动机正反转控制线路图。

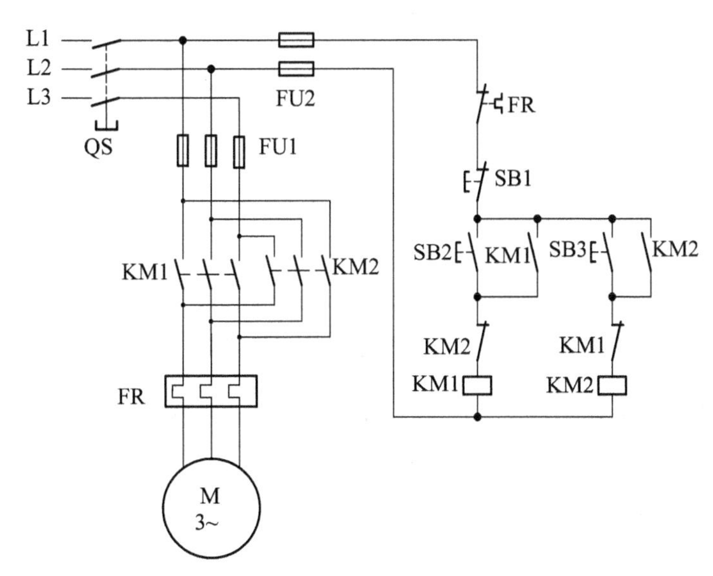

图 2.4　接触器控制电动机正反转控制线路

工作原理为：合上电源开关 QS，当需要正转启动时，按下启动按钮 SB2，接触器 KM1 线圈获电，其主触头和自锁触头闭合，电动机得电正向连续旋转；当需要电动机反转时，先按下停止按钮 SB1，接触器 KM1 线圈失电，主触头和自锁触头断开，电动机停转，再按下启动按钮 SB3，接触器 KM2 线圈获电，其主触头和自锁触头闭合，电动机得电反向连续旋转。按下按钮 SB1，电动机失电停止。

该电路的优点是：在控制电路中，分别将 KM1、KM2 常闭触头串接在对方线圈电路中，形成相互制约的控制关系，简称互锁控制（又称联锁控制），触头称互锁触头。互锁触头的作用是保证 KM1 和 KM2 线圈不同时获电，电源不会发生短路事故。

该电路的缺点是：电动机在转动中需要改变转动方向时，必须先按下停车按钮，然后才能进行反相操作。这就给操作带来不方便。为了操作方便、安全可靠，在图 2.4 的基础上增加了按钮联锁功能，如图 2.5 所示，主电路不变，控制电路增加正、反转按钮的常闭触头串在对方电路中，这种互锁称为按钮互锁，又称机械互锁。这种具有双重互锁的控制电路可以实现不按停止按钮改变电动机转动方向。这是因为按钮互锁触头可实现先断开正在运行的电路，再接通反向运转电路。

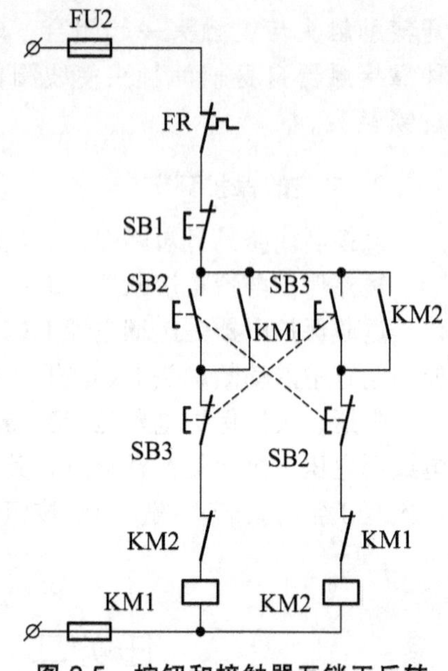

图 2.5　按钮和接触器互锁正反转控制电路

正反转控制电路的应用举例——工作台自动往返控制

在生产上，某些机床设备的工作台或刀具拖板等部件需要自动往返运行，而自动往返运动通常是利用行程开关来控制行程，检测位置，并由此来控制电动机频繁地正反转或电磁阀的通断电，从而实现生产机械的自动往返。图 2.6（a）为工作台往返运动示意图。图中设置了两个位置开关 SQ1，SQ2，并把它们安装在工作台的起点和终点，并实现工作台正反向运行的换向。SQ3、SQ4 分别为正、反向限位保护开关。图 2.6（b）为自动往返循环控制线路图。

工作原理为：先合上电源开关 QS，按下正转启动按钮 SB2，KM1 线圈得电，KM1 主触点闭合并自锁，电动机正转，拖动工作台前进向右运动，至限定位置撞块压下行程开关 SQ1，SQ1 常闭触头先断开，SQ1 常开触头后闭合，前者使 KM1 线圈失电，工作台停止右移，后者使 KM2 线圈得电，KM2 主触点闭合并自锁，电动机反转，拖动工作台后退向左运动，以后重复上述过程，工作台就在限定的行程内自动往返运动。当行程开关 SQ1、SQ2 失灵时，电动机换向无法实现，为避免运动部件超出极限位置发生事故，需在正、反转控制电路中加入 SQ3、SQ4 行程开关的常闭触头作为限位开关，撞块在运动方向上压下相应的限位开关，使接触器线圈断电释放，电动机停转，工作台停止移动。

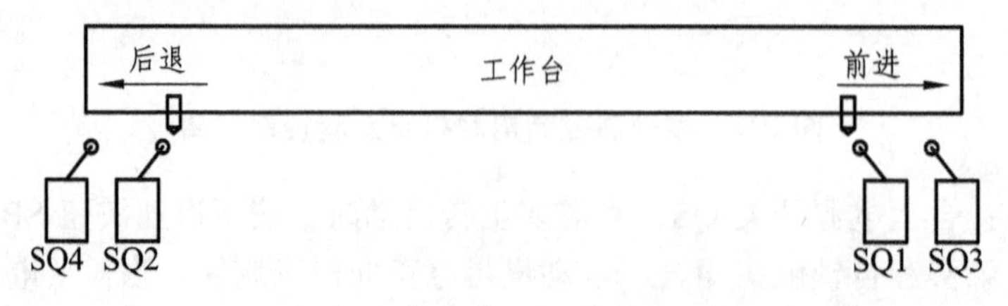

（a）工作台往返运动示意图

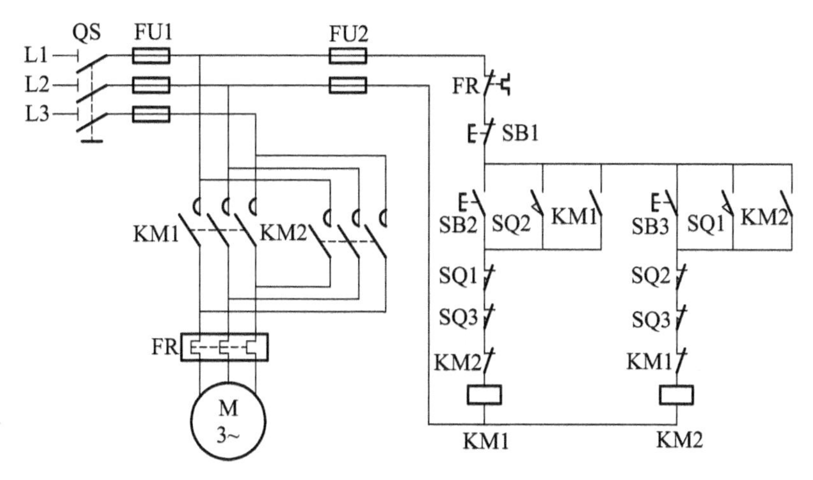

（b）自动往返循环控制线路图

图 2.6　工作台自动往返控制

任务三　电动机降压启动控制

三相异步电动机的容量超过 10 kW 时，启动电流大，线路压降大，负载端电压降低，影响启动电动机附近电气设备的正常运行，因此一般采用降压启动。降压启动是指启动时降低加在电动机定子绕组上的电压，待电动机启动起来后再将电压恢复到额定值。降压启动可以减小启动电流，减小了启动对线路的影响，但电动机的启动转矩也将下降，故降压启动仅适用于电动机的空载或轻载启动。常用的降压方法有星形-三角形启动、自耦变压器降压启动、软启动（固态减压启动器）、延边三角形启动等。本教材重点介绍 Y-△启动和自耦变压器启动两种方法。

一、Y-△启动

Y-△降压启动适用于正常运行时定子绕组接成三角形的笼型三相异步电动机。启动时，定子绕组先接成星形，待电动机转速上升到接近额定转速时，再将定子绕组换接成三角形，电动机在全压下正常运行。图 2.7 为 Y-△降压启动控制线路图。

工作原理为：合上电源开关 QS，按下 SB2，KM、KM1 和 KT 线圈同时获电并自锁。KM、KM1 常开主触头闭合，电动机定子绕组接成 Y 形接入三相交流电源进行降压启动；同时 KT 延时为启动转换到运行做准备。当电动机转速接近额定值时，KT 动作，其通电延时常闭触头断开，KM1 线圈断电，各触头复位，同时 KT 通电延时常开触头闭合，KM2 线圈得电，其 KM2 常开主触头和自锁触头闭合，电动机定子绕组接成△形连接，电动机进入全压运行状态；KM2 常闭辅助触头断开，使 KT 线圈断电，避免时间继电器长期工作。KM1、KM2 常闭辅助触头为互锁触头，防止定子绕组同时接成 Y 形和△形造成电源短路。按下 SB1，KM、KM2 线圈失电，电动机断电停止。

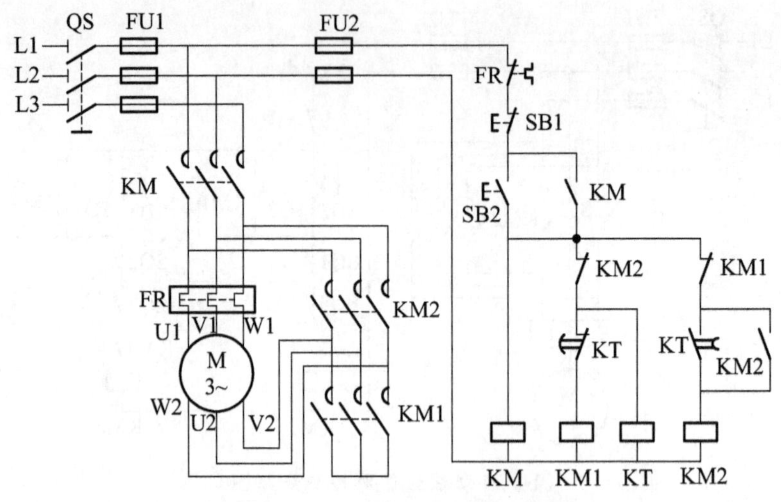

图 2.7　Y-△降压启动控制线路图

二、自耦变压器降压启动

自耦变压器按星形联结接线，启动时将自耦变压器一次侧接在电源电压上，电动机定子绕组接在自耦变压器二次侧，这样电动机在启动时获得的是自耦变压器的二次电压。启动一定时间，待电动机转速接近额定值时，再将电动机定子绕组接在电源电压上即额定电压上进行正常运行。自耦变压器启动适用于较大容量电动机的空载或轻载启动。实际应用中，自耦变压器二次侧有三个抽头，用户可根据供电系统和机械负载所需的启动转矩来选择。

图 2.8 为自耦变压器降压启动控制线路图。该图由主电路、控制电路和指示电路组成。KM1 为降压启动接触器，KM2 为全压运行接触器，中间继电器 KA 用以增加触头个数和提高控制电路设计的灵活性，HL2 为降压启动指示灯，HL1 为全压运行指示灯，HL3 为电源指示灯。

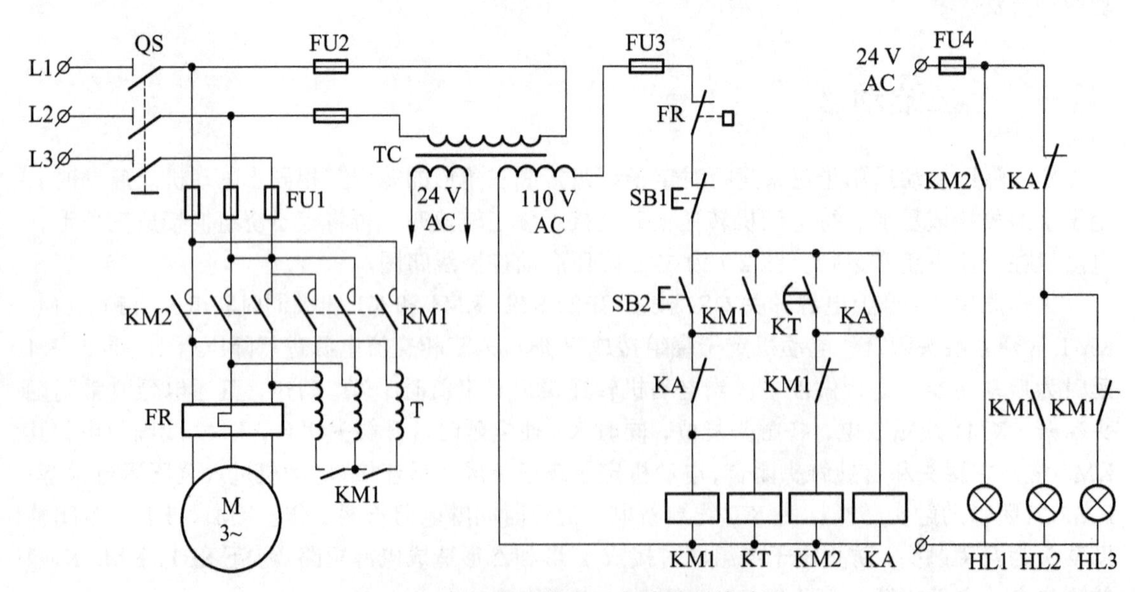

图 2.8　自耦变压器降压启动控制线路图

工作原理为：合上电源开关，HL3 灯亮，表明电源电压正常。按下启动按钮 SB2，KM1、KT 线圈同时通电并自锁，电动机由自耦变压器二次电压供电作降压启动，同时指示灯 HL3 灭，HL2 亮，显示电动机正进行降压启动。当 KT 延时时间到，其通电延时常开触头闭合，KA 线圈通电并自锁，同时 KM1 线圈失电，自耦变压器从电路切除，KM2 线圈获电，电动机定子绕组接入电源电压并正常全压运行。HL2 指示灯灭，HL1 指示灯亮，表面降压启动结束。

任务四　电动机电气调速控制

由笼型三相异步电动机的转速公式 $n=60f_1(1-s)/p_1$ 可知，三相异步电动机的调速方法有变极对数、变转差率和变频调速三种。变极调速一般仅适用于笼型异步电动机，变转差率调速可通过调节定子电压、改变转子电路中的电阻及采用串级调速来实现。变频调速是现代电力传动的一个主要发展方向。下面仅对改变双速笼型异步电动机磁极对数调速方法做介绍。

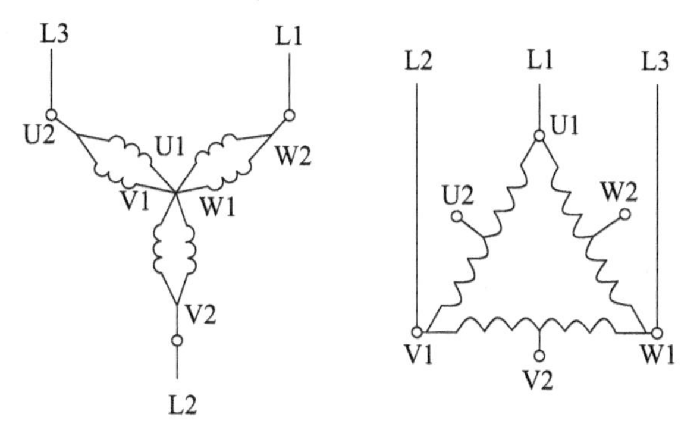

图 2.9　△/YY 双速电动机定子绕组接线图

双速电动机是靠改变定子绕组的连接，可以得到两种不同的磁极对数，从而获得两种不同的转速。双速电动机定子绕组常见的接法有 Y/YY 和△/YY 两种。图 2.9 为△/YY 的双速电动机定子绕组接线图。图 2.10 为双速电动机变极调速控制线路图，定子绕组为△形连接时为低速，Y 形连接时为高速。

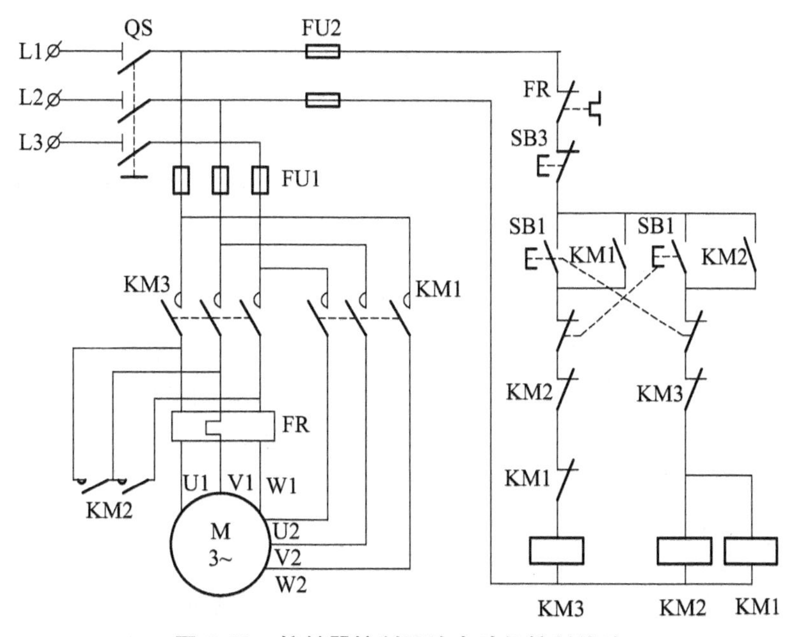

图 2.10　接触器控制双速电动机控制线路

工作原理为：合上电源开关 QS，按下 SB1，KM3 线圈得电，KM3 常开主触头和自锁触头闭合，联锁触头断开，电动机定子绕组与电源连接，电动机在定子绕组为△形连接下低速启动并连续运行，同时联锁触头保证高速控制支路不被同时接通，避免电源短路。若要高速运行，按下 SB2，KM3 线圈断电，主触头和辅助触头均复位，然后 KM2、KM1 线圈同时得电，KM2 常开主触头闭合，电动机定子绕组作 YY 连接，KM1 常开主触头闭合，电动机接通电源高速启动并连续高速运行，同时 KM2、KM1 的联锁触头断开，保证低速控制支路不被同时接通，避免电源短路。SB3 为停止按钮，控制电动机断电停车。双速笼型异步电动机在改变磁极对数调速时应注意，在改变定子绕组连接方式的同时，必须改变定子绕组接电源的相序，避免调速时，出现电动机反转的现象。

任务五　电动机电气制动控制

由于机械惯性，三相异步电动机从切断电源到完全停止转动需要一定的时间。这样不能满足某些生产机械需要迅速停车的工艺要求。为了满足工艺要求同时提高生产率，工程上常常采用一些能使电动机迅速、准确停车的措施，称之为制动。停车制动的类型有机械制动和电气制动两大类。机械制动是用机械装置产生机械力使电动机迅速停车；电气制动是产生一个是实际旋转方向相反的电磁转矩来使电动机迅速停车。电气制动有反接制动、能耗制动、再生制动以及派生的电容制动等。这些方法各有特点，适用于不同场合。下面介绍几种典型的制动控制线路。

一、反接制动控制

反接制动是利用改变异步电动机定子电路的电源相序，使定子绕组产生相反方向的旋转磁场和电磁转矩促使电动机迅速停车的一种制动方法。这种方法制动转矩大，制动迅速，但制动电流冲击大，适用范围小，通常适用于 10 kW 及以下的小容量电动机。由于反接制动时，转子与定子旋转磁场的相对转速接近两倍的电动机的同步转速，所以定子绕组中流过的反接制动电流相当于全压启动时启动电流的两倍。为了减小制动冲击和防止电动机过热，通常在电动机定子电路中串入反接制动电阻。另外，当电动机转速接近为零时，要及时切断电源，避免电动机反向启动，通常用速度继电器来检测电动机转速并控制电动机反相序电源的断开。下面以单向反接制动为例，分析其工作原理，单向反接制动控制线路如图 2.11 所示。

工作原理：KM1 是电动机单向运行接触器，KM2 是反接制动接触器，KS 是速度继电器，R 是反接制动电阻。电动机正常运转时，按下 SB2，KM1 通电吸合，电动机启动并运行，当与电动机由机械连接的速度继电器 KS 转速超过其动作值 120 r/min 时，其 KS 的常开触点闭合，为反接制动作准备。停止时，按下停止按钮 SB1，KM1 断电，电动机定子绕组脱离三相电源，电动机因惯性仍以很高速度旋转，KS 常开触点仍保持闭合，将 SB1 按到底，使 SB1 常开触点闭合，KM2 通电并自锁，电动机定子串接电阻接上反相序电源，进入反接制动状态。电动机转速迅速下降，当电动机转速接近 40 r/min 时，KS 常开触点复位，KM2 断电，电动机断电，反接制动结束。

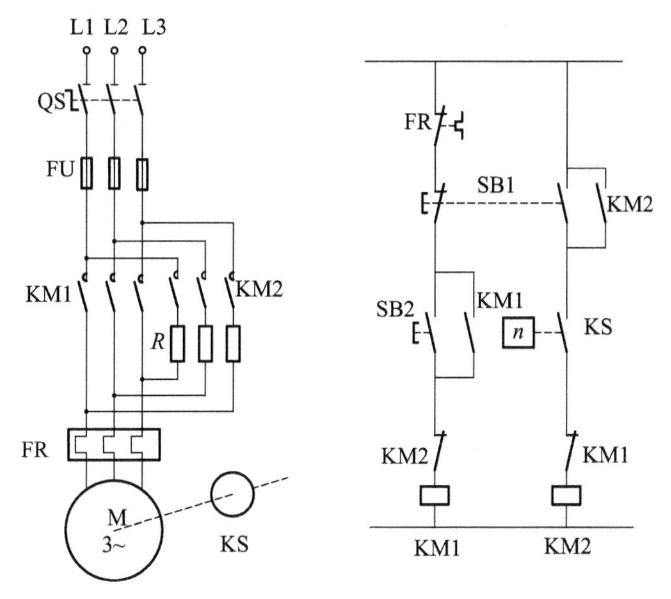

图 2.11　单向反接制动控制线路

二、能耗制动控制

能耗制动是在电动机脱离三相交流电源后，给定子绕组及时通入直流电源，以产生静止磁场，利用转子感应电流和静止磁场相互作用产生的并与转子惯性转动方向相反的电磁转矩对电动机进行制动的方法。这种方法控制电路简单，能耗小，实际应用较多，适用于电动机容量大，要求制动平稳和制动频繁的场合。图 2.12 为按时间原则控制的单向能耗制动线路图。

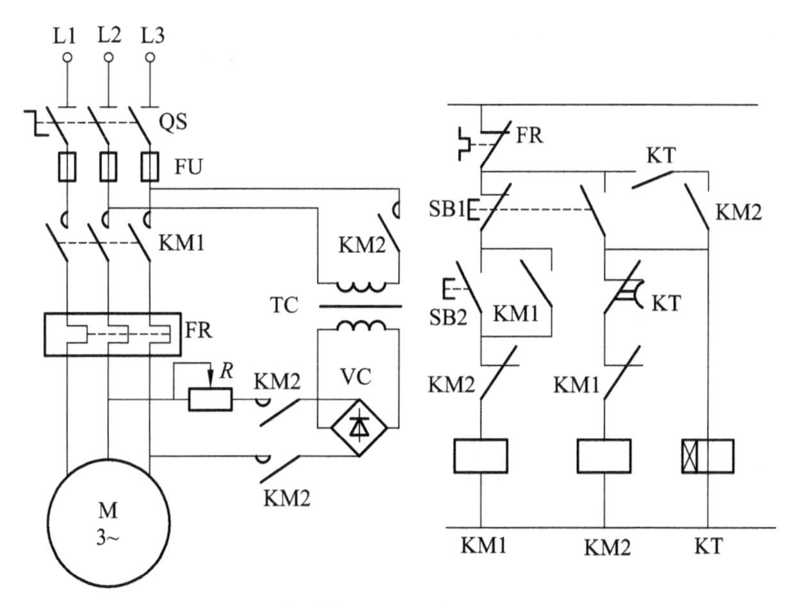

图 2.12　全波整流单向能耗制动控制线路

工作原理：合上 QS，按下 SB2，KM1 线圈获电，KM1 主触头闭合并自锁，电动机全压启动并连续运行。停车时，按下 SB1，KM1 线圈断电，各触头复位，电动机断开三相交流电源。同时，KM2、KT 线圈同时通电并自锁，KM2 主触头将电动机定子绕组接入直流电源进行能耗制动，电动机转速迅速降低，当转速接近零时，KT 延时时间到，KT 常闭延时断开触头断开，KM2、KT 线圈断电释放，能耗制动结束。

图中 KT 的瞬时常开触头与 KM2 自锁触头串接，其作用是：当发生 KT 线圈断电或机械卡住故障，致使 KT 常闭通电延时断开触头断不开，常开瞬时触头也合不上时，只有按下停止按钮 SB1，成为点动能耗制动。若无 KT 的常开瞬时触头串接 KM2 常开触头，在发生上述故障时，按下 SB1 后，将使 KM2 线圈长期通电吸合，使电动机定子绕组长期接入直流电源。

任务六　多台电动机顺序控制

在有多台电动机驱动的生产设备上，往往要求电动机的启动和停止按一定的先后顺序进行，以实现设备的运行要求和安全，这种控制方式成为电动机的顺序控制，也称电动机联锁控制。顺序控制可在主电路实现，也可在控制电路中实现。

主电路中实现两台电动机顺序启动的电路如图 2.13 所示。图中电动机 M1、M2 分别由接触器 KM1 和 KM2 控制，但电动机 M2 的主电路接在接触器 KM1 主触头的下方，只有在 M1 电动机启动后，才能启动 M2 电动机，从而实现 M1 先启动 M2 后启动的控制。

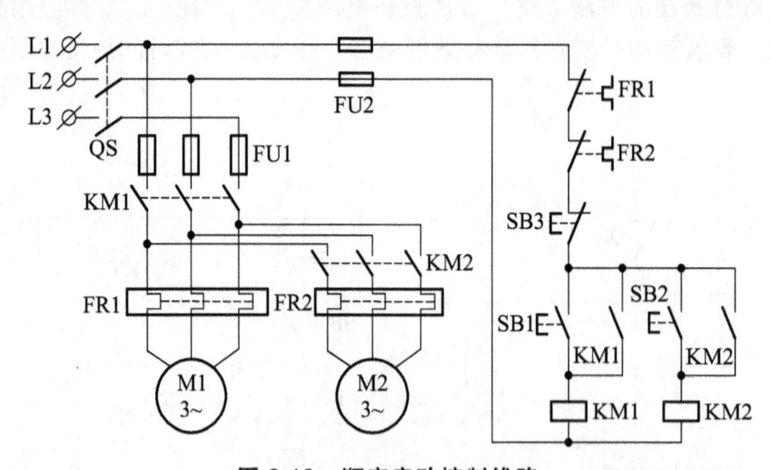

图 2.13　顺序启动控制线路

顺序控制也可在控制电路实现，图 2.14 为两台电动机顺序控制线路图。电动机 M2 的控制电路先与接触器 KM1 的线圈并接后再与接触器 KM1 自锁触点串联，这样就保证了 M1 启动后，M2 才能启动的顺序控制要求。

工作原理：合上电源开关 QS，按下启动按钮 SB1，接触器 KM1 线圈得电，接触器 KM1 主触点闭合，电动机 M1 启动连续运转。再按下按钮 SB2，接触器 KM2 线圈得电，接触器 KM2 主触点闭合，电动机 M2 启动连续运转。按下按钮 SB3，控制电路失电，接触器 KM1

和 KM2 线圈失电，主触点分断，电动机 M1 和 M2 失电同时停转。

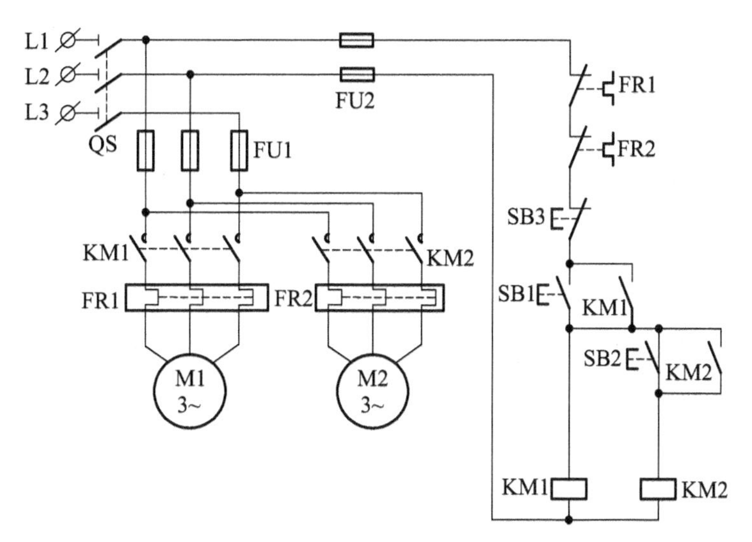

图 2.14　控制电路实现电动机顺序启动控制线路图

任务七　电动机多地控制

在一些大型生产机械和生产设备上，要求操作人员能在多个地点对电动机进行控制，即电动机多地控制。多地控制是用多组启动按钮和停止按钮来进行的。按钮连接的原则是：启动按钮并联；停止按钮串联。图 2.15 为两地控制电路图。

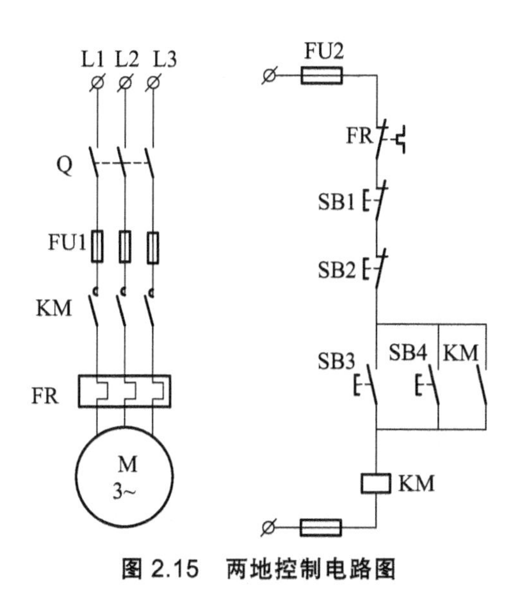

图 2.15　两地控制电路图

技能训练一　三相异步电动机单向旋转控制线路安装

一、训练目的

（1）电气原理图的识图方法；

（2）低压电器的选择和安装方法；

（3）电气控制线路的安装工艺。

二、仪表仪器、工具

万用表、剥线钳、一般电工工具、电笔、电气控制训练板（板内应有交流接触器1个、二点按钮盒1个、热继电器1个、三相电源开关、低压熔断器5只、接线端子等）、导线、三相异步电动机1台等。

三、训练内容（见表2.1）

表2.1　训练内容

内容	技能点	训练步骤及内容	训练要求
三相异步电动机单向旋转控制线路安装	1. 识图能力 2. 低压电器选择 3. 控制电器安装方法 3. 控制线路安装工艺	1. 电气原理图分析 2. 选择线路安装所需的低压电器和相关元件 3. 检查低压电器和相关元件 4. 安装低压电器和相关元件 5. 按照工艺要求安装控制线路 6. 检查线路 7. 通电试车	1. 会识图方法 2. 会选择、安装低压电器和相关元件 3. 会检查低压电器和相关元件 4. 会按工艺要求安装控制线路 5. 会检查线路的方法

技能训练二　三相异步电动机正反转控制线路安装

一、训练目的

（1）电气原理图绘制；

（2）低压电器的选择与设备清单；

（3）电气控制线路的安装工艺设计。

二、仪表仪器、工具

万用表、剥线钳、一般电工工具、电笔、电气控制训练板（板内应有交流接触器2个、三点按钮盒1个、热继电器1个、三相电源开关、低压熔断器5只、接线端子等）、导线、三相异步电动机等。

三、训练内容（见表 2.2）

表 2.2　训练内容

内容	技能点	训练步骤及内容	训练要求
三相异步电动机正反转控制线路安装	1. 低压电器选择与安装 2. 线路安装工艺设计 3. 绘制电气原理图	1. 分析电气原理图工作原理并进行安装工艺设计 2. 选择线路安装所需的低压电器和相关元件 3. 检查低压电器和相关元件 4. 安装低压电器和相关元件 5. 按照工艺设计要求安装控制线路 6. 检查线路 7. 通电试车	1. 会选择、安装低压电器和相关元件 2. 会检查低压电器和相关元件 3. 会按工艺要求安装控制线路 4. 会分析线路故障原因

技能训练三　三相异步电动机顺序控制线路安装

一、训练目的

（1）会电气原理图的识图方法；

（2）会低压电器的选择和安装方法；

（3）会电气控制线路的安装工艺和方法。

二、仪表仪器、工具

万用表、剥线钳、一般电工工具、电笔、电气控制训练板（板内应有交流接触器 2 个、二点按钮盒 2 个、热继电器 2 个、三相电源开关、低压熔断器 5 只、接线端子等）、导线、三相异步电动机等。

三、训练内容（见表 2.3）

表 2.3　训练内容

内容	技能点	训练步骤及内容	训练要求
三相异步电动机顺序控制线路安装	1. 电气安装图识读 2. 线路安装工艺能力 3. 故障分析和排除能力	1. 分析电气安装图 2. 选择线路安装所需的低压电器和相关元件 3. 检查低压电器和相关元件 4. 安装低压电器和相关元件 5. 按照工艺要求安装控制线路 6. 检查线路 7. 通电试车 8. 故障排除	1. 会选择、安装低压电器和相关元件 2. 会检查低压电器和相关元件 3. 会按工艺要求安装控制线路 4. 会检查线路的方法 5. 会故障分析方法

拓展学习一　C650 普通卧式车床电气控制电路

普通卧式车床是一种用途广泛的金属切削机床，主要用来车削内、外圆、端面、螺纹、成型回转面。此外，还可以通过尾架进行钻孔、铰孔、攻螺纹等加工。C650 卧式车床属于中小型车床，其结构主要由床身、主轴变速箱、尾座、进给箱、丝杠、光杠、刀架和溜板箱组成。

车床的主运动为工件的旋转运动，可正反向旋转。进给运动是溜板带动刀架的横向或纵向的直线运动。其运动方式有手动和机动两种。主运动与进给运动由一台电动机拖动并通过各自的变速箱来调节。此外，还有刀架的快速移动、工件的夹紧和放松等辅助运动。

一、主电路

C650 车床的电气控制线路图如图 2.16 所示。KM1、KM2 主触点控制主轴电动机 M1 的正、反转控制，KM3 为制动限流接触器。限流电阻 R 限制反接制动电流冲击，并可防止在点动时连续启动电流过大引起电动机过载，电流表 A 用来监视主轴电动机线电流由电流互感器 TA 接入主电路。

冷却泵电动机 M2 由接触器 KM4 控制单向连续运转,快速移动电动机 M3 由接触器 KM5 控制单向点动控制。

二、控制电路

控制电路电源由变压器 TC 隔离降压供给交流电压 110 V，照明电路电压 36 V，局部照明灯 EL 由主令开关 SA 控制。

（1）主轴点动。按下点动启动按钮 SB2，接触器 KM1 线圈获电，主电路电源经 KM1 主触点和限流电阻 R 与 M1 的定子绕组接通，电动机正向点动。

（2）主轴正反转。按下正转启动按钮 SB3，接触器 KM3 先通电，其主触点和常开辅助触头闭合，继而中间继电器 KA 获电吸合，使接触器 KM1 通电吸合，M1 启动并在 KM1 和 KM3 自锁状态下正向连续转动。主轴反转由反转启动按钮 SB4 控制，控制过程与正转类似。

（3）主轴反接制动。主轴电动机正、反转运行停车均可实现反接制动。下面以正转的反接制动为例说明其控制过程。M1 在正转运行过程中，接触器 KM1、KM3、中间继电器 KA 通电且 KS-1 闭合为反接制动做准备。按下停止按钮 SB1，KM1、KM3、KA 线圈同时断电，触头复位，当松开 SB1 后，反转接触器 KM2 经 SB1、KA、KM1 的常闭触头和 KS-1 线路通电吸合，电动机串入电阻接上反相序三相电源进行反接制动，转速迅速下降，当接近于零时，KS-1 触头断开，KM2 线圈断电，反接制动结束。反向反接制动与正转制动类似。

（4）刀架的快速移动和冷却泵控制。刀架的快速移动是压下位置开关 SQ，使接触器 KM5 通电吸合，控制电动机 M3 来实现。冷却泵电动机 M2 是由按钮 SB5、SB6 来控制启动和停止。

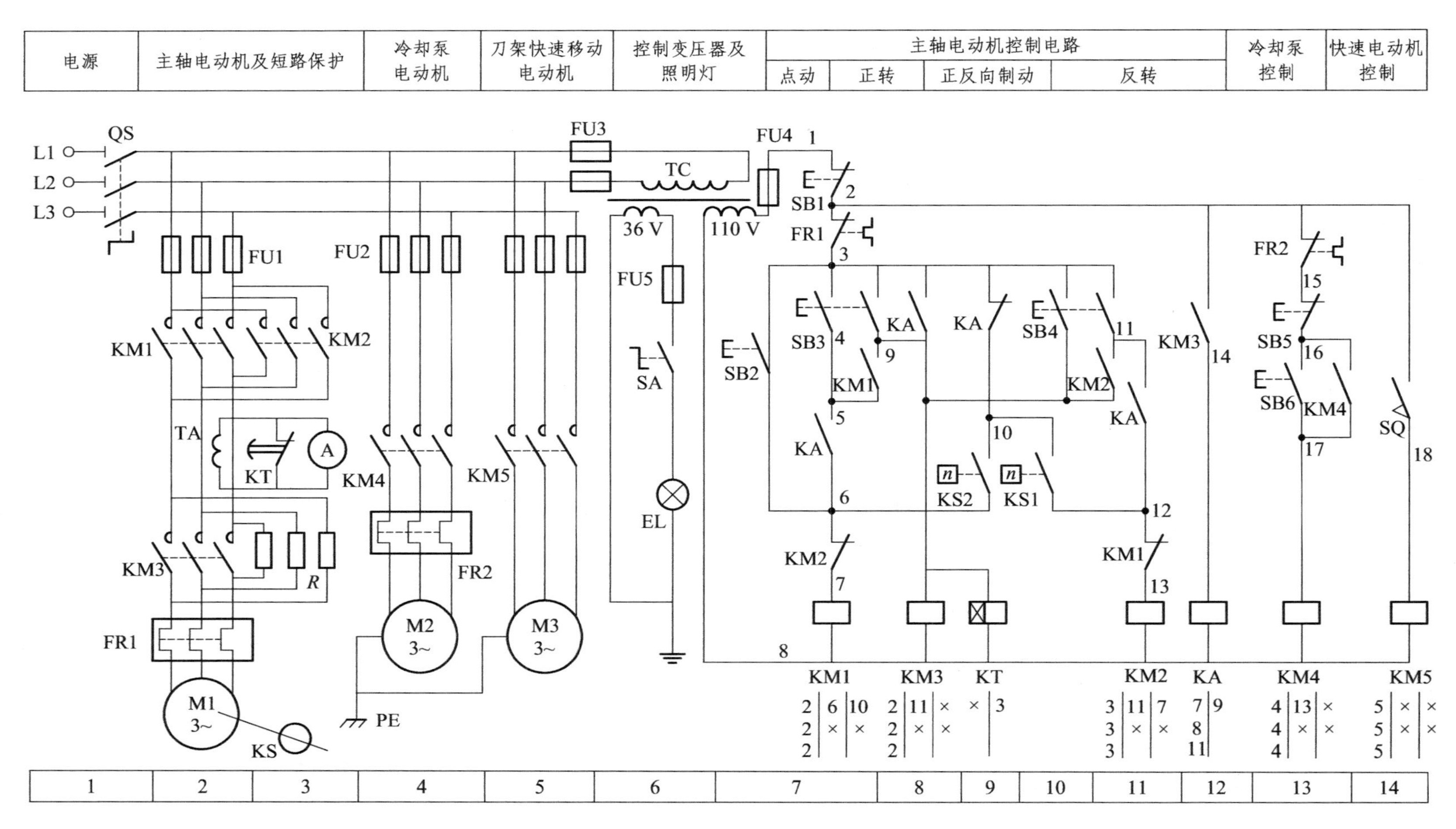

图 2.16　C650 车床电气控制线路图

拓展学习二　Z37 摇臂钻床电气控制

钻床是一种可进行钻孔、扩孔、铰孔、攻螺纹及修刮端面等形式加工的万能机床。在各种钻床中，摇臂钻床操作方便灵活，主要用来加工大中型工件上的孔。Z37 摇臂钻床最大钻孔直径 70 mm。主要由底座、内外立柱、摇臂、主轴箱、工作台等部分组成。

Z37 摇臂钻床运动部件较多，共有 4 台电动机拖动，主轴电动机拖动钻削及进给运动，冷却泵电动机供给冷却液，均只要求单向旋转，摇臂电动机拖动摇臂上升和下降，立柱电动机拖动内、外立柱及主轴箱与摇臂夹紧与放松，因此要求这两台电动机能够正、反转。摇臂升降和主轴运动都通过十字开关 SA 操作，且具有零压保护作用，摇臂升降要求有限位保护。

一、主电路

Z37 摇臂钻床的电气控制线路图如图 2.17 所示，拖动钻头进行钻削加工的主轴电动机 M2 由接触器 KM1 控制正反转运转，加工过程中正反转通过摩擦离合器来实现，热继电器 KH 作过载保护。摇臂升降电动机 M3 由接触器 KM2、KM3 控制，通过控制电路中的十字形手柄实现正反转，将手柄置于不同位置（共 5 个位置）时，可实现相应的操作，FU2 作短路保护。立柱松紧电动机 M4 由接触器 KM4 和 KM5 控制其正反转，FU3 作短路保护。冷却泵电动机 M1 是由组合开关 QS2 控制单向旋转，FU1 作短路保护。

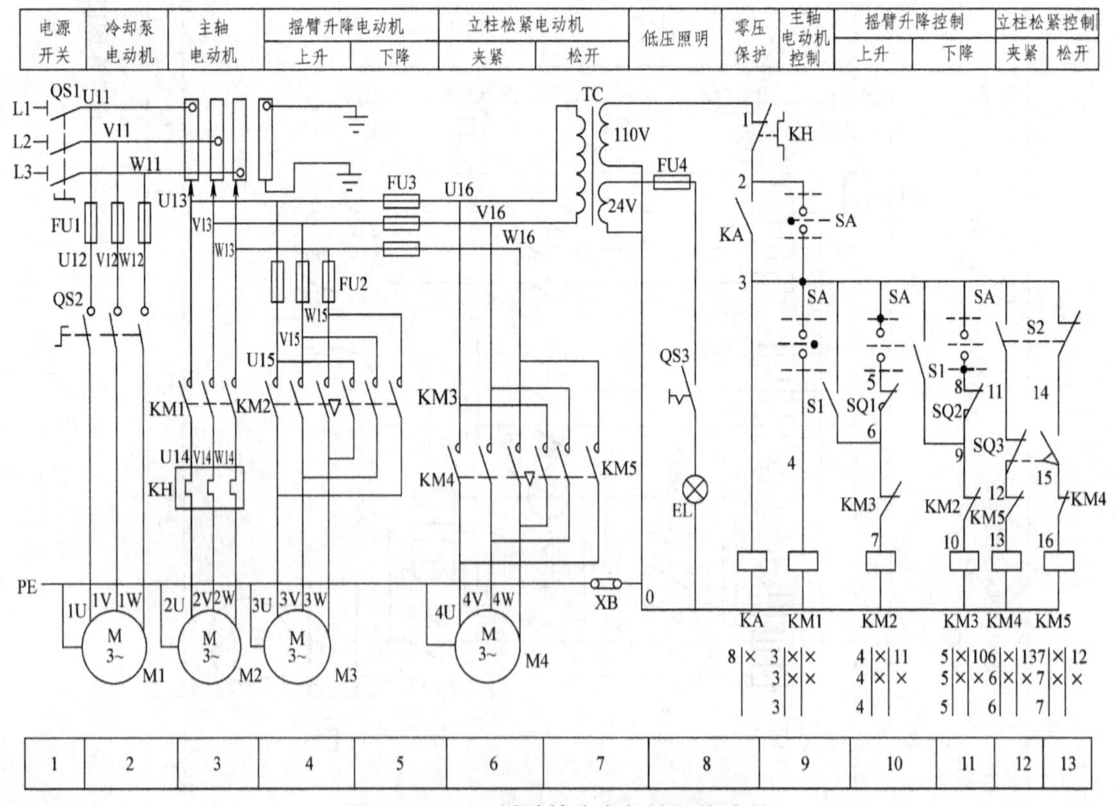

图 2.17　Z37 摇臂钻床电气控制线路图

二、控制电路

（1）十字开关SA。十字开关有中、上、下、左、右5个位置，除中间位置外，其余4个位置均装有微动开关，开关动作后便接通相应的控制电路。当手柄处于中间位置时，控制电路断电；当手柄置左，KA通电并自锁，实现零压保护；当手柄置右，KM1线圈通电，主轴转动；当手柄置上，KM2线圈通电吸合，摇臂上升；当手柄置下，KM3线圈通电吸合，摇臂下降。

（2）主轴电动机M2的控制。先选择十字开关SA置向左边接通控制电路的电源（KA通电并自锁），然后使SA置右，KM1线圈通电并吸合，主轴电动机M2启动并旋转。主轴转动方向由主轴箱上双向摩擦离合器的手柄控制。SA置中间位置，KM1线圈断电，M2停止。

（3）摇臂升降电动机M3的控制。摇臂升降通过M3的正、反转拖动实现。在升、降前后需完成摇臂松开和夹紧动作。现以摇臂上升为例说明其控制过程。摇臂上升，SA 置上，KM2线圈通电吸合，M3得电正转，由于摇臂还被夹紧在外立柱上，即使M3正转，摇臂也不会上升，需通过传动装置放松摇臂，摇臂完全松开后，M3 正转带动摇臂上升。当摇臂上升到所需位置时，SA置中，KM2线圈断电，M3断电，摇臂停止上升。KM2线圈断电复位后，KM3线圈得电，M3通电反转，通过机械夹紧机构使摇臂自动夹紧，摇臂夹紧后，KM3线圈断电，M3停转，摇臂上升过程结束。

摇臂下降控制过程与上升类似。无论是在上升还是下降过程，都要经过摇臂松开，摇臂上升（下降），夹紧摇臂这三个过程。行程开关SQ1和SQ2分别对上升和下降进行限位保护。

（4）立柱电动机M4夹紧、松开控制。由于摇臂和外立柱是一起绕内立柱回转的，平时是夹紧的，需松开后才能使摇臂完成回转。扳动手柄使S2、SQ3动作，接触器KM5线圈获电，立柱电动机M4通电正转，立柱夹紧装置松开。立柱松开后，人力推动摇臂绕内立柱转动到指定位置，S2（3—14）断开，KM5线圈断电，S2（3—11）闭合，SQ3复位，KM4线圈得电，M4通电反转，立柱夹紧。

（5）冷却泵M1的控制。电动机M1由手动开关QS2控制。

（6）照明控制。合上QS3，照明灯亮，反之熄灭。

习　题

一、填空题

1. 三相异步电动机一般有__________启动和__________启动两种方法。

2. 电气控制系统中常用的保护环节有__________、__________、__________、__________等。

3. 星形—三角形降压启动时，定子绕组首先接成________，启动电压为三角形启动电压的______，启动电流为三角形启动电流的_____。

4. 常用的电气制动方式有_____制动和_____制动。

5. 多地控制电路中，要求启动按钮__________，停止按钮__________。

二、选择题

1. 可实现交流电机正反转自动循环控制的器件是（　　）。

A. 空气开关　　B. 按钮　　C. 行程开关

2. 通常要求控制交流电机正、反转的接触器间具有（　　）功能。

A. 联锁　　B. 自锁　　C. 锁定

3. 长动与点动的主要区别是控制器件能否（　　）。

A. 互锁　　B. 联锁　　C. 自锁

4. 对于同一台交流电动机采用星形接法时的转速比采用三角形接法时的转速（　　）。

A. 高　　B. 低　　C. 相同

5. 用来分断或接通主电路的是交流接触器的（　　）。

A. 主触头　　B. 常开辅助触头　　C. 常闭辅助触头

三、问答题

1. 举例说明“自锁”和“联锁”的含义。

2. 在接触器正反转控制电路中，若正、反向控制的接触器同时通电，会发生什么现象？

3. 在电气控制电路中采用低压断路器作电源引入开关，电源电路是否还要用熔断器作短路保护？控制电路是否还要用熔断器作短路保护？

4. 分别叙述多地控制和多条件控制电路的特点、不同之处及其用途。

四、分析设计题

1. 什么是点动控制？在图 2.18 的 5 个点动控制线路中：

（1）标出各电气元件的文字符号；

（2）判断每个线路能否正常完成点动控制？

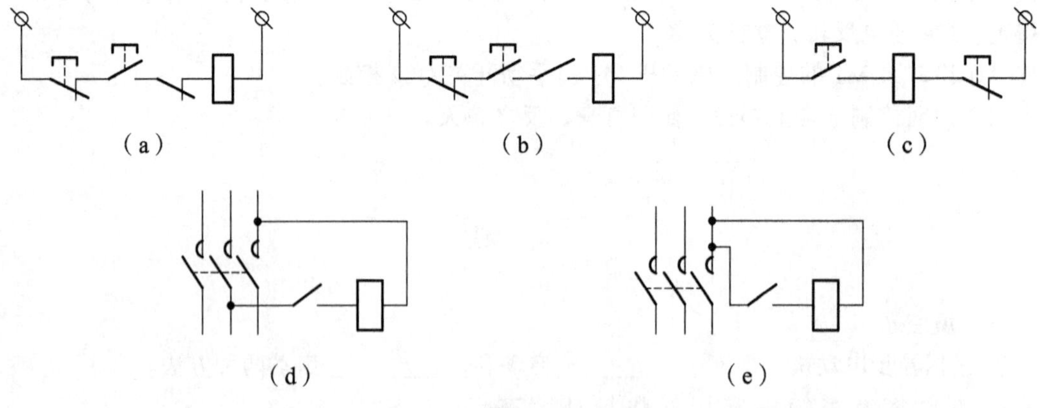

图 2.18

2. 试设计三相异步电动机既能连续工作、又能点动工作的控制电路。

3. 试设计具有两台电动机顺起顺停控制电路。

4. 利用断电延时时间继电器设计三相异步电动机 Y-△启动控制电路。

5. 某机床主轴由一台三相异步电动机拖动，润滑油泵由另一台三相异步电动机拖动。现要求：

（1）主轴必须在油泵启动后，才能启动；

（2）主轴要求能实现正反转，并能单独停车；

（3）电路有短路、欠电压及过载保护。

试绘出控制电路。

6. 某生产机械要求由 M1、M2、M3 三台电动机拖动，要求 M1 启动后 M2 才能启动，M2 启动后 M3 才能启动。试绘出控制电路。

7. 试设计两台电机 M1、M2 的控制电路。要求 M1 启动后 M2 才能启动，M2 可点动，M2 可单独停止，也可同时停止。

8. 试设计具有过载和短路保护的双速电动机自动加速控制电路。

9. 设计一台电机控制电路，要求：该电机能单向连续运行，并且能实现两地控制。有过载、短路保护。

10. 某小车由一台三相异步电动机拖动，现要求其动作如下：

（1）小车由原位开始前进，到终点后自动停止；

（2）在终点停留 3 s 后自动返回原位停止；

（3）小车在前进或后退途中任意位置都能停止和再次启动。

试绘出控制电路。

11. 试设计三台交流电动机相隔 3 s 顺序启动同时停止的控制电路。

12. 运动部件 A、B 分别由电动机 M1、M2 拖动、如图 2.19 所示。要求按下启动按钮后，能按下列顺序完成所需动作：

（1）运动部件 A 从 1—2；

（2）接着运动部件 B 从 3—4；

（3）接着 A 又从 2—1；

（4）最后 B 从 4—3，停止运动；

（5）上述动作完成后，若再次按下启动按钮，又按上述顺序动作。

试画出电动机 M1、M2 的控制原理图。

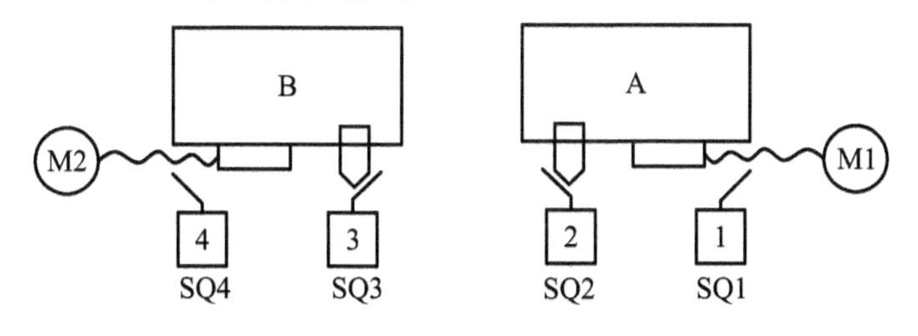

图 2.19

13. 在空调设备中风机和压缩机的启动有如下要求：

（1）先开风机 M1（KM1），再开压缩机 M2（KM2）；

（2）压缩机可自由停车；

（3）风机停车时，压缩机即自动停车；

试设计满足上述要求的控制线路。

14. 设计一个采用按钮控制双速电动机由 3s 后再切换到高速启动和运行的控制电路。电路具有高、低速启动运行控制和过载保护等功能。

15. 根据下列五个要求，分别绘出控制电路：

（1）电动机 M1 先启动后，M2 才能启动，M2 并能单独停车；

（2）电动机 M1 先启动后，M2 才能启动，M2 并能点动；

（3）M1 先启动，经过一定延时后 M2 能自行启动；

（4）M1 先启动，经过一定延时后 M2 能自行启动，M2 启动后，M1 立即停车；

（5）启动后，M1 启动后 M2 才能启动；停止时，M2 停止后 M1 才能停止。

项目三　PLC 基础知识

【项目任务单】

<table>
<tr><td>项目任务</td><td colspan="2">PLC 技术基础</td><td>参考学时</td><td>18</td></tr>
<tr><td>项目描述</td><td colspan="4">设计和安装单台三相异步电动机拖动的输送带 PLC 控制装置，要求输送带能启动、单方向连续运行和断电停止。电源容量 100 kV·A，额定电压 380 V；三相异步电动机为 Y132 L-6，额定功率 4 kW，额定转速 960 r/min，额定电压 380 V。</td></tr>
<tr><td rowspan="3">项目目标</td><td>专业知识</td><td colspan="3">1. PLC 的定义、基本工作原理、类型、特点和组成
2. I/O 地址分配表
3. PLC 的 I/O 接线图绘制
4. 编程软元件选用
5. 基本逻辑指令
6. 经验编程法
7. 基本电路</td></tr>
<tr><td>专业技能</td><td colspan="3">1. PLC 的 I/O 接线
2. 专用编程器的使用
3. 基本电路编程
4. 梯形图与指令表的相互转换</td></tr>
<tr><td>职业素养</td><td colspan="3">安全、文明、规范、新技术应用</td></tr>
<tr><td>项目任务</td><td colspan="4">根据项目目标，知道 PLC 及其应用的基础知识，正确选择 PLC，设计、安装和调试输送带的 PLC 电气控制装置。</td></tr>
<tr><td>任务完成评价</td><td colspan="4">一、交接验收时，应符合下列要求：
1. 电器的型号、规格符合设计要求。
2. 电器的外观检查完好，绝缘器件无裂纹，安装方式符合产品技术文件的要求。
3. 电器安装牢固、平正，符合设计及产品技术文件的要求。
4. 电器的接零、接地可靠。
5. 电器的连接线排列整齐、美观。
6. 绝缘电阻值符合要求。
7. 活动部件动作灵活、可靠，联锁传动装置动作正确。
8. 标志齐全完好、字迹清晰。
二、通电后，应符合下列要求：
1. 操作时动作应灵活、可靠。
2. 电磁器件应无异常响声。
3. 线圈及接线端子的温度不应超过规定。
4. 触头压力、接触电阻不应超过规定。
三、验收时，应提交下列资料和文件：
1. 变更设计的证明文件。
2. 制造厂提供的产品说明书、合格证件及竣工图纸等技术文件。
3. 安装技术记录。
4. 调整试验记录。
5. 根据合同提供的备品、备件清单。</td></tr>
</table>

任务一　PLC 的选用

一、PLC 的引入

（一）继-接控制的特点

通过继-接控制技术的学习和运用，知道了它的优点和不足。

（1）元器件的连接关系直观，电路的通、断通过元器件触点的闭合、断开实现；

（2）能直接控制较大功率的负载；

（3）元器件成本低，构成的控制系统造价较低；

（4）固定接线方式，重新设计和更换控制系统及接线周期延长，成本增加；

（5）由于采用导线连接元件和触点通断电路，系统稳定性和可靠性较差；

（6）元器件的动作需要一定时间，造成了系统的响应速度慢；

（7）控制电路容易出现“竞争”，造成控制可靠性下降。

（二）新技术引入

1968 年美国通用汽车公司（GM），为了适应汽车型号的不断更新，生产工艺不断变化的需要，实现小批量、多品种生产，希望能有一种新型工业控制器，它能做到尽可能减少重新设计和更换继电器控制系统及接线，以降低成本，缩短周期，提高控制的可靠性。

1969 年美国数字设备公司（DEC）根据美国通用汽车公司的这种要求，成功研制了世界上第一台可编程控制器，并在通用汽车公司的自动装配线上试用，取得很好的效果。从此这项技术迅速发展起来。从近年的统计数据看，在世界范围内 PLC 产品的产量、销量、用量高居工业控制装置榜首，而且市场需求量一直以每年 15%的比率上升。PLC 已成为工业自动化控制领域中占主导地位的通用工业控制装置。

（三）PLC 的定义

国际电工委员会（IEC）于 1987 年颁布了可编程控制器标准草案第三稿。在草案中对可编程控制器定义如下：“可编程控制器是一种数字运算操作的电子系统，专为在工业环境下应用而设计。它采用可编程序的存储器，用来在其内部存储执行逻辑运算、顺序控制、定时、计数和算术运算等操作的指令，并通过数字式和模拟式的输入和输出，控制各种类型的机械或生产过程。可编程控制器及其有关外围设备，都应按易于与工业系统联成一个整体，易于扩充其功能的原则设计”。

（四）PLC 控制系统与继-接控制系统的区别

PLC 控制系统与继-接控制系统相比，有许多相似之处，也有许多不同。不同之处主要在以下几个方面：

（1）从控制方法上看，继-接控制系统控制逻辑采用硬件接线，利用继电器机械触点的串联或并联等组合成控制逻辑，其连线多且复杂、体积大、功耗大，系统构成后，想再改变或增加功能较为困难。另外，继电器的触点数量有限，所以继-接控制系统的灵活性和可扩展性受到很大限制。而 PLC 采用了计算机技术，其控制逻辑是以程序的方式存放在存储器中，要改变控制逻辑只需改变程序，因而很容易改变或增加系统功能。系统连线少、体积小、功耗小，而且 PLC 所谓“软继电器”实质上是存储器单元的状态，所以“软继电器”的触点数量是无限的，PLC 系统的灵活性和可扩展性好。

（2）从工作方式上看，在继-接控制电路中，当电源接通时，电路中所有继电器都处于受制约状态，即该吸合的继电器都同时吸合，不该吸合的继电器受某种条件限制而不能吸合，这种工作方式称为并行工作方式。而 PLC 的用户程序是按一定顺序循环执行，所以各软继电器都处于周期性循环扫描接通中，受同一条件制约的各个继电器的动作次序决定于程序扫描顺序，这种工作方式称为串行工作方式。

（3）从控制速度上看，继-接控制系统依靠机械触点的动作以实现控制，工作频率低，机械触点还会出现抖动问题。而 PLC 通过程序指令控制半导体电路来实现控制的，速度快，程序指令执行时间在微秒级，且不会出现触点抖动问题。

（4）从定时和计数控制上看，继-接控制系统采用时间继电器的延时动作进行时间控制，时间继电器的延时时间易受环境温度和温度变化的影响，定时精度不高。而 PLC 采用半导体集成电路作定时器，时钟脉冲由晶体振荡器产生，精度高，定时范围宽，用户可根据需要在程序中设定定时值，修改方便，不受环境的影响，且 PLC 具有计数功能，而继-接控制系统一般不具备计数功能。

（5）从可靠性和可维护性上看，由于继-接控制系统使用了大量的机械触点，其存在机械磨损、电弧烧伤等，寿命短，系统的连线多，所以可靠性和可维护性较差。而 PLC 大量的开关动作由无触点的半导体电路来完成，其寿命长、可靠性高，PLC 还具有自诊断功能，能查出自身的故障，随时显示给操作人员，并能动态地监视控制程序的执行情况，为现场调试和维护提供了方便。

（五）PLC 的等效电路

从上述比较可知，PLC 的用户程序（软件）代替了继-接控制电路（硬件）。因此，对于使用者来说，可以将 PLC 等效成是许许多多各种各样的“软继电器”和“软接线”的集合，而用户程序就是用“软接线”将“软继电器”及其“触点”按一定要求连接起来的“控制电路”。

为了更好地理解这种等效关系，下面通过一个例子来说明。如图 3.1 所示为三相异步电动机单向启动运行的继-接控制系统。其中，由输入设备 SB1、SB2、FR 的触点构成系统的输入部分，由输出设备 KM 构成系统的输出部分。

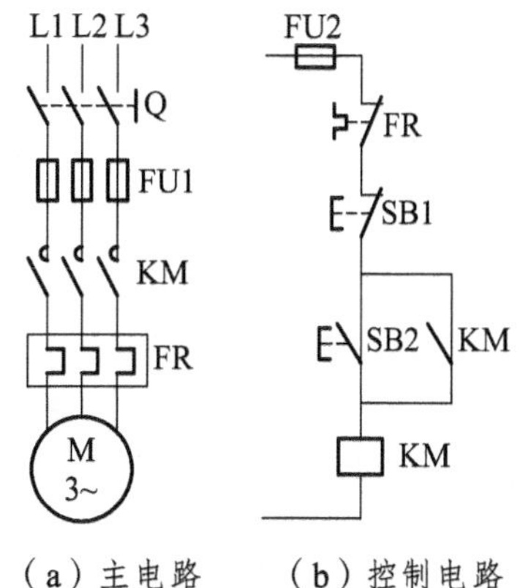

（a）主电路　　（b）控制电路

图 3.1　三相异步电动机单向运行继-接控制系统

如果用 PLC 来控制这台三相异步电动机，组成一个 PLC 控制系统，根据上述分析可知，系统主电路不变，只要将输入设备 SB1、SB2、FR 的触点与 PLC 的输入端连接，输出设备 KM 线圈与 PLC 的输出端连接，就构成 PLC 控制系统的输入、输出硬件线路。而控制部分的功能则由 PLC 的用户程序来实现，其等效电路如图 3.2 所示。

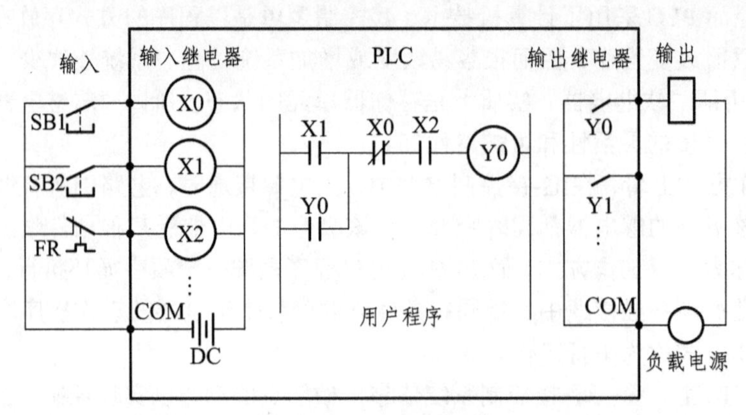

图 3.2　PLC 的等效电路

图 3.2 中，输入设备 SB1、SB2、FR 与 PLC 内部的“软继电器”X0、X1、X2 的“线圈”对应，由输入设备控制相对应的“软继电器”的状态，即通过这些“软继电器”将外部输入设备状态变成 PLC 内部的状态，这类“软继电器”称为输入继电器；同理，输出设备 KM 与 PLC 内部的“软继电器”Y0 对应，由“软继电器”Y0 状态控制对应的输出设备 KM 的状态，即通过这些“软继电器”将 PLC 内部状态输出，以控制外部输出设备，这类“软继电器”称为输出继电器。

因此，PLC 用户程序要实现的是：如何用输入继电器 X0、X1、X2 来控制输出继电器 Y0。当控制要求复杂时，程序中还要采用 PLC 内部的其他类型的“软继电器”，如辅助继电器、定时器、计数器等，以达到控制要求。

要注意的是，PLC 等效电路中的继电器并不是实际的物理继电器，它实质上是存储器单元的状态。单元状态为“1”，相当于继电器接通；单元状态为“0”，则相当于继电器断开。因此，我们称这些继电器为“软继电器”。

（六）PLC 的应用领域

目前，在国内外 PLC 已广泛应用冶金、石油、化工、建材、机械制造、电力、汽车、轻工、环保及文化娱乐等各行各业，随着 PLC 性能价格比的不断提高，其应用领域不断扩大。从应用类型看，PLC 的应用大致可归纳为以下几个方面：

1. 开关量逻辑控制

利用 PLC 最基本的逻辑运算、定时、计数等功能实现逻辑控制，可以取代传统的继电器控制，用于单机控制、多机群控制、生产自动线控制等，例如机床、注塑机、印刷机械、装配生产线、电镀流水线及电梯的控制等。这是 PLC 最基本的应用，也是 PLC 最广泛的应用领域。

2. 运动控制

大多数 PLC 都有拖动步进电机或伺服电机的单轴或多轴位置控制模块。这一功能广泛用于各种机械设备，如对各种机床、装配机械、机器人等进行运动控制。

3. 过程控制

大、中型 PLC 都具有多路模拟量 I/O 模块和 PID 控制功能，有的小型 PLC 也具有模拟量输入输出。所以 PLC 可实现模拟量控制，而且具有 PID 控制功能的 PLC 可构成闭环控制，用于过程控制。这一功能已广泛用于锅炉、反应堆、水处理、酿酒以及闭环位置控制和速度控制等方面。

4. 数据处理

现代的 PLC 都具有数学运算、数据传送、转换、排序和查表等功能，可进行数据的采集、分析和处理，同时可通过通信接口将这些数据传送给其他智能装置，如计算机数值控制（CNC）设备，进行处理。

5. 通信联网

PLC 的通信包括 PLC 与 PLC、PLC 与上位计算机、PLC 与其他智能设备之间的通信，PLC 系统与通用计算机可直接或通过通信处理单元、通信转换单元相连构成网络，以实现信息的交换，并可构成“集中管理、分散控制”的多级分布式控制系统，满足工厂自动化（FA）系统发展的需要。

二、PLC 结构与工作原理

（一）PLC 控制系统的组成

由 PLC 构成的控制系统也是由输入、输出和控制三部分组成，如图 3.3 所示。

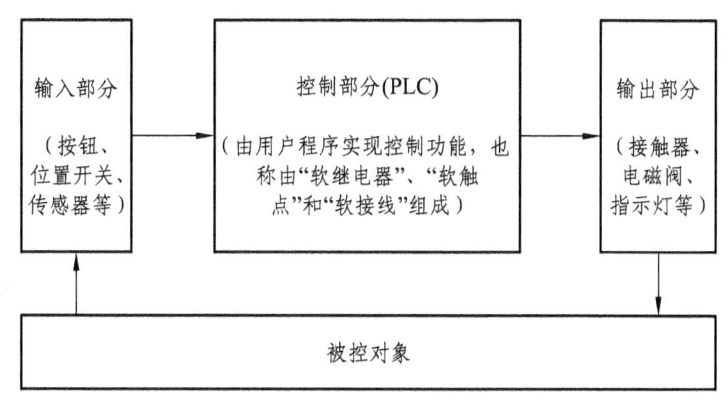

图 3.3　PLC 控制系统的组成

从图 3.3 中可以看出，PLC 控制系统的输入、输出部分和电器控制系统的输入、输出部分基本相同，但控制部分是采用“可编程”的 PLC，而不是实际的继电器线路。因此，PLC 控制系统可以方便地通过改变用户程序，以实现各种控制功能，从根本上解决了电器控制系统控制电路难以改变的问题。同时，PLC 控制系统不仅能实现逻辑运算，还具有数值运算及过程控制等复杂的控制功能。

PLC 是微机技术和控制技术相结合的产物，是一种以微处理器为核心的用于控制的特殊计算机，因此 PLC 的基本组成与一般的微机系统类似。

（二）PLC 的硬件组成

PLC 的硬件主要由中央处理器（CPU）、存储器、输入单元、输出单元、通信接口、扩展接口电源等部分组成。其中，CPU 是 PLC 的核心，输入单元与输出单元是连接现场输入/输出设备与 CPU 之间的接口电路，通信接口用于与编程器、上位计算机等外设连接。

对于整体式 PLC，所有部件都装在同一机壳内，其组成框图如图 3.4 所示；对于模块式 PLC，各部件独立封装成模块，各模块通过总线连接，安装在机架或导轨上，其组成框图如图 3.5 所示。无论是哪种结构类型的 PLC，都可根据用户需要进行配置与组合。

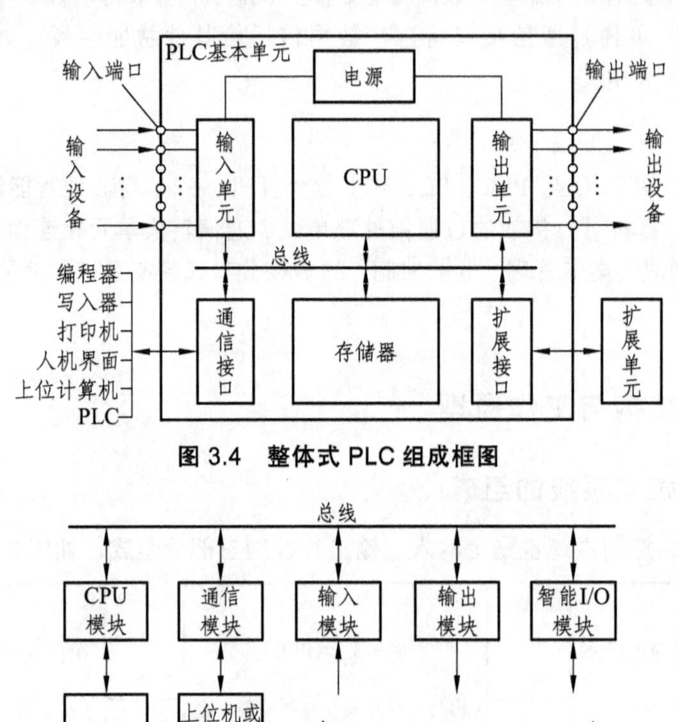

图 3.4　整体式 PLC 组成框图

图 3.5　模块式 PLC 组成框图

尽管整体式与模块式 PLC 的结构不太一样，但各部分的功能作用是相同的，下面对 PLC 主要组成各部分进行简单介绍。

1. 中央处理单元（CPU）

CPU 是 PLC 的核心。PLC 中所配置的 CPU 随机型不同而不同，常用有三类：通用微处理器（如 Z80、8086、80286 等）、单片微处理器（如 8031、8096 等）和位片式微处理器（如 AMD29 W 等）。小型 PLC 大多采用 8 位通用微处理器和单片微处理器；中型 PLC 大多采用 16 位通用微处理器或单片微处理器；大型 PLC 大多采用高速位片式微处理器。

目前，小型 PLC 为单 CPU 系统，而中、大型 PLC 则大多为双 CPU 系统，甚至有些 PLC 中多达 8 个 CPU。对于双 CPU 系统，一般一个为字处理器，一般采用 8 位或 16 位处理器；另一个为位处理器，采用由各厂家设计制造的专用芯片。字处理器为主处理器，用于执行编程器接口功能，监视内部定时器，监视扫描时间，处理字节指令以及对系统总线和位处理器进行控制等。位处理器为从处理器，主要用于处理位操作指令和实现 PLC 编程语言向机器语言的转换。位处理器的采用，提高了 PLC 的速度，使 PLC 更好地满足实时控制要求。

在 PLC 中 CPU 按系统程序赋予的功能，指挥 PLC 有条不紊地进行工作，归纳起来主要有以下几个方面：

（1）接收从编程器输入的用户程序和数据。

（2）诊断电源、PLC 内部电路的工作故障和编程中的语法错误等。

（3）通过输入接口接收现场的状态或数据，并存入输入映象寄有器或数据寄存器中。

（4）从存储器逐条读取用户程序，经过解释后执行。

（5）根据执行的结果，更新有关标志位的状态和输出映象寄存器的内容，通过输出单元实现输出控制。有些 PLC 还具有制表打印或数据通信等功能。

2. 存储器

存储器主要有两种：一种是可读/写操作的随机存储器 RAM，另一种是只读存储器 ROM、PROM、EPROM 和 EEPROM。在 PLC 中，存储器主要用于存放系统程序、用户程序及工作数据。

系统程序是由 PLC 的制造厂家编写的，和 PLC 的硬件组成有关，完成系统诊断、命令解释、功能子程序调用管理、逻辑运算、通信及各种参数设定等功能，提供 PLC 运行的平台。系统程序关系到 PLC 的性能，而且在 PLC 使用过程中不会变动，所以是由制造厂家直接固化在只读存储器 ROM、PROM 或 EPROM 中，用户不能访问和修改。

用户程序是随 PLC 的控制对象而定的，由用户根据对象生产工艺的控制要求而编制的应用程序。为了便于读出、检查和修改，用户程序一般存于 CMOS 静态 RAM 中，用锂电池作为后备电源，以保证掉电时不会丢失信息。为了防止干扰对 RAM 中程序的破坏，当用户程序经过运行正常，不需要改变，可将其固化在只读存储器 EPROM 中。现在有许多 PLC 直接采用 EEPROM 作为用户存储器。

工作数据是 PLC 运行过程中经常变化、经常存取的一些数据。存放在 RAM 中，以适应随机存取的要求。在 PLC 的工作数据存储器中，设有存放输入输出继电器、辅助继电器、定时器、计数器等逻辑器件的存储区，这些器件的状态都是由用户程序的初始设置和运行情况而确定的。根据需要，部分数据在掉电时用后备电池维持其现有的状态，这部分在掉电时可保存数据的存储区域称为保持数据区。

由于系统程序及工作数据与用户无直接联系，所以在 PLC 产品样本或使用手册中所列存储器的形式及容量是指用户程序存储器。当 PLC 提供的用户存储器容量不够用，许多 PLC 还提供有存储器扩展功能。

3. 输入/输出单元

输入/输出单元通常也称 I/O 单元或 I/O 模块，是 PLC 与工业生产现场之间的连接部件。PLC 通过输入接口可以检测被控对象的各种数据，以这些数据作为 PLC 对被控制对象进行控制的依据；同时 PLC 又通过输出接口将处理结果送给被控制对象，以实现控制目的。

由于外部输入设备和输出设备所需的信号电平是多种多样的，而 PLC 内部 CPU 的处理的信息只能是标准电平，所以 I/O 接口要实现这种转换。I/O 接口一般都具有光电隔离和滤波功能，以提高 PLC 的抗干扰能力。另外，I/O 接口上通常还有状态指示，工作状况直观，便于维护。

PLC 提供了多种操作电平和驱动能力的 I/O 接口，有各种各样功能的 I/O 接口供用户选用。I/O 接口的主要类型有：数字量（开关量）输入、数字量（开关量）输出、模拟量输入、模拟量输出等。

常用的开关量输入接口按其使用的电源不同有三种类型：直流输入接口、交流输入接口和交/直流输入接口，其基本原理电路如图 3.6 所示。

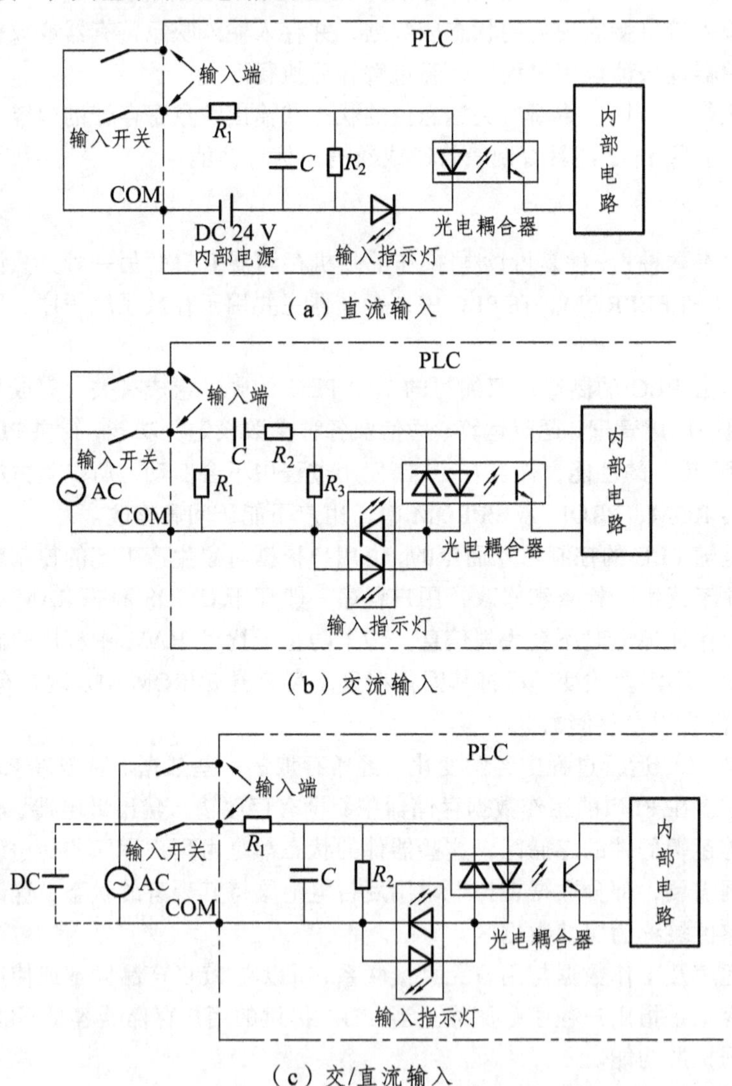

图 3.6　开关量输入接口

常用的开关量输出接口按输出开关器件不同有三种类型：继电器输出、晶体管输出和双向晶闸管输出，其基本原理电路如图 3.7 所示。继电器输出接口可驱动交流或直流负载，但其响应时间长，动作频率低；而晶体管输出和双向晶闸管输出接口的响应速度快，动作频率高，但前者只能用于驱动直流负载，后者只能用于交流负载。

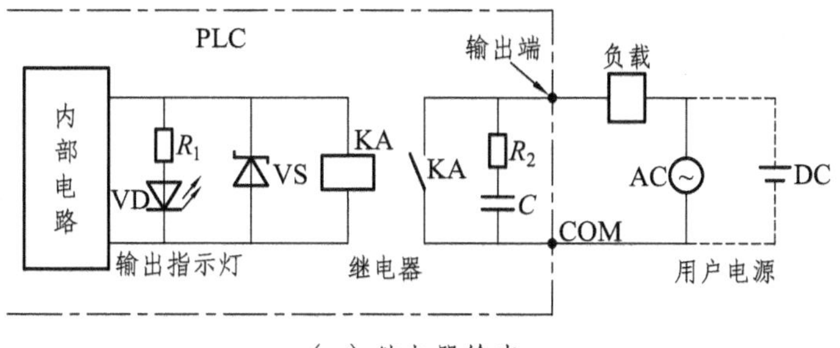

（a）继电器输出

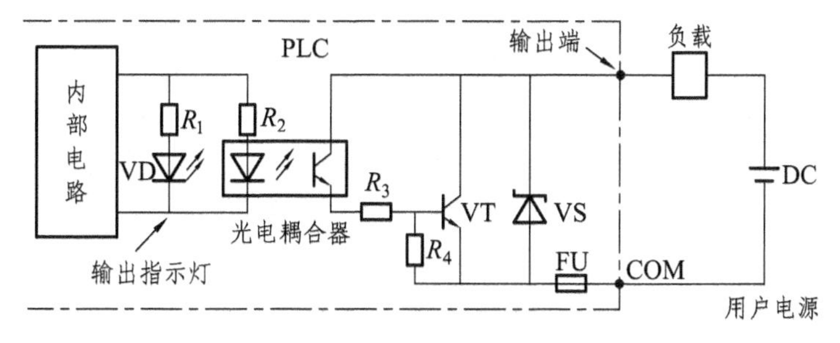

（b）晶体管输出

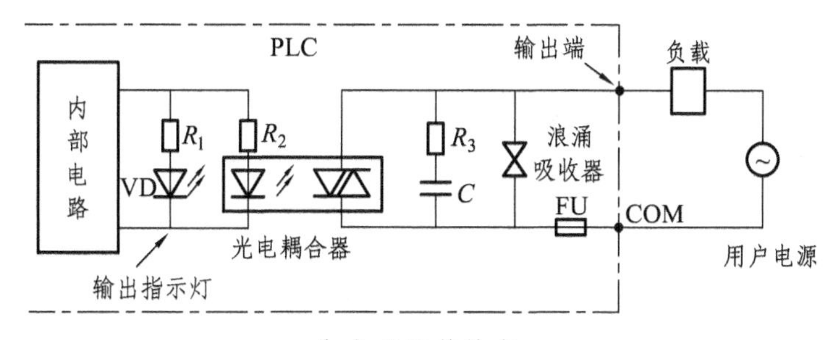

（c）晶闸管输出

图 3.7 开关量输出接口

PLC 的 I/O 接口所能接受的输入信号个数和输出信号个数称为 PLC 输入/输出（I/O）点数。I/O 点数是选择 PLC 的重要依据之一。当系统的 I/O 点数不够时，可通过 PLC 的 I/O 扩展接口对系统进行扩展。

4. 通信接口

PLC 配有各种通信接口，这些通信接口一般都带有通信处理器。PLC 通过这些通信接口可与监视器、打印机、其他 PLC、计算机等设备实现通信。PLC 与打印机连接，可将过程信息、系统参数等输出打印；与监视器连接，可将控制过程图像显示出来；与其他 PLC 连接，可组成多机系统或连成网络，实现更大规模控制。与计算机连接，可组成多级分布式控制系统，实现控制与管理相结合。远程 I/O 系统也必须配备相应的通信接口模块。

5. 智能接口模块

智能接口模块是一独立的计算机系统，它有自己的 CPU、系统程序、存储器以及与 PLC 系统总线相连的接口。它作为 PLC 系统的一个模块，通过总线与 PLC 相连，进行数据交换，并在 PLC 的协调管理下独立地进行工作。

PLC 的智能接口模块种类很多，如：高速计数模块、闭环控制模块、运动控制模块、中断控制模块等。

6. 编程装置

编程装置的作用是编辑、调试、输入用户程序，也可在线监控 PLC 内部状态和参数，与 PLC 进行人机对话。它是开发、应用、维护 PLC 不可缺少的工具。编程装置可以是专用编程器，也可以是配有专用编程软件包的通用计算机系统。专用编程器是由 PLC 厂家生产，专供该厂家生产的某些 PLC 产品使用，它主要由键盘、显示器和外存储器接插口等部件组成。专用编程器有简易编程器和智能编程器两类。

简易型编程器只能联机编程，而且不能直接输入和编辑梯形图程序，需将梯形图程序转化为指令表程序才能输入。简易编程器体积小、价格便宜，它可以直接插在 PLC 的编程插座上，或者用专用电缆与 PLC 相连，以方便编程和调试。有些简易编程器带有存储盒，可用来储存用户程序，如三菱的 FX-20P-E 简易编程器。

智能编程器又称图形编程器，本质上它是一台专用便携式计算机，如三菱的 GP-80 FX-E 智能型编程器。它既可联机编程，又可脱机编程。可直接输入和编辑梯形图程序，使用更加直观、方便，但价格较高，操作也比较复杂。大多数智能编程器带有磁盘驱动器，提供录音机接口和打印机接口。

专用编程器只能对指定厂家的几种 PLC 进行编程，使用范围有限，价格较高。同时，由于 PLC 产品不断更新换代，所以专用编程器的生命周期也十分有限。因此，现在的趋势是使用以个人计算机为基础的编程装置，用户只要购买 PLC 厂家提供的编程软件和相应的硬件接口装置。这样，用户只用较少的投资即可得到高性能的 PLC 程序开发系统。

基于个人计算机的程序开发系统功能强大。它既可以编制、修改 PLC 的梯形图程序，又可以监视系统运行、打印文件、系统仿真等。配上相应的软件还可实现数据采集和分析等许多功能。

7. 电　源

PLC 配有开关电源，以供内部电路使用。与普通电源相比，PLC 电源的稳定性好、抗干扰能力强。对电网提供的电源稳定度要求不高，一般允许电源电压在其额定值 ± 15%的范围内波动。许多 PLC 还向外提供直流 24 V 稳压电源，用于对外部传感器供电。

8. 其他外部设备

除了以上所述的部件和设备外，PLC 还有许多外部设备，如 EPROM 写入器、外存储器、人/机接口装置等。

EPROM 写入器是用来将用户程序固化到 EPROM 存储器中的一种 PLC 外部设备。为了使调试好用户程序不易丢失，经常用 EPROM 写入器将 PLC 内 RAM 保存到 EPROM 中。

PLC 内部的半导体存储器称为内存储器。有时可用外部的磁带、磁盘和用半导体存储器做成的存储盒等来存储 PLC 的用户程序，这些存储器件称为外存储器。外存储器一般是通过编程器或其他智能模块提供的接口，实现与内存储器之间相互传送用户程序。

人/机接口装置是用来实现操作人员与 PLC 控制系统的对话。最简单、最普遍的人/机接口装置由安装在控制台上的按钮、转换开关、拨码开关、指示灯、LED 显示器、声光报警器等器件构成。对于 PLC 系统，还可采用半智能型 CRT 人/机接口装置和智能型终端人/机接口装置。半智能型 CRT 人/机接口装置可长期安装在控制台上，通过通信接口接收来自 PLC 的信息并在 CRT 上显示出来；而智能型终端人/机接口装置有自己的微处理器和存储器，能够与操作人员快速交换信息，并通过通信接口与 PLC 相连，也可作为独立的节点接入 PLC 网络。

（三）PLC 的软件组成

PLC 的软件由系统程序和用户程序组成。

系统程序由 PLC 制造厂商设计编写的，并存入 PLC 的系统存储器中，用户不能直接读写与更改。系统程序一般包括系统诊断程序、输入处理程序、编译程序、信息传送程序、监控程序等。

PLC 的用户程序是用户利用 PLC 的编程语言，根据控制要求编制的程序。在 PLC 的应用中，最重要的是用 PLC 的编程语言来编写用户程序，以实现控制目的。由于 PLC 是专门为工业控制而开发的装置，其主要使用者是广大电气技术人员，为了满足他们的传统习惯和掌握能力，PLC 的主要编程语言采用比计算机语言相对简单、易懂、形象的专用语言。

PLC 编程语言是多种多样的，对于不同生产厂家、不同系列的 PLC 产品采用的编程语言的表达方式也不相同，但基本上可归纳两种类型：一是采用字符表达方式的编程语言，如语句表等；二是采用图形符号表达方式编程语言，如梯形图等。

1. 梯形图

梯形图是在传统继-接控制系统中常用的接触器、继电器等图形表达符号的基础上演变而来的。它与继-接控制线路图相似，继承了传统继-接控制逻辑中使用的框架结构、逻辑运算方式和输入输出形式，具有形象、直观、实用的特点，这种程序形式是应用最广泛的。

如图 3.8 所示是传统的继-接控制线路图和 PLC 梯形图。

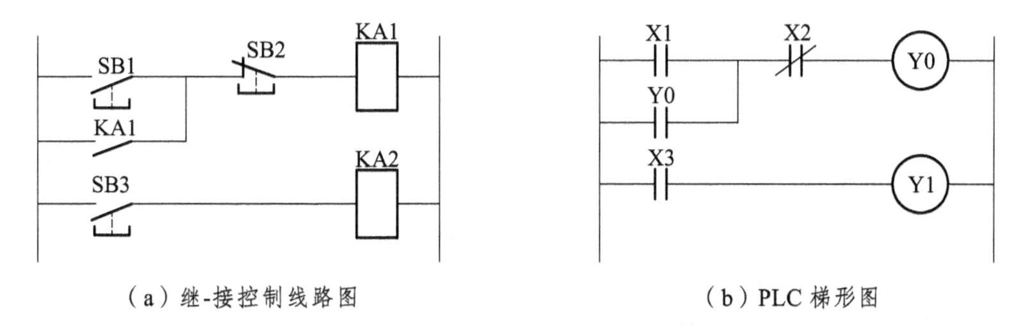

（a）继-接控制线路图　　（b）PLC 梯形图

图 3.8　继-接控制线路图与梯形图

从图中可看出，两种图基本表示思想是一致的，具体表达方式有一定区别。PLC 的梯形图使用的是内部继电器，定时/计数器等，都是由软件来实现的，使用方便，修改灵活，是原继-接控制线路硬接线无法比拟的。

2. 指令表

这种程序形式是一种与汇编语言类似的助记符程序表达方式。在 PLC 应用中，经常采用简易编程器，而这种编程器中没有 CRT 屏幕显示，或没有较大的液晶屏幕显示。因此，就用一系列 PLC 操作命令组成的语句表将梯形图描述出来，再通过简易编程器输入到 PLC 中。虽然各个 PLC 生产厂家的语句表形式不尽相同，但基本功能相差无几。如表 3.1 所示为与图 3.8 中梯形图对应的（FX 系列 PLC）语句表程序。

表 3.1　语句表程序

步序号	指　令	数　据
0	LD	X1
1	OR	Y0
2	ANI	X2
3	OUT	Y0
4	LD	X3
5	OUT	Y1

可以看出，语句是语句表程序的基本单元，每个语句和微机一样也由地址（步序号）、操作码（指令）和操作数（数据）三部分组成。

3. 功能块图

它是一种类似于数字逻辑电路结构的程序形式，由与门、或门、非门、定时器、计数器、触发器等逻辑符号组成。有数字电路基础的电气技术人员较容易掌握，如图 3.9 所示。

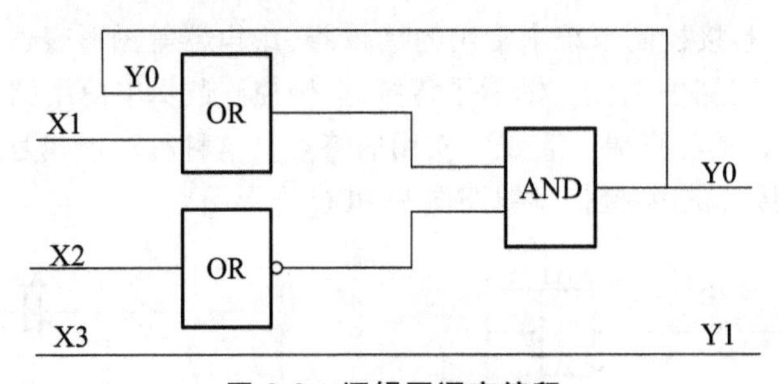

图 3.9　逻辑图语言编程

4. 顺序功能图

它是组织复杂程序的一种程序形式，又称状态转移图。它将一个完整的控制过程分为若干阶段，各阶段具有不同的动作，阶段间有一定的转换条件，转换条件满足就实现阶段转移，上一阶段动作结束，下一阶段动作开始。是用功能表图的方式来表达一个控制过程，对于顺序控制系统特别适用。

5. 结构文本

随着 PLC 技术的发展，为了增强 PLC 的运算、数据处理及通信等功能，以上程序形式无法很好地满足要求。近年来推出的 PLC，尤其是大型 PLC，都可用高级语言，如 BASIC 语言、C 语言、PASCAL 语言等进行编程。采用高级语言后，用户可以像使用普通微型计算机一样操作 PLC，使 PLC 的各种功能得到更好的发挥。

（四）工作原理

1. 扫描工作原理

当 PLC 运行时，是通过执行反映控制要求的用户程序来完成控制任务的，需要执行众多的操作，但 CPU 不可能同时去执行多个操作，它只能按分时操作（串行工作）方式，每一次执行一个操作，按顺序逐个执行。由于 CPU 的运算处理速度很快，所以从宏观上来看，PLC 外部出现的结果似乎是同时（并行）完成的。这种串行工作过程称为 PLC 的扫描工作方式。

用扫描工作方式执行用户程序时，扫描是从第一条程序开始，在无中断或跳转控制的情况下，按程序存储顺序的先后，逐条执行用户程序，直到程序结束。然后再从头开始扫描执行，周而复始重复运行。

PLC 的扫描工作方式与电器控制的工作原理明显不同。电器控制装置采用硬逻辑的并行工作方式，如果某个继电器的线圈通电或断电，那么该继电器的所有常开和常闭触点不论处在控制线路的哪个位置上，都会立即同时动作；而 PLC 采用扫描工作方式（串行工作方式），如果某个软继电器的线圈被接通或断开，其所有的触点不会立即动作，必须等扫描到该时才会动作。但由于 PLC 的扫描速度快，通常 PLC 与电器控制装置在 I/O 的处理结果上并没有什么差别。

2. PLC 扫描工作过程

PLC 的扫描工作过程除了执行用户程序外，在每次扫描工作过程中还要完成内部处理、通信服务工作。如图 3.10 所示，整个扫描工作过程包括内部处理、通信服务、输入采样、程序执行、输出刷新五个阶段。整个过程扫描执行一遍所需的时间称为扫描周期。扫描周期与 CPU 运行速度、PLC 硬件配置及用户程序长短有关，典型值为 1 ~ 100 ms。

在内部处理阶段，进行 PLC 自检，检查内部硬件是否正常，对监视定时器（WDT）复位以及完成其他一些内部处理工作。

在通信服务阶段，PLC 与其他智能装置实现通信，响应编程器键入的命令，更新编程器的显示内容等。

当 PLC 处于停止（STOP）状态时，只完成内部处理和通信服务工作。当 PLC 处于运行（RUN）状态时，除完成内部处理和通信服务工作外，还要完成输入采样、程序执行、输出刷新工作。

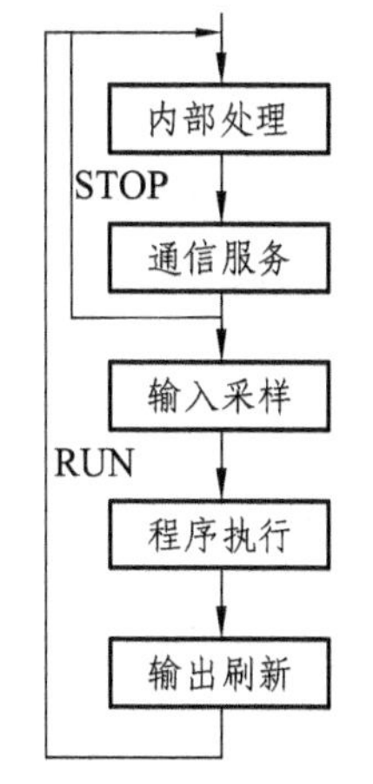

图 3.10　扫描过程示意图

PLC 的扫描工作方式简单直观，便于程序的设计，并为可靠运行提供了保障。当 PLC 扫描到的指令被执行后，其结果马上就被后面将要扫描到的指令所利用，而且还可通过 CPU 内部设置的监视定时器来监视每次扫描是否超过规定时间，避免由于 CPU 内部故障使程序执行进入死循环。

3. PLC 执行程序的过程及特点

PLC 执行程序的过程分为三个阶段，即输入采样阶段、程序执行阶段、输出刷新阶段，如图 3.11 所示。

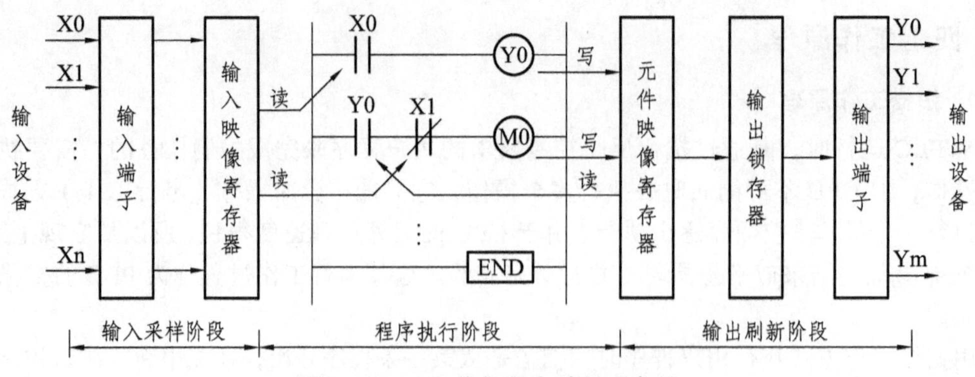

图 3.11 PLC 执行程序过程示意图

1）输入采样阶段

在输入采样阶段，PLC 以扫描工作方式按顺序对所有输入端的输入状态进行采样，并存入输入映象寄存器中，此时输入映象寄存器被刷新。接着进入程序处理阶段，在程序执行阶段或其他阶段，即使输入状态发生变化，输入映象寄存器的内容也不会改变，输入状态的变化只有在下一个扫描周期的输入处理阶段才能被采样到。

2）程序执行阶段

在程序执行阶段，PLC 对程序按顺序进行扫描执行。若程序用梯形图来表示，则总是按先上后下，先左后右的顺序进行。当遇到程序跳转指令时，则根据跳转条件是否满足来决定程序是否跳转。当指令中涉及输入、输出状态时，PLC 从输入映像寄存器和元件映象寄存器中读出，根据用户程序进行运算，运算的结果再存入元件映象寄存器中。对于元件映象寄存器来说，其内容会随程序执行的过程而变化。

3）输出刷新阶段

当所有程序执行完毕后，进入输出处理阶段。在这一阶段里，PLC 将输出映象寄存器中与输出有关的状态（输出继电器状态）转存到输出锁存器中，并通过一定方式输出，驱动外部负载。

因此，PLC 在一个扫描周期内，对输入状态的采样只在输入采样阶段进行。当 PLC 进入程序执行阶段后输入端将被封锁，直到下一个扫描周期的输入采样阶段才对输入状态进行重新采样。这方式称为集中采样，即在一个扫描周期内，集中一段时间对输入状态进行采样。

在用户程序中如果对输出结果多次赋值，则最后一次有效。在一个扫描周期内，只在输出刷新阶段才将输出状态从输出映象寄存器中输出，对输出接口进行刷新。在其他阶段里输出状态一直保存在输出映象寄存器中。这种方式称为集中输出。

对于小型 PLC，其 I/O 点数较少，用户程序较短，一般采用集中采样、集中输出的工作方式，虽然在一定程度上降低了系统的响应速度，但使 PLC 工作时大多数时间与外部输入/输出设备隔离，从根本上提高了系统的抗干扰能力，增强了系统的可靠性。

而对于大中型 PLC，其 I/O 点数较多，控制功能强，用户程序较长，为提高系统响应速度，可以采用定期采样、定期输出方式，或中断输入、输出方式以及采用智能 I/O 接口等多种方式。

从上述分析可知，当 PLC 的输入端输入信号发生变化到 PLC 输出端对该输入变化作出反应，需要一段时间，这种现象称为 PLC 输入/输出响应滞后。对一般的工业控制，这种滞后是完全允许的。应该注意的是，这种响应滞后不仅是由于 PLC 扫描工作方式造成，更主要是 PLC 输入接口的滤波环节带来的输入延迟，以及输出接口中驱动器件的动作时间带来输出延迟，同时还与程序设计有关。滞后时间是设计 PLC 应用系统时应注意把握的一个参数。

三、PLC 特点与发展趋势

（一）PLC 的特点

PLC 技术之所以高速发展，除了工业自动化的客观需要外，主要是因为它具有许多独特的优点。它较好地解决了工业领域中普遍关心的可靠、安全、灵活、方便、经济等问题。主要有以下特点：

1. 可靠性高、抗干扰能力强

可靠性高、抗干扰能力强是 PLC 最重要的特点之一。PLC 的平均无故障时间可达几十万个小时，之所以有这么高的可靠性，是由于它采用了一系列的硬件和软件的抗干扰措施：

（1）硬件方面。I/O 通道采用光电隔离，有效地抑制了外部干扰源对 PLC 的影响；对供电电源及线路采用多种形式的滤波，从而消除或抑制了高频干扰；对 CPU 等重要部件采用良好的导电、导磁材料进行屏蔽，以减少空间电磁干扰；对有些模块设置了联锁保护、自诊断电路等。

（2）软件方面。PLC 采用扫描工作方式，减少了由于外界环境干扰引起故障；在 PLC 系统程序中设有故障检测和自诊断程序，能对系统硬件电路等故障实现检测和判断；当由外界干扰引起故障时，能立即将当前重要信息加以封存，禁止任何不稳定的读写操作，一旦外界环境正常后，便可恢复到故障发生前的状态，继续原来的工作。

2. 编程简单、使用方便

目前，大多数 PLC 采用的编程语言是梯形图语言，它是一种面向生产、面向用户的编程语言。梯形图与电器控制线路图相似，形象、直观，不需要掌握计算机知识，很容易让广大工程技术人员掌握。当生产流程需要改变时，可以现场改变程序，使用方便、灵活。同时，PLC 编程器的操作和使用也很简单。这也是 PLC 获得普及和推广的主要原因之一。许多 PLC 还针对具体问题，设计了各种专用编程指令及编程方法，进一步简化了编程。

3. 功能完善、通用性强

现代 PLC 不仅具有逻辑运算、定时、计数、顺序控制等功能，而且还具有 A/D 和 D/A 转换、数值运算、数据处理、PID 控制、通信联网以等许多功能。同时，由于 PLC 产品的系列化、模块化，有品种齐全的各种硬件装置供用户选用，可以组成满足各种要求的控制系统。

4. 设计安装简单、维护方便

由于 PLC 用软件代替了传统电气控制系统的硬件，控制柜的设计、安装接线工作量大为减少。PLC 的用户程序大部分可在实验室进行模拟调试，缩短了应用设计和调试周期。在维修方面，由于 PLC 的故障率极低，维修工作量很小；而且 PLC 具有很强的自诊断功能，如果出现故障，可根据 PLC 上指示或编程器上提供的故障信息，迅速查明原因，维修极为方便。

5. 体积小、重量轻、能耗低

由于 PLC 采用了集成电路，其结构紧凑、体积小、能耗低，因而是实现机电一体化的理想控制设备。

（二）PLC 的发展趋势

1. 向高速度、大容量方向发展

为了提高 PLC 的处理能力，要求 PLC 具有更好的响应速度和更大的存储容量。目前，有的 PLC 的扫描速度可达 0.1 ms/k 步左右。PLC 的扫描速度已成为很重要的一个性能指标。

在存储容量方面，有的 PLC 最高可达几十兆字节。为了扩大存储容量，有的公司已使用了磁泡存储器或硬盘。

2. 向超大型、超小型两个方向发展

当前中小型 PLC 比较多，为了适应市场的多种需要，今后 PLC 要向多品种方向发展，特别是向超大型和超小型两个方向发展。现已有 I/O 点数达 14336 点的超大型 PLC，其使用 32 位微处理器，多 CPU 并行工作和大容量存储器，功能强。

小型 PLC 由整体结构向小型模块化结构发展，使配置更加灵活，为了市场需要已开发了各种简易、经济的超小型微型 PLC，最小配置的 I/O 点数为 8 ~ 16 点，以适应单机及小型自动控制的需要，如三菱公司 α 系列 PLC。

3. PLC 大力开发智能模块，加强联网通信能力

为满足各种自动化控制系统的要求，近年来不断开发出许多功能模块，如高速计数模块、温度控制模块、远程 I/O 模块、通信和人机接口模块等。这些带 CPU 和存储器的智能 I/O 模块，既扩展了 PLC 功能，又使用灵活方便，扩大了 PLC 应用范围。

加强 PLC 联网通信的能力，是 PLC 技术进步的潮流。PLC 的联网通信有两类：一类是 PLC 之间联网通信，各 PLC 生产厂家都有自己的专有联网手段；另一类是 PLC 与计算机之间的联网通信，一般 PLC 都有专用通信模块与计算机通信。为了加强联网通信能力，PLC 生产厂家之间也在协商制订通用的通信标准，以构成更大的网络系统，PLC 已成为集散控制系统（DCS）不可缺少的重要组成部分。

4. 增强外部故障的检测与处理能力

根据统计资料表明：在 PLC 控制系统的故障中，CPU 占 5%，I/O 接口占 15%，输入设备占 45%，输出设备占 30%，线路占 5%。前两项共 20%故障属于 PLC 的内部故障，它可通过 PLC 本身的软、硬件实现检测、处理；而其余 80%的故障属于 PLC 的外部故障。因此，PLC 生产厂家都致力于研制、发展用于检测外部故障的专用智能模块，进一步提高系统的可靠性。

5. 编程语言多样化

在 PLC 系统结构不断发展的同时，PLC 的编程语言也越来越丰富，功能也不断提高。除了大多数 PLC 使用的梯形图语言外，为了适应各种控制要求，出现了面向顺序控制的步进编程语言、面向过程控制的流程图语言、与计算机兼容的高级语言（BASIC、C 语言等）等。多种编程语言的并存、互补与发展是 PLC 进步的一种趋势。

四、FX 系列的类型和主要技术参数

（一）PLC 的类型

PLC 产品种类繁多，其规格和性能也各不相同。对 PLC 的分类，通常根据其结构形式的不同、功能的差异和 I/O 点数的多少等进行大致分类。

1. 按结构形式分类

根据 PLC 的结构形式，可将 PLC 分为整体式和模块式两类。

1）整体式 PLC

整体式 PLC 是将电源、CPU、I/O 接口等部件都集中装在一个机箱内，具有结构紧凑、体积小、价格低的特点。小型 PLC 一般采用这种整体式结构。整体式 PLC 由不同 I/O 点数的基本单元（又称主机）和扩展单元组成。基本单元内有 CPU、I/O 接口、与 I/O 扩展单元相连的扩展口，以及与编程器或 EPROM 写入器相连的接口等。扩展单元内只有 I/O 和电源等，没有 CPU。基本单元和扩展单元之间一般用扁平电缆连接。整体式 PLC 一般还可配备特殊功能单元，如模拟量单元、位置控制单元等，使其功能得以扩展。

2）模块式 PLC

模块式 PLC 是将 PLC 各组成部分，分别作成若干个单独的模块，如 CPU 模块、I/O 模块、电源模块（有的含在 CPU 模块中）以及各种功能模块。模块式 PLC 由框架或基板和各种模块组成。模块装在框架或基板的插座上。这种模块式 PLC 的特点是配置灵活，可根据需要选配不同规模的系统，而且装配方便，便于扩展和维修。大、中型 PLC 一般采用模块式结构。

还有一些 PLC 将整体式和模块式的特点结合起来，构成所谓叠装式 PLC。叠装式 PLC 的 CPU、电源、I/O 接口等也是各自独立的模块，但它们之间是靠电缆进行联接，并且各模块可以一层层地叠装。这样，不但系统可以灵活配置，还可做得体积小巧。

2. 按功能分类

根据 PLC 所具有的功能不同，可将 PLC 分为低档、中档、高档三类。

（1）低档 PLC 具有逻辑运算、定时、计数、移位以及自诊断、监控等基本功能，还可有少量模拟量输入/输出、算术运算、数据传送和比较、通信等功能。主要用于逻辑控制、顺序控制或少量模拟量控制的单机控制系统。

（2）中档 PLC 除具有低档 PLC 的功能外，还具有较强的模拟量输入/输出、算术运算、数据传送和比较、数制转换、远程 I/O、子程序、通信联网等功能。有些还可增设中断控制、PID 控制等功能，适用于复杂控制系统。

（3）高档 PLC 除具有中档机的功能外，还增加了带符号算术运算、矩阵运算、位逻辑运算、平方根运算及其他特殊功能函数的运算、制表及表格传送功能等。高档 PLC 机具有更强的通信联网功能，可用于大规模过程控制或构成分布式网络控制系统，实现工厂自动化。

3. 按 I/O 点数分类

根据 PLC 的 I/O 点数的多少，可将 PLC 分为小型、中型和大型三类。

（1）小型 PLC I/O 点数为 256 点以下的为小型 PLC。其中，I/O 点数小于 64 点的为超小型或微型 PLC。

（2）中型 PLC I/O 点数为 256 点以上、2048 点以下的为中型 PLC。

（3）大型 PLC I/O 点数为 2048 以上的为大型 PLC。其中，I/O 点数超过 8192 点的为超大型 PLC。

在实际中，一般 PLC 功能的强弱与其 I/O 点数的多少是相互关联的，即 PLC 的功能越强，其可配置的 I/O 点数越多。因此，通常我们所说的小型、中型、大型 PLC，除指其 I/O 点数不同外，同时也表示其对应功能为低档、中档、高档。

三菱公司的 PLC 是较早进入中国市场的产品。其小型机 F1/F2 系列是 F 系列的升级产品，早期在我国的销量也不小。F1/F2 系列加强了指令系统，增加了特殊功能单元和通信功能，比 F 系列有了更强的控制能力。继 F1/F2 系列之后，20 世纪 80 年代末三菱公司又推出 FX 系列，在容量、速度、特殊功能、网络功能等方面都有了全面的加强。FX_2 系列是在 20 世纪 90 年代开发的整体式高功能小型机，它配有各种通信适配器和特殊功能单元。FX_{2N} 近几年推出的高功能整体式小型机，它是 FX_2 的换代产品，各种功能都有了全面的提升。近年来还不断推出满足不同要求的微型 PLC，如 FX_{OS}、FX_{1S}、FX_{0N}、FX_{1N} 及 α 系列等产品。

（二）PLC 的性能指标

1. 存储容量

存储容量是指用户程序存储器的容量。用户程序存储器的容量大，可以编制出复杂的程序。一般来说，小型 PLC 的用户存储器容量为几千字，而大型机的用户存储器容量为几万字。

2. I/O 点数

输入/输出（I/O）点数是 PLC 可以接受的输入信号和输出信号的总和，是衡量 PLC 性能的重要指标。I/O 点数越多，外部可接的输入设备和输出设备就越多，控制规模就越大。

3. 扫描速度

扫描速度是指 PLC 执行用户程序的速度，是衡量 PLC 性能的重要指标。一般以扫描 1 K 字用户程序所需的时间来衡量扫描速度，通常以 ms/K 字为单位。PLC 用户手册一般给出执行各条指令所用的时间，可以通过比较各种 PLC 执行相同的操作所用的时间，来衡量扫描速度的快慢。

4. 指令的功能与数量

指令功能的强弱、数量的多少也是衡量 PLC 性能的重要指标。编程指令的功能越强、数量越多，PLC 的处理能力和控制能力也越强，用户编程也越简单和方便，越容易完成复杂的控制任务。

5. 内部元件的种类与数量

在编制 PLC 程序时，需要用到大量的内部元件来存放变量、中间结果、保持数据、定时计数、模块设置和各种标志位等信息。这些元件的种类与数量越多，表示 PLC 的存储和处理各种信息的能力越强。

6. 特殊功能单元

特殊功能单元种类的多少与功能的强弱是衡量 PLC 产品的一个重要指标。近年来各 PLC

厂商非常重视特殊功能单元的开发，特殊功能单元种类日益增多，功能越来越强，使 PLC 的控制功能日益扩大

7. 可扩展能力

PLC 的可扩展能力包括 I/O 点数的扩展、存储容量的扩展、联网功能的扩展、各种功能模块的扩展等。在选择 PLC 时，经常需要考虑 PLC 的可扩展能力。

（三）FX 系列 PLC 的型号的说明

FX 系列 PLC 的型号如图 3.12 所示。

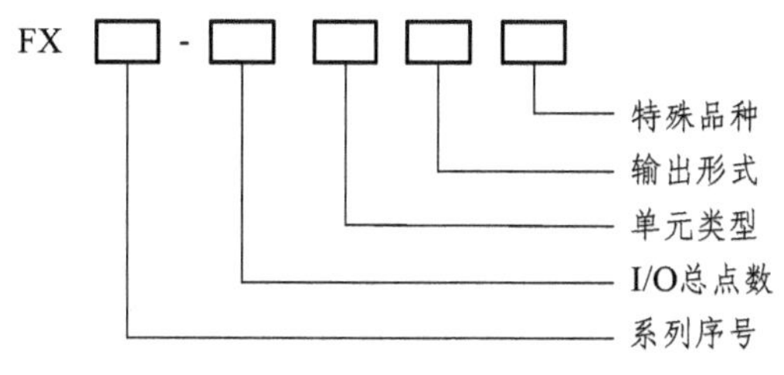

图 3.12　FX 系列 PLC 的型号

图 3.12 中，系列名称有 0、2、0 S、1S、ON、1 N、2 N、2 NC 等。

单元类型：M——基本单元；
　　E——输入输出混合扩展单元；
　　Ex——扩展输入模块；
　　EY——扩展输出模块。

输出方式：R——继电器输出；
　　S——晶闸管输出；
　　T——晶体管输出。

特殊品种：D——DC 电源，DC 输出；
　　A1——AC 电源，AC（AC 100 ~ 120 V）输入或 AC 输出模块；
　　H——大电流输出扩展模块；
　　V——立式端子排的扩展模块；
　　C——接插口输入输出方式；
　　F——输入滤波时间常数为 1 ms 的扩展模块。

如果特殊品种一项无符号，则为 AC 电源、DC 输入、横式端子排、标准输出。

例如 FX_{2N}-32MT-D 表示 FX_{2N} 系列，32 个 I/O 点基本单位，晶体管输出，使用直流电源，24 V 直流输出型。

（四）FX_{2N} 系列的主要技术参数

1. 基本单元

FX_{2N} 系列是 FX 家族中最先进的 PLC 系列。

FX_{2N} 基本单元有 16/32/48/65/80/128 点 I/O，六个基本 FX_{2N} 单元中的每一个单元都可以

通过 I/O 扩展单元扩充为 256 点 I/O，其基本单元如表 3.2 所示。

表 3.2　FX_{2N} 系列的基本单元

型　号			输入点数	输出点数	扩展模块可用点数
继电器输出	可控硅输出	晶体管输出			
FX_{2N}-16 MR-001	FX_{2N}-16 MS	FX_{2N}-16 MT	8	8	24 ~ 32
FX_{2N}-32 MR-001	FX_{2N}-32 MS	FX_{2N}-32 MT	16	16	24 ~ 32
FX_{2N}-48 MR-001	FX_{2N}-48 MS	FX_{2N}-48 MT	24	24	48 ~ 64
FX_{2N}-64 MR-001	FX_{2N}-64 MS	FX_{2N}-64 MT	32	32	48 ~ 64
FX_{2N}-80 MR-001	FX_{2N}-80 MS	FX_{2N}-80 MT	40	40	48 ~ 64
FX_{2N}-128 MR-001		FX_{2N}-128 MT	64	64	48 ~ 64

FX_{2N} 具有丰富的元件资源，有 3072 点辅助继电器。提供了多种特殊功能模块，可实现过程控制位置控制。有多种 RS-232C/RS-422/RS-485 串行通信模块或功能扩展板支持网络通信。FX_{2N} 具有较强的数学指令集，使用 32 位处理浮点数。具有方根和三角几何指令满足数学功能要求很高数据处理。

2. I/O 扩展单元和扩展模块

FX_{2N} 系列的扩展单元如表 3.3 所示。FX_{2N} 系列的扩展模块如表 3.4 所示。

表 3.3　FX_{2N} 子系列扩展单元

型　号	总 I/O 数目	输入			输出	
		数目	电压	类型	数目	类型
FX_{2N}-32 ER	32	16	24 V 直流	漏型	16	继电器
FX_{2N}-32 ET	32	16	24 V 直流	漏型	16	晶体管
FX_{2N}-48 ER	48	24	24 V 直流	漏型	24	继电器
FX_{2N}-48 ET	48	24	24 V 直流	漏型	24	晶体管
FX_{2N}-48 ER-D	48	24	24 V 直流	漏型	24	继电器（直流）
FX_{2N}-48 ET-D	48	24	24 V 直流	漏型	24	继电器（直流）

表 3.4　FX_{2N} 子系列的扩展模块

型　号	总 I/O 数目	输　入			输　出	
		数　目	电　压	类　型	数　目	类　型
FX_{2N}-16 EX	16	16	24 V 直流	漏型		
FX_{2N}-16 EYT	16				16	晶体管
FX_{2N}-16 EYR	16				16	继电器

3. 特殊功能模块

1）模拟量输入输出模块

（1）模拟量输入输出模块 FX_{0N}-3A。

该模块具有 2 路模拟量输入（0 ~ 10 V 直流或 4 ~ 20 mA 直流）通道和 1 路模拟量输出通道。其输入通道数字分辨率为 8 位，A/D 的转换时间为 100 μs，在模拟与数字信号之间采用光电隔离，适用于 FX_{1N}、FX_{2N}、FX_{2NC} 子系列，占用 8 个 I/O 点。

（2）模拟量输入模块 FX_{2N}-2AD。

该模块为 2 路电压输入（0 ~ 10 V/DC，0 ~ 5 V/DC）或电流输入（4 ~ 20 mA/DC），12 位高精度分辨率，转换的速度为 2.5 ms/通道。这个模块占用 8 个 I/O 点，适用于 FX_{1N}、FX_{2N}、FX_{2NC} 子系列。

（3）模拟量输入模块 FX_{2N}-4AD。

该模块有 4 个输入通道，其分辨率为 12 位。可选择电流或电压输入，选择通过用户接线来实现。可选为模拟值范围为 ± 10 V/DC（分辨率位 5 mV）或 4 ~ 20 mA、－20 ~ 20 mA（分辨率位 20 μA）。转换的速度最高位 6 ms/通道。FX_{2N}-4AD 占用 8 个 I/O 点。

（4）模拟量输出模块 FX_{2N}-2DA。

该模块用于将 12 位的数字量转换成 2 点模拟输出。输出的形式可为电压，也可为电流。其选择取决于接线不同。电压输出时，两个模拟输出通道输出信号为 0 ~ 10 V/DC，0 ~ 5 V/DC；电流输出时为 4 ~ 20 mA/DC。分辨率为 2.5 mV（0 ~ 10 V/DC）和 4 μA（4 ~ 20 mA）。数字到模拟的转换特性可进行调整。转换速度为 4 ms/通道。本模块需占用 8 个 I/O 点。适用于 FX_{1N}、FX_{2N}、FX_{2NC} 子系列。

（5）模拟量输出模块 FX_{2N}-4DA。

该模块有 4 个输出通道。提供了 12 位高精度分辨率的数字输入。转换速度为 2.1 ms/4 通道，使用的通道数变化不会改变转换速度。其他的性能与 FX_{2N}-2DA 相似。

（6）模拟量输入模块 FX_{2N}-4AD-PT。

该模块与 PT100 型温度传感器匹配，将来自 4 个箔温度传感器（PT100，3 线，100 Ω）的输入信号放大，并将数据转换成 12 位可读数据，存储在主机单元中。摄氏度和华氏度数据都可读取。它内部有温度变送器和模拟量输入电路，可以矫正传感器的非线性。读分辨率为 0.2 ~ 0.3 °C。转换速度为 15 ms/通道。所有的数据传送和参数设置都可以通过 FX_{2N}-4AD-PT 的软件组态完成，由 FX_{2N} 的 TO/FROM 应用指令来实现。FX_{2N}-4AD-PT 占用 8 个 I/O 点，可用于 FX_{1N}、FX_{2N}、FX_{2NC} 子系列，为温控系统提供了方便。

（7）模拟量输入模块 FX_{2N}-4AD-TC。

该模块与热电耦型温度传感器匹配，将来自四个热电耦传感器的输入信号放大，并将数据转换成 12 位的可读数据，存储在主单元中，摄氏和华氏数据均可读取，读分辨率在类型为 K 时为 0.2 °C；类型为 J 时为 0.3 °C，可与 K 型（－100 ~ 1 200 °C）和 J 型（－100 ~ 600 °C）热电耦配套使用，4 个通道分别使用 K 型或 J 型，转换速度为 240 ms/通道。所有的数据传输和参数设置都可以通过 FX_{2N}-4AD-TC 的软件组态完成，占用 8 个 I/O 点。

2）PID 过程控制模块

FX_{2N}-2LC 温度调节模块是用在温度控制系统中。该模块配有 2 通道的温度输入和 2 通道晶体管输出，即一块能组成两个温度调节系统。模块提供了自调节的 PID 控制和 PI 控制，控制的运行周期为 500 ms，占用 8 个 I/O 点数，可用于 FX_{1N}、FX_{2N}、FX_{2NC} 子系列。

3）定位控制模块

在机械工作运行过程中工作的速度与精度往往存在矛盾，为提高机械效率而提高速度时，停车控制上便出现了问题。所以进行定位控制是十分必要的。举一个简单的例子，电机带动的机械由启动位置返回原位，如以最快的速度返回，由于高速停车惯性大，则在返回原位时偏差必然较大，如图 3.13（a）所示；若采用如图 3.13（b）所示的方式先减速便可保证定位的准确性。

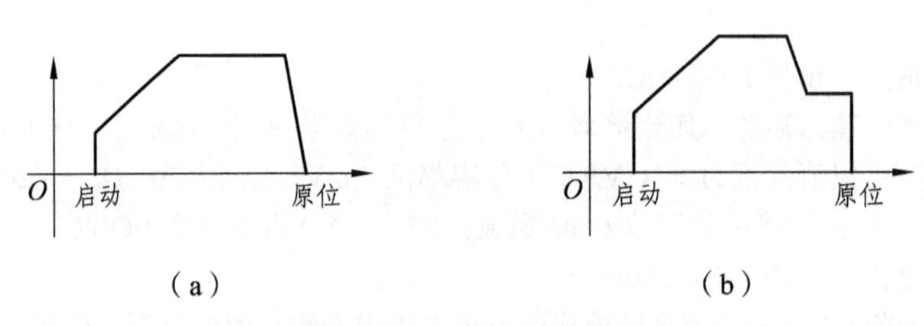

图 3.13　定位控制模块

在位置控制系统中常会采用伺服电机和步进电机作为驱动装置。即可采用开环控制，也可采用闭环控制。对于步进电机，我们可以采用调节发送脉冲的速度改变机械的工作速度。使用 FX 系列 PLC，通过脉冲输出形式的定位单元或模块，即可实现一点或多点的定位。下面介绍 FX_{2N} 系列的脉冲输出模块和定位控制模块。

（1）脉冲输出模块 FX_{2N}-1PG。

FX_{2N}-1PG 脉冲发生器单元可以完成一个对独立轴的定位，这是通过向伺服或步进马达的驱动放大器提供指定数量的脉冲来实现的。FX_{2N}-1PG 只用于 FX_{2N} 子系列，用 FROM/TO 指令设定各种参数，读出定位值和运行速度。该模块占用 8 个 I/O 点。输出最高为 100 kHz 的脉冲串。

（2）定位控制器 FX_{2N}-10GM。

FX_{2N}-10GM 为脉冲序列输出单元，它是单轴定位单元，不仅能处理单速定位和中断定位，而且能处理复杂的控制，如多速操作。FX_{2N}-10GM 最多可有 8 个连接在 FX_{2N} 系列 PLC 上。最大输出脉冲为 200 kHz。

（3）定位控制器 FX_{2N}-20GM。

一个 FX_{2N}-20GM 可控制两个轴，可执行直线插补、圆弧插补或独立的两轴定位控制，最大输出脉冲串为 200 kHz（在插补期间，最大为 100 kHz）。FX_{2N}-10GM、FX_{2N}-20GM 均具用流程图的编程软件可使程序的开发具有可视性。

（4）可编程凸轮开关 FX_{2N}-1RM-E-SET。

在机械传动控制中经常要对角位置检测。在不同的角度位置时发出不同的导通、关断信号。过去采用机械凸轮开关。机械式开关虽精度高但易磨损。FX_{2N}-1RM-SET 可编程凸轮开关可用来取代机械凸轮开关实现高精度角度位置检测。配套的转角传感器电缆长度最长可达

100 m。应用时与其他可编程凸轮开关主体、无刷分解器等一起可进行高精度的动作角度设定和监控，其内部有 EEPROM，无需电池。可储存 8 种不同的程序。FX_{2N}-1RM-SET 可接在 FX_{2N} 上，也可单独使用。FX_{2N} 最多可接 3 块。它在程序中占用 PLC8 个 I/O 点。

4）数据通信模块

PLC 的通信模块是用来完成与别的 PLC，其他智能控制设备或计算机之间的通信。以下简单介绍 FX 系列通信用功能扩展板、适配器及通信模块。

（1）通信扩展板 FX_{2N}-232-BD。

FX_{2N}-232-BD 是以 RS-232C 传输标准连接 PLC 与其他设备的接口板，诸如个人计算机、条码阅读器或打印机等，可安装在 FX_{2N} 内部。其最大传输距离为 15 m，最高波特率为 19 200 bit/s，利用专用软件可实现对 PLC 运行状态监控，也可方便的由个人计算机向 PLC 传送程序。

（2）通信接口模块 FX_{2N}-232IF。

FX_{2N}-232IF 连接到 FX_{2N} 系列 PLC 上，可实现与其他配有 RS232C 接口的设备进行全双工串行通信。例如个人计算机，打印机，条形码读出器等。在 FX_{2N} 系列上最多可连接 8 块 FX_{2N}-232IF 模块。用 FROM/TO 指令收发数据。最大传输距离为 15 m，最高波特率为 19 200 bit/s，占用 8 个 I/O 点。数据长度、串行通信波特率等都可由特殊数据寄存器设置。

（3）通信扩展板 FX_{2N}-485-BD。

FX_{2N}-485-BD 用于 RS-485 通信方式。它可以应用于无协议的数据传送。FX_{2N}-485-BD 在原协议通信方式时，利用 RS 指令在个人计算机、条码阅读器、打印机之间进行数据传送。传送的最大传输距离为 50 m，最高波特率也为 19 200 bit/s。每一台 FX_{2N} 系列 PLC 可安装一块 FX_{2N}-485-BD 通信板。除利用此通信板实现与计算机的通信外，还可以用它实现两台 FX_{2N} 系列 PLC 之间的并联。

（4）通信扩展板 FX_{2N}-422-BD。

FX_{2N}-422-BD 应用于 RS-422 通信，可连接 FX_{2N} 系列的 PLC 上，并作为编程或控制工具的一个端口，可用此接口在 PLC 上连接 PLC 的外部设备、数据存储单元和人机界面。利用 FX_{2N}.422-BD 可连接两个数据存储单元（DU）或一个 DU 系列单元和一个编程工具，但一次只能连接一个编程工具。每一个基本单元只能连接一个 FX_{2N}-422-BD，且不能与 FX_{2N}-485-BD 或 FX_{2N}-232-BD 一起使用。

（5）接口模块 MSLSECNET/MINI。

采用 MSLSECNET/MINI 接口模块，FX 系列 PLC 可用作为 A 系列 PLC 的就地控制站，构成集散控制系统。

5）高速计数模块

PLC 中普通的计数器由于受到扫描周期的限制，其最高的工作频率不高，一般仅有几十千赫兹，而在工业应用中有时超过这个工作频率。高速计数模块就是为了满足这一要求，它可达到对几十千赫兹以上，甚至兆赫兹的脉冲计数。FX_{2N} 内部设有高速计数器，系统还配有 FX_{2N}-1HC 高速计数器模块，可作为 2 相 50 kHz 一通道的高速计数，通过 PLC 的指令或外部输入可进行计数器的复位或启动，其技术指标如表 3.5 所示。

表 3.5　FX_{2N}-1HC 高速计数器模块技术指标

项　目	描　述
信号等级	5 V，12 V 和 24 V 依赖于连接端子。线驱动器输出型连接到 5 V 端子上
频率	单相单输入：不超过 50 kHz 单相双输入：每个不超过 50 kHz 双相双输入：不超过 50 kHz（1 倍数）；不超过 25 kHz（2 倍数）； 不超过 12.5 kHz（4 倍数）
计数器范围	32 位二进制计数器：－2 147 483 648～＋2 147 483 647 16 位二进制计数器；0～65 535
计数方式	自动时向上/向下（单相双输入或双相双输入）；当工作在单相单输入方式时，向上/向下由一个 PLC 或外部输入端子确定
比较类型	YH：直接输出，通过硬件比较器处理 YS：软件比较器处理后输出，最大延迟时间 300 ms
输出类型	NPN 开路输出 2 点，直流 5～24 V，每点 0.5 A
辅助功能	可以通过 PLC 的参数来设置模式和比较结果； 可以监测当前值、比较结果和误差状态
占用的 I/O 点数	这个块占用 8 输入或输出点（输入或输出均可）
基本单元提供的电源	5 V、90 mA 直流（主单元提供的内部电源或电源扩展单元）
适用的控制器	FX_{1N}/FX_{2N}/FX_{2NC}（需要 FX_{2NC}-CNV-IF）
尺寸（宽）×（厚）×（高）	55 mm×87 mm×90 mm（2.71 inch×3.43 inch×3.54 inch）
质量（重量）	0.3 kg

4. FX 系列 PLC 性能比较

以上我们已对 FX 系列 PLC 的基本单元、扩充单元及特殊功能模块等做了介绍，尽管 FX 系列中 FX_{0S}、FX_{1S}、FX_{1N}、FX_{2N} 等在外形尺寸上相差不多，但在性能上有较大的差别，其中 FX_{2N} 和 FX_{2NC} 子系列，在 FX 系列 PLC 中功能最强、性能最好。FX 系列 PLC 主要产品的性能比较如表 3.6 所示。

表 3.6　FX 系列 PLC 主要产品的性能比较

型号	I/0 点数	基本指令执行时间/μs	功能指令	模拟模块量	通信
FX_{0S}	10～30	1.6～3.6	50	无	无
FX_{0N}	24～128	1.6～3.6	55	有	较强
FX_{1N}	14～128	0.55～0.7	177	有	较强
FX_{2N}	16～256	0.08	298	有	强

5. FX 系列 PLC 的环境指标

FX 系列 PLC 的环境指标要求如表 3.7 所示。

表 3.7　FX 系列 PLC 的环境指标

环境温度	使用温度 0～55 °C，储存温度 −20～70 °C
环境湿度	使用时 35%～85% RH（无凝露）
防震性能	JISC0911 标准，10～55 Hz，0.5 mm（最大 2 G），3 轴方向各 2 次（但用 DIN 导轨安装时为 0.5 G）
抗冲击性能	JISC0912 标准，10 G，3 轴方向各 3 次
抗噪声能力	用噪声模拟器产生电压为 1 000 V（峰-峰值）、脉宽 1 μs、30～100 Hz 的噪声
绝缘耐压	AC 1 500 V，1 min（接地端与其他端子间）
绝缘电阻	5 MΩ 以上（DC 500 V 兆欧表测量，接地端与其他端子间）
接地电阻	第三种接地，如接地有困难，可以不接
使用环境	无腐蚀性气体，无尘埃

6. FX 系列 PLC 的输入技术指标

FX 系列 PLC 对输入信号的技术要求如表 3.8 所示。

表 3.8　FX 系列 PLC 的输入技术指标

项目 \ 输入端	X0～X3（FX_{0S}）	X4～X17（FX_{0S}）X0～X7（FX_{0N}、FX_{1S}、FX_{1N}、FX_{2N}）	X10～（FX_{0N}、FX_{1S}、FX_{1N}、FX_{2N}）	X0～X3（FX_{0S}）	X4～X17（FX_{0S}）
输入电压	DC 24×（1±10%）V			DC 12×（1±10%）V	
输入电流	8.5 mA	7 mA	5 mA	9 mA	10 mA
输入阻抗	2.7 kΩ	3.3 kΩ	4.3 kΩ	1 kΩ	1.2 kΩ
输入 ON 电流	4.5 mA 以上	4.5 mA 以上	3.5 mA 以上	4.5 mA 以上	4.5 mA 以上
输入 OFF 电流	1.5 mA 以下	1.5 mA 以下	1.5 mA 以下	1.5 mA 以下	1.5 mA 以下
输入响应时间	约 10 ms，其中：FX_{0S}、FX_{1N} 的 X0～X17 和 FX_{0N} 的 X0～X7 为 0～15 ms 可变，FX_{2N} 的 X0～X17 为 0～60 ms 可变				
输入信号形式	无电压触点，或 NPN 集电极开路晶体管				
电路隔离	光电耦合器隔离				
输入状态显示	输入 ON 时 LED 灯亮				

7. FX 系列 PLC 的输出技术指标

FX 系列 PLC 对输出信号的技术要求如表 3.9 所示。

表 3.9　FX 系列 PLC 的输出技术指标

项　目	继电器输入	晶闸管输出	晶体管输出
外部电源	AC 250 V 或 DC 30 V 以下	AC 85～240 V	DC 5～30 V

续表 3.9

项　目	继电器输入	晶闸管输出	晶体管输出
最大电阻负载	2 A/1 点、8 A/4 点、8 A/8 点	0.3 A/点、0.8 A/4 点（1 A/1 点 2 A/4 点）	0.5 A/1 点、0.8 A/4 点（0.1 A/1 点、0.4 A/4 点）（1 A/1 点、2 A/4 点）（0.3 A/1 点、1.6 A/16 点）
最大感性负载	80 V·A	15 V·A/AC 100 V、30 V·A/AC 200 V	12 W/DC 24 V
最大灯负载	100 W	30 W	1.5 W/DC 24 V
开路漏电流	—	1 mA/AC 100 V 2 mA/AC 200 V	0.1 mA 以下
响应时间	约 10 ms	ON：1 ms，OFF：10 ms	ON：<0.2 ms；OFF：<0.2 ms 大电流 OFF 为 0.4 ms 以下
电路隔离	继电器隔离	光电晶闸管隔离	光电耦合器隔离
输出动作显示	输出 ON 时 LED 亮		

（五）FX 系列 PLC 的编程器及其他外部设备

1. FX 系列编程器

编程器是 PLC 的一个重要外围设备，用它将用户程序写入 PLC 用户程序存储器。它一方面对 PLC 进行编程，另一方面又能对 PLC 的工作状态进行监控。随着 PLC 技术的发展，编程语言的多样化，编程器的功能也不断增加。

1）简易编程器

FX 型 PLC 的简易编程器也较多,最常用的是 FX-10P-E 和 FX-20P-E 手持型简易编程器。他们具有体积小、重量轻、价格便宜、功能强的特点。有在线编程和离线编程两种方式。显示采用液晶显示屏，分别显示 2 行和 4 行字符，配有 ROM 写入器接口、存储器卡盒接口。编程器可用指令表的形式读出、写入、插入和删除指令，进行用户程序的输入和编辑。可监视位编程元件的 ON/OFF 状态和字编程元件中的数据。如计数器、定时器的当前值及设定值、内部数据寄存器的值以及 PLC 内部的其他信息。

2）PC 机编程开发软件

FX-PCS/WIN-E-C 编程软件包是一个专门用来开发 FX 系列 PLC 程序的软件包。可用梯形图、指令表和顺序功能图来写入和编辑程序，并能进行各种编程方式的互换。它运用于 Windows 操作系统,这对于调试操作和维护操作来说可以提高工作效率,并具有较强的兼容性。

2. 其他外部设备

在一个 PLC 控制系统中,人机界面也非常重要。还有一些辅助设备,如:打印机、EPROM 写入器外存模块等。

3. FX 系列 PLC 各单元模块的连接

FX 系列 PLC 吸取了整体式和模块式 PLC 的优点，各单元间采用叠装式连接，即 PLC 的基本单元、扩展单元和扩展模块深度及高度均相同，连接时不用基板，仅用扁平电缆连接，构成一个整齐的长方体。使用 FRON/TO 指令的特殊功能模块，如模拟量输入和输出模块、高速计数模块等，可直接连接到 FX 系列的基本单元，或连到其他扩展单元、扩展模块的右边。根据它们与基本单元的距离，对每个模块按 0 ~ 7 的顺序编号，最多可连接 8 个特殊功能模块。

任务二　硬件的选用

一、PLC 控制系统构建步骤

（一）PLC 控制系统设计的基本原则

任何一种控制系统都是为了实现被控对象的工艺要求，以提高生产效率和产品质量。因此，在设计 PLC 控制系统时，应遵循以下基本原则：

1. 最大限度地满足被控对象的控制要求

充分发挥 PLC 的功能，最大限度地满足被控对象的控制要求，是设计 PLC 控制系统的首要前提，这也是设计中最重要的一条原则。这就要求设计人员在设计前就要深入现场进行调查研究，收集控制现场的资料，收集相关先进的国内、国外资料。同时要注意和现场的工程管理人员、工程技术人员、现场操作人员紧密配合，拟定控制方案，共同解决设计中的重点问题和疑难问题。

2. 保证 PLC 控制系统安全可靠

保证 PLC 控制系统能够长期安全、可靠、稳定运行，是设计控制系统的重要原则。这就要求设计者在系统设计、元器件选择、软件编程上要全面考虑，以确保控制系统安全可靠。例如：应该保证 PLC 程序不仅在正常条件下运行，而且在非正常情况下（如突然掉电再上电、按钮按错等），也能正常工作。

3. 力求简单、经济、使用及维修方便

一个新的控制工程固然能提高产品的质量和数量，带来巨大的经济效益和社会效益，但新工程的投入、技术的培训、设备的维护也将导致运行资金的增加。因此，在满足控制要求的前提下，一方面要注意不断地扩大工程的效益，另一方面也要注意不断地降低工程的成本。这就要求设计者不仅应该使控制系统简单、经济，而且要使控制系统的使用和维护方便、成本低，不宜盲目追求自动化和高指标。

4. 适应发展的需要

由于技术的不断发展，控制系统的要求也将会不断地提高，设计时要适当考虑到今后控制系统发展和完善的需要。这就要求在选择 PLC、输入/输出模块、I/O 点数和内存容量时，要适当留有裕量，以满足今后生产的发展和工艺的改进。

（二）PLC 控制系统设计与调试的步骤

如图 3.14 所示为 PLC 控制系统设计与调试的一般步骤。

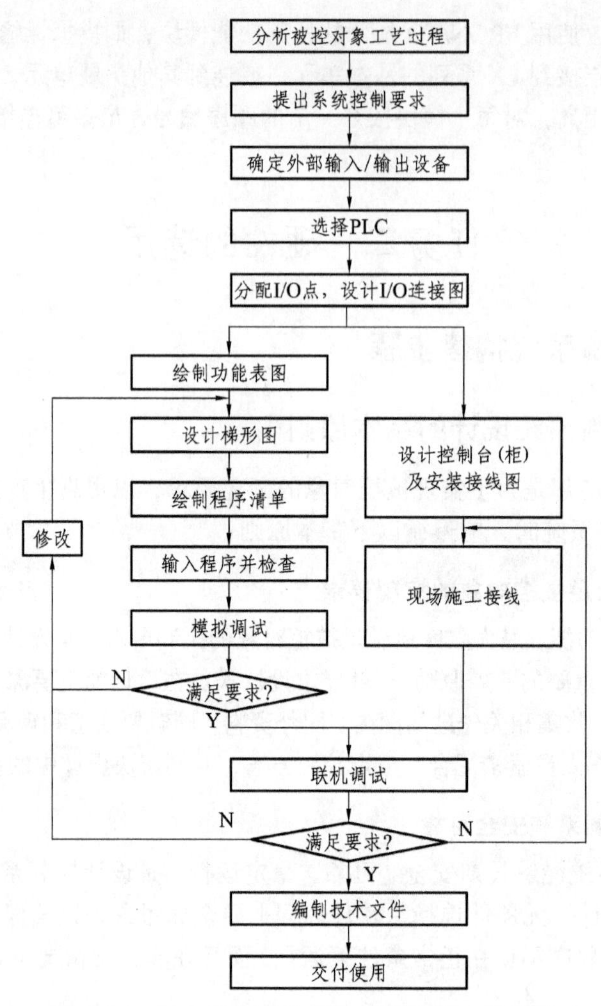

图 3.14　PLC 控制系统设计与调试的一般步骤

1. 分析被控对象并提出控制要求

详细分析被控对象的工艺过程及工作特点，了解被控对象机、电、液之间的配合，提出被控对象对 PLC 控制系统的控制要求，确定控制方案，拟定设计任务书。

2. 确定输入/输出设备

根据系统的控制要求，确定系统所需的全部输入设备（如按钮、位置开关、转换开关及各种传感器等）和输出设备（如接触器、电磁阀、信号指示灯及其他执行器等），从而确定与 PLC 有关的输入/输出设备，以确定 PLC 的 I/O 点数。

3. 选择 PLC

PLC 选择包括对 PLC 的机型、容量、I/O 模块、电源等的选择。

4. 分配 I/O 点并设计 PLC 外围硬件线路

1）分配 I/O 点

画出 PLC 的 I/O 点与输入/输出设备的连接图或对应关系表，该部分也可在第 2 步中进行。

2）设计 PLC 外围硬件线路

画出系统其他部分的电气线路图，包括主电路和未进入 PLC 的控制电路等。

由 PLC 的 I/O 连接图和 PLC 外围电气线路图组成系统的电气原理图。到此为止系统的硬件电气线路已经确定。

5. 程序设计

1）程序设计

根据系统的控制要求，采用合适的设计方法来设计 PLC 程序。程序要以满足系统控制要求为主线，逐一编写实现各控制功能或各子任务的程序，逐步完善系统指定的功能。除此之外，程序通常还应包括以下内容：

（1）初始化程序。在 PLC 通电后，一般都要做一些初始化的操作，为启动做必要的准备，避免系统发生误动作。初始化程序的主要内容有：对某些数据区、计数器等进行清零，对某些数据区所需数据进行恢复，对某些继电器进行置位或复位，对某些初始状态进行显示等等。

（2）检测、故障诊断和显示等程序。这些程序相对独立，一般在程序设计基本完成时再添加。

（3）保护和连锁程序。保护和连锁是程序中不可缺少的部分，必须认真加以考虑。它可以避免由于非法操作而引起的控制逻辑混乱。

2）程序模拟调试

程序模拟调试的基本思想是，以方便的形式模拟产生现场实际状态，为程序的运行创造必要的环境条件。根据产生现场信号的方式不同，模拟调试有硬件模拟法和软件模拟法两种形式。

（1）硬件模拟法是使用一些硬件设备（如用另一台 PLC 或一些输入器件等）模拟产生现场的信号，并将这些信号以硬接线的方式连到 PLC 系统的输入端，其时效性较强。

（2）软件模拟法是在 PLC 中另外编写一套模拟程序，模拟提供现场信号，其简单易行，但时效性不易保证。模拟调试过程中，可采用分段调试的方法，并利用编程器的监控功能。

6. 硬件实施

硬件实施方面主要是进行控制柜（台）等硬件的设计及现场施工。主要内容有：

（1）设计控制柜和操作台等部分的电器布置图及安装接线图。

（2）设计系统各部分之间的电气互连图。

（3）根据施工图纸进行现场接线，并进行详细检查。

由于程序设计与硬件实施可同时进行，因此 PLC 控制系统的设计周期可大大缩短。

7. 联机调试

联机调试是将通过模拟调试的程序进一步进行在线统调。联机调试过程应循序渐进，从 PLC 只连接输入设备、再连接输出设备、再接上实际负载等逐步进行调试。如不符合要求，则对硬件和程序作调整。通常只需修改部分程序即可。

全部调试完毕后，交付试运行。经过一段时间运行，如果工作正常、程序不需要修改，应将程序固化到 EPROM 中，以防程序丢失。

8. 整理和编写技术文件

技术文件包括设计说明书、硬件原理图、安装接线图、电气元件明细表、PLC 程序以及使用说明书等。

二、构建输送带 PLC 控制装置

（一）分析被控对象并提出控制要求

设计和安装单台三相异步电动机拖动的输送带 PLC 控制装置，要求输送带能启动、单方向连续运行和断电停止。电源容量 100 kV·A，额定电压 380 V；三相异步电动机为 Y132L-6，额定功率 4 kW，额定转速 960 r/min，额定电压 380 V。

依据

$$\frac{1}{4}\left(3+\frac{S_N}{P_N}\right)\geqslant\frac{I_{st}}{I_N}$$

式中 S_N——电源容量；

P_N——电动机额定功率；

I_{st}——电动机启动电流；

I_N——电动机额定电流。

代入数据，可知电动机可采用全压启动。

因此控制要求是三相异步电动机的全压启动，单方向连续旋转运行，断电停车。保护要求是过载、短路和失压、欠压保护。

（二）控制方式选择

直接控制：由 PLC 输出端直接控制负载。

间接控制：由 PLC 输出端控制电气控制线路主电路中相关低压电器，从而间接控制负载。

依据经验公式，电动机额定电压 380 V 时，电动机额定电流为 2PN=2×4=8 A。查表 3.8 可知，FX 系列最大输出电流为 8 A，同时考虑电动机启动电流，因此控制方式只能是间接控制。

（三）确定输入/输出设备

1. 输入元件

电动机启动信号输入 SB0，电动机停车信号输入 SB1，即需要 2 点输入。依据控制按钮的选择原则，应选用广东省东莞市菲比电子科技有限公司的 PB16-SLR4P-UX-B（启动）和 PB16-R2P-RN-A（停车）控制按钮。

短路保护由熔断器实现，失压、欠压保护由按钮和接触器组合实现。过载保护可以程序实现，也可以硬件实现，但程序实现需要占用输入点位，为了节约 I/O 点数，建议采用硬件实现。

2. 输出元件

由于采用间接控制，根据图 3.1（a）所示，PLC 需控制的低压电器为一只交流接触器吸引线圈，即需要 1 点输出。依据接触器的选用原则，选择 LC1-D1210 M5 N 的交流接触器。

3. 其他元件

包括主电路的导线、端子排、熔断器、电源开关、热继电器和 PLC 的 I/O 连接导线，由于项目一已讲述，在这里不再重复。

（四）PLC 的选择

随着 PLC 技术的发展，PLC 产品的种类也越来越多。不同型号的 PLC，其结构形式、性能、容量、指令系统、编程方式、价格等也各有不同，适用的场合也各有侧重。因此，合理选用 PLC，对于提高 PLC 控制系统的技术经济指标有着重要意义。

PLC 的选择主要应从 PLC 的机型、容量、I/O 模块、电源模块、特殊功能模块、通信联网能力等方面加以综合考虑。

1. PLC 机型的选择

PLC 机型选择的基本原则是在满足功能要求及保证可靠、维护方便的前提下，力争最佳的性能价格比。选择时主要考虑以下几点：

1）合理的结构型式

PLC 主要有整体式和模块式两种结构型式。

整体式 PLC 的每一个 I/O 点的平均价格比模块式的便宜，且体积相对较小，一般用于系统工艺过程较为固定的小型控制系统中；而模块式 PLC 的功能扩展灵活方便，在 I/O 点数、输入点数与输出点数的比例、I/O 模块的种类等方面选择余地大，且维修方便，一般于较复杂的控制系统。

2）安装方式的选择

PLC 系统的安装方式分为集中式、远程 I/O 式以及多台 PLC 联网的分布式。

集中式不需要设置驱动远程 I/O 硬件，系统反应快、成本低；远程 I/O 式适用于大型系统，系统的装置分布范围很广，远程 I/O 可以分散安装在现场装置附近，连线短，但需要增设驱动器和远程 I/O 电源；多台 PLC 联网的分布式适用于多台设备分别独立控制，又要相互联系的场合，可以选用小型 PLC，但必须要附加通讯模块。

3）相应的功能要求

一般小型（低档）PLC 具有逻辑运算、定时、计数等功能，对于只需要开关量控制的设备都可满足。

对于以开关量控制为主，带少量模拟量控制的系统，可选用能带 A/D 和 D/A 转换单元，具有加减算术运算、数据传送功能的增强型低档 PLC。

对于控制较复杂，要求实现 PID 运算、闭环控制、通信联网等功能，可视控制规模大小及复杂程度，选用中档或高档 PLC。但是中、高档 PLC 价格较贵，一般用于大规模过程控制和集散控制系统等场合。

4）响应速度要求

PLC 是为工业自动化设计的通用控制器，不同档次 PLC 的响应速度一般都能满足其应用范围内的需要。如果要跨范围使用 PLC，或者某些功能或信号有特殊的速度要求时，则应该慎重考虑 PLC 的响应速度，可选用具有高速 I/O 处理功能的 PLC，或选用具有快速响应模块和中断输入模块的 PLC 等。

5）系统可靠性的要求

对于一般系统 PLC 的可靠性均能满足。对可靠性要求很高的系统，应考虑是否采用冗余系统或热备用系统。

6）机型尽量统一

一个企业，应尽量做到 PLC 的机型统一。主要考虑到以下三方面问题：

（1）机型统一，其模块可互为备用，便于备品备件的采购和管理。

（2）机型统一，其功能和使用方法类似，有利于技术力量的培训和技术水平的提高。

（3）机型统一，其外部设备通用，资源可共享，易于联网通信，配上位计算机后易于形成一个多级分布式控制系统。

2. PLC 容量的选择

PLC 的容量包括 I/O 点数和用户存储容量两个方面。

1）I/O 点数的选择

PLC 平均的 I/O 点的价格还比较高，因此应该合理选用 PLC 的 I/O 点的数量，在满足控制要求的前提下力争使用的 I/O 点最少，但必须留有一定的裕量。

通常 I/O 点数是根据被控对象的输入、输出信号的实际需要，再加上 10%～15%的裕量来确定。

2）存储容量的选择

用户程序所需的存储容量大小不仅与 PLC 系统的功能有关，而且还与功能实现的方法、程序编写水平有关。一个有经验的程序员和一个初学者，在完成同一复杂功能时，其程序量可能相差 25%之多，所以对于初学者应该在存储容量估算时多留裕量。

PLC 的 I/O 点数的多少，在很大程度上反映了 PLC 系统的功能要求，因此可在 I/O 点数确定的基础上，按下式估算存储容量后，再加 20%～30%的裕量。

$$存储容量（字节）= 开关量\ I/O\ 点数 \times 10 + 模拟量\ I/O\ 通道数 \times 100$$

另外，在存储容量选择的同时，注意对存储器的类型的选择。

3. I/O 模块的选择

一般 I/O 模块的价格占 PLC 价格的一半以上。PLC 的 I/O 模块有开关量 I/O 模块、模拟量 I/O 模块及各种特殊功能模块等。不同的 I/O 模块，其电路及功能也不同，直接影响 PLC 的应用范围和价格，应当根据实际需要加以选择。

1）开关量 I/O 模块的选择

（1）开关量输入模块的选择。

开关量输入模块是用来接收现场输入设备的开关信号，将信号转换为 PLC 内部接受的低电压信号，并实现 PLC 内、外信号的电气隔离。选择时主要应考虑以下几个方面：

① 输入信号的类型及电压等级。

开关量输入模块有直流输入、交流输入和交流/直流输入三种类型。选择时主要根据现场输入信号和周围环境因素等。直流输入模块的延迟时间较短，还可以直接与接近开关、光电开关等电子输入设备连接；交流输入模块可靠性好，适合于有油雾、粉尘的恶劣环境下使用。

开关量输入模块的输入信号的电压等级有：直流 5 V、12 V、24 V、48 V、60 V 等；交流 110 V、220 V 等。选择时主要根据现场输入设备与输入模块之间的距离来考虑。一般 5 V、12V、24 V 用于传输距离较近场合，如 5 V 输入模块最远不得超过 10 m。距离较远的应选用输入电压等级较高的模块。

② 输入接线方式。

开关量输入模块主要有汇点式和分组式两种接线方式，如图 3.15 所示。

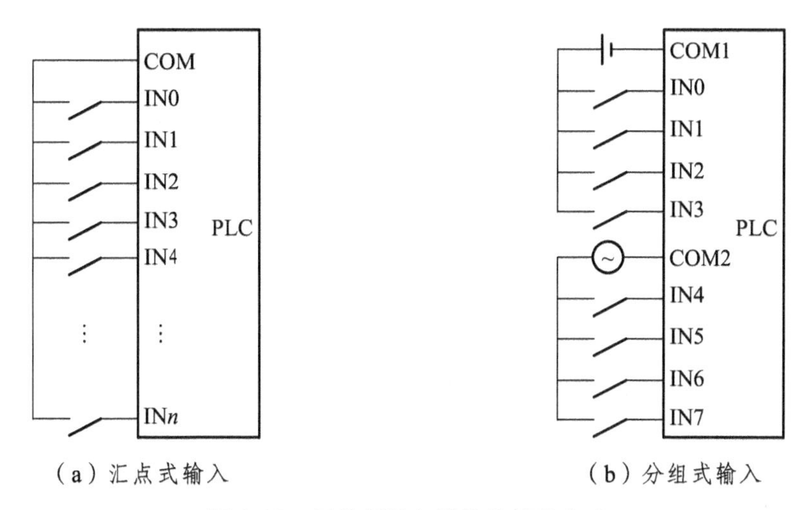

（a）汇点式输入　　（b）分组式输入

图 3.15　开关量输入模块的接线方式

汇点式的开关量输入模块所有输入点共用一个公共端（COM）；而分组式的开关量输入模块是将输入点分成若干组，每一组（几个输入点）有一个公共端，各组之间是分隔的。分组式的开关量输入模块价格较汇点式的高，如果输入信号之间不需要分隔，一般选用汇点式的。

③ 注意同时接通的输入点数量。

对于选用高密度的输入模块（如 32 点、48 点等），应考虑该模块同时接通的点数一般不要超过输入点数的 60%。

④ 输入门槛电平。

为了提高系统的可靠性，必须考虑输入门槛电平的大小。门槛电平越高，抗干扰能力越强，传输距离也越远，具体可参阅 PLC 说明书。

（2）开关量输出模块的选择。

开关量输出模块是将 PLC 内部低电压信号转换成驱动外部输出设备的开关信号，并实现 PLC 内外信号的电气隔离。选择时主要应考虑以下几个方面：

① 输出方式。

开关量输出模块有继电器输出、晶闸管输出和晶体管输出三种方式。

继电器输出的价格便宜，既可以用于驱动交流负载，又可用于直流负载，而且适用的电压大小范围较宽、导通压降小，同时承受瞬时过电压和过电流的能力较强，但其属于有触点元件，动作速度较慢（驱动感性负载时，触点动作频率不得超过 1 Hz）、寿命较短、可靠性较差，只能适用于不频繁通断的场合。

对于频繁通断的负载，应该选用晶闸管输出或晶体管输出，它们属于无触点元件。但晶闸管输出只能用于交流负载，而晶体管输出只能用于直流负载。

② 输出接线方式。

开关量输出模块主要有分组式和分隔式两种接线方式，如图 3.16 所示。

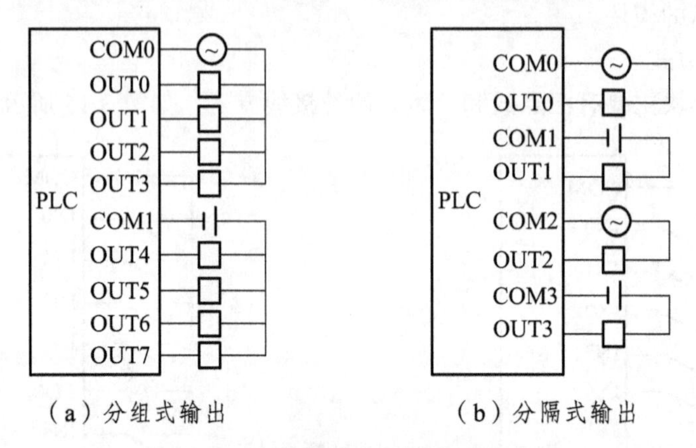

图 3.16　开关量输出模块的接线方式

分组式输出是几个输出点为一组，一组有一个公共端，各组之间是分隔的，可分别用于驱动不同电源的外部输出设备；分隔式输出是每一个输出点就有一个公共端，各输出点之间相互隔离。选择时主要根据 PLC 输出设备的电源类型和电压等级的多少而定。一般整体式 PLC 既有分组式输出，也有分隔式输出。

③ 驱动能力。

开关量输出模块的输出电流（驱动能力）必须大于 PLC 外接输出设备的额定电流。用户应根据实际输出设备的电流大小来选择输出模块的输出电流。如果实际输出设备的电流较大，输出模块无法直接驱动，可增加中间放大环节。

④ 注意同时接通的输出点数量。

选择开关量输出模块时，还应考虑能同时接通的输出点数量。同时接通输出设备的累计电流值必须小于公共端所允许通过的电流值，如一个 220 V/2 A 的 8 点输出模块，每个输出点可承受 2 A 的电流，但输出公共端允许通过的电流并不是 16 A（8×2 A），通常要比此值小得多。一般来讲，同时接通的点数不要超出同一公共端输出点数的 60%。

⑤ 输出的最大电流与负载类型、环境温度等因素有关。

开关量输出模块的技术指标，它与不同的负载类型密切相关，特别是输出的最大电流。另外，晶闸管的最大输出电流随环境温度升高会降低，在实际使用中也应注意。

2）模拟量 I/O 模块的选择

模拟量 I/O 模块的主要功能是数据转换，并与 PLC 内部总线相连，同时为了安全也有电气隔离功能。模拟量输入（A/D）模块是将现场由传感器检测而产生的连续的模拟量信号转换成 PLC 内部可接受的数字量；模拟量输出（D/A）模块是将 PLC 内部的数字量转换为模拟量信号输出。

典型模拟量 I/O 模块的量程为 −10～+10 V、0～+10 V、4～20 mA 等，可根据实际需要选用，同时还应考虑其分辨率和转换精度等因素。

一些 PLC 制造厂家还提供特殊模拟量输入模块，可用来直接接收低电平信号（如 RTD、热电偶等信号）。

3）特殊功能模块的选择

目前，PLC 制造厂家相继推出了一些具有特殊功能的 I/O 模块，有的还推出了自带 CPU 的智能型 I/O 模块，如高速计数器、凸轮模拟器、位置控制模块、PID 控制模块、通信模块等。

4. 电源模块及其他外设的选择

1）电源模块的选择

电源模块选择仅对于模块式结构的 PLC 而言，对于整体式 PLC 不存在电源的选择。

电源模块的选择主要考虑电源输出额定电流和电源输入电压。电源模块的输出额定电流必须大于 CPU 模块、I/O 模块和其他特殊模块等消耗电流的总和，同时还应考虑今后 I/O 模块的扩展等因素；电源输入电压一般根据现场的实际需要而定。

2）编程器的选择

对于小型控制系统或不需要在线编程的系统，一般选用价格便宜的简易编程器。对于由中、高档 PLC 构成的复杂系统或需要在线编程的 PLC 系统，可以选配功能强、编程方便的智能编程器，但智能编程器价格较贵。如果有现成的个人计算机，也可以选用 PLC 的编程软件，在个人计算机上实现编程器的功能。

3）写入器的选择

为了防止由于干扰或锂电池电压不足等原因破坏RAM中的用户程序,可选用EPROM写入器，通过它将用户程序固化在 EPROM 中。有些 PLC 或其编程器本身就具有 EPROM 写入的功能。

综上所述，根据表 3.3 选择 FX_{2N}-16MR-001 和 FX-20P-E 手持型简易编程器。

（五）分配 I/O 点并设计 PLC 外围硬件线路

（1）分配 I/O 点，如表 3.10 所示。

表 3.10　I/O 分配表

输　入			输　出		
地址	输入元件	作用	地址	输出元件	作用
X0	SB1	启动	Y0	KM	主电路通、断
X1	SB2	停车			

（2）设计 PLC 的 I/O 接线示意图，如图 3.17 所示。

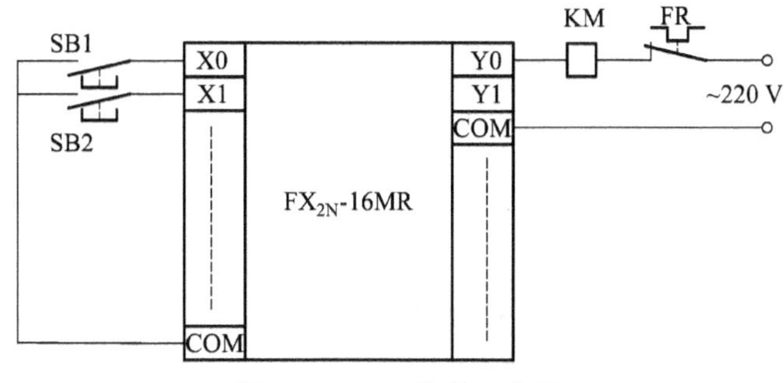

图 3.17　I/O 接线示意图

（3）设计 PLC 控制装置的电器布置图，如图 3.18 所示。

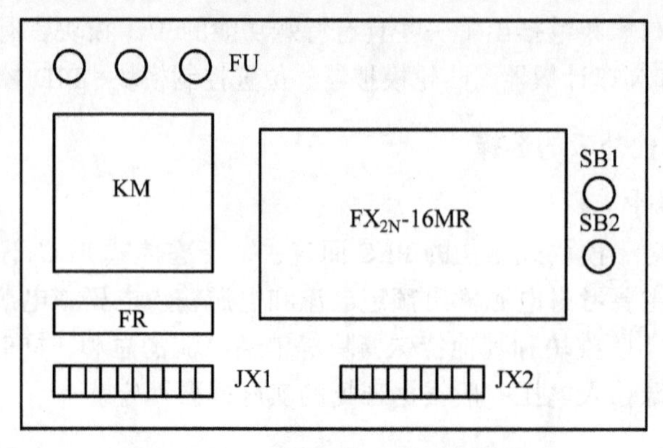

图 3.18　PLC 控制装置的电气布置图

（六）程序设计

程序是将编程元件依据控制要求运用编程方法组合而成的，因此程序设计前必须知道编程元件的作用、工作原理、类型和使用注意事项。

任务三　FX 系列编程元件选用

FX 系列 PLC 内部有许多具有不同功能的编程元件，这些元件是由电子电路和存储单元组成。为了将它们与硬元件区分开，通常称为软元件，是等效概念抽象模拟的元件，不是实际的物理元件。编程元件 FX 系列 PLC 编程元件的名称由字母和数字组成，字母表示编程元件的类型，数字表示编程元件的序号，其中输入继电器和输出继电器用八进制数字编号，其他均采用十进制数字编号。

一、输入继电器（X）

输入继电器与输入端相连，它是专门用来接受 PLC 外部开关信号的元件。PLC 通过输入接口将外部输入信号状态（接通时为“1”，断开时为“0”）读入并存储在输入映象寄存器中。如图 3.19 所示为输入继电器 X1 的等效电路。

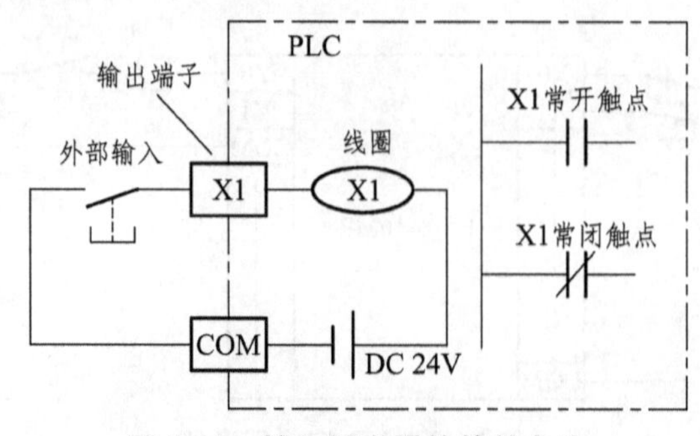

图 3.19　输入继电器的等效电路

输入继电器必须由外部信号驱动，不能用程序驱动，所以在程序中不可能出现其线圈。由于输入继电器（X）为输入映象寄存器中的状态，所以其触点的使用次数不限。

FX系列PLC的输入继电器以八进制进行编号，FX_{2N}输入继电器的编号范围为X000～X267（184点）。注意，基本单元输入继电器的编号是固定的，扩展单元和扩展模块是按与基本单元接续开始，顺序进行编号。例如：基本单元 FX_{2N}-64M 的输入继电器编号为 X000～X037（32点），如果接有扩展单元或扩展模块，则扩展的输入继电器从 X040 开始编号。

二、输出继电器（Y）

输出继电器是用来将 PLC 内部信号输出传送给外部负载（用户输出设备）。输出继电器线圈是由 PLC 内部程序的指令驱动，其线圈状态传送给输出单元，再由输出单元对应的硬触点来驱动外部负载。如图 3.20 所示为输出继电器 Y0 的等效电路。

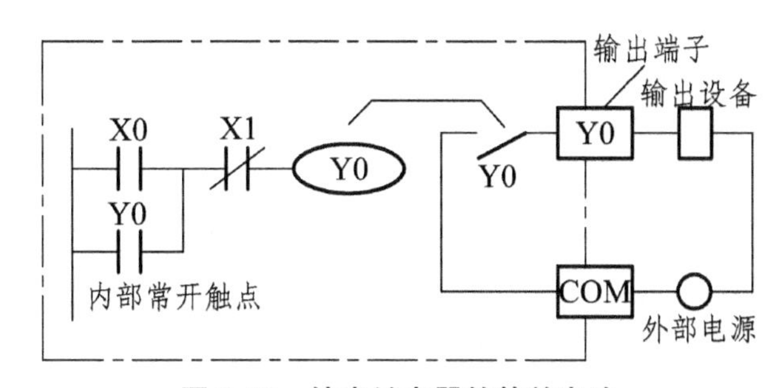

图 3.20　输出继电器的等效电路

每个输出继电器在输出单元中都对应有一个常开物理触点，但在程序中的输出继电器，触点可以无数次使用。

FX 系列 PLC 的输出继电器也是以八进制进行编号，FX 系列 PLC 的输出继电器也是八进制编号其中 FX_{2N} 编号范围为 Y000～Y267（184 点）。与输入继电器一样，基本单元的输出继电器编号是固定的，扩展单元和扩展模块的编号也是按与基本单元接续开始，顺序进行编号。

在实际使用中，输入、输出继电器的数量，要看具体系统的配置情况。

三、辅助继电器（M）

辅助继电器是 PLC 中数量最多的一种继电器，一般的辅助继电器与继电器控制系统中的中间继电器相似。它不能直接驱动外部负载，负载只能由输出继电器的外部触点驱动。辅助继电器的触点在 PLC 内部编程时可无限次使用。辅助继电器采用 M 与十进制数共同组成元件号。

（一）通用辅助继电器（M0～M499）

FX_{2N} 系列共有 500 点通用辅助继电器。通用辅助继电器在 PLC 运行时，如果电源突然断电，则全部线圈均 OFF。当电源再次接通时，除了因外部输入信号而变为 ON 的以外，其余的仍将保持 OFF 状态，它们没有断电保护功能。通用辅助继电器常在逻辑运算中作为辅助运算、状态暂存、移位等。

根据需要可通过程序设定，将 M0 ~ M499 变为断电保持辅助继电器。

（二）断电保持辅助继电器（M500 ~ M3071）

FX_{2N}系列有 M500 ~ M3071 共 2572 点断电保持辅助继电器。它与普通辅助继电器不同的是具有断电保护功能，即能记忆电源中断瞬时的状态，并在重新通电后再现其状态。它之所以能在电源断电时保持其原有的状态，是因为电源中断时用 PLC 中的锂电池保持它们映像寄存器中的内容。其中 M500 ~ M1023 可由软件将其设定为通用辅助继电器。

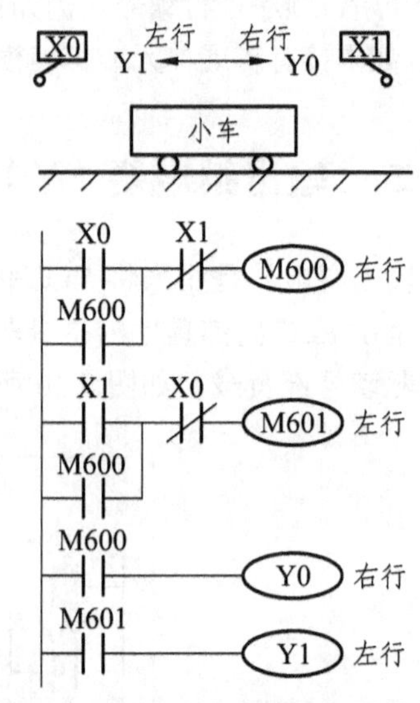

图 3.21　断电保持辅助继电器的作用

下面通过小车往复运动控制来说明断电保持辅助继电器的应用，如图 3.21 所示。

小车的正反向运动中，用 M600、M601 控制输出继电器驱动小车运动。X1、X0 为限位输入信号。运行的过程是 X0=ON→M600=ON→Y0=ON→小车右行→停电→小车中途停止→上电（M600=ON→Y0=ON）再右行→X1=ON→M600=OFF、M601=ON→Y1=ON（左行）。可见由于 M600 和 M601 具有断电保持，所以在小车中途因停电停止后，一旦电源恢复，M600 或 M601 仍记忆原来的状态，将由它们控制相应输出继电器，小车继续原方向运动。若不用断电保护辅助继电器当小车中途断电后，再次得电小车也不能运动。

（三）特殊辅助继电器

PLC 内有大量的特殊辅助继电器，它们都有各自的特殊功能。有 256 点特殊辅助继电器，可分成触点型和线圈型两大类：

1. 触点型

其线圈由 PLC 自动驱动，用户只可使用其触点。例如：

M8000：运行监视器（在 PLC 运行中接通），M8001 与 M8000 相反逻辑。

M8002：初始脉冲（仅在运行开始时瞬间接通），M8003 与 M8002 相反逻辑。

M8011、M8012、M8013 和 M8014 分别是产生 10 ms、100 ms、1 s 和 1 min 时钟脉冲的特殊辅助继电器。

M8000、M8002、M8012 的波形图如图 3.22 所示。

2. 线圈型

由用户程序驱动线圈后 PLC 执行特定的动作。例如：

M8033：若使其线圈得电，则 PLC 停止时保持输出映象存储器和数据寄存器内容。

M8034：若使其线圈得电，则将 PLC 的输出全部禁止。

M8039：若使其线圈得电，则 PLC 按 D8039 中指定的扫描时间工作。

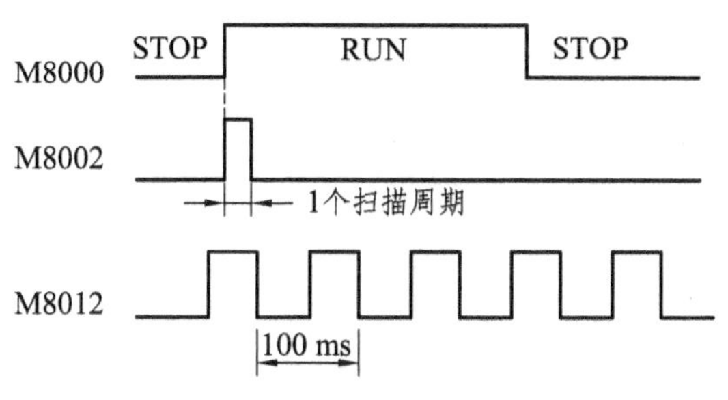

图 3.22　M8000、M8002、M8012 波形图

四、状态（S）

状态用来纪录系统运行中的状态。是编制顺序控制程序的重要编程元件，它与后述的步进顺控指令 STL 配合应用。

如图 3.23 所示，我们用机械手动作简单介绍状态 S 的作用。当启动信号 X0 有效时，机械手下降，到下降限位 X1 开始夹紧工件，加紧到位信号 X2 为 ON 时，机械手上升到上限 X3 则停止。整个过程可分为三步，每一步都用一个状态 S20、S21、S22 记录。每个状态都有各自的置位和复位信号（如 S21 由 X1 置位，X2 复位），并有各自要做的操作（驱动 Y0、Y1、Y2）。从启动开始由上至下随着状态动作的转移，下一状态动作则上面状态自动返回原状。这样使每一步的工作互不干扰，不必考虑不同步之间元件的互锁，使设计清晰简洁。

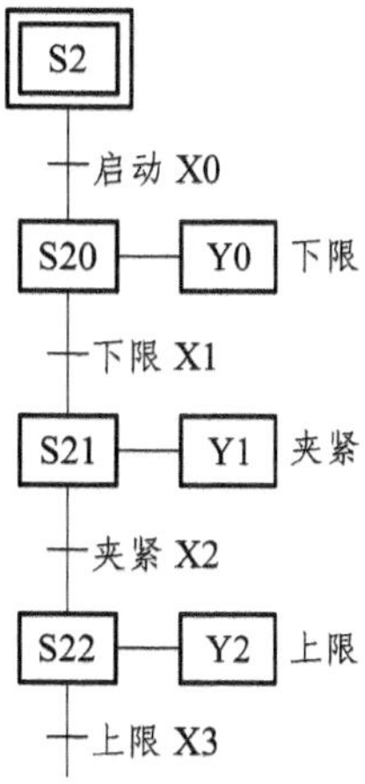

S2
启动 X0
S20　Y0　下限
下限 X1
S21　Y1　夹紧
夹紧 X2
S22　Y2　上限
上限 X3

图 3.23　状态（S）的作用

状态有五种类型：初始状态 S0～S9 共 10 点；回零状态 S10～S19 共 10 点；通用状态 S20～S499 共 480 点；具有状态断电保持的状态有 S500～S899，共 400 点；供报警用的状态（可用作外部故障诊断输出）S900～S999 共 100 点。

在使用用状态时应注意：

（1）状态与辅助继电器一样有无数的常开和常闭触点。

（2）状态不与步进顺控指令 STL 配合使用时，可作为辅助继电器 M 使用。

（3）可通过程序设定将 S0～S499 设置为有断电保持功能的状态。

五、定时器（T）

定时器（T）相当于继电器控制系统中的通电型时间继电器。它可以提供无限对延时触点。定时器中有一个设定值寄存器（一个字长），一个当前值寄存器（一个字长）和一个用来存储其输出触点的映象寄存器（一个二进制位），这三个量使用同一地址编号。但使用场合不一样，意义也不同。

定时器时可分为通用定时器、积算定时器二种。它们是通过对一定周期的时钟脉冲的进行累计而实现定时的，时钟脉冲有周期为 1 ms、10 ms、100 ms 三种，当所计数达到设定值时触点动作。设定值可用常数 K 或数据寄存器 D 的内容来设置。

（一）通用定时器

通用定时器的特点是不具备断电的保持功能，即当输入电路断开或停电时定时器复位。通用定时器有 100 ms 和 10 ms 通用定时器两种。

1. 100 ms 通用定时器（T0 ~ T199）

共 200 点，其中 T192 ~ T199 为子程序和中断服务程序专用定时器。这类定时器是对 100 ms 时钟累积计数，设定值为 1 ~ 32767，所以其定时范围为 0.1 ~ 3276.7 s。

2. 10 ms 通用定时器（T200 ~ T245）

共 46 点，这类定时器是对 10 ms 时钟累积计数，设定值为 1 ~ 32767，所以其定时范围为 0.01 ~ 327.67 s。

下面举例说明通用定时器的工作原理。如图 3.24 所示，当输入 X0 接通时，定时器 T200 从 0 开始对 10 ms 时钟脉冲进行累积计数，当计数值与设定值 K123 相等时，定时器的常开接通 Y0，经过的时间为 123 × 0.01=1.23 s。当 X0 断开后定时器复位，计数值变为 0，其常开触点断开，Y0 也随之 OFF。若外部电源断电，定时器也将复位。

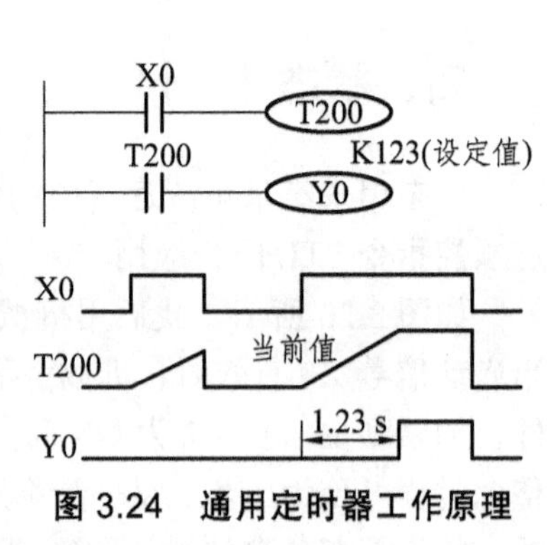

图 3.24 通用定时器工作原理

（二）积算定时器

积算定时器具有计数累积的功能。在定时过程中如果断电或定时器线圈 OFF，积算定时器将保持当前的计数值（当前值），通电或定时器线圈 ON 后继续累积，即其当前值具有保持功能，只有将积算定时器复位，当前值才变为 0。

1. 1 ms 积算定时器（T246 ~ T249）

共 4 点，是对 1 ms 时钟脉冲进行累积计数的，定时的时间范围为 0.001 ~ 32.767 s。

2. 100 ms 积算定时器（T250 ~ T255）

共 6 点，是对 100 ms 时钟脉冲进行累积计数的定时的时间范围为 0.1 ~ 3276.7 s。

以下举例说明积算定时器的工作原理。如图 3.25 所示，当 X0 接通时，T253 当前值计数数器开始累积 100 ms 的时钟脉冲的个数。当 X0 经 t_0 后断开，而 T253 尚未计数到设定值 K345，其计数的当前值保留。当 X0 再次接通，T253 从保留的当前值开始继续累积，经过 t_1 时间，当前值达到 K345 时，定时器的触点动作。累积的时间为 $t_0 + t_1$=0.1 × 345=34.5 s。当复位输入 X1 接通时，定时器才复位，当前值变为 0，触点也跟随复位。

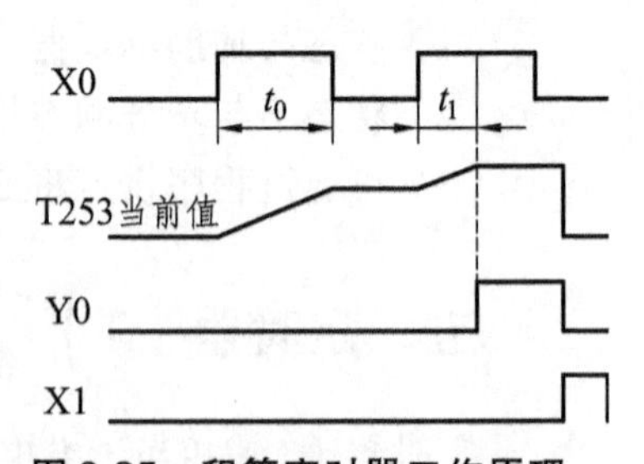

图 3.25 积算定时器工作原理

六、计数器（C）

FX_{2N} 系列计数器分为内部计数器和高速计数器两类。

（一）内部计数器

内部计数器是在执行扫描操作时对内部信号（如 X、Y、M、S、T 等）进行计数。内部输入信号的接通和断开时间应比 PLC 的扫描周期稍长。

1. 16 位增计数器（C0 ~ C199）

共 200 点，其中 C0 ~ C99 为通用型，C100 ~ C199 共 100 点为断电保持型（断电保持型即断电后能保持当前值待通电后继续计数）。这类计数器为递加计数，应用前先对其设置一设定值，当输入信号（上升沿）个数累加到设定值时，计数器动作，其常开触点闭合、常闭触点断开。计数器的设定值为 1 ~ 32767（16 位二进制），设定值除了用常数 K 设定外，还可间接通过指定数据寄存器设定。

下面举例说明通用型 16 位增计数器的工作原理。如图 3.26 所示，X10 为复位信号，当 X10 为 ON 时 C0 复位。X11 是计数输入，每当 X11 接通一次计数器当前值增加 1（注意 X10 断开，计数器不会复位）。当计数器计数当前值为设定值 10 时，计数器 C0 的输出触点动作，Y0 被接通。此后即使输入 X11 再接通，计数器的当前值也保持不变。当复位输入 X10 接通时，执行 RST 复位指令，计数器复位，输出触点也复位，Y0 被断开。

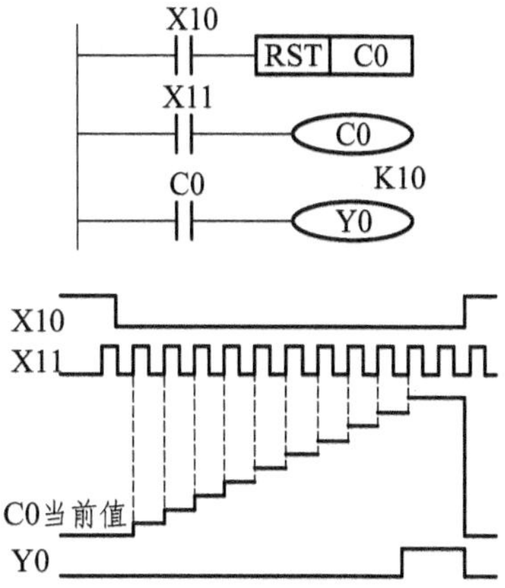

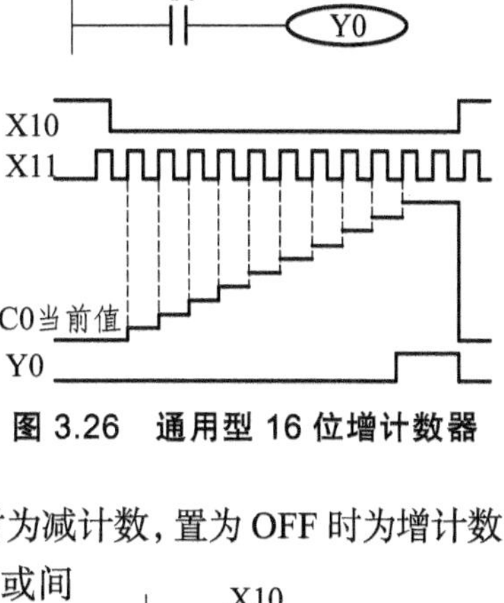

图 3.26 通用型 16 位增计数器

2. 32 位增/减计数器（C200 ~ C234）

共有 35 点 32 位加/减计数器，其中 C200 ~ C219（共 20 点）为通用型，C220 ~ C234（共 15 点）为断电保持型。这类计数器与 16 位增计数器除位数不同外，还在于它能通过控制实现加/减双向计数。设定值范围均为 − 214783648 ~ − + 214783647（32 位）。

C200 ~ C234 是增计数还是减计数，分别由特殊辅助继电器 M8200 ~ M8234 设定。对应的特殊辅助继电器被置为 ON 时为减计数，置为 OFF 时为增计数。

计数器的设定值与 16 位计数器一样，可直接用常数 K 或间接用数据寄存器 D 的内容作为设定值。在间接设定时，要用编号紧连在一起的两个数据计数器。

如图 3.27 所示，X10 用来控制 M8200，X10 闭合时为减计数方式。X12 为计数输入，C200 的设定值为 5（可正、可负）。设 C200 置为增计数方式（M8200 为 OFF），当 X12 计数输入累加由 4→5 时，计数器的输出触点动作。当前值大于 5 时计数器仍为 ON 状态。只有当前值由 5→4 时，计数器才变为 OFF。只要当前值小于 4，则输出则保持为 OFF 状态。复位输入 X11 接通时，计数器的当前值为 0，输出触点也随之复位。

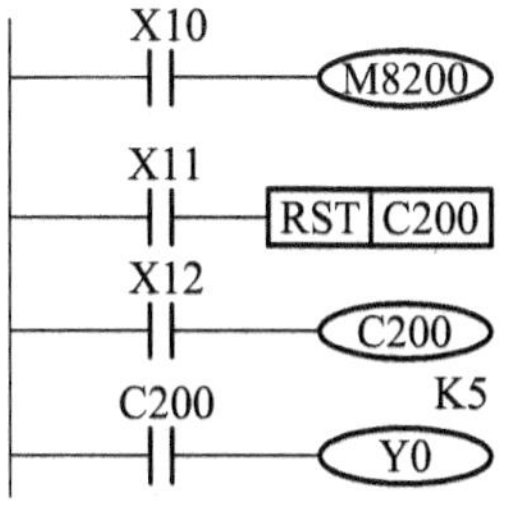

图 3.27 32 位增/减计数器

（二）高速计数器（C235 ~ C255）

高速计数器与内部计数器相比除允许输入频率高之外，应用也更为灵活，高速计数器均有断电保持功能，通过参数设定也可变成非断电保持。FX_{2N} 有 C235 ~ C255 共 21 点高速计数器。只能用来作为高速计数器输入的 PLC 输入端口有 X0 ~ X7。X0 ~ X7 不能重复使用，即某一个输入端已被某个高速计数器占用，它就不能再用于其他高速计数器，也不能用做它用。各高速计数器对应的输入端如表 3.11 所示。

高速计数器可分为四类：

1. 单相单计数输入高速计数器（C235 ~ C245）

其触点动作与 32 位增/减计数器相同，可进行增或减计数（取决于 M8235 ~ M8245 的状态）。

如图 3.28（a）所示为无启动/复位端单相单计数输入高速计数器的应用。当 X10 断开，M8235 为 OFF，此时 C235 为增计数方式（反之为减计数）。由 X12 选中 C235，从表 3.11 中可知其输入信号来自于 X0，C235 对 X0 信号增计数，当前值达到 1234 时，C235 常开接通，Y0 得电。X11 为复位信号，当 X11 接通时，C235 复位。

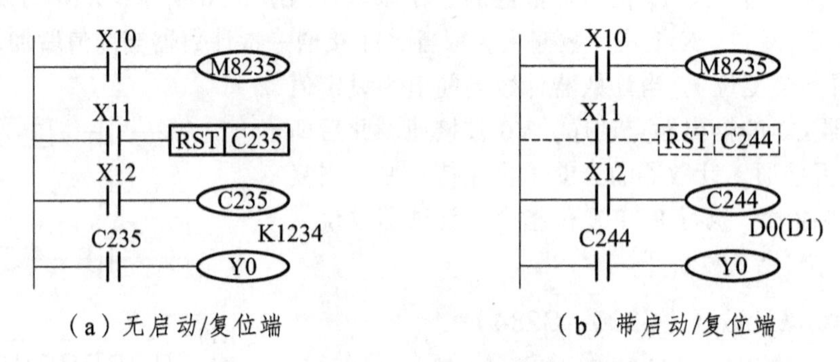

（a）无启动/复位端　　（b）带启动/复位端

图 3.28　单相单计数输入高速计数器

表 3.11　高速计数器简表

类型		输入							
		X0	X1	X2	X3	X4	X5	X6	X7
单相单计数器	C235	U/D							
	C236		U/D						
	C237			U/D					
	C238				U/D				
	C239					U/D			
	C240						U/D		
	C241	U/D	R						
	C242			U/D	R				
	C243				U/D	R			
	C244	U/D	R					S	
	C245			U/D	R				S

续表 3.11

类型		输入							
		X0	X1	X2	X3	X4	X5	X6	X7
单相双计数器	C246	U	D						
	C247	U	D	R					
	C248				U	D	R		
	C249	U	D	R				S	
	C250				U	D	R		S
双相双计数器	C251	A	B						
	C252	A	B	R					
	C253				A	B	R		
	C254	A	B	R				S	
	C255				A	B	R		S

注：表中 U 表示加计数输入，D 为减计数输入，B 表示 B 相输入，A 为 A 相输入，R 为复位输入，S 为启动输入。X6、X7 只能用作启动信号，而不能用作计数信号。

如图 3.28（b）所示为带启动/复位端单相单计数输入高速计数器的应用。由表 3.11 可知，X1 和 X6 分别为复位输入端和启动输入端。利用 X10 通过 M8244 可设定其增/减计数方式。当 X12 为接通，且 X6 也接通时，则开始计数，计数的输入信号来自于 X0，C244 的设定值由 D0 和 D1 指定。除了可用 X1 立即复位外，也可用梯形图中的 X11 复位。

2. 单相双计数输入高速计数器（C246～C250）

这类高速计数器具有两个输入端，一个为增计数输入端，另一个为减计数输入端。利用 M8246～M8250 的 ON/OFF 动作可监控 C246～C250 的增记数/减计数动作。

如图 3.29 所示，X10 为复位信号，其有效（ON）则 C248 复位。由表 3.12 可知，也可利用 X5 对其复位。当 X11 接通时，选中 C248，输入来自 X3 和 X4。

X10 RST C248
X11 C248
D2(D3)

图 3.29 单相双计数输入高速计数器

3. 双相高速计数器（C251～C255）

A 相和 B 相信号决定计数器是增计数还是减计数。当 A 相为 ON 时，B 相由 OFF 到 ON，则为增计数；当 A 相为 ON 时，若 B 相由 ON 到 OFF，则为减计数，如图 3.30（a）所示。

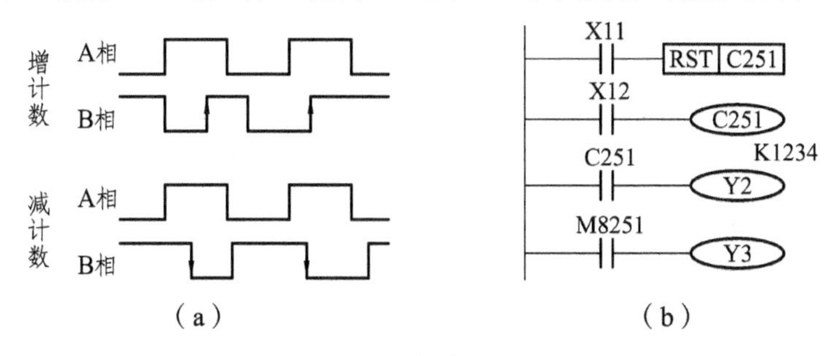

图 3.30 双相高速计数器

如图 3.30（b）所示，当 X12 接通时，C251 计数开始。由表 3.12 可知，其输入来自 X0（A 相）和 X1（B 相）。只有当计数使当前值超过设定值，则 Y2 为 ON。如果 X11 接通，则计数器复位。根据不同的计数方向，Y3 为 ON（增计数）或为 OFF（减计数），即用 M8251 ~ M8255，可监视 C251 ~ C255 的加/减计数状态。

注意：高速计数器的计数频率较高，它们的输入信号的频率受两方面的限制。一是全部高速计数器的处理时间。因它们采用中断方式，所以计数器用得越少，则可计数频率就越高；二是输入端的响应速度，其中 X0、X2、X3 最高频率为 10 kHz，X1、X4、X5 最高频率为 7 kHz。

七、数据寄存器（D）

PLC 在进行输入输出处理、模拟量控制、位置控制时，需要许多数据寄存器存储数据和参数。数据寄存器为 16 位，最高位为符号位。可用两个数据寄存器来存储 32 位数据，最高位为符号位。数据寄存器有以下几种类型：

（一）通用数据寄存器（D0 ~ D199）

共 200 点。当 M8033 为 ON 时，D0 ~ D199 有断电保护功能；当 M8033 为 OFF 时则它们无断电保护，这种情况 PLC 由 RUN →STOP 或停电时，数据全部清零。

（二）断电保持数据寄存器（D200 ~ D7999）

共 7800 点，其中 D200 ~ D511（共 12 点）有断电保持功能，可以利用外部设备的参数设定改变通用数据寄存器与有断电保持功能数据寄存器的分配；D490 ~ D509 供通信用；D512 ~ D7999 的断电保持功能不能用软件改变，但可用指令清除它们的内容。根据参数设定可以将 D1000 以上作为文件寄存器。

（三）特殊数据寄存器（D8000 ~ D8255）

共 256 点。特殊数据寄存器的作用是用来监控 PLC 的运行状态。如扫描时间、电池电压等。未加定义的特殊数据寄存器，用户不能使用。具体可参见用户手册。

（四）变址寄存器（V/Z）

FX_{2N} 系列 PLC 有 V0 ~ V7 和 Z0 ~ Z7 共 16 个变址寄存器，它们都是 16 位的寄存器。变址寄存器 V/Z 实际上是一种特殊用途的数据寄存器，其作用相当于微机中的变址寄存器，用于改变元件的编号（变址），例如 V0=5，则执行 D20 V0 时，被执行的编号为 D25（D20 + 5）。变址寄存器可以像其他数据寄存器一样进行读写，需要进行 32 位操作时，可将 V、Z 串联使用（Z 为低位，V 为高位）。

八、指针（P、I）

在 FX 系列中，指针用来指示分支指令的跳转目标和中断程序的入口标号。分为分支用指针、输入中断指针及定时中断指针和记数中断指针。

（一）分支用指针（P0～P127）

FX_{2N}有 P0～P127 共 128 点分支用指针。分支指针用来指示跳转指令（CJ）的跳转目标或子程序调用指令（CALL）调用子程序的入口地址。

如图 3.31 所示，当 X1 常开接通时，执行跳转指令 CJ P0，PLC 跳到标号为 P0 处之后的程序去执行。

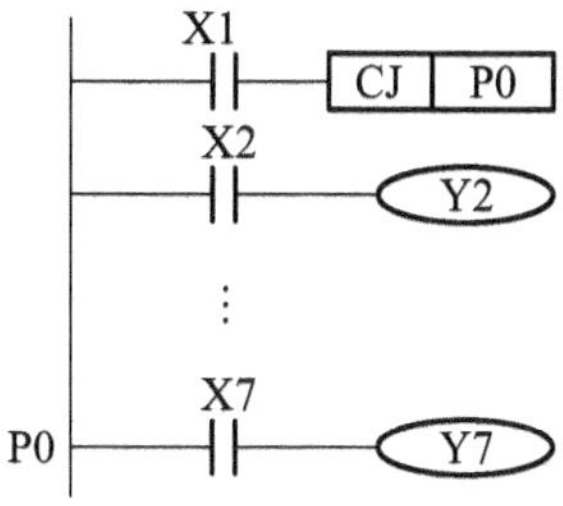

图 3.31 分支用指针

（二）中断指针

中断指针是用来指示某一中断程序的入口位置。执行中断后遇到 IRET（中断返回）指令，则返回主程序。中断用指针有以下三种类型：

1. 输入中断用指针（I00□～I50□）

共 6 点，它是用来指示由特定输入端的输入信号而产生中断的中断服务程序的入口位置，这类中断不受 PLC 扫描周期的影响，可以及时处理外界信息。输入中断用指针的编号格式如图 3.32 所示。

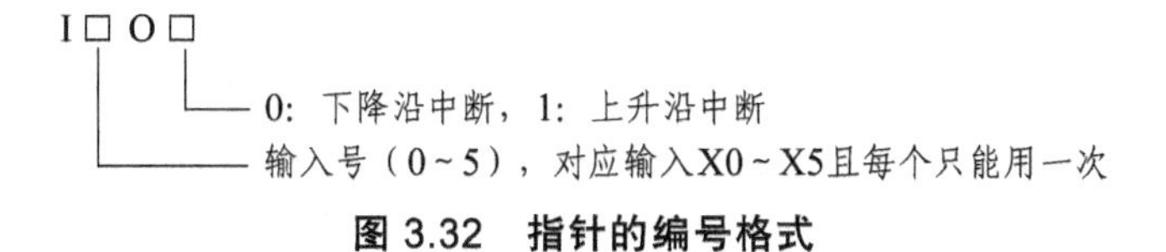

图 3.32 指针的编号格式

例如：I101 为当输入 X1 从 OFF→ON 变化时，执行以 I101 为标号后面的中断程序，并根据 IRET 指令返回。

2. 定时器中断用指针（I6□□～I8□□）

共 3 点，是用来指示周期定时中断的中断服务程序的入口位置，这类中断的作用是 PLC 以指定的周期定时执行中断服务程序，定时循环处理某些任务。处理的时间也不受 PLC 扫描周期的限制。□□表示定时范围，可在 10～99 ms 中选取。

3. 计数器中断用指针（I010～I060）

共 6 点，它们用在 PLC 内置的高速计数器中。根据高速计数器的计数当前值与计数设定值之关系确定是否执行中断服务程序。它常用于利用高速计数器优先处理计数结果的场合。

九、常数（K、H）

K是表示十进制整数的符号，主要用来指定定时器或计数器的设定值及应用功能指令操作数中的数值；H是表示十六进制数，主要用来表示应用功能指令的操作数值。例如20用十进制表示为K20，用十六进制则表示为H14。

在介绍编程元件过程中，图3.30出现的RST和图3.31出现的CJ是什么，这就是我们在编程之前必须要了解的基本逻辑指令。

任务四　FX_{2N}系列基本逻辑指令

一、FX系列PLC的基本逻辑指令

FX_{2N}的共有27条基本逻辑指令，其中包含了有些子系列PLC的20条基本逻辑指令。

（一）取指令与输出指令

1. 取指令与输出指令的定义

（1）LD（取指令）是一个常开触点与左母线连接的指令，每一个以常开触点开始的逻辑行都用此指令。

（2）LDI（取反指令）是一个常闭触点与左母线连接指令，每一个以常闭触点开始的逻辑行都用此指令。

（3）LDP（取上升沿指令）是与左母线连接的常开触点的上升沿检测指令，仅在指定位元件的上升沿（由OFF→ON）时接通一个扫描周期。

（4）LDF（取下降沿指令）是与左母线连接的常闭触点的下降沿检测指令。

（5）OUT（输出指令）是对线圈进行驱动的指令，也称为输出指令。

2. 取指令与输出指令的使用

取指令与输出指令的使用如图3.33所示。

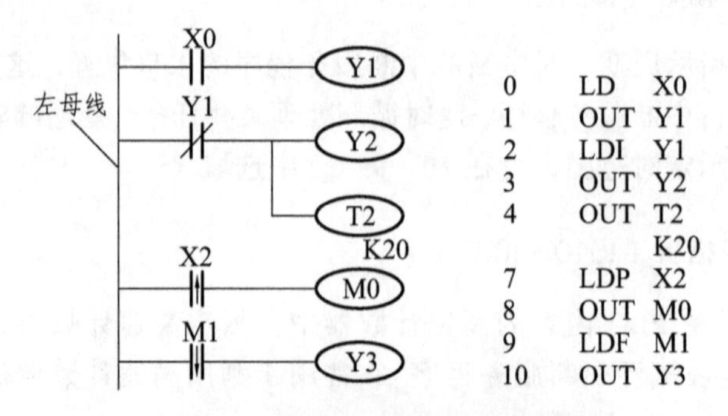

图3.33　取指令与输出指令的使用

取指令与输出指令的使用说明：

（1）LD、LDI 指令既可用于输入左母线相连的触点，也可与 ANB、ORB 指令配合实现块逻辑运算；

（2）LDP、LDF 指令仅在对应元件有效时维持一个扫描周期的接通。图 3.33 中，当 M1 有一个下降沿时，则 Y3 只有一个扫描周期为 ON。

（3）LD、LDI、LDP、LDF 指令的目标元件为 X、Y、M、T、C、S；

（4）OUT 指令可以连续使用若干次（相当于线圈并联），对于定时器和计数器，在 OUT 指令之后应设置常数 K 或数据寄存器。

（5）OUT 指令目标元件为 Y、M、T、C 和 S，但不能用于 X。

（二）触点串联指令

1. 触点串联指令的定义

（1）AND（与指令）是一个常开触点串联连接指令，完成逻辑“与”运算。

（2）ANI（与反指令）是一个常闭触点串联连接指令，完成逻辑“与非”运算。

（3）ANDP 是上升沿检测串联连接指令。

（4）ANDF 是下降沿检测串联连接指令。

2. 触点串联指令的使用

触点串联指令的使用如图 3.34 所示。

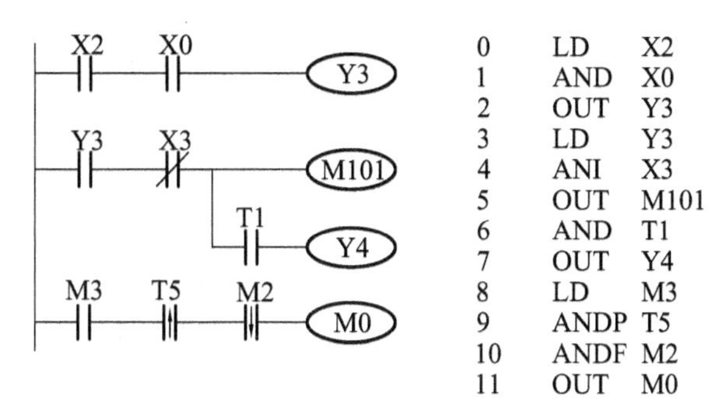

图 3.34　触点串联指令的使用

触点串联指令的使用的使用说明：

（1）AND、ANI、ANDP、ANDF 都指是单个触点串联连接的指令，串联次数没有限制，可反复使用。

（2）AND、ANI、ANDP、ANDF 的目标元元件为 X、Y、M、T、C 和 S。

（3）图 3.34 中 OUT M101 指令之后通过 T1 的触点去驱动 Y4 称为连续输出。

（三）触点并联指令

1. 触点并联指令的定义

（1）OR（或指令）用于单个常开触点的并联，实现逻辑“或”运算。

（2）ORI（或非指令）用于单个常闭触点的并联，实现逻辑“或非”运算。

（3）ORP 是上升沿检测并联连接指令。

（4）ORF 是下降沿检测并联连接指令。

2. 触点并联指令的使用

触点并联指令的使用如图 3.35 所示。

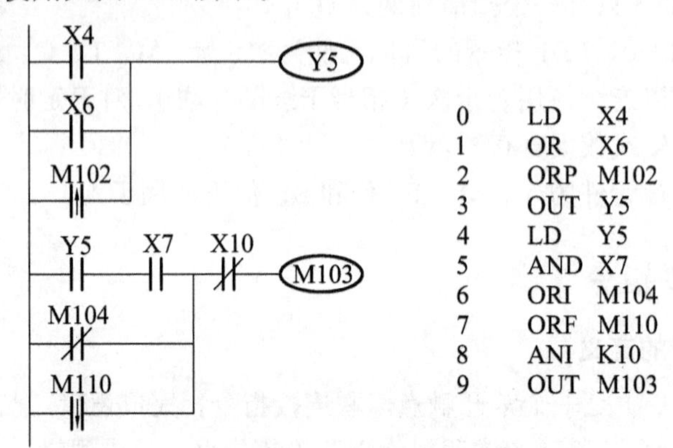

图 3.35 触点并联指令的使用

触点并联指令的使用说明：

（1）OR、ORI、ORP、ORF 指令都是指单个触点的并联，并联触点的左端接到 LD、LDI、LDP 或 LPF 处，右端与前一条指令对应触点的右端相连。触点并联指令连续使用的次数不限；

（2）OR、ORI、ORP、ORF 指令的目标元件为 X、Y、M、T、C、S。

（四）块操作指令

1. 块操作指令的定义

（1）ORB（块或指令）用于两个或两个以上的触点串联连接的电路之间的并联。

（2）ANB（块与指令）用于两个或两个以上的触点并联连接的电路之间的串联。

2. 块操作指令的使用

（1）ORB 指令的使用如图 3.36 所示。

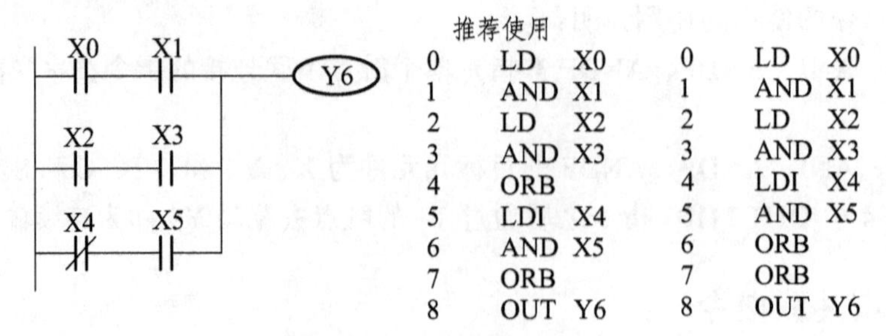

图 3.36 ORB 指令的使用

ORB 指令的使用说明：

① 几个串联电路块并联连接时，每个串联电路块开始时应该用 LD 或 LDI 指令。

② 有多个电路块并联回路，如对每个电路块使用 ORB 指令，则并联的电路块数量没有限制。

③ ORB 指令也可以连续使用，但这种程序写法不推荐使用，LD 或 LDI 指令的使用次数不得超过 8 次，也就是 ORB 只能连续使用 8 次以下。

（2）ANB 指令的使用如图 3.37 所示。

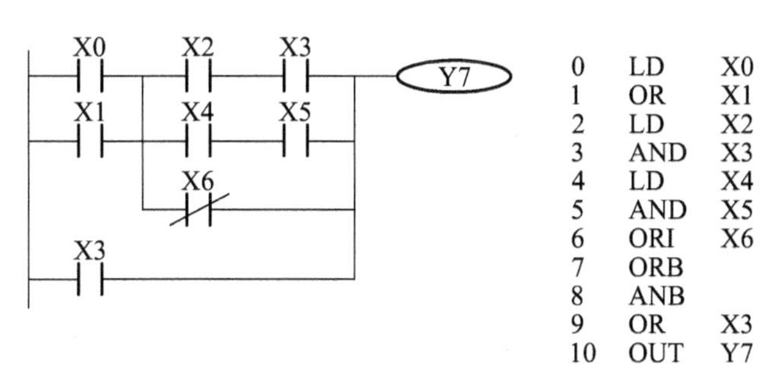

图 3.37 ANB 指令的使用

ANB 指令的使用说明：

① 并联电路块串联连接时，并联电路块的开始均用 LD 或 LDI 指令。

② 多个并联回路块连接按顺序和前面的回路串联时，ANB 指令的使用次数没有限制。也可连续使用 ANB，但与 ORB 一样，使用次数在 8 次以下。

（五）置位与复位指令

1. 置位与复位指令的含义

（1）SET（置位指令）的作用是使被操作的目标元件置位并保持。

（2）RST（复位指令）可使被操作的目标元件复位并保持清零状态。

2. 置位与复位指令的使用

SET、RST 指令的使用如图 3.38 所示。当 X0 常开接通时，Y0 变为 ON 状态并一直保持

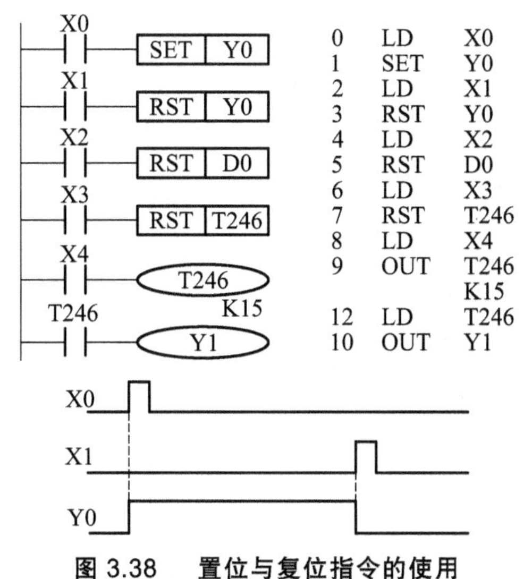

图 3.38 置位与复位指令的使用

该状态，即使 X0 断开 Y0 的 ON 状态仍维持不变；只有当 X1 的常开闭合时，Y0 才变为 OFF 状态并保持，即使 X1 常开断开，Y0 也仍为 OFF 状态。

SET、RST 指令的使用说明：

（1）SET 指令的目标元件为 Y、M、S，RST 指令的目标元件为 Y、M、S、T、C、D、V、Z。RST 指令常被用来对 D、Z、V 的内容清零，还用来复位积算定时器和计数器。

（2）对于同一目标元件，SET、RST 可多次使用，顺序也可随意，但最后执行者有效。

（六）微分指令（PLS/PLF）

1. 微分指令的定义

（1）PLS（上升沿微分指令）是在输入信号上升沿产生一个扫描周期的脉冲输出。

（2）PLF（下降沿微分指令）是在输入信号下降沿产生一个扫描周期的脉冲输出。

2. 微分指令的使用

微分指令的使用如图 3.39 所示，利用微分指令检测到信号的边沿，通过置位和复位命令控制 Y0 的状态。

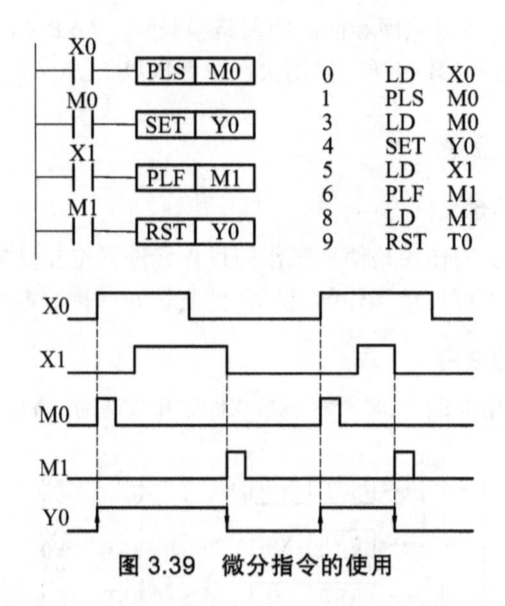

图 3.39 微分指令的使用

PLS、PLF 指令的使用说明：

（1）PLS、PLF 指令的目标元件为 Y 和 M。

（2）使用 PLS 时，仅在驱动输入为 ON 后的一个扫描周期内目标元件 ON，如图 3.39 所示，M0 仅在 X0 的常开触点由断到通时的一个扫描周期内为 ON；使用 PLF 指令时只是利用输入信号的下降沿驱动，其他与 PLS 相同。

（七）主控指令

1. 主控指令的定义

（1）MC（主控指令）用于公共串联触点的连接。执行 MC 后，左母线移到 MC 触点的后面。

（2）MCR（主控复位指令）是MC指令的复位指令，即利用MCR指令恢复原左母线的位置。

2. 主控指令的使用

在编程时常会出现这样的情况，多个线圈同时受一个或一组触点控制，如果在每个线圈的控制电路中都串入同样的触点，将占用很多存储单元，使用主控指令就可以解决这一问题。MC、MCR指令的使用如图3.40所示，利用MC、N0、M100实现左母线右移，使Y0、Y1都在X0的控制之下，其中N0表示嵌套等级，在无嵌套结构中N0的使用次数无限制；利用MCR、N0恢复到原左母线状态。如果X0断开则会跳过MC、MCR之间的指令向下执行。

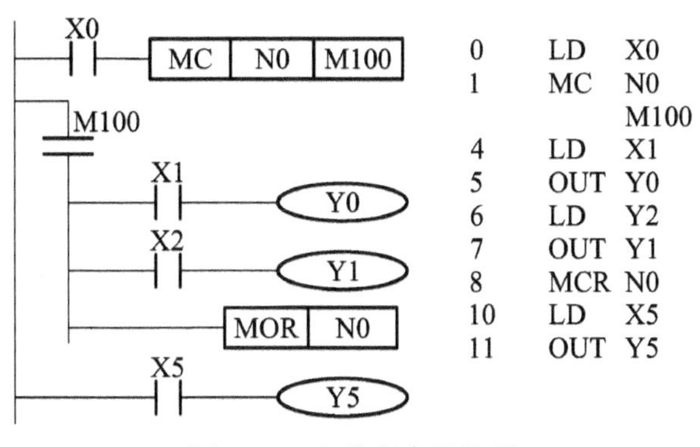

图3.40 主控指令的使用

MC、MCR指令的使用说明：

（1）MC、MCR指令的目标元件为Y和M，但不能用特殊辅助继电器。MC占3个程序步，MCR占2个程序步。

（2）主控触点在梯形图中与一般触点垂直（如图3.40中的M100）。主控触点是与左母线相连的常开触点，是控制一组电路的总开关。与主控触点相连的触点必须用LD或LDI指令。

（3）MC指令的输入触点断开时，在MC和MCR之内的积算定时器、计数器、用复位/置位指令驱动的元件保持其之前的状态不变。非积算定时器和计数器，用OUT指令驱动的元件将复位，如图3.40中当X0断开，Y0和Y1即变为OFF。

（4）在一个MC指令区内若再使用MC指令称为嵌套。嵌套级数最多为8级，编号按N0→N1→N2→N3→N4→N5→N6→N7顺序增大，每级的返回用对应的MCR指令，从编号大的嵌套级开始复位。

（八）栈指令

1. 栈指令的定义

栈指令是FX系列中新增的基本指令，用于多重输出电路，为编程带来便利。在FX系列PLC中有11个存储单元，它们专门用来存储程序运算的中间结果，被称为栈存储器。

（1）MPS（进栈指令）将运算结果送入栈存储器的第一段，同时将先前送入的数据依次移到栈的下一段。

（2）MRD（读栈指令）将栈存储器的第一段数据（最后进栈的数据）读出且该数据继续

保存在栈存储器的第一段，栈内的数据不发生移动。

（3）MPP（出栈指令）将栈存储器的第一段数据（最后进栈的数据）读出且该数据从栈中消失，同时将栈中其他数据依次上移。

2. 栈指令的使用

栈指令的使用如图 3.41 所示，其中图 3.41（a）为一层栈，进栈后的信息可无限使用，最后一次使用 MPP 指令弹出信号；图 3.41（b）为二层栈，它用了两个栈单元。

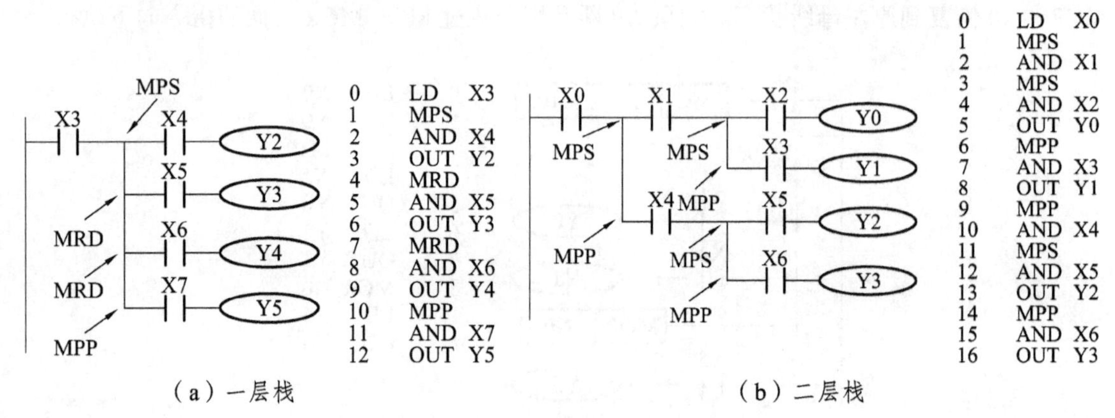

（a）一层栈　　　　（b）二层栈

图 3.41　栈指令的使用

栈指令的使用说明：

（1）堆栈指令没有目标元件。

（2）MPS 和 MPP 必须配对使用。

（3）由于栈存储单元只有 11 个，所以栈的层次最多 11 层。

（九）取反、空操作与结束指令

（1）执行 INV（取反指令）后将原来的运算结果取反。取反指令的使用如图 3.42 所示。如果 X0 断开，则 Y0 为 ON，否则 Y0 为 OFF。使用时应注意 INV 不能像指令表的 LD、LDI、LDP、LDF 那样与母线连接，也不能像指令表中的 OR、ORI、ORP、ORF 指令那样单独使用。

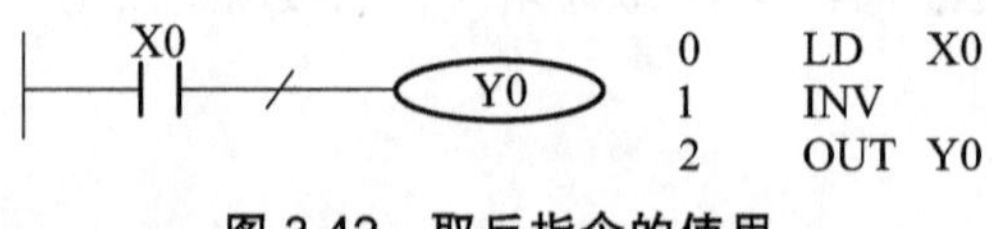

图 3.42　取反指令的使用

（2）NOP（空操作指令）不执行操作，但占一个程序步。执行 NOP 时并不做任何事，有时可用 NOP 指令短接某些触点或用 NOP 指令将不要的指令覆盖。当 PLC 执行了清除用户存储器操作后，用户存储器的内容全部变为空操作指令。

（3）END（结束指令）表示程序结束。若程序的最后不写 END 指令，则 PLC 不管实际用户程序多长，都从用户程序存储器的第一步执行到最后一步；若有 END 指令，当扫描到 END 时，则结束执行程序，这样可以缩短扫描周期。在程序调试时，可在程序中插入若干 END 指令，将程序划分若干段，在确定前面程序段无误后，依次删除 END 指令，直至调试结束。

任务五　经验编程法

PLC 是专为工业控制而开发的装置，其主要使用者是工厂广大电气技术人员，为了适应他们的传统习惯和掌握能力，通常 PLC 不采用微机的编程语言，而常常采用面向控制过程、面向问题的“自然语言”编程。

一、梯形图的编程规则

（一）梯形图概述

梯形图是使用得最多的图形编程语言，被称为 PLC 的第一编程语言。梯形图与电器控制系统的电路图很相似，具有直观易懂的优点，很容易被工厂电气人员掌握，特别适用于开关量逻辑控制。梯形图常被称为电路或程序，梯形图的设计称为编程。

梯形图编程中，用到以下 4 个基本概念：

1. 软继电器

PLC 梯形图中的某些编程元件沿用了继电器这一名称，如输入继电器、输出继电器、内部辅助继电器等，但是它们不是真实的物理继电器，而是一些存储单元（软继电器），每一软继电器与 PLC 存储器中映像寄存器的一个存储单元相对应。该存储单元如果为“1”状态，则表示梯形图中对应软继电器的线圈“通电”，其常开触点接通，常闭触点断开，称这种状态是该软继电器的“1”或“ON”状态。如果该存储单元为“0”状态，对应软继电器的线圈和触点的状态与上述的相反，称该软继电器为“0”或“OFF”状态。使用中也常将这些“软继电器”称为编程元件。

2. 能　流

如图 3.43 所示触点 1、2 接通时，有一个假想的“概念电流”或“能流”（Power Flow）从左向右流动，这一方向与执行用户程序时的逻辑运算的顺序是一致的。能流只能从左向右流动。利用能流这一概念，可以帮助我们更好地理解和分析梯形图。图 3.43（a）中可能有两个方向的能流流过触点 5（经过触点 1、5、4 或经过触点 3、5、2），这不符合能流只能从左向右流动的原则，因此应改为如图 3.43（b）所示的梯形图。

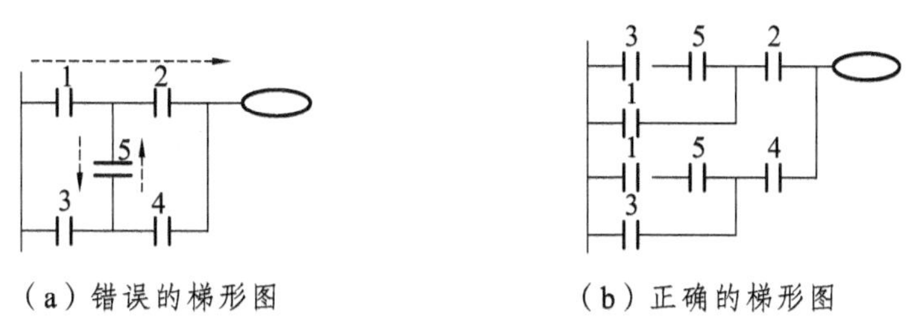

（a）错误的梯形图　　（b）正确的梯形图

图 3.43　梯形图

3. 母　线

梯形图两侧的垂直公共线称为母线（Bus Bar）。在分析梯形图的逻辑关系时，为了借用继电器电路图的分析方法，可以想象左右两侧母线（左母线和右母线）之间有一个左正右负的直流电源电压，母线之间有“能流”从左向右流动。右母线可以省略。

4. 梯形图的逻辑解算

根据梯形图中各触点的状态和逻辑关系，求出与图中各线圈对应的编程元件的状态，称为梯形图的逻辑解算。梯形图中逻辑解算是按从左至右、从上到下的顺序进行的。解算的结果，马上可以被后面的逻辑解算所利用。逻辑解算是根据输入映像寄存器中的值，而不是根据解算瞬时外部输入触点的状态来进行的。

（二）梯形图的编程规则

尽管梯形图与继电器电路图在结构形式、元件符号及逻辑控制功能等方面相类似，但它们又有许多不同之处，梯形图具有自己的编程规则。

（1）每一逻辑行总是起于左母线，然后是触点的连接，最后终止于线圈或右母线（右母线可以不画出）。注意：左母线与线圈之间一定要有触点，而线圈与右母线之间则不能有任何触点。

（2）梯形图中的触点可以任意串联或并联，但继电器线圈只能并联而不能串联。

（3）触点的使用次数不受限制。

（4）一般情况下，在梯形图中同一线圈只能出现一次。如果在程序中，同一线圈使用了两次或多次，称为“双线圈输出”。对于“双线圈输出”，有些 PLC 将其视为语法错误，绝对不允许；有些 PLC 则将前面的输出视为无效，只有最后一次输出有效；而有些 PLC，在含有跳转指令或步进指令的梯形图中允许双线圈输出。

（5）对于不可编程梯形图必须通过等效变换，变成可编程梯形图，例如图 3.43 所示。

（6）有几个串联电路相并联时，应将串联触点多的回路放在上方，如图 3.44（a）所示。在有几个并联电路相串联时，应将并联触点多的回路放在左方，如图 3.44（b）所示。这样所编制的程序简洁明了，语句较少。

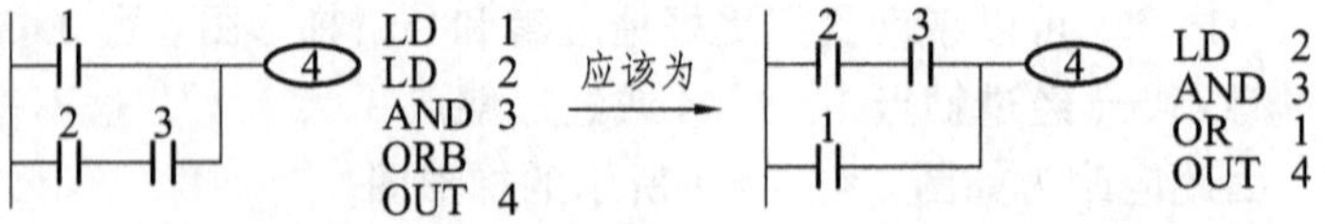

```
LD  1          应该为      LD  2
LD  2                      AND 3
AND 3                      OR  1
ORB                        OUT 4
OUT 4
```

（a）

```
LD  1          应该为      LD  2
LD  2                      OR  3
OR  3                      AND 1
ANB                        OUT 4
OUT 4
```

（b）

图 3.44　梯形图

另外，在设计梯形图时输入继电器的触点状态最好按输入设备全部为常开进行设计更为合适，不易出错。建议用户尽可能用输入设备的常开触点与 PLC 输入端连接，如果某些信号只能用常闭输入，可先按输入设备为常开来设计，然后将梯形图中对应的输入继电器触点取反（常开改成常闭、常闭改成常开）。

二、典型单元的梯形图程序

PLC 应用程序往往是一些典型的控制环节和基本单元电路的组合，熟练掌握这些典型环节和基本单元电路，可以使程序的设计变得简单。

（一）具有自锁、互锁功能的程序

1. 具有自锁功能的程序

利用自身的常开触点使线圈持续保持通电即“ON”状态的功能称为自锁。如图 3.45 所示的启动、保持和停止程序（简称起保停程序）就是典型的具有自锁功能的梯形图，X1 为启动信号和 X2 为停止信号。

图 3.45（a）为停止优先程序，即当 X1 和 X2 同时接通，则 Y1 断开。图 3.45（b）为启动优先程序，即当 X1 和 X2 同时接通，则 Y1 接通。起保停程序也可以用置位（SET）和复位（RST）指令来实现。在实际应用中，启动信号和停止信号可能由多个触点组成的串、并联电路提供。

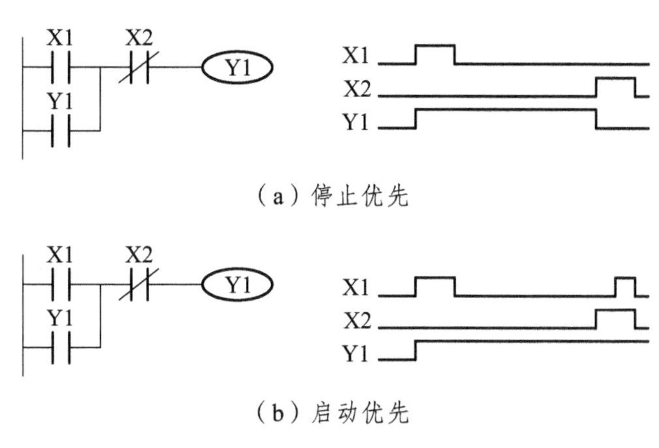

（a）停止优先

（b）启动优先

图 3.45　起保停程序与时序图

2. 具有互锁功能的程序

利用两个或多个常闭触点来保证线圈不会同时通电的功能成为“互锁”。PLC 互锁分为硬件互锁（图 3.47 所示 I/O 接线图中输出端 KM1、KM2 的辅助常闭触点）和软件互锁，软件互锁又分为输入互锁（图 3.47 所示梯形图中 X0、X1 的常闭触点）和输出互锁（图 3.47 所示梯形图中 Y0、Y1 的常闭触点），输入互锁与继接控制中机械互锁的特点相同，输出互锁与继接控制中电气互锁的特点相同。三相异步电动机的正反转控制电路即为典型的互锁电路，如图 3.46 所示。其中 KM1 和 KM2 分别是控制正转运行和反转运行的交流接触器。

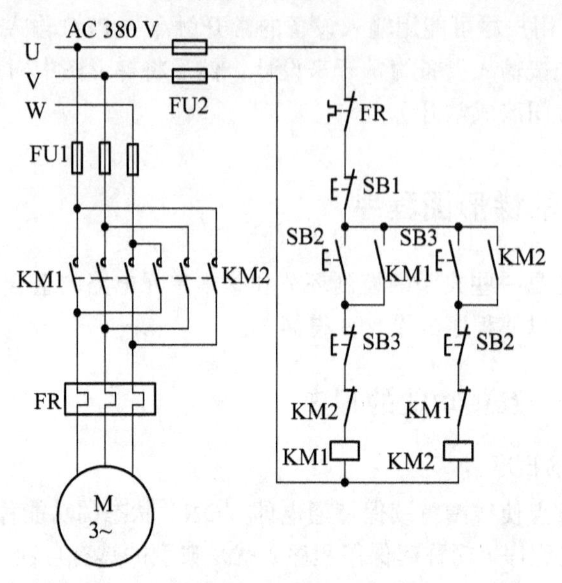

图 3.46　三相异步电动机的正反转控制电路

如图 3.47 所示为采用 PLC 控制三相异步电动机正反转的外部 I/O 接线图和梯形图。实现正反转控制功能的梯形图是由两个起保停的梯形图再加上两者之间的互锁触点构成。

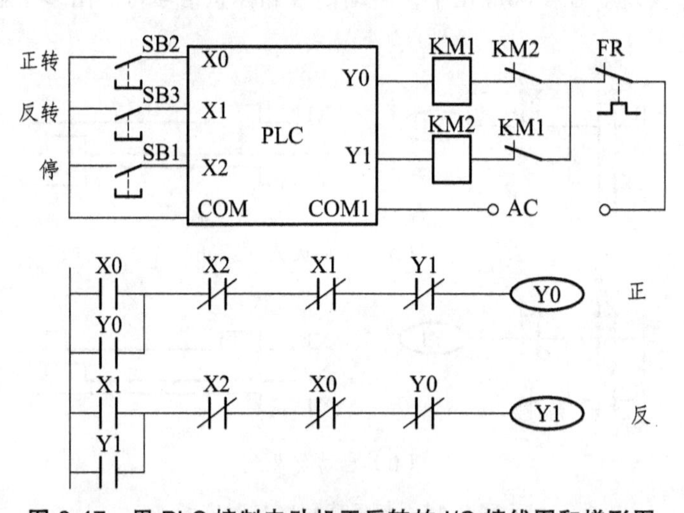

图 3.47　用 PLC 控制电动机正反转的 I/O 接线图和梯形图

应该注意的是虽然在梯形图中已经有了软继电器的互锁触点（X1 与 X0、Y1 与 Y0），但在 I/O 接线图的输出电路中还必须使用 KM1、KM2 的常闭触点进行硬件互锁。因为 PLC 软继电器互锁只相差一个扫描周期，而外部硬件接触器触点的断开时间往往大于一个扫描周期，来不及响应，且触点的断开时间一般较闭合时间长。例如 Y0 虽然断开，可能 KM1 的触点还未断开，在没有外部硬件互锁的情况下，KM2 的触点可能接通，引起主电路短路，因此必须采用软硬件双重互锁。采用了双重互锁，同时也避免因接触器 KM1 或 KM2 的主触点熔焊引起电动机主电路短路。

（二）定时器应用程序

1. 产生脉冲的程序

1）周期可调的脉冲信号发生器

如图 3.48 所示采用定时器 T0 产生一个周期可调节的连续脉冲。当 X0 常开触点闭合后，第一次扫描到 T0 常闭触点时，它是闭合的，于是 T0 线圈得电，经过 1 s 的延时，T0 常闭触点断开。T0 常闭触点断开后的下一个扫描周期中，当扫描到 T0 常闭触点时，因它已断开，使 T0 线圈失电，T0 常闭触点又随之恢复闭合。这样，在下一个扫描周期扫描到 T0 常闭触点时，又使 T0 线圈得电，重复以上动作，T0 的常开触点连续闭合、断开，就产生了脉宽为一个扫描周期、脉冲周期为 1 s 的连续脉冲。改变 T0 的设定值，就可改变脉冲周期。

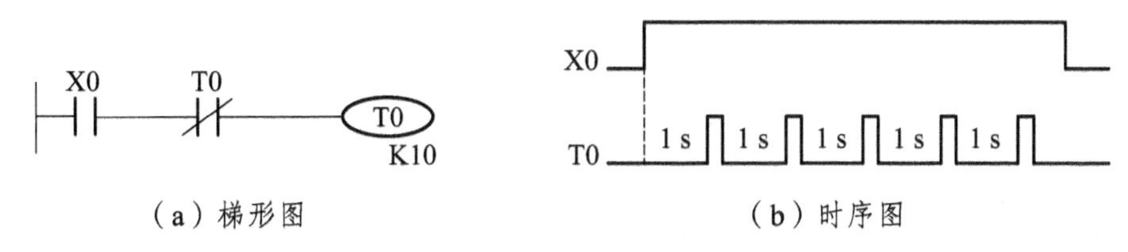

（a）梯形图　　（b）时序图

图 3.48　周期可调的脉冲信号发生器

2）占空比可调的脉冲信号发生器

如图 3.49 所示为采用两个定时器产生连续脉冲信号，脉冲周期为 5 s，占空比为 3：2（接通时间：断开时间）。接通时间 3 s，由定时器 T1 设定，断开时间为 2 s，由定时器 T0 设定，用 Y0 作为连续脉冲输出端。

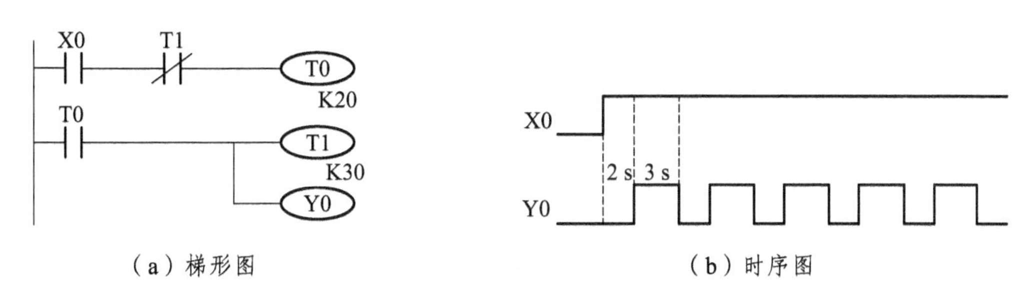

（a）梯形图　　（b）时序图

图 3.49　占空比可调的脉冲信号发生器

3）顺序脉冲发生器

如图 3.50（a）所示为用三个定时器产生一组顺序脉冲的梯形图程序，顺序脉冲波形如图 3.50（b）所示。当 X4 接通，T40 开始延时，同时 Y31 通电，定时 10 s 时间到，T40 常闭触点断开，Y31 断电。T40 常开触点闭合，T41 开始延时，同时 Y32 通电，当 T41 定时 15 s 时间到，Y32 断电。T41 常开触点闭合，T42 开始延时. 同时 Y33 通电，T42 定时 20 s 时间到，Y33 断电。如果 X4 仍接通，重新开始产生顺序脉冲，直至 X4 断开。当 X4 断开时，所有的定时器全部断电，定时器触点复位，输出 Y31、Y32 及 Y33 全部断电。

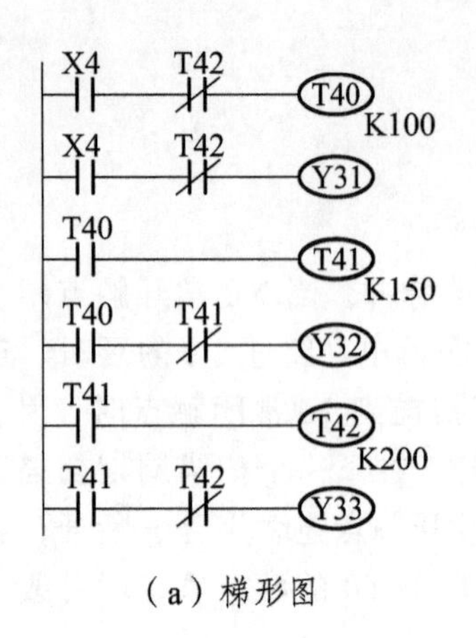

（a）梯形图

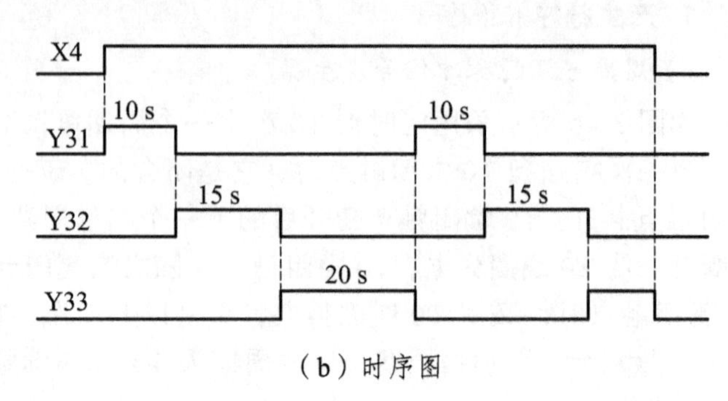

（b）时序图

图 3.50　顺序脉冲发生器

2. 断电延时动作的程序

大多数 PLC 的定时器均为接通延时定时器，即定时器线圈通电后开始延时，待定时时间到，定时器的常开触点闭合、常闭触点断开。在定时器线圈断电时，定时器的触点立刻复位。

如图 3.51 所示为断开延时程序的梯形图和动作时序图。当 X13 接通时，M0 线圈接通并自锁，Y3 线圈通电，这时 T13 由于 X13 常闭触点断开而没有接通定时；当 X13 断开时，X13 的常闭触点恢复闭合，T13 线圈得电，开始定时。经过 10 s 延时后，T13 常闭触点断开，使 M0 复位，Y3 线圈断电，从而实现从输入信号 X13 断开，经 10 s 延时后，输出信号 Y3 才断开的延时功能。

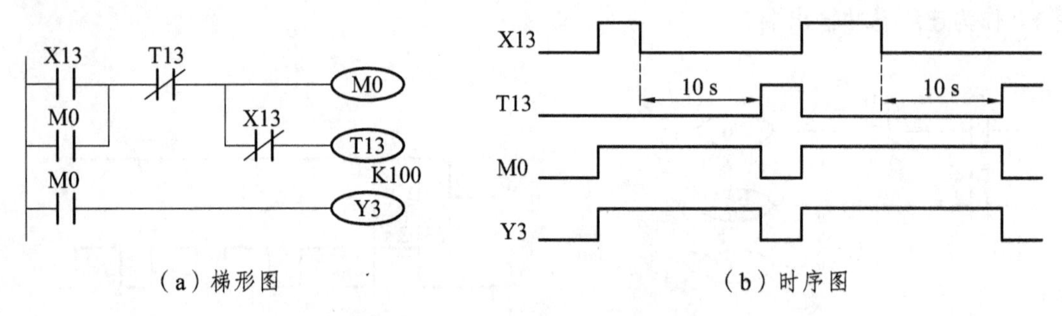

（a）梯形图　　　　（b）时序图

图 3.51　断电延时动作的程序

3. 多个定时器组合的延时程序

一般 PLC 的一个定时器的延时时间都较短，如 FX 系列 PLC 中一个 0.1 s 定时器的定时范围为 0.1 ~ 3276.7 s，如果需要延时时间更长的定时器，可采用多个定时器串级使用来实现长时间延时。定时器串级使用时，其总的定时时间为各定时器定时时间之和。

如图 3.52 所示为定时时间为 1 h 的梯形图及时序图，辅助继电器 M1 用于定时启停控制，采用两个 0.1 s 定时器 T14 和 T15 串级使用。当 T14 开始定时后，经 1 800 s 延时，T14 的常开触点闭合，使 T15 再开始定时，又经 1 800 s 的延时，T15 的常开触点闭合，Y4 线圈接通。从 X14 接通，到 Y4 输出，其延时时间为 1 800 s + 1 800 s = 3 600 s = 1 h。

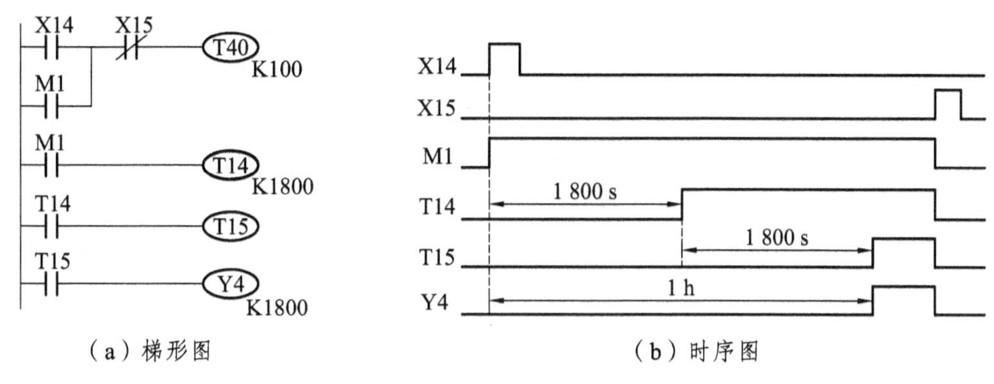

（a）梯形图　　　　（b）时序图

图 3.52　用定时器串级的长延时程序

（三）计数器应用程序

1. 应用计数器的延时程序

只要提供一个时钟脉冲信号作为计数器的计数输入信号，计数器就可以实现定时功能，时钟脉冲信号的周期与计数器的设定值相乘就是定时时间。时钟脉冲信号，可以由 PLC 内部特殊继电器产生（如 FX 系列 PLC 的 M8011、M8012、M8013 和 M8014 等），也可以由连续脉冲发生程序产生，还可以由 PLC 外部时钟电路产生。

如图 3.53 所示为采用计数器实现延时的程序，由 M8012 产生周期为 0.1 s 时钟脉冲信号。当启动信号 X15 闭合时，M2 得电并自锁，M8012 时钟脉冲加到 C0 的计数输入端。当 C0 累计到 18 000 个脉冲时，计数器 C0 动作，C0 常开触点闭合，Y5 线圈接通，Y5 的触点动作。从 X15 闭合到 Y5 动作的延时时间为 18 000 × 0.1 = 1 800 s。延时误差和精度主要由时钟脉冲信号的周期决定，要提高定时精度，就必须用周期更短的时钟脉冲作为计数信号。

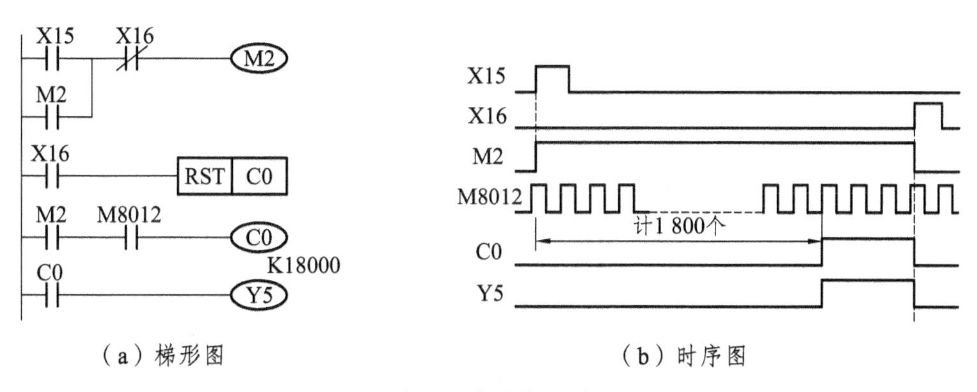

（a）梯形图　　　　（b）时序图

图 3.53　应用一个计数器的延时程序

延时程序最大延时时间受计数器的最大计数值和时钟脉冲的周期限制，如图 3.53 所示，计数器 C0 的最大计数值为 32767，所以最大延时时间为：32 767 × 0.1 = 3 276.7 s。要增大延时时间，可以增大时钟脉冲的周期，但这又使定时精度下降。为获得更长时间的延时，同时又能保证定时精度，可采用两级或多级计数器串级计数。如图 3.54 所示为采用两级计数器串级计数延时的一个例子。图中由 C0 构成一个 1 800 s（30 min）的定时器，其常开触点每隔 30 min 闭合一个扫描周期。这是因为 C0 的复位输入端并联了一个 C0 常开触点，当 C0 累计到 18 000 个脉冲时，计数器 C0 动作，C0 常开触点闭合，C0 复位，C0 计数器动作一个扫描周期后又开始计数，使 C0 输出一个周期为 30 min、脉宽为一个扫描周期的时钟脉冲。C0 的另一个常开触点作为 C1 的计数输入，当 C0 常开触点接通一次，C1 输入一个计数脉冲，当 C1 计数脉冲累计到 10 个时，计数器 C1 动作，C1 常开触点闭合，使 Y5 线圈接通，Y5 触点动作。从 X15 闭合，到 Y5 动作，其延时时间为 18 000 × 0.1 × 10 = 18 000 s（5 h）。计数器 C0 和 C1 串级后，最大的延时时间可达：32 767 × 0.1 × 32 767 s = 29 824.34 h = 1 242.68 天。

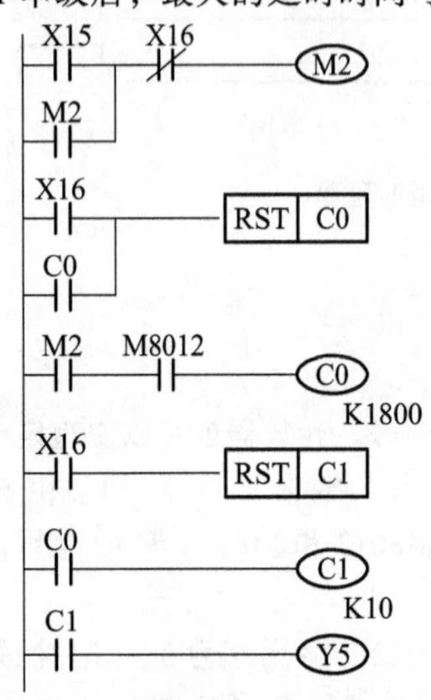

图 3.54 应用两个计数器的延时程序

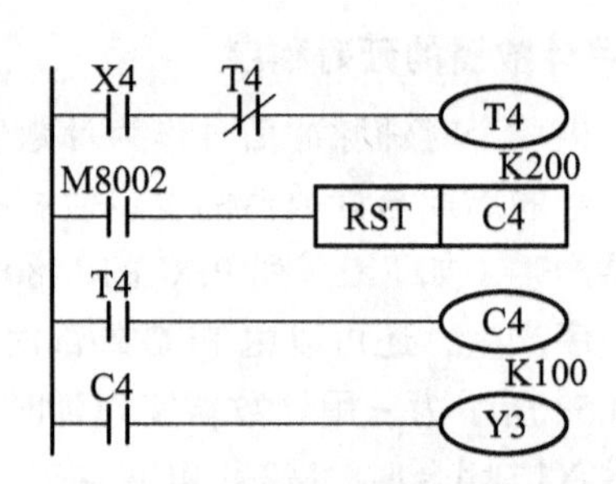

图 3.55 定时器与计数器组合的延时程序

2. 定时器与计数器组合的延时程序

利用定时器与计数器级联组合可以扩大延时时间，如图 3.55 所示。图中 T4 形成一个 20 s 的自复位定时器，当 X4 接通后，T4 线圈接通并开始延时，20 s 后 T4 常闭触点断开，T4 定时器的线圈断开并复位，待下一次扫描时，T4 常闭触点才闭合，T4 定时器线圈又重新接通并开始延时。所以当 X4 接通后，T4 每过 20 s 其常开触点接通一次，为计数器输入一个脉冲信号，计数器 C4 计数一次，当 C4 计数 100 次时，其常开触点接通 Y3 线圈。可见从 X4 接通到 Y3 动作，延时时间为定时器定时值（20 s）和计数器设定值（100）的乘积（2 000 s）。图中 M8002 为初始化脉冲，使 C4 复位。

3. 计数器级联程序

计数器计数值范围的扩展，可以通过多个计数器级联组合的方法来实现。图 3.56 为两个计数器级联组合扩展的程序。X1 每通/断一次，C60 计数 1 次，当 X1 通/断 50 次时，C60 的常开触点接通，C61 计数 1 次，与此同时 C60 另一对常开触点使 C60 复位，重新从零开始对 X1 的通/断进行计数，每当 C60 计数 50 次时，C61 计数 1 次，当 C61 计数到 40 次时，X1 总计通/断 50 × 40 = 2 000 次，C61 常开触点闭合，Y31 接通。可见本程序计数值为两个计数器计数值的乘积。

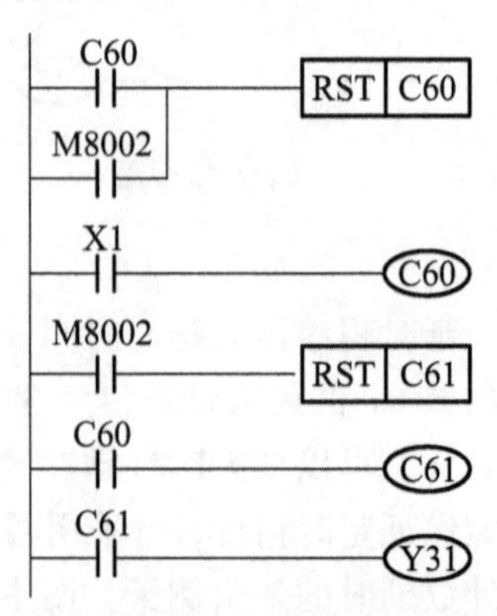

图 3.56 两个计数器级联的程序

（四）其他典型应用程序

1. 单脉冲程序

单脉冲程序如图 3.57 所示，从给定信号（X0）的上升沿开始产生一个脉宽一定的脉冲信号（Y1）。当 X0 接通时，M2 线圈得电并自锁，M2 常开触点闭合，使 T1 开始定时、Y1 线圈得电。定时时间 2 s 到，T1 常闭触点断开，使 Y1 线圈断电。无论输入 X0 接通的时间长短怎样，输出 Y1 的脉宽都等于 T1 的定时时间 2 s。

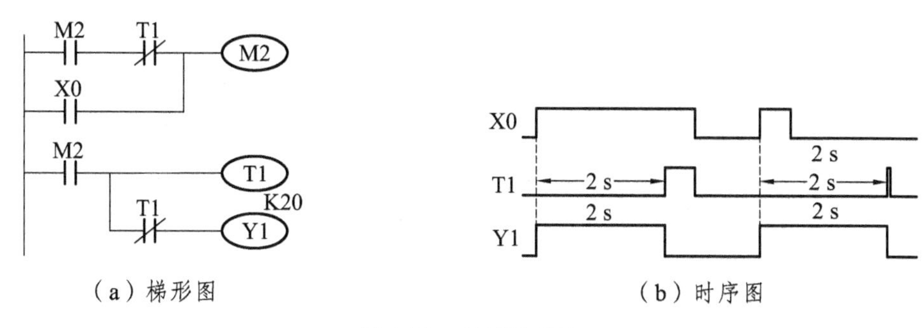

（a）梯形图　　（b）时序图

图 3.57　单脉冲程序

2. 分频程序

在许多控制场合，需要对信号进行分频。下面以如图 3.58 所示的二分频程序为例来说明 PLC 是如何来实现分频的。

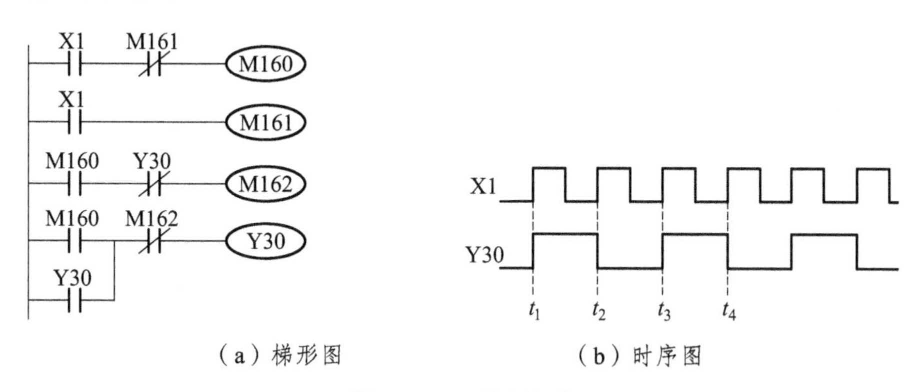

（a）梯形图　　（b）时序图

图 3.58　二分频程序

图 3.58 中，Y30 产生的脉冲信号是 X1 脉冲信号的二分频。图 3.58（b）中用了三个辅助继电器 M160、M161 和 M162。当输入 X1 在 t_1 时刻接通（ON），M160 产生脉宽为一个扫描周期的单脉冲，Y30 线圈在此之前并未得电，其对应的常开触点处于断开状态，因此执行至第 3 行程序时，尽管 M160 得电，但 M162 仍不得电，M162 的常闭触点处于闭合状态。执行至第 4 行，Y30 得电（ON）并自锁。此后，多次循环扫描执行这部分程序，但由于 M160 仅接通一个扫描周期，M162 不可能得电。由于 Y30 已接通，对应的常开触点闭合，为 M162 的得电做好了准备。

等到 t_2 时刻，输入 X1 再次接通（ON），M160 上再次产生单脉冲。此时在执行第 3 行时，M162 条件满足得电，M162 对应的常闭触点断开。执行第 4 行程序时，Y30 线圈失电（OFF）。之后虽然 X1 继续存在，由于 M160 是单脉冲信号，虽多次扫描执行第 4 行程序，Y30 也不可能得电。在 t_3 时刻，X1 第三次 ON，M160 上又产生单脉冲，输出 Y30 再次接通（ON）。t_4 时刻，Y30 再次失电（OFF），循环往复。这样 Y30 正好是 X1 脉冲信号的二分频。由于每当出现 X1（控制信号）时就将 Y30 的状态翻转（ON/OFF/ON/OFF），这种逻辑关系也可用作触发器。

除了以上介绍的几种基本程序外，还有很多这样的程序不再一一列举，它们都是组成较复杂的 PLC 应用程序的基本环节。

三、PLC 程序的经验设计法

（一）概　述

在 PLC 发展的初期，沿用了设计继电器电路图的方法来设计梯形图程序，即在已有的些典型梯形图的基础上，根据被控对象对控制的要求，不断地修改和完善梯形图。有时需要多次反复地调试和修改梯形图，不断地增加中间编程元件和触点，最后才能得到一个较为满意的结果。这种方法没有普遍的规律可以遵循，设计所用的时间、设计的质量与编程者的经验有很大的关系，所以有人把这种设计方法称为经验设计法。它可以用于逻辑关系较简单的梯形图程序设计。

用经验设计法设计 PLC 程序时大致可以按下面几步来进行：分析控制要求、选择控制原则；设计主令元件和检测元件，确定输入输出设备；设计执行元件的控制程序；检查修改和完善程序。下面通过例子来介绍经验设计法。

（二）送料小车自动控制的梯形图程序设计

1. 被控对象对控制的要求

如图 3.59（a）所示，送料小车在限位开关 X4 处装料，20 s 后装料结束，开始右行，碰到 X3 后停下来卸料，25 s 后左行，碰到 X4 后又停下来装料，这样不停地循环工作，直到按下停止按钮 X2。按钮 X0 和 X1 分别用来启动小车右行和左行。

2. 程序设计思路

以众所周知的电动机正反转控制的梯形图为基础，设计出的小车控制梯形图如图 3.59（b）所示。为使小车自动停止，将 X3 和 X4 的常闭触点分别与 Y0 和 Y1 的线圈串联。为使小车自动启动，将控制装、卸料延时的定时器 T0 和 T1 的常开触点，分别与手动启动右行和左行的 X0、X1 的常开触点并联，并用两个限位开关对应的 X4 和 X3 的常开触点分别接通装料、卸料电磁阀和相应的定时器。

3. 程序分析

设小车在启动时是空车，按下左行启动按钮 X1，Y1 得电，小车开始左行，碰到左限位开关时，X4 的常闭触点断开，使 Y1 失电，小车停止左行。X4 的常开触点接通，使 Y2 和 T0 的线圈得电，开始装料和延时。20 s 后 T0 的常开触点闭合，使 Y0 得电，小车右行。小车离开左限位开关后，X4 变为“0”状态，Y2 和 T0 的线圈失电，停止装料，T0 被复位。对右行和卸料过程的分析与上面的基本相同。如果小车正在运行时按停止按钮 X2，小车将停止运动，系统停止工作。

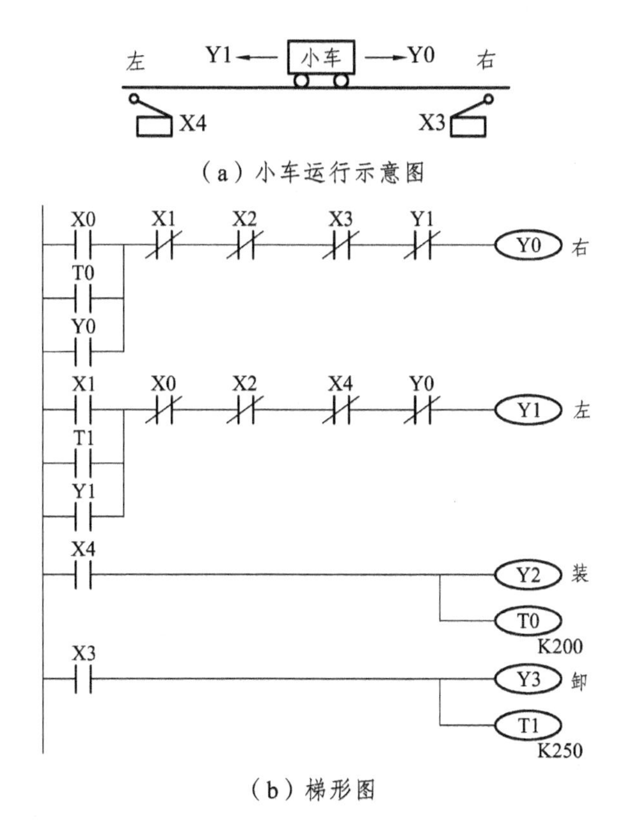

图 3.59　送料小车自动控制

（三）经验设计法的特点

经验设计法对于一些比较简单程序设计是比较奏效的，可以收到快速、简单的效果。但是，由于这种方法主要是依靠设计人员的经验进行设计，所以对设计人员的要求也就比较高，特别是要求设计者有一定的实践经验，对工业控制系统和工业上常用的各种典型环节比较熟悉。经验设计法没有规律可遵循，具有很大的试探性和随意性，往往需经多次反复修改和完善才能符合设计要求，所以设计的结果往往不很规范，因人而异。

经验设计法一般适合于设计一些简单的梯形图程序或复杂系统的某一局部程序（如手动程序等）。如果用来设计复杂系统梯形图，存在以下问题：

1. 考虑不周、设计麻烦、设计周期长

用经验设计法设计复杂系统的梯形图程序时，要用大量的中间元件来完成记忆、联锁、互锁等功能，由于需要考虑的因素很多，它们往往又交织在一起，分析起来非常困难，并且很容易遗漏一些问题。修改某一局部程序时，很可能会对系统其他部分程序产生意想不到的影响，往往花了很长时间，还得不到一个满意的结果。

2. 梯形图的可读性差、系统维护困难

用经验设计法设计的梯形图是按设计者的经验和习惯的思路进行设计。因此，即使是设计者的同行，要分析这种程序也非常困难，更不用说维修人员了，这给 PLC 系统的维护和改进带来许多困难。

任务六　技术文件形成与整理

PLC控制装置技术文件是安装、调试和使用的依据，要求技术文件正确、规范和完整，需要在安装之前形成和整理，以输送带PLC控制装置为例进行相关介绍。

一、主电路原理图

由于输送带采用 PLC 间接控制电动机，因此需要由主电路直接控制电动机。如果 PLC 直接控制负载，就不需要主电路。主电路原理图如图 3.1（a）所示。

二、元件明细表

控制装置安装和维护所需的元件清单如表 3.12 所示。

表 3.12　输送带 PLC 控制装置元件明细表

序号	代号	名　称	规格型号	数　量	作　用	备注
1	PLC	可编程序控制器	FX_{2N}-16MR-001	1	控制主电路	
2		编程器	FX-20P-E	1	程序输入与编辑	
3	KM	交流接触器	LC1-D1210M5N	1	主电路通、断	
4	FR	热继电器	LR2-D1314C	1	电动机过载保护	
5		连接座	LA7-D1064	1	接触器与热继电器的连接	
6	FU	熔断器	RL1-60/20	3	主电路短路保护	
7	QS	组合开关	HZ10-25/3	1	电源开关	
8	SB	控制按钮	PB16-SLR4P-UX-B	1	电动机启动	
9	SB	控制按钮	PB16-R2P-RN-A	1	电动机停车	
10	JX	端子排	TB-1012	1	主电路进出控制箱	
11		导线	BVR-1.5 mm^2		主电路进出接线	
12		导线	BVR-0.75 mm^2		PLC 的 I/O 接线	
13		导线	BLV-2.5 mm^2		主电路板内接线	
14		异型管	2.5 mm^2		导线线号	
15		线槽	PXC-2525		BVR 导线布线	
16		冷压端子	Ø2.5		BVR 导线线头处理	

三、电气布置图

控制装置的电气布置与安装如图 3.18 所示。

四、I/O 地址分配表和 I/O 接线示意图

PLC 的 I/O 接线如图 3.17 和表 3.10 所示。

五、程　序

程序是实现系统控制要求的核心，通常包括顺序功能图、梯形图和指令表，由于本任务采用经验编程法，因此程序只有梯形图和指令表。

1. 梯形图（见图 3.60）

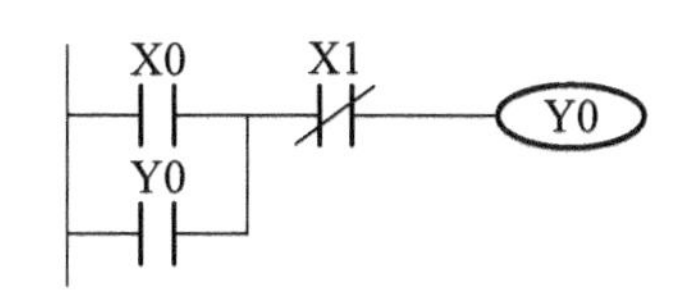

图 3.60　输送带 PLC 控制装置梯形图

2. 指令表（见表 3.13）

表 3.13　输送带 PLC 控制装置指令表

步序号	指令	数据
0	LD	X0
1	OR	Y0
2	ANI	X1
3	OUT	Y0
4	END	

六、使用说明书

它是 PLC 控制装置使用和维护的依据，内容包括概述、工作原理、主要技术参数、人机界面和操作描述、系统运行操作、系统与设备维护、使用注意事项和参数备份。这些内容由读者自己完成。

技能训练　两处卸料小车 PLC 控制装置的设计、安装与调试

两处卸料小车运行路线示意图如图 3.61 所示，小车在限位开关 X4 处装料，20 s 后装料结束，开始右行，在 X5 和 X3 两处轮流卸料，25 s 后左行，碰到 X4 后又停下来装料，这样不停地循环工作，直到按下停止按钮 X2。按钮 X0 和 X1 分别用来启动小车右行和左行。小车在一个工作循环中有两次右行都要碰

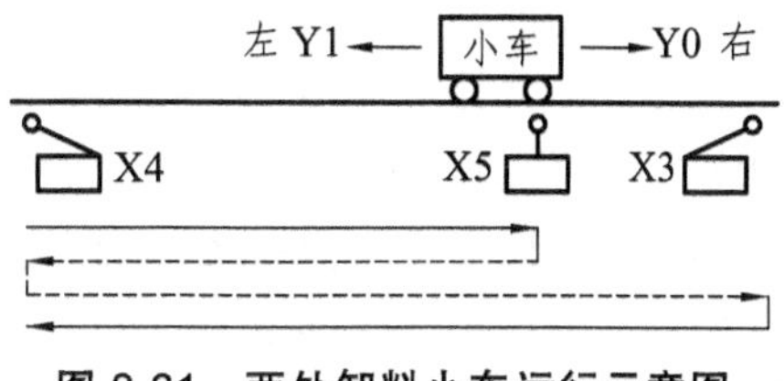

图 3.61　两处卸料小车运行示意图

到 X5，第一次碰到它时停下卸料，第二次碰到它时继续前进，因此应设置一个具有记忆功能的编程元件，区分是第一次还是第二次碰到 X5。小车由一台三相交流异步电动机驱动，电动机的技术数据为：Y112M-4，$P_{n} = 4$ kW，$U_{N} = 380$ V。

任务与要求：

（1）分析控制和保护要求；

（2）设计主电路；

（3）填写 I/O 地址分配表；

（4）分析 I/O 信号类型；

（5）绘制 I/O 接线示意图；

（6）填写元件明细表；

（7）编制程序；

（8）安装主电路并进行 I/O 接线；

（9）输入程序并编辑；

（10）试车与调试；

（11）编写使用说明书。

拓展学习　FX 系列 PLC 的功能指令

早期的 PLC 大多用于开关量控制，基本指令和步进指令已经能满足控制要求。为适应控制系统的其他控制要求（如模拟量控制等），从 20 世纪 80 年代开始，PLC 生产厂家就在小型 PLC 上增设了大量的功能指令，功能指令的出现大大拓宽了 PLC 的应用范围，也给用户编制程序带来了极大方便。FX 系列 PLC 有多达 100 多条功能指令，由于篇幅的限制，仅对比较常用的功能指令作详细介绍，其余的指令只作简介。

一、概　述

（一）功能指令的表示格式

功能指令表示格式与基本指令不同。功能指令用编号 FNC00 ~ FNC294 表示，并给出对应的助记符（大多用英文名称或缩写表示）。例如 FNC45 的助记符是 MEAN（平均），若使用简易编程器时键入 FNC45，若采用智能编程器或在计算机上编程时也可键入助记符 MEAN。

有的功能指令没有操作数，而大多数功能指令有 1 至 4 个操作数。如图 3.62 所示为一个计算平均值指令，它有三个操作数，[S]表示源操作数，[D]表示目标操作数，如果使用变址功能，则可表示为[S·]和[D·]。当源或目标不止一个时，用[S1·]、[S2·]、[D1·]、[D2·]表示。用 n 和 m 表示其他操作数，它们常用来表示常数 K 和 H，或作为源和目标操作数的补充说明，当这样的操作数多时可用 n1、n2 和 m1、m2 等来表示。

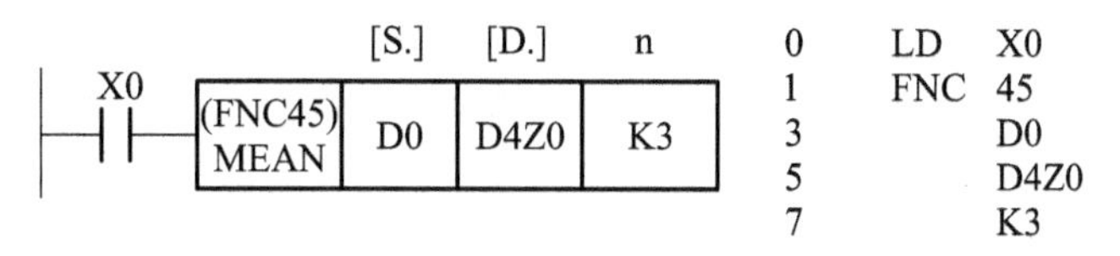

图 3.62　功能指令表示格式

图 3.62 中源操作数为 D0、D1、D2，目标操作数为 D4 Z0（Z0 为变址寄存器），K3 表示有 3 个数，当 X0 接通时，执行的操作为[（D0）+（D1）+（D2）]÷3→（D4 Z0），如果 Z0 的内容为 20，则运算结果送入 D24 中。

功能指令的指令段通常占 1 个程序步，16 位操作数占 2 步，32 位操作数占 4 步。

（二）功能指令的执行方式与数据长度

1. 连续执行与脉冲执行

功能指令有连续执行和脉冲执行两种类型。如图 3.63 所示，指令助记符 MOV 后面有“P”表示脉冲执行，即该指令仅在 X1 接通（由 OFF 到 ON）时执行（将 D10 中的数据送到 D12 中）一次；如果没有“P”则表示连续执行，即该在 X1 接通（ON）的每一个扫描周期指令都要被执行。

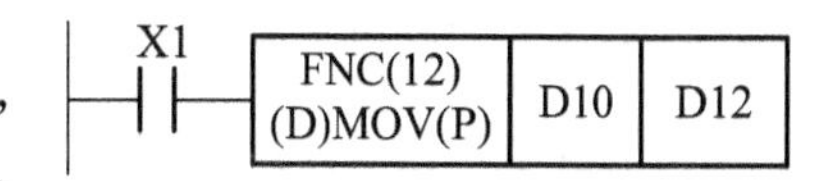

图 3.63　功能指令的执行方式与数据长度的表示

2. 数据长度

功能指令可处理 16 位数据或 32 位数据。处理 32 位数据的指令是在助记符前加“D”标志，无此标志即为处理 16 位数据的指令。注意 32 位计数器（C200 ~ C255）的一个软元件为 32 位，不可作为处理 16 位数据指令的操作数使用。如图 3.63 所示，若 MOV 指令前面带“D”，则当 X1 接通时，执行 D11D10→D13D12（32 位）。在使用 32 位数据时建议使用首编号为偶数的操作数，不容易出错。

（三）功能指令的数据格式

1. 位元件与字元件

X、Y、M、S 等处理 ON/OFF 信息的软元件称为位元件；而 T、C、D 等处理数值的软元件则称为字元件，一个字元件由 16 位二进制数组成。

位元件可以通过组合使用，4 个位元件为一个单元，通用表示方法是由 Kn 加起始的软元件号组成，n 为单元数。例如 K2 M0 表示 M0 ~ M7 组成两个位元件组（K2 表示 2 个单元），它是一个 8 位数据，M0 为最低位。如果将 16 位数据传送到不足 16 位的位元件组合（n<4）时，只传送低位数据，多出的高位数据不传送，32 位数据传送也一样。在作 16 位数操作时，参与操作的位元件不足 16 位时，高位的不足部分均作 0 处理，这意味着只能处理正数（符号位为 0），在作 32 位数处理时也一样。被组合的元件首位元件可以任意选择，但为避免混乱，建议采用编号以 0 结尾的元件，如 S10，X0，X20 等。

2. 数据格式

在 FX 系列 PLC 内部，数据是以二进制（BIN）补码的形式存储，所有的四则运算都使用二进制数。二进制补码的最高位为符号位，正数的符号位为 0，负数的符号位为 1。FX 系列 PLC 可实现二进制码与 BCD 码的相互转换。

为更精确地进行运算，可采用浮点数运算。在 FX 系列 PLC 中提供了二进制浮点运算和十进制浮点运算，设有将二进制浮点数与十进制浮点数相互转换的指令。二进制浮点数采用编号连续的一对数据寄存器表示，例 D11 和 D10 组成的 32 位寄存器中，D10 的 16 位加上 D11 的低 7 位共 23 位为浮点数的尾数，而 D11 中除最高位的前 8 位是阶位，最高位是尾数的符号位（0 为正，1 是负）。10 进制的浮点数也用一对数据寄存器表示，编号小数据寄存器为尾数段，编号大的为指数段，例如使用数据寄存器（D1，D0）时，表示数为

$$10\text{进制浮点数} = [\text{尾数 D0}] \times 10^{[\text{指数 D1}]}$$

式中，D0、D1 的最高位是正负符号位。

二、FX 系列 PLC 功能指令介绍

FX_{2N} 系列 PLC 有丰富的功能指令，共有程序流向控制、传送与比较、算术与逻辑运算、循环与移位等 19 类功能指令。

（一）程序流向控制类指令（FNC00 ~ FN09）

1. 条件跳转指令

条件跳转指令 CJ（P）的编号为 FNC00，操作数为指针标号 P0 ~ P127，其中 P63 为 END 所在步序，不需标记。指针标号允许用变址寄存器修改。CJ 和 CJP 都占 3 个程序步，指针标号占 1 步。

如图 3.64 所示，当 X20 接通时，则由 CJ P9 指令跳到标号为 P9 的指令处开始执行，跳过了程序的一部分，减少了扫描周期。如果 X20 断开，跳转不会执行，则程序按原顺序执行。

使用跳转指令时应注意：

（1）CJP 指令表示为脉冲执行方式。

（2）在一个程序中一个标号只能出现一次，否则将出错。

（3）在跳转执行期间，即使被跳过程序的驱动条件改变，但其线圈（或结果）仍保持跳转前的状态，因为跳转期间根本没有执行这段程序。

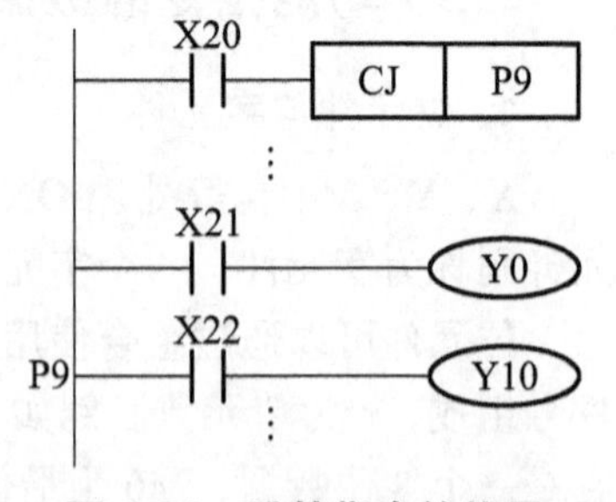

图 3.64 跳转指令的使用

（4）如果在跳转开始时定时器和计数器已在工作，则在跳转执行期间它们将停止工作，到跳转条件不满足后又继续工作。但对于正在工作的定时器 T192 ~ T199 和高速计数器 C235 ~ C255 不管有无跳转仍连续工作。

（5）若积算定时器和计数器的复位（RST）指令在跳转区外，即使它们的线圈被跳转，但对它们的复位仍然有效。

2. 子程序调用与子程序返回指令

子程序调用指令 CALL 的编号为 FNC01。操作数为 P0～P127，此指令占用 3 个程序步。

子程序返回指令 SRET 的编号为 FNC02。无操作数，占用 1 个程序步。

如图 3.65 所示，如果 X0 接通，则转到标号 P10 处去执行子程序。当执行 SRET 指令时，返回到 CALL 指令的下一步执行。

使用子程序调用与返回指令时应注意：

（1）转移标号不能重复，也不可与跳转指令的标号重复。

（2）子程序可以嵌套调用，最多可 5 级嵌套。

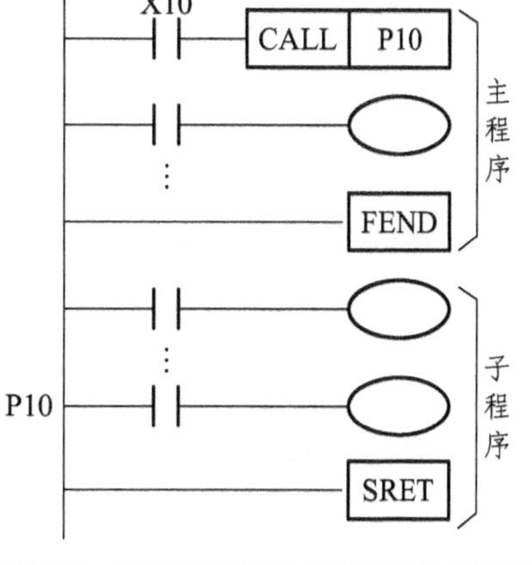

图 3.65　子程序调用与返回指令的使用

3. 与中断有关的指令

与中断有关的三条功能指令是：中断返回指令 IRET，编号为 FNCO3；中断允许指令 EI，编号为 FNCO4；中断禁止 DI，编号为 FNC05。它们均无操作数，占用 1 个程序步。

PLC 通常处于禁止中断状态，由 EI 和 DI 指令组成允许中断范围。在执行到该区间，如有中断源产生中断，CPU 将暂停主程序执行转而执行中断服务程序。当遇到 IRET 时返回断点继续执行主程序。如图 3.66 所示，允许中断范围中若中断源 X0 有一个下降沿，则转入 I000 为标号的中断服务程序，但 X0 可否引起中断还受 M8050 控制，当 X20 有效时则 M8050 控制 X0 无法中断。

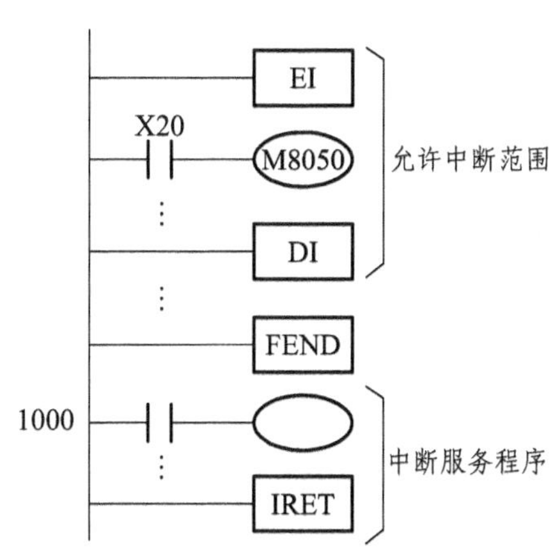

图 3.66　中断指令的使用

使用中断相关指令时应注意：

（1）中断的优先级排队如下，如果多个中断依次发生，则以发生先后为序，即发生越早级别越高，如果多个中断源同时发出信号，则中断指针号越小优先级越高。

（2）当 M8050～M8058 为 ON 时，禁止执行相应 I0□□～I8□□的中断，M8059 为 ON 时则禁止所有计数器中断。

（3）无需中断禁止时，可只用 EI 指令，不必用 DI 指令。

（4）执行一个中断服务程序时，如果在中断服务程序中有 EI 和 DI，可实现二级中断嵌套，否则禁止其他中断。

4. 主程序结束指令

主程序结束指令 FEND 的编号为 FNC06，无操作数，占用 1 个程序步。FEND 表示主程序结束，当执行到 FEND 时，PLC 进行输入/输出处理，监视定时器刷新，完成后返回起始步。

使用 FEND 指令时应注意：

（1）子程序和中断服务程序应放在 FEND 之后。

（2）子程序和中断服务程序必须写在 FEND 和 END 之间，否则出错。

5. 监视定时器指令

监视定时器指令 WDT（P）编号为 FNC07，没有操作数，占有 1 个程序步。WDT 指令的功能是对 PLC 的监视定时器进行刷新。

FX 系列 PLC 的监视定时器缺省值为 200 ms（可用 D8000 来设定），正常情况下 PLC 扫描周期小于此定时时间。如果由于有外界干扰或程序本身的原因使扫描周期大于监视定时器的设定值，使 PLC 的 CPU 出错灯亮并停止工作，可通过在适当位置加 WDT 指令复位监视定时器，以使程序能继续执行到 END。

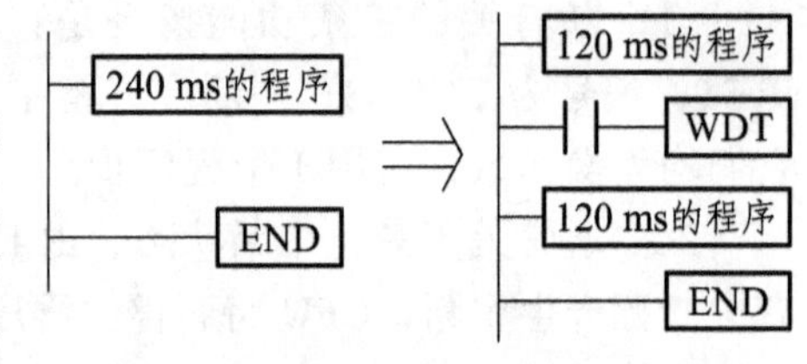

图 3.67 监控定时器指令的使用

如图 3.67 所示，利用一个 WDT 指令将一个 240 ms 的程序一分为二，使它们都小于 200 ms，则不再会出现报警停机。

使用 WDT 指令时应注意：

（1）如果在后续的 FOR—NEXT 循环中，执行时间可能超过监控定时器的定时时间，可将 WDT 插入循环程序中。

（2）当与条件跳转指令 CJ 对应的指针标号在 CJ 指令之前时（即程序往回跳）就有可能连续反复跳步使它们之间的程序反复执行，使执行时间超过监控时间，可在 CJ 指令与对应标号之间插入 WDT 指令。

6. 循环指令

循环指令共有两条：循环区起点指令 FOR，编号为 FNC08，占 3 个程序步；循环结束指令 NEXT，编号为 FNC09，占用 1 个程序步，无操作数。

在程序运行时，位于 FOR ~ NEXT 间的程序反复执行 n 次（由操作数决定）后再继续执行后续程序。循环的次数 $n = 1 \sim 32767$。如果 $n = -32767 \sim 0$ 之间，则当作 $n = 1$ 处理。

如图 3.68 所示为一个二重嵌套循环，外层执行 5 次。如果 D0 Z 中的数为 6，则外层 A 每执行一次则内层 B 将执行 6 次。

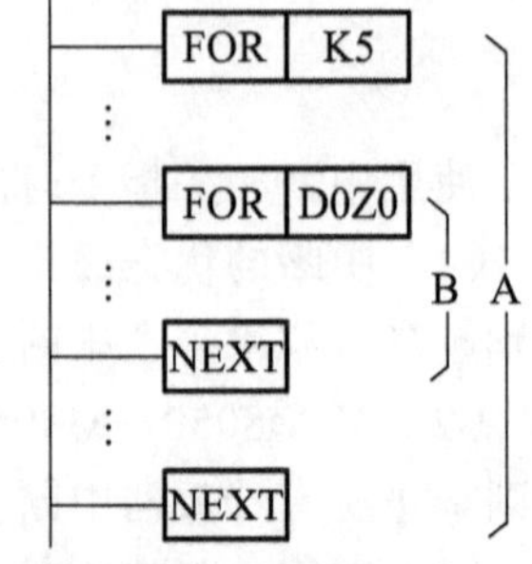

图 3.68 循环指令的使用

使用循环指令时应注意：

（1）FOR 和 NEXT 必须成对使用。

（2）FX_{2N} 系列 PLC 可循环嵌套 5 层。

（3）在循环中可利用 CJ 指令在循环没结束时跳出循环体。

（4）FOR 应放在 NEXT 之前，NEXT 应在 FEND 和 END 之前，否则均会出错。

（二）传送与比较类指令（FNC10～FNC19）

1. 比较指令

比较指令包括 CMP（比较）和 ZCP（区间比较）二条。

1）比较指令 CMP

（D）CMP（P）指令的编号为 FNC10，是将源操作数[S1.]和源操作数[S2.]的数据进行比较，比较结果用目标元件[D.]的状态来表示。如图 3.69 所示，当 X1 为接通时，把常数 100 与 C20 的当前值进行比较，比较的结果送入 M0～M2 中。X1 为 OFF 时不执行，M0～M2 的状态也保持不变。

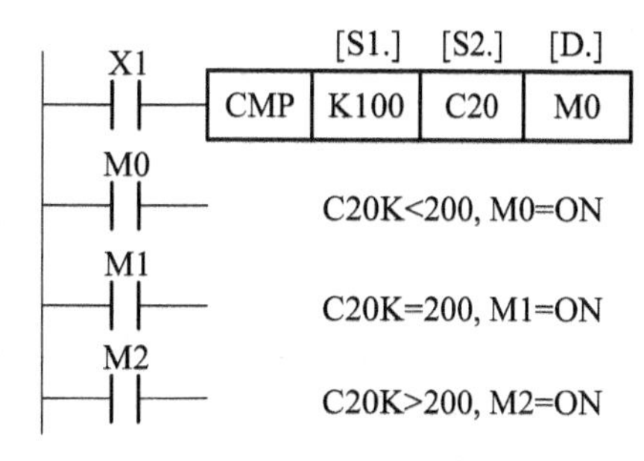

图 3.69　比较指令的使用

2）区间比较指令 ZCP

（D）ZCP（P）指令的编号为 FNC11，指令执行时源操作数[S.]与[S1.]和[S2.]的内容进行比较，并比较结果送到目标操作数[D.]中。如图 3.70 所示，当 X0 为 ON 时，把 C30 当前值与 K100 和 K120 相比较，将结果送 M3、M4、M5 中。X0 为 OFF，则 ZCP 不执行，M3、M4、M5 不变。

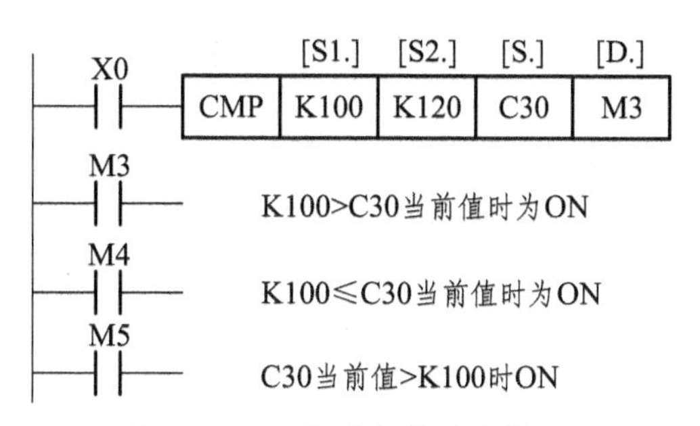

图 3.70　区间比较指令的使用

使用比较指令 CMP/ZCP 时应注意：

（1）[S1.]、[S2.]可取任意数据格式，目标操作数[D.]可取 Y、M 和 S。

（2）使用 ZCP 时，[S2.]的数值不能小于[S1.]。

（3）所有的源数据都被看成二进制值处理。

2. 传送类指令

1）传送指令 MOV

（D）MOV（P）指令的编号为 FNC12，该指令的功能是将源数据传送到指定的目标。如图 3.71 所示，当 X0 为 ON 时，则将[S.]中的数据 K100 传送到目标操作元件[D.]即 D10 中。在指令执行时，常数 K100 会自动转换成二进制数。当 X0 为 OFF 时，则指令不执行，数据保持不变。

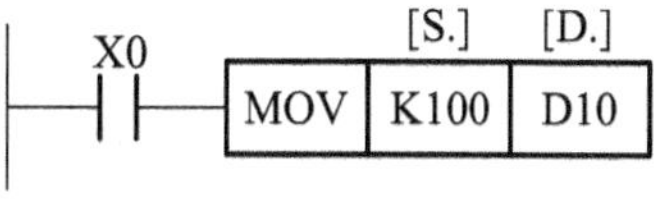

[S.]　[D.]
X0　MOV　K100　D10

图 3.71　传送指令的使用

使用应用 MOV 指令时应注意：

（1）源操作数可取所有数据类型，标操作数可以是 KnY、KnM、KnS、T、C、D、V、Z。

（2）16 位运算时占 5 个程序步，32 位运算时则占 9 个程序步。

2）移位传送指令 SMOV

SMOV（P）指令的编号为 FNC13。该指令的功能是将源数据（二进制）自动转换成 4 位 BCD 码，再进行移位传送，传送后的目标操作数元件的 BCD 码自动转换成二进制数。如图 3.72 所示，当 X1 为 ON 时，将 D1 中右起第 4 位（m1 = 4）开始的 2 位（m2 = 2）BCD 码移到目标操作数 D2 的右起第 3 位（n = 3）和第 2 位。然后 D2 中的 BCD 码会自动转换为二进制数，而 D2 中的第 1 位和第 4 位 BCD 码不变。

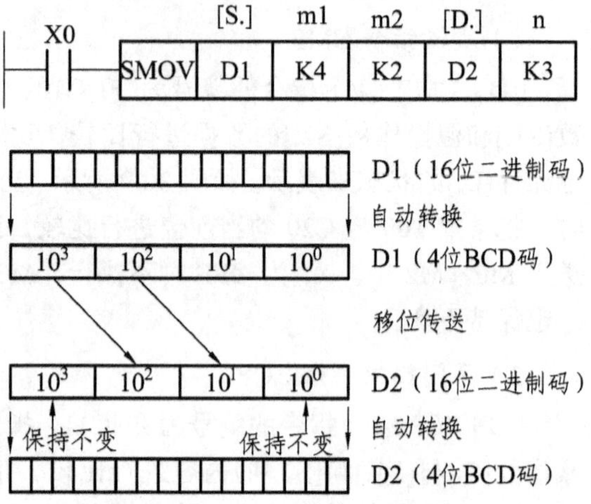

使用移位传送指令时应该注意：

（1）源操作数可取所有数据类型，目标操作数可为 KnY、KnM、KnS、T、C、D、V、Z。

（2）SMOV 指令只有 16 位运算，占 11 个程序步。

图 3.72　移位传送指令的使用

3）取反传送指令 CML

（D）CML（P）指令的编号为 FNC14。它是将源操作数元件的数据逐位取反并传送到指定目标。如图 3.73 所示，当 X0 为 ON 时，执行 CML，将 D0 的低 4 位取反向后传送到 Y3 ~ Y0 中。

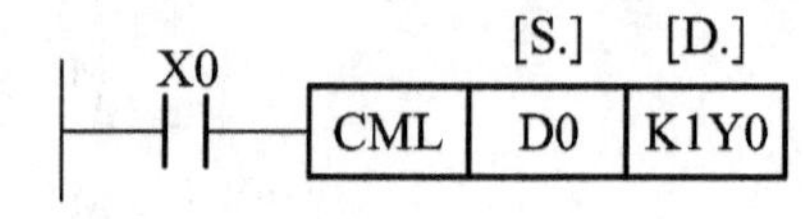

图 3.73　取反传送指令的使用

使用取反传送指令 CML 时应注意：

（1）源操作数可取所有数据类型，目标操作数可为 KnY、KnM、KnS、T、C、D、V、Z.，若源数据为常数 K，则该数据会自动转换为二进制数。

（2）16 位运算占 5 个程序步，32 位运算占 9 个程序步。

4）块传送指令 BMOV

BMOV（P）指令的 ALCE 编号为 FNC15，是将源操作数指定元件开始的 n 个数据组成数据块传送到指定的目标。如图 3.74 所示，传送顺序既可从高元件号开始，也可从低元件号开始，传送顺序自动决定。若用到需要指定位数的位元件，则源操作数和目标操作数的指定位数应相同。

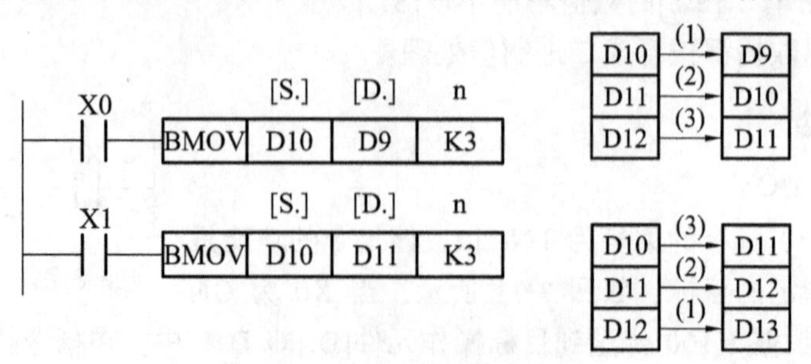

图 3.74　块传送指令的使用

使用块传送指令时应注意：

（1）源操作数可取 KnX、KnY、KnM、KnS、T、C、D 和文件寄存器，目标操作数可取 KnT、KnM、KnS、T、C 和 D。

（2）只有 16 位操作，占 7 个程序步。

（3）如果元件号超出允许范围，数据则仅传送到允许范围的元件。

5）多点传送指令 FMOV

（D）FMOV（P）指令的编号为 FNC16。它的功能是将源操作数中的数据传送到指定目标开始的 *n* 个元件中，传送后 *n* 个元件中的数据完全相同。如图 3.75 所示，当 X0 为 ON 时，把 K0 传送到 D0～D9 中。

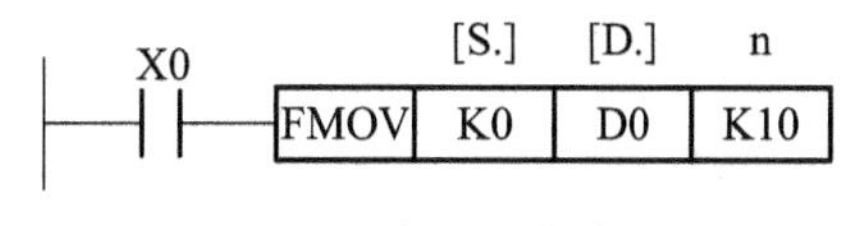

图 3.75 多点传送指令应用

使用多点传送指令 FMOV 时应注意：

（1）源操作数可取所有的数据类型，目标操作数可取 KnX、KnM、KnS、T、C、和 D，n 小于等于 512。

（2）16 位操作占 7 的程序步，32 位操作则占 13 个程序步。

（3）如果元件号超出允许范围，数据仅送到允许范围的元件中。

3. 数据交换指令

数据交换指令（D）XCH（P）的编号为 FNC17，它是将数据在指定的目标元件之间交换。如图 3.76 所示，当 X0 为 ON 时，将 D1 和 D19 中的数据相互交换。

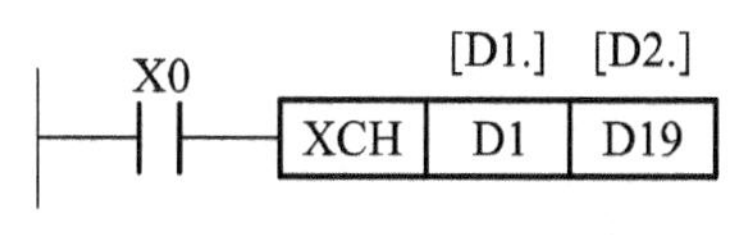

图 3.76 数据交换指令的使用

使用数据交换指令应该注意：

（1）操作数的元件可取 KnY、KnM、KnS、T、C、D、V 和 Z.。

（2）交换指令一般采用脉冲执行方式，否则在每一次扫描周期都要交换一次。

（3）16 位运算时占 5 个程序步，32 位运算时占 9 个程序步。

4. 数据变换指令

（1）BCD 变换指令 BCD（D）BCD（P）指令的 ALCE 编号为 FNC18。它是将源元件中的二进制数转换成 BCD 码送到目标元件中，如图 3.77 所示。

如果指令进行 16 位操作时，执行结果超出 0～9999 范围将会出错；当指令进行 32 位操作时，执行结果超过 0～99999999 范围也将出错。PLC 中内部的运算为二进制运算，可用 BCD 指令将二进制数变换为 BCD 码输出到七段显示器。

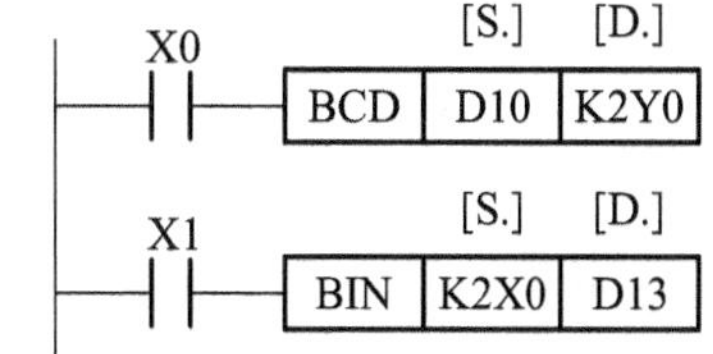

图 3.77 数据变换指令的使用

（2）BIN 变换指令 BIN（D）BIN（P）指令的编号为 FNC19。它是将源元件中的 BCD 数据转换成二进制数据送到目标元件中，如图 3.77 所示。常数 K 不能作为本指令的操作元件，因为在任何处理之前它们都会被转换成二进制数。

使用 BCD/BIN 指令时应注意：

（1）源操作数可取 KnK、KnY、KnM、KnS、T、C、D、V 和 Z，目标操作数可取 KnY、KnM、KnS、T、C、D、V 和 Z。

（2）16 位运算占 5 个程序步，32 位运算占 9 个程序步。

（三）算术和逻辑运算类指令（FNC20～FNC29）

1. 算术运算指令

1）加法指令 ADD

（D）ADD（P）指令的编号为 FNC20。它是将指定的源元件中的二进制数相加结果送到指定的目标元件中去。如图 3.78 所示，当 X0 为 ON 时，执行（D10）+（D12）→（D14）。

2）减法指令 SUB

（D）SUB（P）指令的编号为 FNC21。它是将[S1.]指定元件中的内容以二进制形式减去[S2.]指定元件的内容，其结果存入由[D.]指定的元件中。如图 3.79 所示，当 X0 为 ON 时，执行（D10）→（D12）→（D14）。

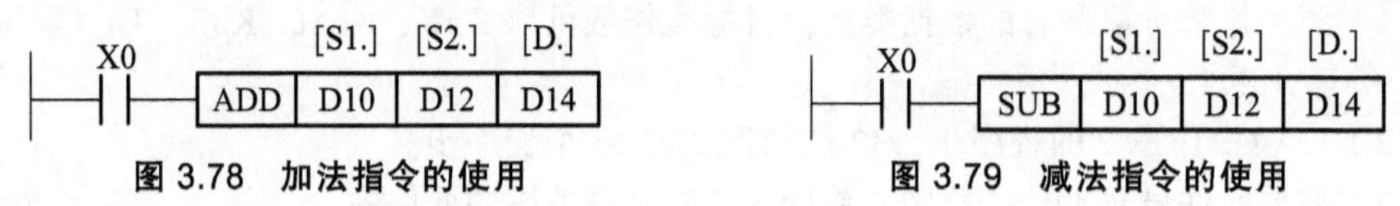

图 3.78　加法指令的使用　　图 3.79　减法指令的使用

使用加法和减法指令时应该注意：

（1）操作数可取所有数据类型，目标操作数可取 KnY、KnM、KnS、T、C、D、V 和 Z.。

（2）16 位运算占 7 个程序步，32 位运算占 13 个程序步。

（3）数据为有符号二进制数，最高位为符号位（0 为正，1 为负）。

（4）加法指令有三个标志：零标志（M8020）、借位标志（M8021）和进位标志（M8022）。当运算结果超过 32767（16 位运算）或 2147483647（32 位运算）则进位标志置 1；当运算结果小于－32767（16 位运算）或－2147483647（32 位运算），借位标志就会置 1。

3）乘法指令 MUL

（D）MUL（P）指令的编号为 FNC22。数据均为有符号数。如图 3.80 所示，当 X0 为 ON 时，将二进制 16 位数[S1.]、[S2.]相乘，结果送[D.]中。D 为 32 位，即（D0）×（D2）→（D5，D4）（16 位乘法）；当 X1 为 ON 时，（D1，D0）×（D3，D2）→（D7，D6，D5，D4）（32 位乘法）。

4）除法指令 DIV

（D）DIV（P）指令的编号为为 FNC23。其功能是将[S1.]指定为被除数，[S2.]指定为除数，将除得的结果送到[D.]指定的目标元件中，余数送到[D.]的下一个元件中。如图 3.81 所示，当 X0 为 ON 时（D0）÷（D2）→（D4）商，（D5）余数（16 位除法）；当 X1 为 ON 时（D1，D0）÷（D3，D2）→（D5，D4）商，（D7，D6）余数（32 位除法）。

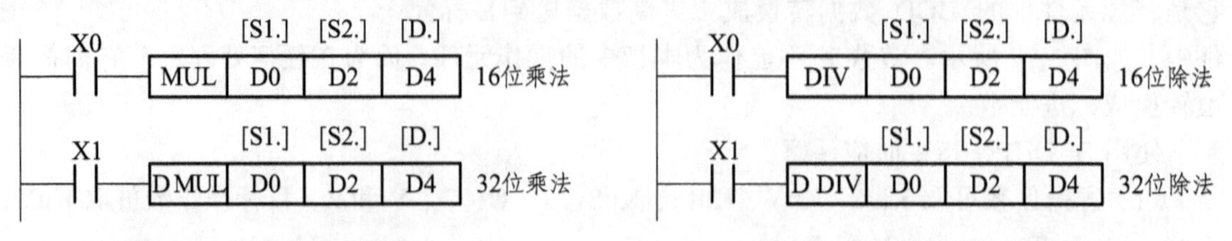

图 3.80　乘法指令的使用　　图 3.81　除法指令的使用

使用乘法和除法指令时应注意：

（1）源操作数可取所有数据类型，目标操作数可取 KnY、KnM、KnS、T、C、D、V 和 Z.，要注意 Z 只有 16 位乘法时能用，32 位不可用。

（2）16 位运算占 7 程序步，32 位运算为 13 程序步。

（3）32 位乘法运算中，如用位元件作目标，则只能得到乘积的低 32 位，高 32 位将丢失，这种情况下应先将数据移入字元件再运算；除法运算中将位元件指定为[D.]，则无法得到余数，除数为 0 时发生运算错误。

（4）积、商和余数的最高位为符号位。

5）加 1 和减 1 指令

加 1 指令（D）INC（P）的编号为 FNC24；减 1 指令（D）DEC（P）的编号为 FNC25。INC 和 DEC 指令分别是当条件满足则将指定元件的内容加 1 或减 1。如图 3.82 所示，当 X0 为 ON 时，（D10）+1→（D10）；当 X1 为 ON 时，（D11）+1→（D11）。若指令是连续指令，则每个扫描周期均作一次加 1 或减 1 运算。

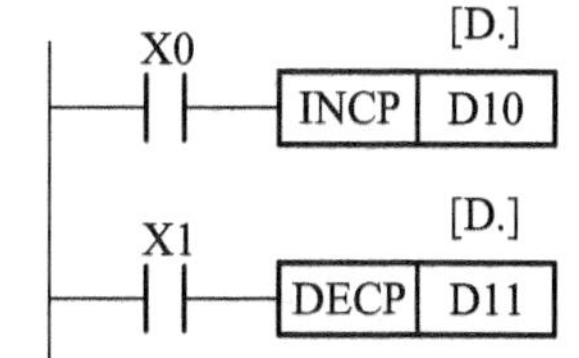

图 3.82　加 1 和减 1 指令的使用

使用加 1 和减 1 指令时应注意：

（1）指令的操作数可为 KnY、KnM、KnS、T、C、D、V、Z。

（2）当进行 16 位操作时为 3 个程序步，32 位操作时为 5 个程序步。

（3）在 INC 运算时，如数据为 16 位，则由 +32767 再加 1 变为 −32768，但标志不置位；同样，32 位运算由 +2147483647 再加 1 就变为 −2147483648 时，标志也不置位。

（4）在 DEC 运算时，16 位运算 −32768 减 1 变为 +32767，且标志不置位；32 位运算由 −2147483648 减 1 变为 +2147483647，标志也不置位。

2. 逻辑辑运算类指令

1）逻辑与指令 WAND

（D）WAND（P）指令的编号为 FNC26。是将两个源操作数按位进行与操作，结果送指定元件。

2）逻辑或指令 WOR

（D）WOR（P）指令的编号为 FNC27。它是对二个源操作数按位进行或运算，结果送指定元件。如图 3.83 所示，当 X1 有效时，（D10）∨（D12）→（D14）

3）逻辑异或指令 WXOR

（D）WXOR（P）指令的编号为 FNC28。它是对源操作数位进行逻辑异或运算。

4）求补指令 NEG

（D）NEG（P）指令的编号为 FNC29。其功能是将[D.]指定的元件内容的各位先取反再加 1，将其结果再存入原来的元件中。

WAND、WOR、WXOR 和 NEG 指令的使用如图 3.83 所示。

使用逻辑运算指令时应该注意：

（1）WAND、WOR 和 WXOR 指令的[S1.]和[S2.]均可取所有的数据类型，而目标操作数可取 KnY、KnM、KnS、T、C、D、V 和 Z。

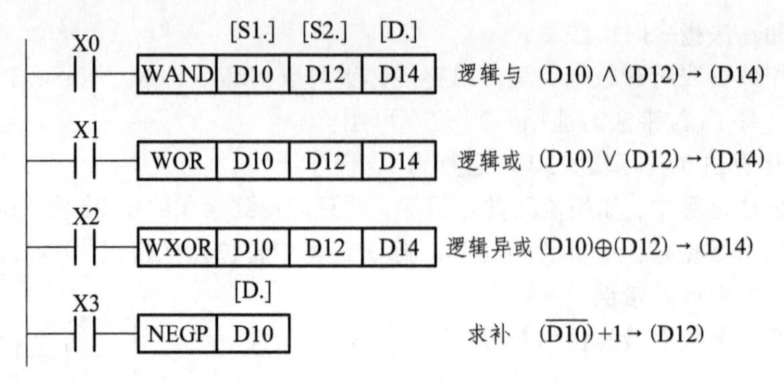

图 3.83　逻辑运算指令的使用

（2）NEG 指令只有日标操作数，其可取 KnY、KnM、KnS、T、C、D、V 和 Z。

（3）WAND、WOR、WXOR 指令 16 位运算占 7 个程序步，32 位为 13 个程序步，而 NEG 分别占 3 步和 5 步。

（四）循环与移位类指令（FNC30～FNC39）

1. 循环移位指令

右、左循环移位指令（D）ROR（P）和（D）ROL（P）编号分别为 FNC30 和 FNC31。执行这两条指令时，各位数据向右（或向左）循环移动 *n* 位，最后一次移出来的那一位同时存入进位标志 M8022 中，如图 3.84 所示。

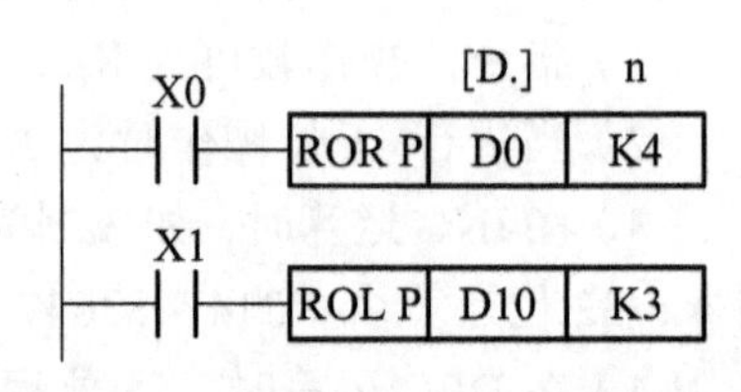

图 3.84　右、左循环移位指令的使用

2. 带进位的循环移位指令

带进位的循环右、左移位指令（D）RCR（P）和（D）RCL（P）编号分别为 FNC32 和 FNC33。执行这两条指令时，各位数据连同进位（M8022）向右（或向左）循环移动 *n* 位，如图 3.85 所示。

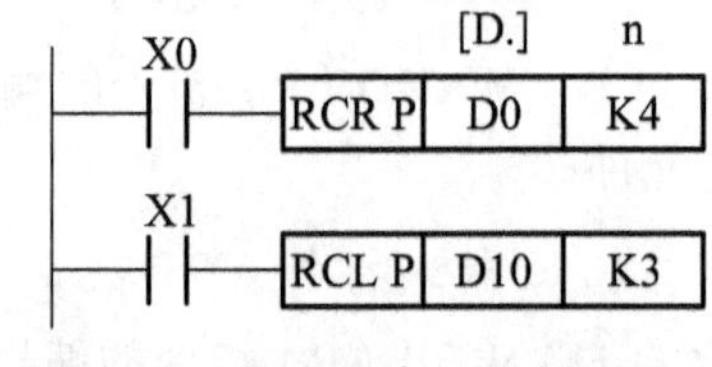

图 3.85　带进位右、左循环移位指令的使用

使用 ROR/ROL/RCR/RCL 指令时应该注意：

（1）目标操作数可取 KnY、KnM、KnS、T、C、D、V 和 Z，目标元件中指定位元件的组合只有在 K4（16 位）和 K8（32 位指令）时有效。

（2）16 位指令占 5 个程序步，32 位指令占 9 个程序步。

（3）用连续指令执行时，循环移位操作每个周期执行一次。

3. 位右移和位左移指令

位右、左移指令 SFTR（P）和 SFTL（P）的编号分别为 FNC34 和 FNC35。它们使位元件中的状态成组地向右（或向左）移动。n1 指定位元件的长度，n2 指定移位位数，n1 和 n2 的关系及范围因机型不同而有差异，一般为 n2≤n1≤1024。位右移指令使用如图 3.86 所示。

使用位右移和位左移指令时应注意：

（1）源操作数可取 X、Y、M、S，目标操作数可取 Y、M、S。

（2）只有 16 位操作，占 9 个程序步。

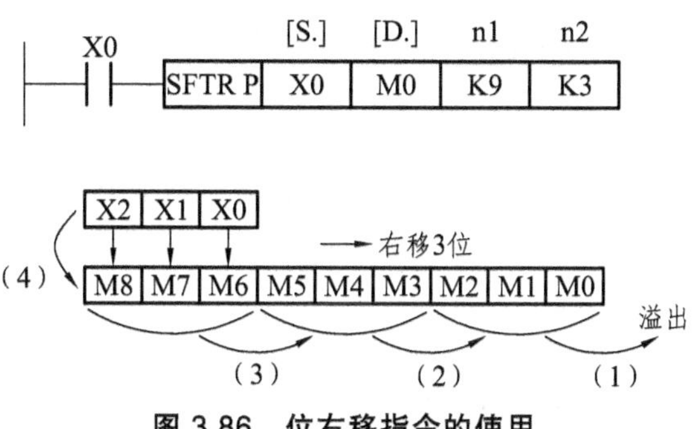

图 3.86 位右移指令的使用

4. 字右移和字左移指令

字右移和字左移指令 WSFR（P）和 WSFL（P）指令编号分别为 FNC36 和 FNC37。字右移和字左移指令以字为单位，其工作的过程与位移位相似，是将 n1 个字右移或左移 n2 个字。

使用字右移和字左移指令时应注意：

（1）源操作数可取 KnX、KnY、KnM、KnS、T、C 和 D，目标操作数可取 KnY、KnM、KnS、T、C 和 D。

（2）字移位指令只有 16 位操作，占用 9 个程序步。

（3）n1 和 n2 的关系为 n2≤n1≤512。

5. 先入先出写入和读出指令

先入先出写入指令和先入先出写入读出指令 SFWR(P)和 SFRD(P)的编号分别为 FNC38 和 FNC39。

先入先出写入指令 SFWR 的使用如图 3.87 所示，当 X0 由 OFF 变为 ON 时，SFWR 执行，D0 中的数据写入 D2，而 D1 变成指针，其值为 1（D1 必须先清 0）；当 X0 再次由 OFF 变为 ON 时，D0 中的数据写入 D3，D1 变为 2，依次类推，D0 中的数据依次写入数据寄存器。D0 中的数据从右边的 D2 顺序存入，源数据写入的次数放在 D1 中，当 D1 中的数达到 n－1 后不再执行上述操作，同时进位标志 M8022 置 1。

先入先出读出指令 SFRD 的使用如图 3.88 所示，当 X0 由 OFF 变为 ON 时，D2 中的数据送到 D10，同时指针 D1 的值减 1，D3～D6 的数据向右移一个字，数据总是从 D2 读出，指针 D1 为 0 时，不再执行上述操作且 M8020 置 1。

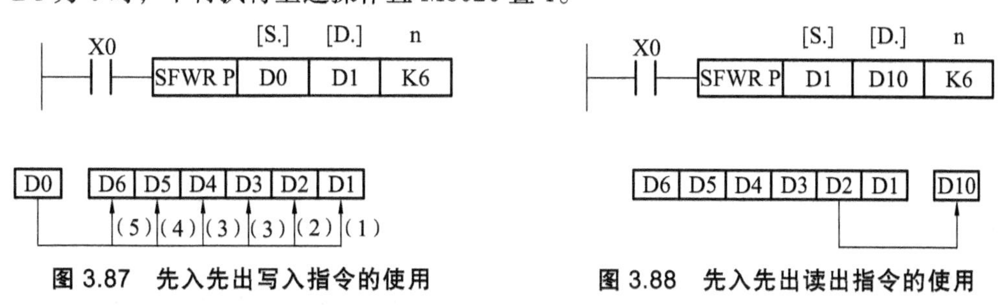

图 3.87 先入先出写入指令的使用　　图 3.88 先入先出读出指令的使用

使用 SFWR 和 SFRD 指令时应注意：

（1）目标操作数可取 KnY、KnM、KnS、T、C 和 D，源操数可取所有的数据类型。

（2）指令只有 16 位运算，占 7 个程序步。

（五）数据处理指令（FNC40 ~ FNC49）

1. 区间复位指令

区间复位指令 ZRST（P）的编号为 FNC40。它是将指定范围内的同类元件成批复位。如图 3.89 所示，当 M8002 由 OFF→ON 时，位元件 M500 ~ M599 成批复位，字元件 C235 ~ C255 也成批复位。

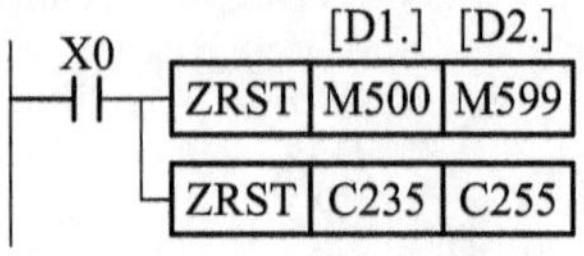

使用区间复位指令时应注意：

（1）[D1.]和[D2.]可取 Y、M、S、T、C、D，且应为同类元件，同时[D1]的元件号应小于[D2]指定的元件号，若[D1]的元件号大于[D2]元件号，则只有[D1]指定元件被复位。

X0 —— ZRST M500 M599 / ZRST C235 C255 （[D1.] [D2.]）

图 3.89　区间复位指令的使用

（2）ZRST 指令只有 16 位处理，占 5 个程序步，但[D1.][D2.]也可以指定 32 位计数器。

2. 译码和编码指令

1）译码指令 DECO

DECO（P）指令的编号为 FNC41。如图 3.90 所示，n = 3 则表示[S.]源操作数为 3 位，即为 X0、X1、X2。其状态为二进制数，当值为 011 时相当于十进制 3，则由目标操作数 M7 ~ M0 组成的 8 位二进制数的第三位 M3 被置 1，其余各位为 0。如果为 000 则 M0 被置 1。用译码指令可通过[D.]中的数值来控制元件的 ON/OFF。

使用译码指令时应注意：

（1）位源操作数可取 X、T、M 和 S，位目标操作数可取 Y、M 和 S，字源操作数可取 K、H、T、C、D、V 和 Z，字目标操作数可取 T、C 和 D。

（2）若[D.]指定的目标元件是字元件 T、C、D，则 n≤4；若是位元件 Y、M、S，则 n = 1 ~ 8。译码指令为 16 位指令，占 7 个程序步。

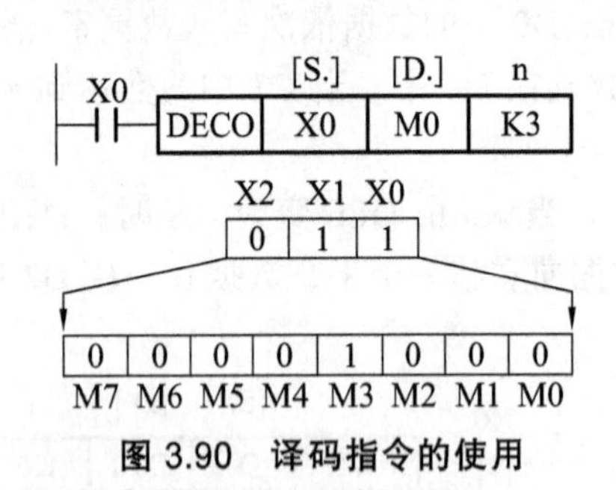

图 3.90　译码指令的使用

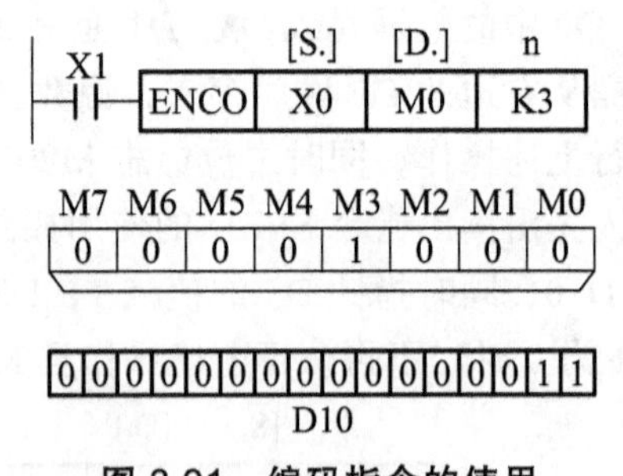

图 3.91　编码指令的使用

2）编码指令 ENCO

ENCO（P）指令的编号为 FNC42。如图 3.91 所示，当 X1 有效时执行编码指令，将[S.]中最高位的 1（M3）所在位数（4）放入目标元件 D10 中，即把 011 放入 D10 的低 3 位。

使用编码指令时应注意：

（1）源操作数是字元件时，可以是 T、C、D、V 和 Z；源操作数是位元件，可以是 X、Y、M 和 S。目标元件可取 T、C、D、V 和 Z。编码指令为 16 位指令，占 7 个程序步。

（2）操作数为字元件时应使用 n≤4，为位元件时则 n = 1 ~ 8，n = 0 时不作处理。

（3）若指定源操作数中有多个 1，则只有最高位的 1 有效。

3. ON 位数统计和 ON 位判别指令

1）ON 位数统计指令 SUM（D）

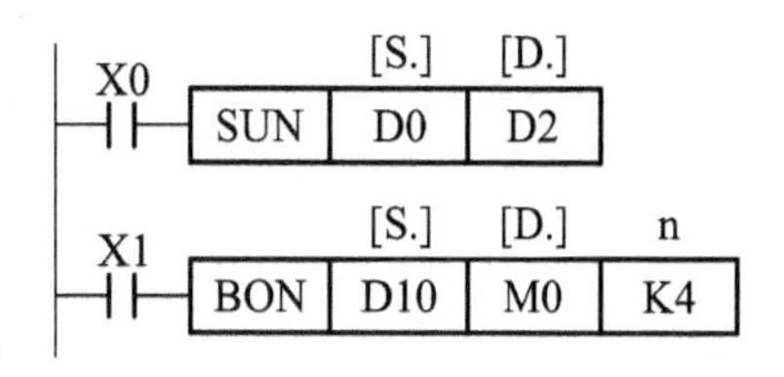

图 3.92　ON 位数统计和 ON 位判别指令的使用

SUM（P）指令的编号为 FNC43。该指令是用来统计指定元件中 1 的个数。如图 3.92 所示，当 X0 有效时执行 SUM 指令，将源操作数 D0 中 1 的个数送入目标操作数[D2 中，若 D0 中没有 1，则零标志 M8020 将置 1。

使用 SUM 指令时应注意：

（1）源操作数可取所有数据类型，目标操作数可取 KnY、KnM、KnS、T、C、D、V 和 Z。

（2）16 位运算时占 5 个程序步，32 位运算则占 9 个程序步。

2）ON 位判别指令 BON

（D）BON（P）指令的编号为 FNC44。它的功能是检测指定元件中的指定位是否为 1。如图 3.92 所示，当 X1 为有效时，执行 BON 指令，由 K4 决定检测的是源操作数 D10 的第 4 位，当检测结果为 1 时，则目标操作数 M0 = 1，否则 M0 = 0。

使用 BON 指令时应注意：

（1）源操作数可取所有数据类型，目标操作数可取 Y、M 和 S。

（2）进行 16 位运算，占 7 程序步，n = 0 ~ 15；32 位运算时则占 13 个程序步，n = 0 ~ 31。

4. 平均值指令

平均值指令（D）MEAN（P）的编号为 FNC45。其作用是将 n 个源数据的平均值送到指定目标（余数省略），若程序中指定的 n 值超出 1 ~ 64 的范围将会出错。

5. 报警器置位与复位指令

报警器置位指令 ANS（P）和报警器复位指令 ANR（P）的编号分别为 FNC46 和 FNC47。如图 3.93 所示，若 X0 和 X1 同时为 ON 时超过 1S，则 S900 置 1；当 X0 或 X1 变为 OFF，虽定时器复位，但 S900 仍保持 1 不变；若在 1S 内 X0 或 X1 再次变为 OFF 则定时器复位。当 X2 接通时，则将 S900 ~ S999 之间被置 1 的报警器复位。若有多于 1 个的报警器被置 1，则元件号最低的那个报警器被复位。

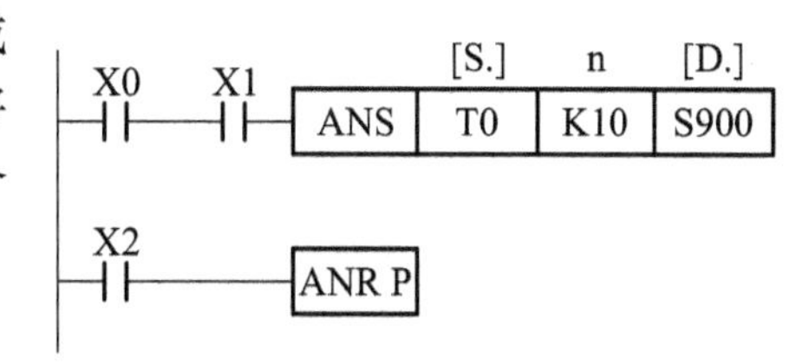

图 3.93　报警器置位与复位指令的使用

使用报警器置位与复位指令时应注意：

（1）ANS 指令的源操作数为 T0 ~ T199，目标操作数为 S900 ~ S999，n = 1 ~ 32767；ANR 指令无操作数。

（2）ANS 为 16 位运算指令，占 7 的程序步；ANR 指令为 16 位运算指令，占 1 个程序步。

（3）ANR 指令如果用连续执行，则会按扫描周期依次逐个将报警器复位。

6. 二进制平方根指令

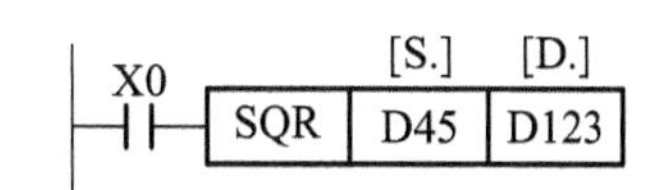

图 3.94　二进制平方根指令的使用

二进制平方根指令（D）SQR（P）的编号为 FNC48。如图 3.94 所示，当 X0 有效时，则将存放在 D45 中的数开平方，结果存放在 D123 中（结果只取整数）。

使用 SQR 指令时应注意：

（1）源操作数可取 K、H、D，数据需大于 0，目标操作数为 D。

（2）16 位运算占 5 个程序步，32 位运算占 9 个程序步。

7. 二进制整数→二进制浮点数转换指令

二进制整数→二进制浮点数转换指令（D）FLT（P）的编号为 FNC49。如图 3.95 所示，当 X1 有效时，将存入 D10 中的数据转换成浮点数并存入 D12 中。

使用 FLT 指令时应注意：

（1）源和目标操作数均为 D。

（2）16 位操作占 5 个程序步，32 位占 9 个程序步。

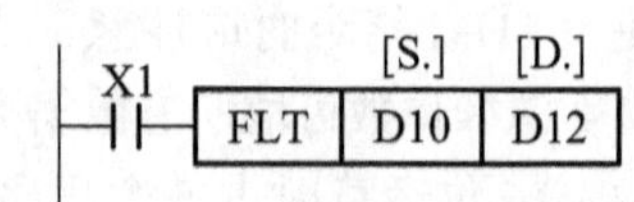

图 3.95 二进制整数→二进制浮点数转换指令的使用

（六）高速处理指令（FNC50～FNC59）

1. 和输入输出有关的指令

1）输入输出刷新指令 REF

REF（P）指令的编号为 FNC50。FX 系列 PLC 采用集中输入输出的方式。如果需要最新的输入信息以及希望立即输出结果则必须使用该指令。如图 3.96 所示，当 X0 接通时，X10～X17 共 8 点将被刷新；当 X1 接通时，则 Y0～Y7、Y10～Y17、共 16 点输出将被刷新。

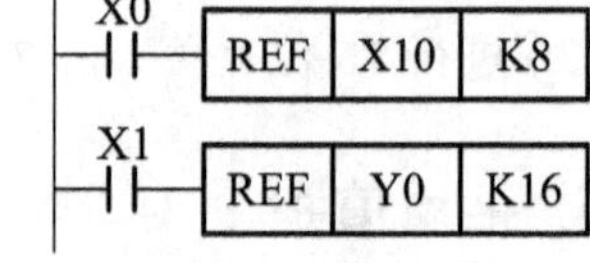

图 3.96 输入输出刷新指令的使用

使用 REF 指令时应注意：

（1）目标操作数为元件编号个位为 0 的 X 和 Y，n 应为 8 的整倍数。

（2）指令只要进行 16 位运算，占 5 个程序步。

2）滤波调整指令 REFF

REFF（P）指令的编号为 FNC51。在 FX 系列 PLC 中 X0～X17 使用了数字滤波器，用 REFF 指令可调节其滤波时间，范围为 0～60 ms（实际上由于输入端有 RL 滤波，所以最小滤波时间为 50 μs）。如图 3.97 所示，当 X0 接通时，执行 REFF 指令，滤波时间常数被设定为 1 ms。

使用 REFF 指令时应注意：

（1）REFF 为 16 位运算指令，占 7 个程序步。

（2）当 X0～X7 用作高速计数输入时或使用 FNC56 速度检测指令以及中断输入时，输入滤波器的滤波时间自动设置为 50 ms。

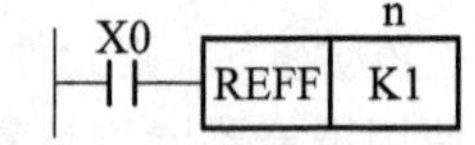

图 3.97 滤波调整指令说明

3）矩阵输入指令 MTR

MTR 指令的编号为 FNC52。利用 MTR 可以构成连续排列的 8 点输入与 n 点输出组成的 8 列 n 行的输入矩阵。如图 3.98 所示，由[S]指定的输入 X0～X7 共 8 点与 n 点输出 Y0、Y1、Y2（$n=3$）组成一个输入矩阵。PLC 在运行时执行 MTR 指令，当 Y0 为 ON 时，读入第一行的输入数据，存入 M30～M37 中；Y1 为 ON 时读入第二行的输入状态，存入 M40～M47。其余类推，反复执行。

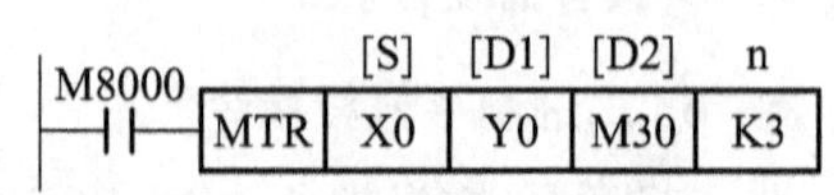

图 3.98 矩阵输入指令的使用

使用 MTR 指令时应注意：

（1）源操作数[S]是元件编号个位为 0 的 X，目标操作数[D1] 是元件编号个位为 0 的 Y，目标操作数[D2]是元件编号个位为 0 的 Y、M 和 S，n 的取值范围是 2 ~ 8。

（2）考虑到输入滤波应答延迟为 10 ms，对于每一个输出按 20 ms 顺序中断，立即执行。

（3）利用本指令通过 8 点晶体管输出获得 64 点输入，但读一次 64 点输入所许时间为 20 ms × 8 = 160 ms，不适应高速输入操作。

（4）该指令只有 16 位运算，占 9 个程序步。

2. 高速计数器指令

1）高速计数器置位指令 HSCS

DHSCS 指令的编号为 FNC53。它应用于高速计数器的置位，使计数器的当前值达到预置值时，计数器的输出触点立即动作。它采用了中断方式使置位和输出立即执行而与扫描周期无关。如图 3.99 所示，[S1.]为设定值（100），当高速计数器 C255 的当前值由 99 变 100 或由 101 变为 100 时，Y0 都将立即置 1。

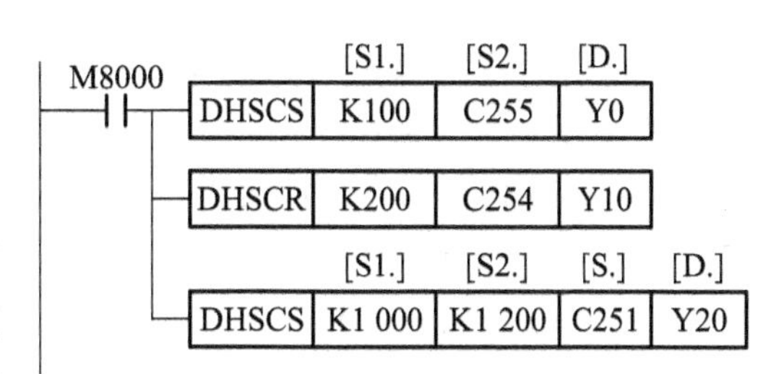

图 3.99　高速计数器指令的使用

2）高速计速器比较复位指令 HSCR

HSCR 指令的编号为 FNC54。如图 3.99 所示，C254 的当前值由 199 变为 200 或由 201 变为 200 时，则用中断的方式使 Y10 立即复位。

使用 HSCS 和 HSCR 时应注意：

（1）源操作数[S1.]可取所有数据类型，[S2.]为 C235 ~ C255，目标操作数可取 Y、M 和 S。

（2）只有 32 位运算，占 13 个程序步。

3）高速计速器区间比较指令 HSZ

HSZ 指令的编号为 FNC55。如图 3.99 所示，目标操作数为 Y20、Y21 和 Y22。如果 C251 的当前值<K1000 时，Y20 为 ON；K1000≤C251 的当前值≤K1200 时，Y21 为 ON；C251 的当前值>K1200 时，Y22 为 ON。

使用高速计速器区间比较指令时应注意：

（1）操作数[S1.]、[S2.]可取所有数据类型，[S .]为 C235 ~ C255，目标操作数[D.]可取 Y、M、S。

（2）指令为 32 位操作，占 17 个程序步。

3. 速度检测指令

速度检测指令 SPD 的编号为 FNC56。它的功能是用来检测给定时间内从编码器输入的脉冲个数，并计算出速度。如图 3.100 所示，[D.]占三个目标元件。当 X12 为 ON 时，用 D1 对 X0 的输入上升沿计数，100 ms 后计数结果送入 D0，D1 复位，D1 重新开始对 X0 计数。D2 在计数结束后计算剩余时间。

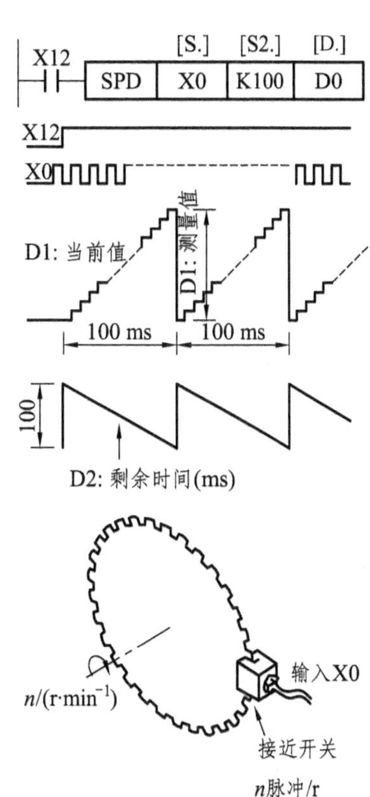

图 3.100　速度检测指令的使用

使用速度检测指令时应注意：

（1）[S1.]为 X0 ~ X5，[S2.]可取所有的数据类型，[D.]可以是 T、C、D、V 和 Z。

（2）指令只有 16 位操作，占 7 个程序步。

4. 脉冲输出指令

脉冲输出指令（D）PLSY 的编号为 FNC57。它用来产生指定数量的脉冲。如图 3.101 所示，[S1.]用来指定脉冲频率（2 ~ 20 000 Hz），[S2.]指定脉冲的个数（16 位指令的范围为 1 ~ 32767，32 位指令则为 1 ~ 2147483647）。如果指定脉冲数为 0，则产生无穷多个脉冲。[D.]用来指定脉冲输出元件号。脉冲的占空比为 50%，脉冲以中断方式输出。指定脉冲输出完后，完成标志 M8029 置 1。X10 由 ON 变为 OFF 时，M8029 复位，停止输出脉冲。若 X10 再次变为 ON 则脉冲从头开始输出。

X10		[S1.]	[S2.]	[D.]
─┤├─	PLSY	K1000	D0	Y0

图 3.101 脉冲输出指令的使用

使用脉冲输出指令时应注意：

（1）[S1.]、[S2.]可取所有的数据类型，[D.]为 Y1 和 Y2。

（2）该指令可进行 16 和 32 位操作，分别占用 7 个和 13 个程序步。

（3）本指令在程序中只能使用一次。

5. 脉宽调制指令

脉宽调制指令 PWM 的编号为 FNC58。它的功能是用来产生指定脉冲宽度和周期的脉冲串。如图 3.102 所示，[S1.] 用来指定脉冲的宽度，[S2.] 用来指定脉冲的周期，[D.]用来指定输出脉冲的元件号（Y0 或 Y1），输出的 ON/OFF 状态由中断方式控制。

使用脉宽调制指令时应注意：

（1）操作数的类型与 PLSY 相同；该指令只有 16 位操作，需 7 个程序步。

（2）[S1.]应小于[S2.]。

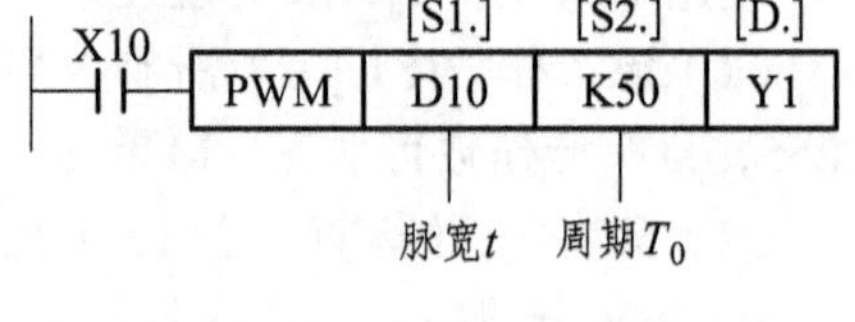

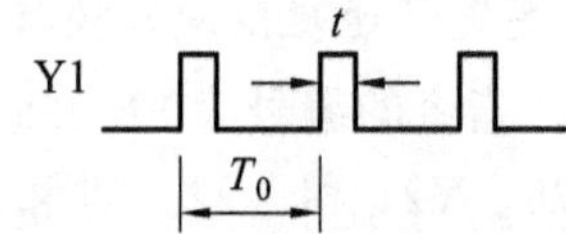

图 3.102 脉宽调制指令的使用

6. 可调速脉冲输出指令

可调速脉冲输出指令该指令（D）PLSR 的编号为 FNC59。该指令可以对输出脉冲进行加速，也可进行减速调整。源操作数和目标操作数的类型和 PLSY 指令相同，只能用于晶体管 PLC 的 Y0 和 Y1，可进行 16 位操作也可进行 32 位操作，分别占 9 个和 17 个程序步。该指令只能用一次。

（七）其他功能指令

1. 方便指令（FNC60 ~ FNC69）

FX 系列共有 10 条方便指令：初始化指令 IST（FNC60）、数据搜索指令 SER（FNC61）、绝对值式凸轮顺控指令 ABSD（FNC62）、增量式凸轮顺控指令 INCD（FNC63）、示教定时指令 TIMR（FNC64）、特殊定时器指令 STMR（FNC65）、交替输出指令 ALT（FNC66）、斜坡信号指令 RAMP（FNC67）、旋转工作台控制指令 ROTC（FNC68）和数据排序指令 SORT

（FNC69）。以下仅对其中部分指令加以介绍。

1）凸轮顺控指令

凸轮顺控指令有绝对值式凸轮顺控指令 ABSD（FNC62）和增量式凸轮顺控指令 INCD（FNC63）两条。

绝对值式凸轮顺控指令 ABSD 是用来产生一组对应于计数值在 3600 范围内变化的输出波形，输出点的个数由 n 决定，如图 3.103（a）所示。图中 n 为 4，表明[D.]由 M0～M3 共 4 点输出。预先通过 MOV 指令将对应的数据写入 D300～D307 中，开通点数据写入偶数元件，关断点数据放入奇数元件，如表 3.14 所示。当执行条件 X0 由 OFF 变 ON 时，M0～M3 将得到如图 3.103（b）所示的波形，通过改变 D300～D307 的数据可改变波形。若 X0 为 OFF，则各输出点状态不变。这一指令只能使用一次。

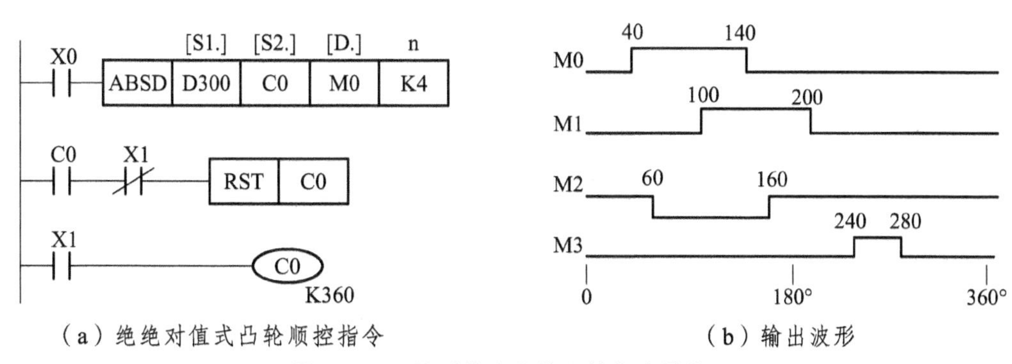

（a）绝绝对值式凸轮顺控指令　　　（b）输出波形

图 3.103　绝对值式凸轮顺控指令的使用

表 3.14　旋转台旋转周期 M0～M3 状态

开通点	关断点	输　出
D300＝40	D301＝140	M0
D302＝100	D303＝200	M1
D304＝160	D305＝60	M2
D306＝240	D307＝280	M3

增量式凸轮顺控指令 INCD 也是用来产生一组对应于计数值变化的输出波形。如图 3.104 所示，n＝4，说明有 4 个输出，分别为 M0～M3，它们的 ON/OFF 状态受凸轮提供的脉冲个数控制。使 M0～M3 为 ON 状态的脉冲个数分别存放在 D300～D303 中（用 MOV 指令写入）。图中波形是 D300～D303 分别为 20、30、10 和 40 时的输出。当计数器 C0 的当前值依次达到 D300～D303 的设定值时将自动复位。C1 用来计复位的次数，M0～M3 根据 C1 的值依次动作。由 n 指定的最后一段完成后，标志 M8029 置 1，以后周期性重复。若 X0 为 OFF，则 C0、C1 均复位，同时 M0～M3 变为 OFF，当 X0 再接通后重新开始工作。

凸轮顺控指令源操作数[S1.]可取 KnX、KnY、KnM、KnS、T、C 和 D，[S2.]为 C，目标操作数可取 Y、M 和 S。为 16 位操作指令，占 9 个程序步。

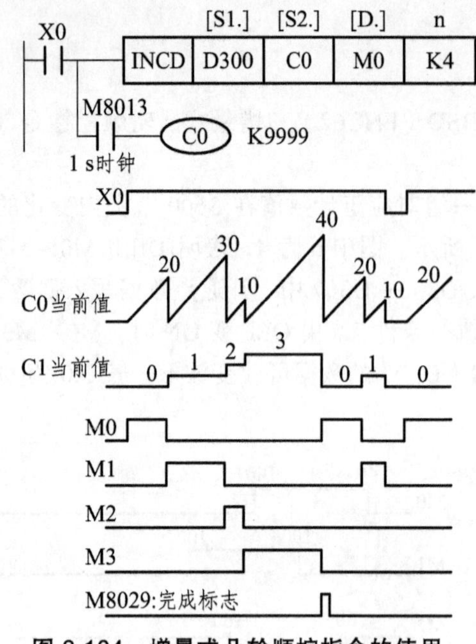

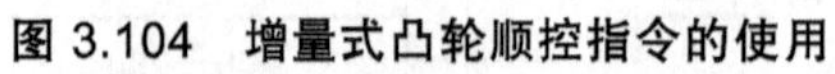

图 3.104　增量式凸轮顺控指令的使用

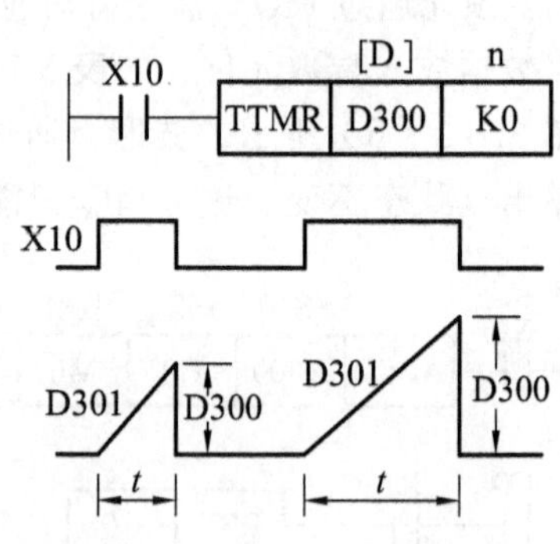

图 3.105　示教定时器指令说明

2）定时器指令

定时器指令有示教定时器指令 TTMR（FNC64）和特殊定时器指令 STMR（FNC65）两条。

使用示教定时器指令 TTMR，可用一个按钮来调整定时器的设定时间。如图 3.105 所示，当 X10 为 ON 时，执行 TTMR 指令，X10 按下的时间由 M301 记录，该时间乘以 10n 后存入 D300。如果按钮按下时间为 t 存入 D300 的值为 $10n \times t$。X10 为 OFF 时，D301 复位，D300 保持不变。TTMR 为 16 位指令，占 5 个程序步。

特殊定时器指令 STMR 是用来产生延时断开定时器、单脉冲定时器和闪动定时器。如图 3.106 所示，m = 1 ~ 32 767，用来指定定时器的设定值；[S.]源操作数取 T0 ~ T199（100 ms 定时器）。T10 的设定值为 100 ms × 100 = 10 s，M0 是延时断开定时器，M1 为单脉冲定时器，M2，M3 为闪动而设。

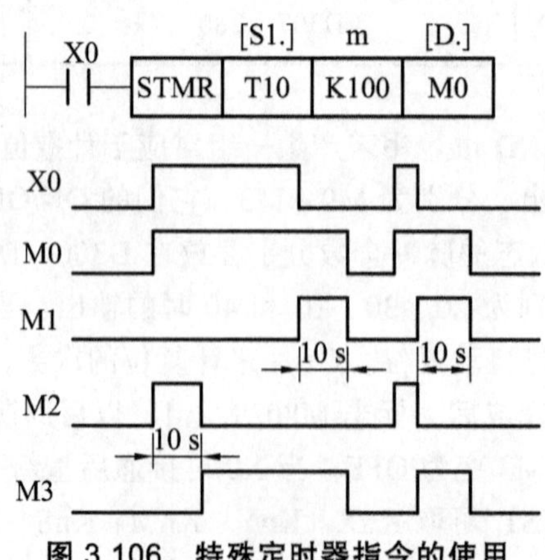

图 3.106　特殊定时器指令的使用

3）交替输出指令

交替输出指令 ALT（P）的编号为 FNC66，用于实现由一个按钮控制负载的启动和停止。如图 3.107 所示，当 X0 由 OFF 到 ON 时，Y0 的状态将改变一次。若用连续的 ALT 指令则每个扫描周期 Y0 均改变一次状态。[D.]可取 Y、M 和 S。ALT 为 16 为运算指令，占 3 个程序步。

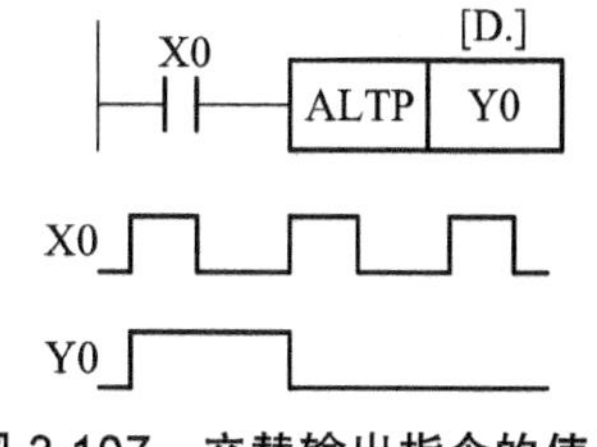

图 3.107　交替输出指令的使用

2. 外部 I/0 设备指令（FNC70～FNC79）

外部 I/0 设备指令是 FX 系列与外设传递信息的指令，共有 10 条。分别是 10 键输入指令 TKY（FNC70）、16 键输入指令 HKY（FNC71）、数字开关输入指令 DSW（FNC72）、七段译码指令 SEGD（FNC73）、带锁存的七段显示指令 SEGL（FNC74）、方向开关指令 ARWS（FNC75）、ASCII 码转换指令 ASC（FNC76）、ASCII 打印指令 PR（FNC77）、特殊功能模块读指令 FROM（FNC78）和特殊功能模块写指令 T0（FNC79）。

1）数据输入指令

数据输入指令有 10 键输入指令 TKY（FNC70）、16 键输入指令 HKY（FNC71）和数字开关输入指令 DSW（FNC72）。

10 键输入指令（D）TKY 的使用如图 3.108 所示。源操作数[S.]用 X0 为首元件，10 个键 X0～X11 分别为对应数字 0～9。X30 接通时执行 TKY 指令，如果以 X2（2）、X9（8）、X3（3）、X0（0）的顺序按键，则[D1.]中存入数据为 2830，实现了将按键变成十进制的数字量。当送入的数大于 9999，则高位溢出并丢失。使用 32 位指令 DTKY 时，D1 和 D2 组合使用，高位大于 99999999 则高位溢出。

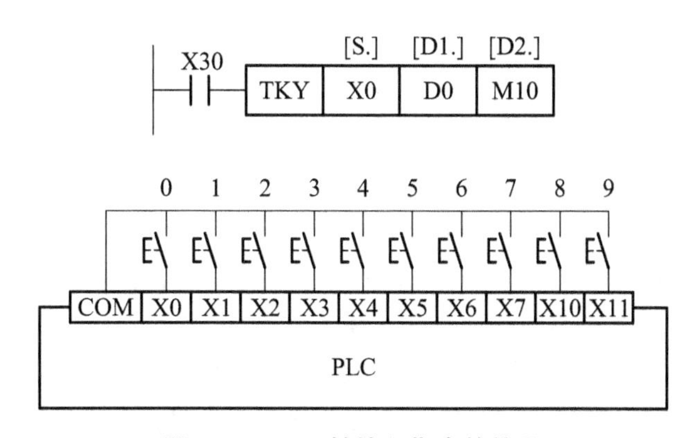

图 3.108　10 键输入指令的使用

当按下 X2 后，M12 置 1 并保持至另一键被按下，其他键也一样。M10～M19 动作对应于 X0～X11。任一键按下，键信号置 1 直到该键放开。当两个或更多的键被按下时，则首先按下的键有效。X30 变为 OFF 时，D0 中的数据保持不变，但 M10～M20 全部为 OFF。此指令的源操作数可取 X、Y、M、和 S，目标操作数[D.]可取 KnY、KnM、KnS、T、C、D、V 和 Z，[D2.]可取 Y、M、S。16 位运算占 7 个程序步，32 运算时占 13 个程序步。该指令在程序中只能使用一次。

16 键输入指令（D）HKY 的作用是通过对键盘上的数字键和功能键输入的内容实现输入的复合运算。如图 3.109 所示，[S.]指定 4 个输入元件，[D1.]指定 4 个扫描输出点，[D2.]为键输入的存储元件。[D3.]指示读出元件。十六键中 0 ~ 9 为数字键，A ~ F 为功能键，HKY 指令输入的数字范围为 0 ~ 9999，以二进制的方式存放在 D0 中，如果大于 9999 则溢出。DHKY 指令可在 D0 和 D1 中存放最大为 99999999 的数据。功能键 A ~ F 与 M0 ~ M5 对应，按下 A 键，M0 置 1 并保持。按下 D 键 M0 置 0，M3 置 1 并保持。其余类推。如果同时按下多个键则先按下的有效。

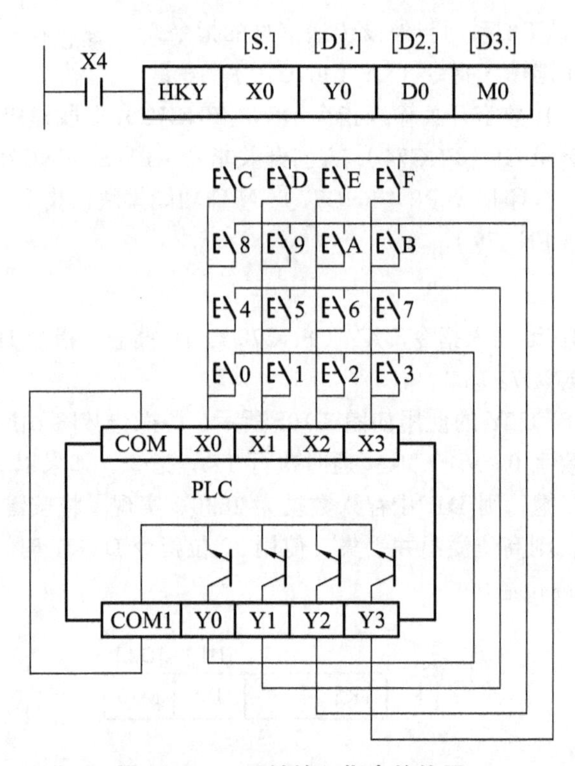

图 3.109　16 键输入指令的使用

该指令源操作数为 X，目标操作数[D1.]为 Y。[D2]可以取 T、C、D、V 和 Z，[D3.]可取 Y、M 和 S。16 位运算时占 9 个程序步，32 位运算时为占 17 个程序步。扫描全部 16 键需 8 个扫描周期。HKY 指令在程序中只能使用一次。

数字开关指令 DSW 的功能是读入 1 组或 2 组 4 位数字开关的设置值。如图 3.110 所示，源操作数[S]为 X，用来指定输入点。[D1]为目标操作数为 Y，用来指定选通点。[D2]指定数据存储单元，它可取 T、C、D、V 和 Z。[n]指定数字开关组数。该指令只有 16 位运算，占 9 个程序步，可使用两次。图中，n = 1 指有 1 组 BCD 码数字开关。输入开关为 X10 ~ X13，按 Y10 ~ Y13 的顺序选通读入。数据以二进制数的形式存放在 D0 中。若 n = 2，则有 2 组开关，第 2 组开关接到 X14 ~ X17 上，仍由 Y10 ~ Y13 顺序选通读入，数据以二进制的形式存放在 D1 中，第 2 组数据只有在 n = 2 时才有效。当 X1 保持为 ON 时，Y10 ~ Y13 依次为 ON。一个周期完成后标志位 M8029 置 1。

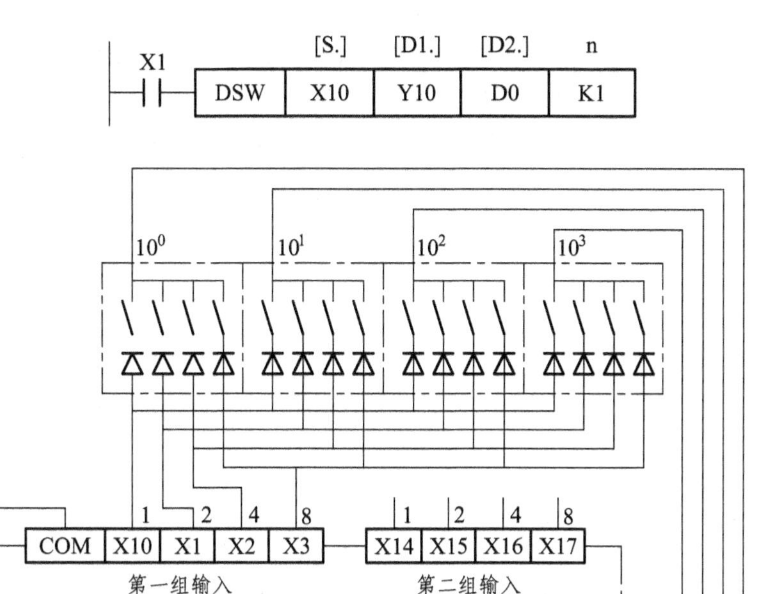

图 3.110　数字开关指令的使用

2）数字译码输出指令

数字译码输出指令有七段译码指令 SEGD（FNC73）和带锁存的七段显示指令 SEGL（FNC74）两条。

七段译码指令 SEGD（P）如图 3.111 所示，将[S.]指定元件的低 4 位所确定的十六进制数（0～F）经译码后存于[D.]指定的元件中，以驱动七段显示器，[D.]的高 8 位保持不变。如果要显示 0，则应在 D0 中放入数据为 3 FH。

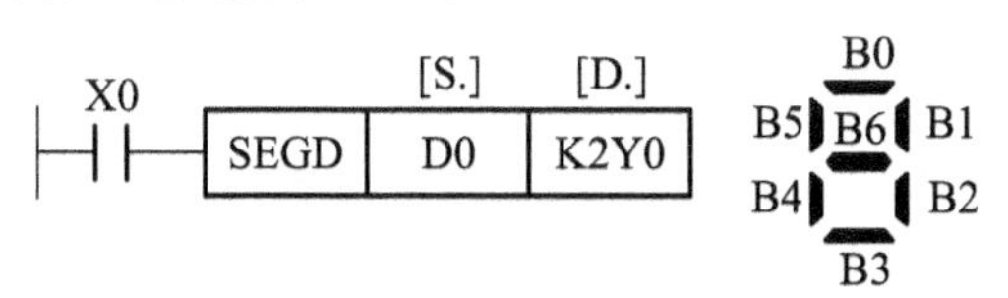

图 3.111　七段译码指令的使用

带锁存的 7 段显示指令 SEGL 的作用是用 12 个扫描周期的时间来控制一组或两组带锁存的七段译码显示。

3）方向开关指令

方向开关指令 ARWS（FNC75）是用于方向开关的输入和显示。如图 3.112 所示，该指令有四个参数，源操作数[S]可选 X、Y、M、S。图 3.112 中选择 X10 开始的 4 个按钮，位左移键和右移键用来指定输入的位，增加键和减少键用来设定指定位的数值。X0 接通时指定的是最高位，按一次右移键或左移键可移动一位。指定位的数据可由增加键和减少键来修改，其值可显示在 7 段显示器上。目标操作数[D1]为输入的数据，由 7 段显示器监视其中的值（操作数可用 T、C、D、V、和 Z），[D2]只能用 Y 做操作数，n = 0 ~ 3 其确定的方法与 SEGL 指令相同。ARWS 指令只能使用一次，而且必须用晶体管输出型的 PLC。

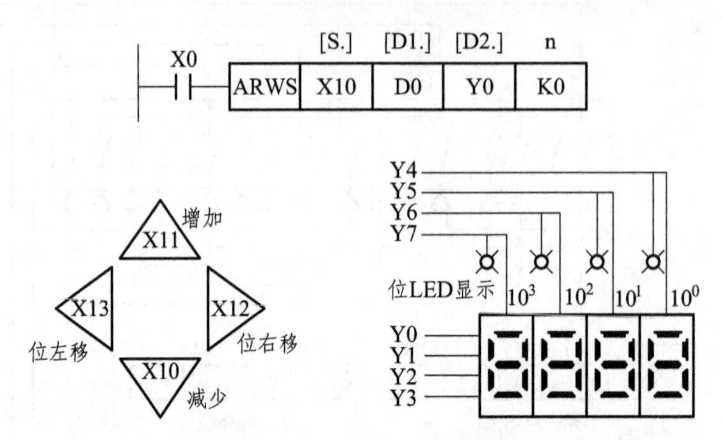

图 3.112 方向开关指令的使用

4）ASEII 码转换指令

ASCII 码转换指令 ASC（FNC76）的功能是将字符变换成 ASCII 码，并存放在指定的元件中。如图 3.113 所示，当 X3 有效时，则将 FX2 A 变成 ASCII 码并送入 D300 和 D301 中。源操作数是 8 个字节以下的字母或数字，目标操作数为 T，C，D。它只有 16 位运算，占 11 个程序步。

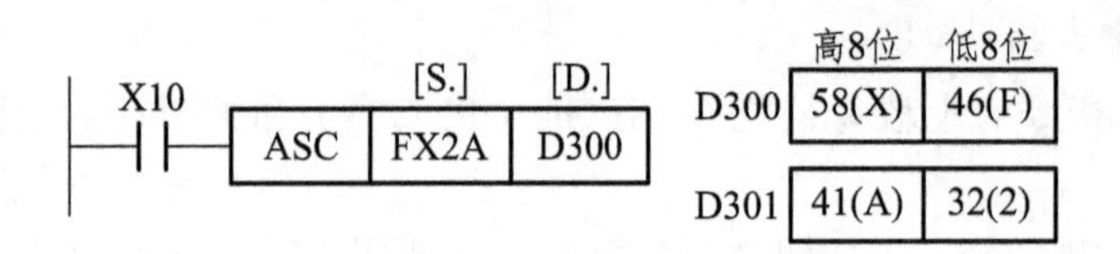

图 3.113 ASEII 码转换指令说明

3. 外围设备（SER）指令（FNC80 ~ FNC89）

外围设备（SER）指令包括串行通信指令 RS（FNC80）、八进制数据传送指令 PRUN（FNC81）、HEX→ASCII 转换指令 ASCI（FNC82）、ASCII→HEX 转换指令 HEX（FNC83）、校验码指令 CCD（FNC84）、模拟量输入指令 VRRD（FNC85）、模拟量开关设定指令 VRSC（FNC86）和 PID 运算指令 PID（FNC88）8 条指令。

1）八进制数据传送指令

八进制数据传送指令（D）PRUN（P）（FNC81）是用于八进制数的传送。如图 3.114 所示，当 X10 为 ON 时，将 X0 ~ X17 内容送至 M0 ~ M7 和 M10 ~ M17（因为 X 为八进制，故 M9 和 M8 的内容不变）。当 X11 为 ON 时，则将 M0 ~ M7 送 Y0 ~ Y7，M10 ~ M17 送 Y10 ~ Y17。源操作数可取 KnX、KnM，目标操作数取 KnY、KnM，n = 1 ~ 8，16 位和 32 位运算分别占 5 个和 9 个程序步。

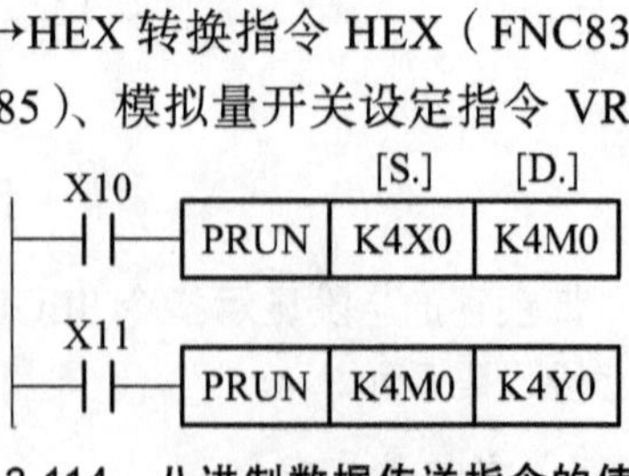

图 3.114 八进制数据传送指令的使用

2）16 进制数与 ASCII 码转换指令

有 HEX→ASCII 转换指令 ASCI（FNC82）、ASCII→HEX 转换指令 HEX（FNC83）两条指令。

HEX→ASCII 转换指令 ASCI（P）的功能是将源操作数[S.]中的内容（十六进制数）转换成 ASCII 码放入目标操作数[D.]中。如图 3.115 所示，n 表示要转换的字符数（n = 1 ~ 256）。M8161 控制采用 16 位模式还是 8 位模式。16 位模式时每 4 个 HEX 占用 1 个数据寄存器，转换后每两个 ASCII 码占用一个数据寄存器；8 位模式时，转换结果传送到[D.]低 8 位，其高 8 位为 0。PLC 运行时 M8000 为 ON，M8161 为 OFF，此时为 16 位模式。当 X0 为 ON 则执行 ASCI。如果放在 D100 中的 4 个字符为 OABCH 则执行后将其转换为 ASCII 码送入 D200 和 D201 中，D200 高位放 A 的 ASCII 码 41H，低位放 0 的 ASCII 码 30H，D201 则放 BC 的 ASCII 码，C 放在高位。该指令的源操作数可取所有数据类型，目标操作数可取 KnY、KnM、KnS、T、C 和 D。只有 16 位运算，占用 7 个程序步。

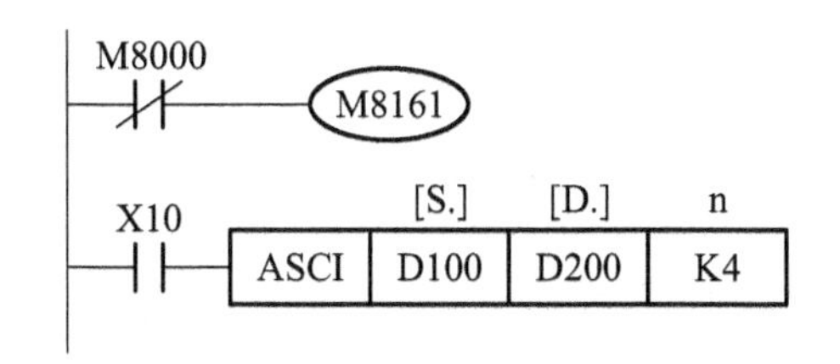

图 3.115　HEX→ASCII 码转换指令的使用

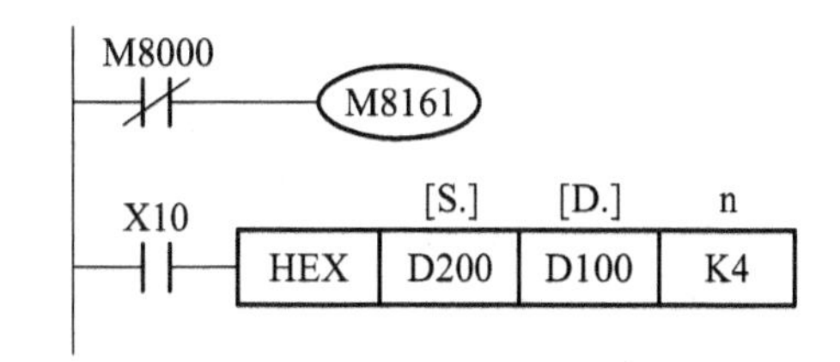

图 3.116　ASCII→HEX 指令的使用

ASCII→HEX 指令 HEX（P）的功能与 ASCI 指令相反，是将 ASCII 码表示的信息转换成 16 进制的信息。如图 3.116 所示，将源操作数 D200 ~ D203 中放的 ASCII 码转换成 16 进制放入目标操作数 D100 和 D101 中。只有 16 位运算，占 7 个程序步。源操作数为 K、H、KnX、 KnY、KnM、KnS、T、C 和 D，目标操作数为 KnY、KnM、KnS、T、C、D、V 和 Z。

3）校验码指令

校验码指令 CCD（P）（FNC84）的功能是对一组数据寄存器中的 16 进制数进行总校验和奇偶校验。如图 3.117 所示，是将源操作数[S.]指定的 D100 ~ D102 共 6 个字节的 8 位二进制数求和并“异或”，结果分别放在目标操作数 D0 和 D1 中。通信过程中可将数据和、“异或”结果随同发送，对方接收到信息后，先将传送的数据求和并“异或”，再与收到的和及“异或”结果比较，以此判断传送信号的正确与否。源操作数可取 KnX、KnY、KnM、KnS、T、C 和 D，目标操作数可取 KnM、KnS、T、C 和 D，n 可用 K、H 或 D，n = 1 ~ 256。为 16 位运算指令，占 7 个程序步。

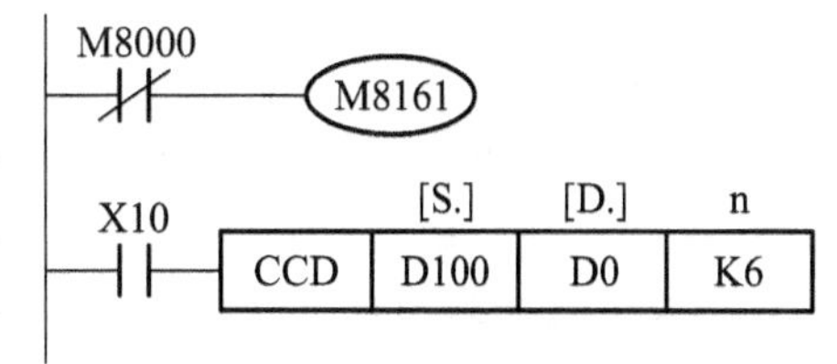

图 3.117　校验码指令的使用

以上 PRUN、ASCI、HEX、CCD 常应用于串行通信中，配合 RS 指令。

4）模拟量输入指令

模拟量输入指令 VRRD（P）（FNC85）是用来对 FX_{2N}-8AV-BD 模拟量功能扩展板中的电

位器数值进行读操作。如图 3.118 所示，当 X0 为 ON 时，读出 FX_{2N}-8AV-BD 中 0 号模拟量的值（由 K0 决定），将其送入 D0 作为 T0 的设定值。源操作数可取 K、H，它用来指定模拟量口的编号，取值范围为 0～7；目标操作数可取 KnY、KnM、KnS、T、C、D、V 和 Z。该指令只有 16 位运算，占 5 个程序步。

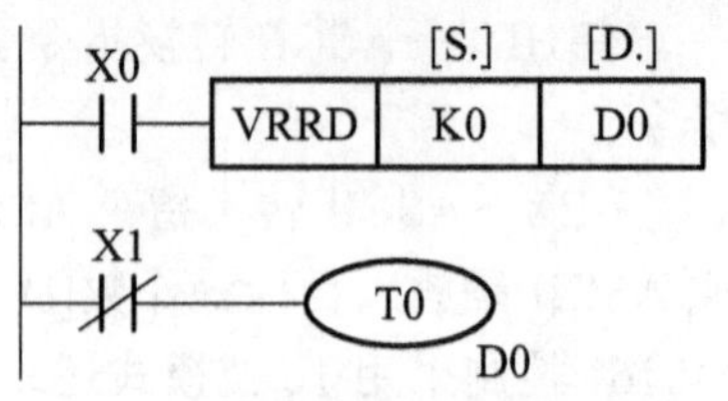

图 3.118　模拟量输入指令的使用

5）模拟量开关设定指令

模拟量开关设定指令 VRSC（P）（FNC86）的作用是将FX-8AV中电位器读出的数四舍五入整量化后以0～10之间的整数值存放在目标操作数中。它的源操作数[S.]可取 K 和 H，用来指定模拟量口的编号，取值范围为 0～7；目标操作数[D.]的类型与 VRRD 指令相同。该指令为 16 位运算，占 9 个程序步。

4. 浮点运算指令

浮点数运算指令包括浮点数的比较、四则运算、开方运算和三角函数等功能。它们分布在指令编号为 FNC110～FNC119、FNC120～FNC129、FNC130～FNC139 之中。

1）二进制浮点数比较指令 ECMP（FNC110）

DECMP（P）指令的使用如图 3.119 所示，将两个源操作数进行比较，比较结果反映在目标操作数中。如果操作数为常数则自动转换成二进制浮点值处理。该指令源操作数可取 K、H 和 D，目标操作数可用 Y、M 和 S。为 32 位运算指令，占 17 个程序步。

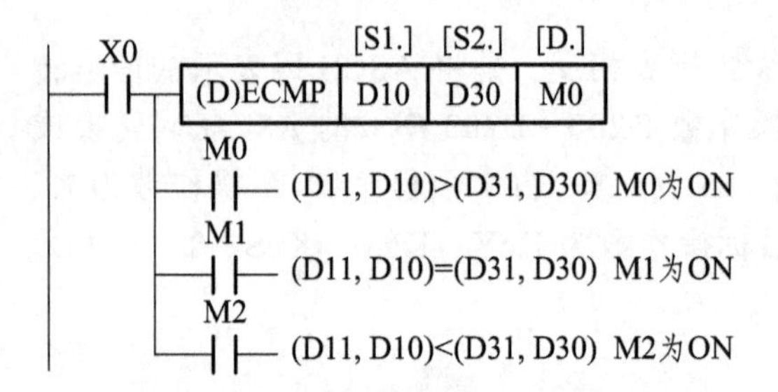

图 3.119　二进制浮点数比较指令的使用

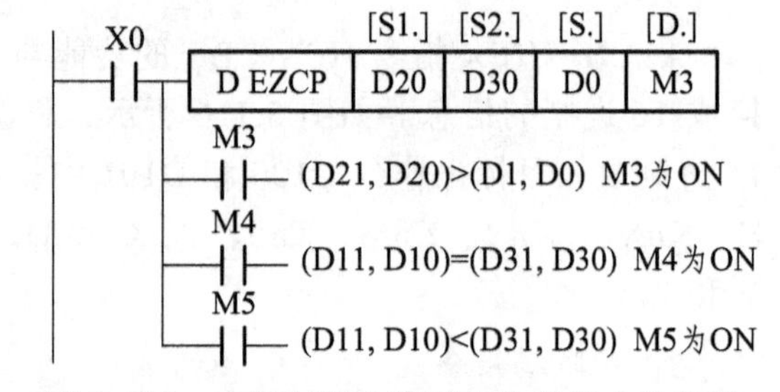

图 3.120　二进制浮点数区间比较指令的使用

2）二进制浮点数区间比较指令 EZCP（FNC111）

EZCP（P）指令的功能是将源操作数的内容与用二进制浮点值指定的上下二点的范围比较，对应的结果用 ON/OFF 反映在目标操作数上，如图 3.120 所示。该指令为 32 位运算指令，占 17 个程序步。源操作数可以是 K，H 和 D；目标操作数为 Y、M 和 S。[S1.]应小于[S2.]，操作数为常数时将被自动转换成二进制浮点值处理。

3）二进制浮点数的四则运算指令

浮点数的四则运算指令有加法指令 EADD（FNC120）、减法指令 ESUB（FNC121）、乘法指令 EMVL（FNC122）和除法指令 EDIV（FNC123）四条指令。四则运算指令的使用说明如图 3.121 所示，它们都是将两个源操作数中的浮点数进行运算后送入目标操作数。当除数为 0 时出现运算错误，不执行指令。此类指令只有 32 位运算，占 13 个程序步。运算结果影响标志位 M8020（零标志）、M8021（借位标志）、M8022（进位标志）。源操作数可取 K、H 和 D，目标操作数为 D。如有常数参与运算则自动转化为浮点数。

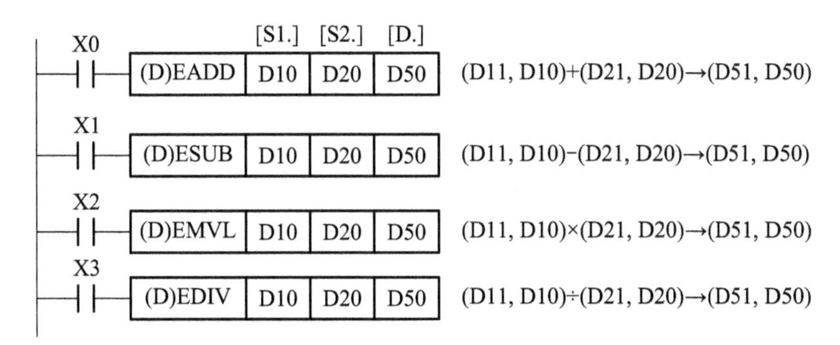

图 3.121　二进制浮点数四则运算指令的使用

二进制的浮点运算还有开平方、三角函数运算等指令，在此不一一说明。

5. 时钟运算指令（FNC160 ~ FNC169）

共有七条时钟运算类指令，指令的编号分布在 FNC160 ~ FNC169 之间。时钟运算类指令是对时钟数据进行运算和比较，对 PLC 内置实时时钟进行时间校准和时钟数据格式化操作。

1）时钟数据比较指令 TCMP（FNC160）

TCMP（P）它的功能是用来比较指定时刻与时钟数据的大小。如图 3.122 所示，将源操作数[S1.]、[S2.]、[S3.]中的时间与[S.]起始的 3 点时间数据比较，根据它们的比较结果决定目标操作数[D.]中起始的 3 点单元中取 ON 或 OFF 的状态。该指令只有 16 位运算，占 11 个程序步。它的源操作数可取 T、C 和 D，目标操作数可以是 Y、M 和 S。

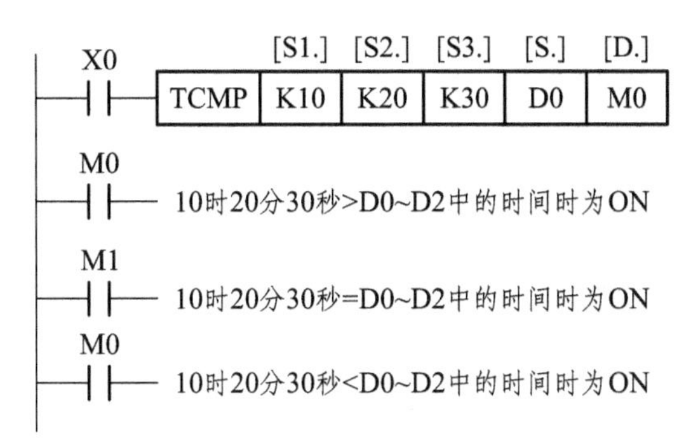

图 3.122　时钟数据比较指令的使用

2）时钟数据加法运算指令 TADD（FNC162）

TADD（P）指令的功能是将两个源操作数的内容相加结果送入目标操作数。源操作数和目标操作数均可取 T，C 和 D。TADD 为 16 位运算，占 7 个程序步。如图 3.123 所示，将[S1.]指定的 D10 ~ D12 和 D20 ~ D22 中所放的时、分、秒相加，把结果送入[D.]指定的 D30 ~ D32 中。当运算结果超过 24 h 时，进位标志位变为 ON，将进行加法运算的结果减去 24 h 后作为结果进行保存。

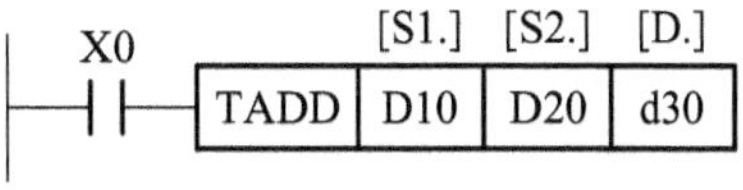

X0　[S1.] [S2.] [D.]　TADD D10 D20 d30

图 3.123　时钟数据加法运算指令的使用

3）时钟数据读取指令 TRD（FNC166）

TRD（P）指令为 16 位运算，占 7 个程序步。[D.]可取 T，C 和 D。它的功能是读出内置的实时时钟的数据放入由[D.]开始的 7 个字内。如图 3.124 所示，当 X1 为 ON 时，将实时时钟（它们以年、月、日、时、分、秒、星期的顺序存放在特殊辅助寄存器 D8013 ~ 8019 之中）传送到 D10 ~ D16 之中。

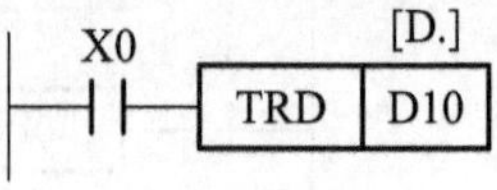

图 3.124　时钟数据读取指令的使用

6. 格雷码转换及模拟量模块专用指令

1）格雷码转换和逆转换指令

这类指令有 2 条：GRY（FNC170）和 GBIN（FNC171），常用于处理光电码盘编码盘的数据。（D）GRN（P）指令的功能是将二进制数转换为格雷码，（D）GBIN（P）指令则是 GRY 的逆变换。如图 3.125 所示，GRY 指令是将源操作数[S.]中的二进制数变成格雷码放入目标操作数[D.]中，而 GBIN 指令与其相反。它们的源操作数可取任意数据格式，目标操作数为 KnY、KnM、KnS、T、C、D、V 和 Z。16 位操作时占 5 个程序步，32 位操作时占 9 个程序步。

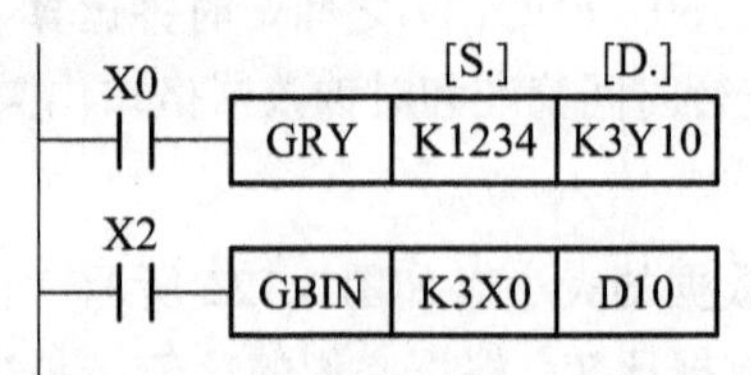

图 3.125　格雷码转换和逆转换指令的使用

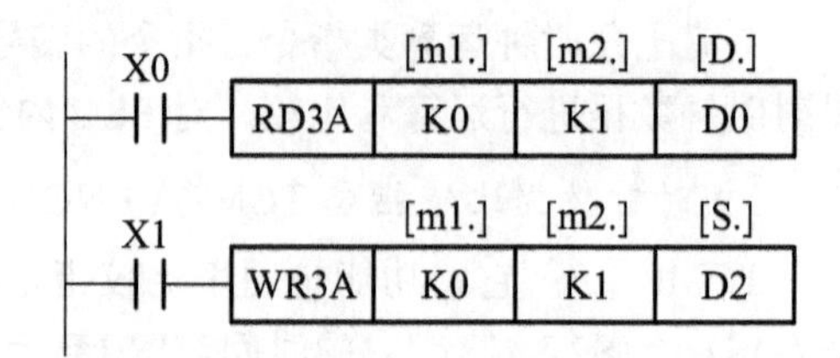

图 3.126　模拟量模块读写指令的使用

2）模拟量模块读写指令

这类指令有 2 条：RD3 A（FNC176）和 WR3 A（FNC177），其功能是对 FXON—3 A 模拟量模块输入值读取和对模块写入数字值。如图 3.126 所示，[m1.]为特殊模块号 K0 ~ K7，[m2.]为模拟量输入通道 K1 或 K2，[D.]为保存读取的数据，[S.]为指定写入模拟量模块的数字值。指令均为 16 位操作，占 7 个程序步。

7. 触点比较指令（FNC224 ~ FNC246）

触点比较指令共有 18 条。

1）LD 触点比较指令

该类指令的助记符、代码、功能如表 3.15 所示。

表 3.15　LD 触点比较指令

功能指令代码	助记符	导通条件	非导通条件
FNC224	（D）LD=	[S1.]=[S2.]	[S1.]≠[S2.]
FNC225	（D）LD>	[S1]>[S2.]	[S1.]≤[S2.]
FNC226	（D）LD<	[S1.]< [S2.]	[S1.]≥[S2.]
FNC228	（D）LD<>	[S1.]≠[S2.]	[S1.]=[S2.]
FNC229	（D）LD≤	[S1.]≤[S2.]	[S1.]>[S2.]
FNC230	（D）LD≥	[S1.]≥[S2.]	[S1.]<[S2.]

如图 3.127 所示为 LD＝指令的使用，当计数器 C10 的当前值为 200 时驱动 Y10。其他 LD 触点比较指令不在此一一说明。

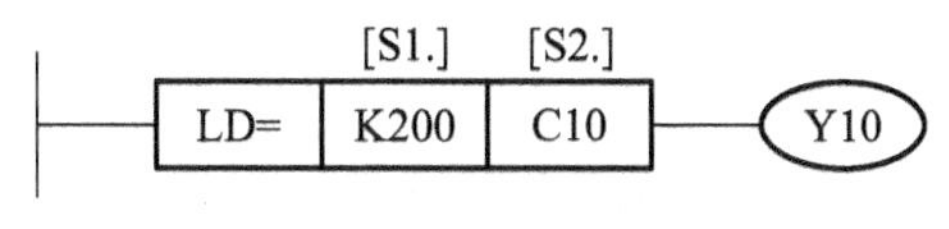

图 3.127　LD＝指令的使用

2）AND 触点比较指令

该类指令的助记符、代码、功能如表 3.16 所示。

表 3.16　AND 触点比较指令

功能指令代码	助记符	导通条件	非导通条件
FNC232	（D）AND＝	[S1.]＝[S2.]	[S1.]≠[S2.]
FNC233	（D）AND>	[S1]>[S2.]	[S1.]≤[S2.]
FNC234	（D）AND<	[S1.]< [S2.]	[S1.]≥[S2.]
FNC236	（D）AND<>	[S1.]≠[S2.]	[S1.]＝[S2.]
FNC237	（D）AND≤	[S1.]≤[S2.]	[S1.]>[S2.]
FNC238	（D）AND≥	[S1.]≥[S2.]	[S1.]<[S2.]

如图 3.128 所示为 AND＝指令的使用，当 X0 为 ON 且计数器 C10 的当前值为 200 时，驱动 Y10。

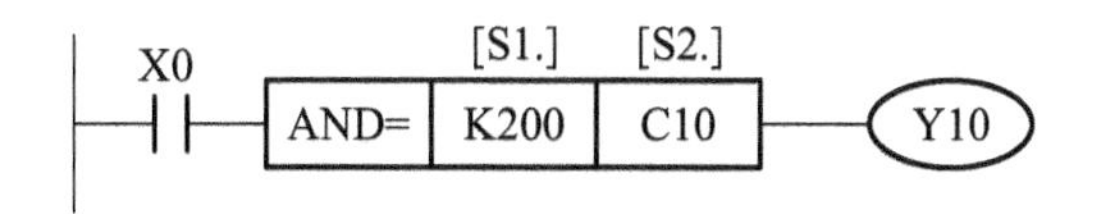

图 3.128　AND＝指令的使用

3）OR 触点比较指令

该类指令的助记符、代码、功能列于下表 3.17 中。

表 3.17　OR 触点比较指令

功能指令代码	助记符	导通条件	非导通条件
FNC240	（D）OR＝	[S1.]＝[S2.]	[S1.]≠[S2.]
FNC241	（D）OR>	[S1]>[S2.]	[S1.]≤[S2.]
FNC242	（D）OR<	[S1.]< [S2.]	[S1.]≥[S2.]
FNC244	（D）OR<>	[S1.]≠[S2.]	[S1.]＝[S2.]
FNC245	（D）OR≤	[S1.]≤[S2.]	[S1.]>[S2.]
FNC246	（D）OR≥	[S1.]≥[S2.]	[S1.]<[S2.]

OR = 指令的使用如图 3.129 所示，当 X1 处于 ON 或计数器的当前值为 200 时，驱动 Y0。

触点比较指令源操作数可取任意数据格式。16 位运算占 5 个程序步，32 位运算占 9 个程序步。

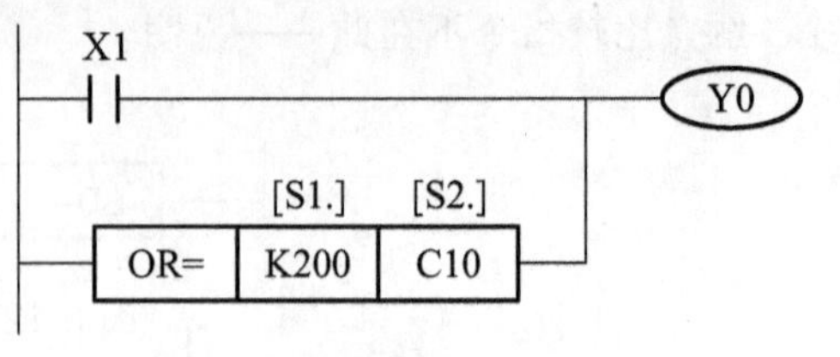

图 3.129　OR = 指令的使用

小结：以设计、安装和调试输送带的 PLC 电气控制装置为学习平台。知道了 PLC 的特点、结构、工作原理，能正确选择 PLC；了解了 FX_{2N} 系列的基本逻辑指令和编程元件，还了解了经验编程法；知道了 PLC 控制装置的设计、安装和调试的步骤、方法和注意事项。

习　题

1. 什么是 PLC？它与电气控制、微机控制相比主要优点是什么？

2. 为什么 PLC 软继电器的触点可无数次使用？

3. PLC 的硬件由哪几部分组成？各有什么作用？PLC 主要有哪些外部设备？各有什么作用？

4. PLC 的软件由哪几部分组成？各有什么作用？

5. PLC 主要的编程语言有哪几种？各有什么特点？

6. PLC 开关量输出接口按输出开关器件的种类不同，有哪几种型式？各有什么特点？

7. PLC 采用什么样的工作方式？有何特点？

8. 什么是 PLC 的扫描周期？其扫描过程分为哪几个阶段？各阶段完成什么任务？

9. PLC 扫描过程中输入映象寄存器和元件映象寄存器各起什么作用？

10. 什么是 PLC 的输入/输出滞后现象？造成这种现象的主要原因是什么？可采取哪些措施减少输入/输出滞后时间？

11. PLC 是如何分类的？按结构型式不同，PLC 可分为哪几类？各有什么特点？

12. PLC 有什么特点？为什么 PLC 具有高可靠性？

13. PLC 主要性能指标有哪些？各指标的意义是什么？

14. PLC 控制与电气控制比较，有何不同？

15. FX 系列 PLC 型号命名格式中各符号代表什么？

16. FX 系列 PLC 的基本单元、扩展单元和扩展模块三者有何区别？主要作用是什么？

17. FX 系列 PLC 主要有哪些特殊功能模块？

18. FX_{2N} 系列 PLC 定时器有几种类型？它们各自的特点？

19. FX_{2N} 系列 PLC 定时器有几种类型？计数器 C200 ~ C234 的记数方向如何确定？

20. FX_{2N} 系列高速计速器有几种类型？哪些输入端可作为其计数输入？

21. PLC 的主要技术指标有哪些？

22. FX_{2N} 共有几条基本指令？各条的含义如何？

23. FX_{2N} 系列 PLC 的步进指令有几条？其主要用途是什么？

24. FX_{2N} 系列 PLC 的功能指令共有哪几种类型？其表达形式应包含哪些内容？

25. 功能指令中何为连续执行？何为脉冲执行？

26. 写出如图 3.130 所示梯形图的语句表。

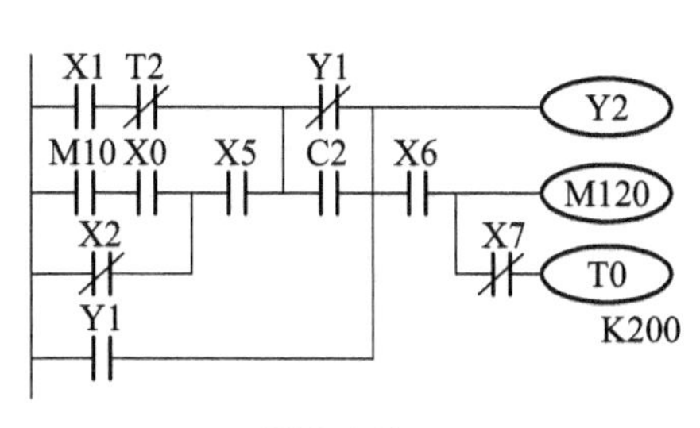

图 3.130

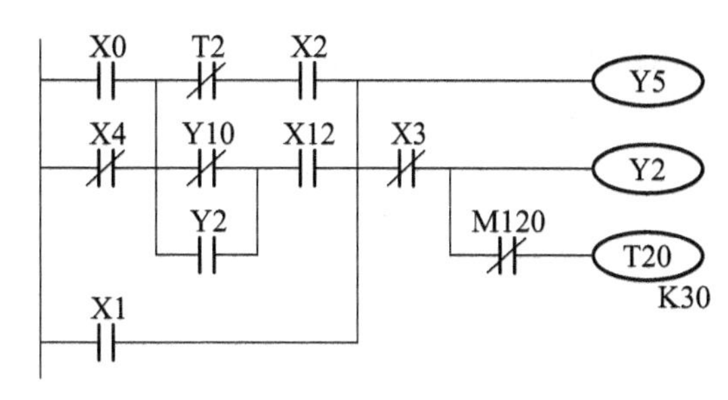

图 3.131

27. 写出如图 3.131 所示梯形图的语句表。
28. 用栈指令写出如图 3.132 所示梯形图的语句表。
29. 用栈指令写出如图 3.133 所示梯形图的语句表。

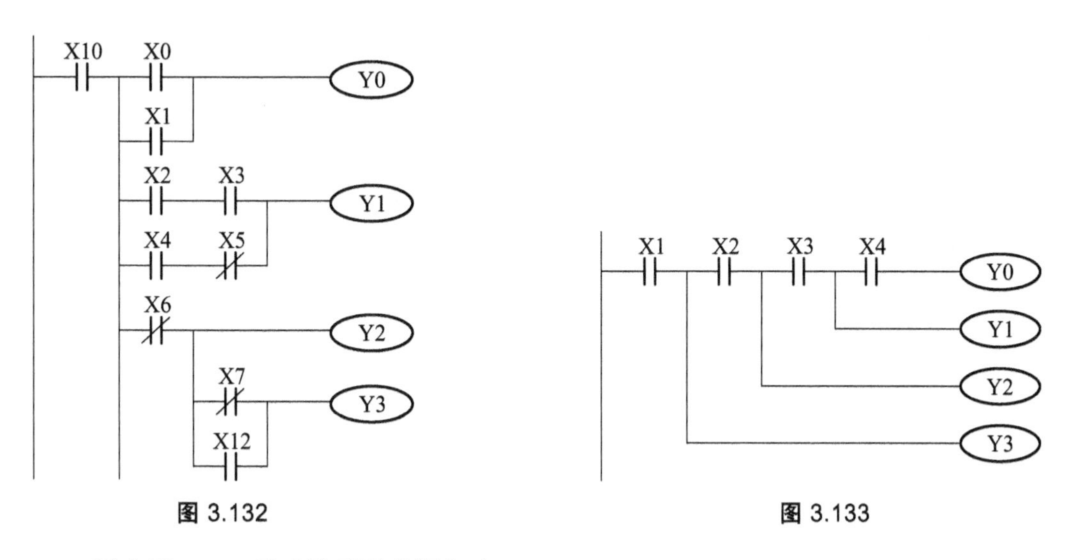

图 3.132　　　　图 3.133

30. 写出图 3.134 所示梯形图的语句表。

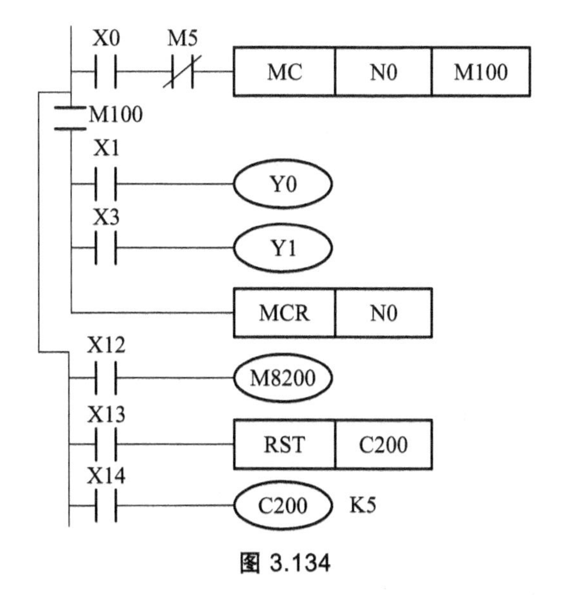

图 3.134

31. 画出下列指令表程序对应的梯形图。

（1）LD X1

AND X2

OR X3

ANI X4

OR M1

LD X5

AND X6

OR M2

ANB

ORI M3

OUT Y2

（2）LD X0

MPS

LD X1

OR X2

ANB

OUT Y0

MRD

LD X3

AND X4

LD X5

AND X6

ORB

ANB

OUT Y1

MPP

AND X7

OUT Y2

LD X10

OR X11

ANB

OUT Y3

32. 画出图 3.135 中 M120 和 Y3 的波形。

33. 用 SET、RST 指令和微分指令设计满足如图 3.136 所示的梯形图。

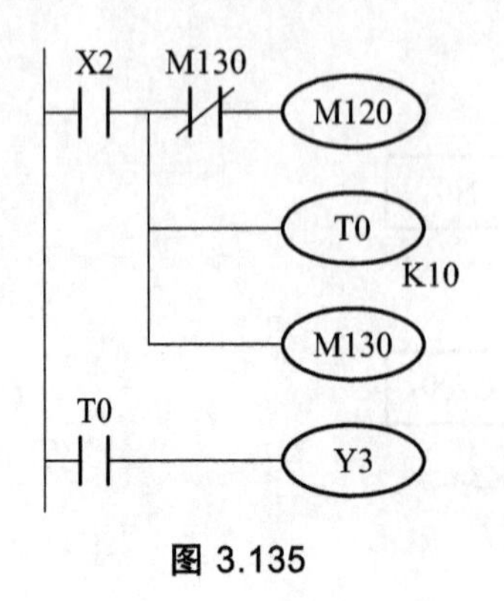

图 3.135

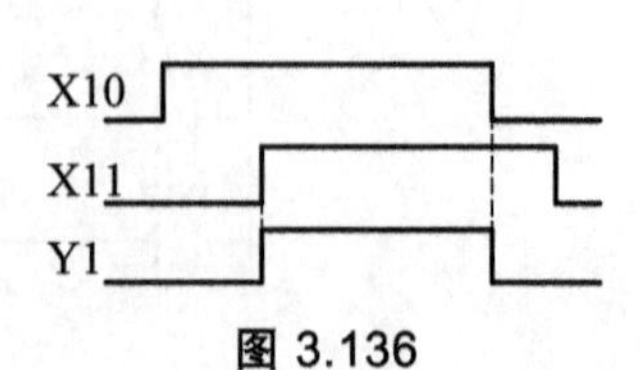

图 3.136

项目四　PLC技术应用

【项目任务单】

<table>
<tr><td>项目任务</td><td colspan="2">利用PLC技术进行继接控制线路改造</td><td>参考学时</td><td>18</td></tr>
<tr><td>项目描述</td><td colspan="4">设计了一套以PLC为核心控制器的自动焊锡机控制系统，用来取代以往的较复杂的继电器—接触器控制控制，系统采用顺序设计法。</td></tr>
<tr><td rowspan="3">项目目标</td><td>专业知识</td><td colspan="3">1. PLC的顺序控制设计法
2. 步的划分
3. 转换条件的确定
4. 顺序功能图绘制
5. 通用编程方法
6. STL指令编程方法
7. 其他编程方法</td></tr>
<tr><td>专业技能</td><td colspan="3">1. PLC的I/O接线
2. 专用编程器的使用
3. 顺序设计法编程
4. 梯形图与指令表的相互转换</td></tr>
<tr><td>职业素养</td><td colspan="3">安全、文明、诚信、规范、新技术应用</td></tr>
<tr><td>项目任务</td><td colspan="4">根据项目目标，知道PLC及其应用的基础知识，正确选择PLC，设计、安装和调试自动焊锡机控制系统</td></tr>
<tr><td>任务完成评价</td><td colspan="4">一、交接验收时，应符合下列要求：
1. 电气的型号、规格符合设计要求。
2. 电气的外观检查完好，绝缘器件无裂纹，安装方式符合产品技术文件的要求。
3. 电气安装牢固、平正，符合设计及产品技术文件的要求。
4. 电气的接零、接地可靠。
5. 电气的连接线排列整齐、美观。
6. 绝缘电阻值符合要求。
7. 活动部件动作灵活、可靠，联锁传动装置动作正确。
8. 标志齐全完好、字迹清晰。
二、通电后，应符合下列要求：
1. 操作时动作应灵活、可靠。
2. 电磁器件应无异常响声。
3. 线圈及接线端子的温度不应超过规定。
4. 触头压力、接触电阻不应超过规定。
三．验收时，应提交下列资料和文件：
1. 变更设计的证明文件。
2. 制造厂提供的产品说明书、合格证件及竣工图纸等技术文件。
3. 安装技术记录。
4. 调整试验记录。
5. 根据合同提供的备品、备件清单。</td></tr>
</table>

任务一　项目情景功能分析

自动焊锡机主要有焊锡机械手和除渣机械手组成。其控制过程为：启动机器，除渣机械手上升电磁阀得电上升，将待除渣工件托盘上升到位碰 SQ7，停止上升；左行电磁阀得电，机械手左行到位碰 SQ5，停止左行；下降电磁阀得电，机械手下降到位碰 SQ8，停止下降；右行电磁阀得电，机械手右行到位碰 SQ6，停止右行。托盘电磁阀得电上升，上升到位碰 SQ3，停止上升；托盘右行电磁阀得电，托盘右行到位碰 SQ2，托盘停止右行；托盘下降电磁阀得电，托盘下降到位碰 SQ4，停止下降，工件焊锡。当焊锡时间到；托盘上升电磁阀得电，托盘上升到位碰 SQ3，停止上升；托盘左行电磁阀得电，托盘左行到位碰 SQ1，托盘停止左行；托盘下降电磁阀得电，托盘下降到位碰 SQ4，托盘停止下降，已焊好工件取出。延时 5 s 后，自动进入下一循环。简易的动作示意图如图 4.1 所示。

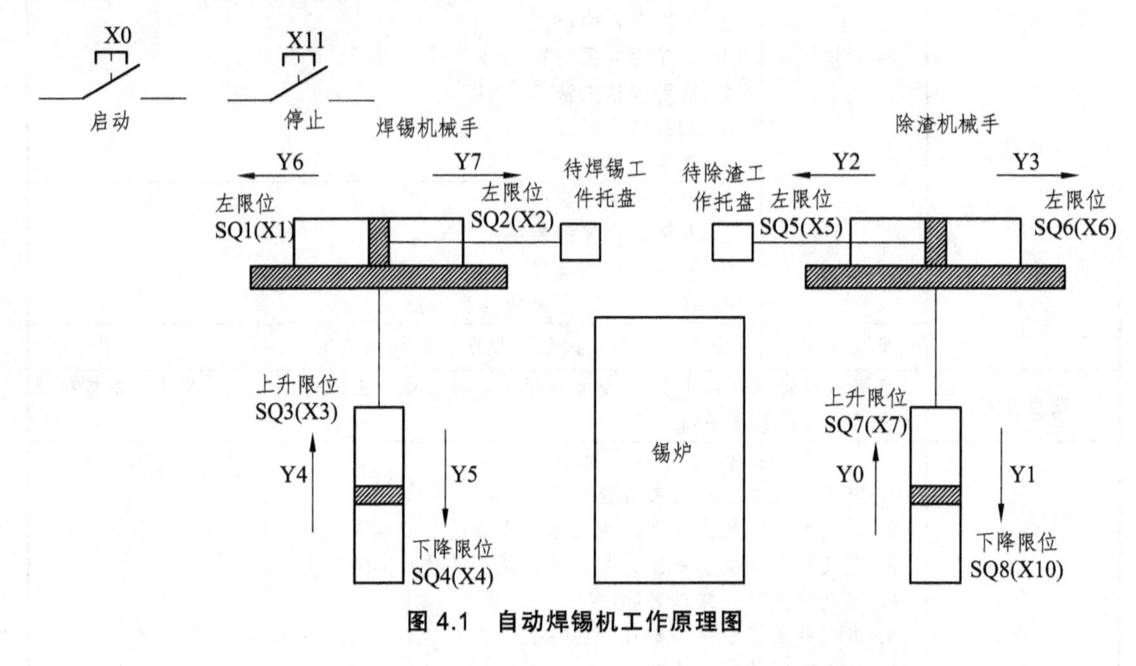

图 4.1　自动焊锡机工作原理图

任务二　顺序控制设计法的应用

一、顺序控制设计法概述

如果一个控制系统可以分解成几个独立的控制动作，且这些动作必须严格按照一定的先后次序执行才能保证生产过程的正常运行，这样的控制系统称为顺序控制系统，也称为步进控制系统。其控制总是一步一步按顺序进行。在工业控制领域中，顺序控制系统的应用很广，尤其在机械行业，几乎无例外地利用顺序控制来实现加工的自动循环。而自动焊锡机的工作过程就是这一典型特征。

所谓顺序控制设计法就是针对顺序控制系统的一种专门的设计方法。这种设计方法很容易被初学者接受，对于有经验的工程师，也会提高设计的效率，程序的调试、修改和阅读也很方便。PLC 的设计者们为顺序控制系统的程序编制提供了大量通用和专用的编程元件，开发了专门供编制顺序控制程序用的功能表图，使这种先进的设计方法成为当前 PLC 程序设计的主要方法。

二、顺序控制设计法的设计步骤

采用顺序控制设计法进行程序设计的基本步骤及内容如下：

1. 步的划分

顺序控制设计法最基本的思想是将系统的一个工作周期划分为若干个顺序相连的阶段，这些阶段称为步，并且用编程元件（辅助继电器 M 或状态器 S）来代表各步。如图 4.2（a）所示，步是根据 PLC 输出状态的变化来划分的，在任何一步之内，各输出状态不变，但是相邻步之间输出状态是不同的。步的这种划分方法使代表各步的编程元件与 PLC 各输出状态之间有着极为简单的逻辑关系。

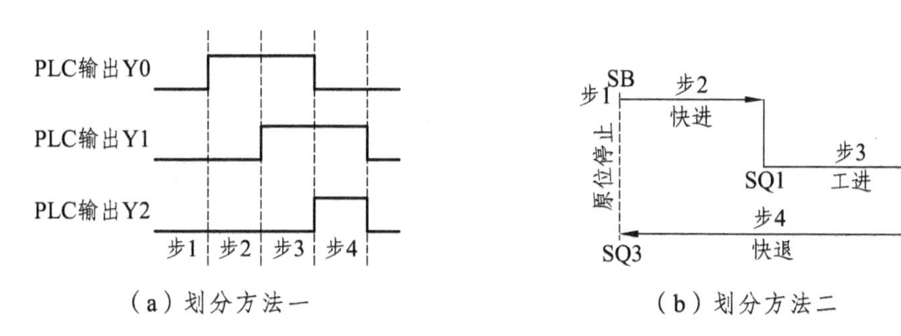

（a）划分方法一　　（b）划分方法二

图 4.2　步的划分

步也可根据被控对象工作状态的变化来划分，但被控对象工作状态的变化应该是由 PLC 输出状态变化引起的。如图 4.2（b）所示，某液压滑台的整个工作过程可划分为停止（原位）、快进、工进、快退四步。但这四步的状态改变都必须是由 PLC 输出状态的变化引起的，否则就不能这样划分，例如从快进转为工进与 PLC 输出无关，那么快进和工进只能算一步。

2. 转换条件的确定

使系统由当前步转入下一步的信号称为转换条件。转换条件可能是外部输入信号，如按钮、指令开关、限位开关的接通/断开等，也可能是 PLC 内部产生的信号，如定时器、计数器触点的接通/断开等，转换条件也可能是若干个信号的与、或、非逻辑组合。如图 4.2（b）所示的 SB、SQ1、SQ2、SQ3 均为转换条件。

顺序控制设计法用转换条件控制代表各步的编程元件，让它们的状态按一定的顺序变化，然后用代表各步的编程元件去控制各输出继电器。

3. 功能表图的绘制

根据以上分析和被控对象工作内容、步骤、顺序和控制要求画出功能表图。绘制功能表图是顺序控制设计法中最为关键的一个步骤。绘制功能表图的具体方法将后面详细介绍。

4. 梯形图的编制

根据功能表图，按某种编程方式写出梯形图程序。有关编程方式将在本章节第五节中介绍。如果 PLC 支持功能表图语言，则可直接使用该功能表图作为最终程序。

三、功能表图的绘制

功能表图又称做状态转移图，它是描述控制系统的控制过程、功能和特性的一种图形，也是设计 PLC 的顺序控制程序的有力工具。功能表图并不涉及所描述的控制功能的具体技术，它是一种通用的技术语言，可以用于进一步设计和不同专业的人员之间进行技术交流。

各个 PLC 厂家都开发了相应的功能表图，各国家也都制定了功能表图的国家标准。我国于 1986 年颁布了功能表图的国家标准（GB 6988.6—1986）。

如图 4.3 所示为功能表图的一般形式，它主要由步、有向连线、转换、转换条件和动作（命令）组成。

（一）步与动作

1. 步

在功能表图中用矩形框表示步，方框内是该步的编号。如图 4.3 所示各步的编号为 $n-1$、n、$n+1$。编程时一般用 PLC 内部编程元件来代表各步，因此经常直接用代表该步的编程元件的元件号作为步的编号，如 M300 等，这样在根据功能表图设计梯形图时较为方便。

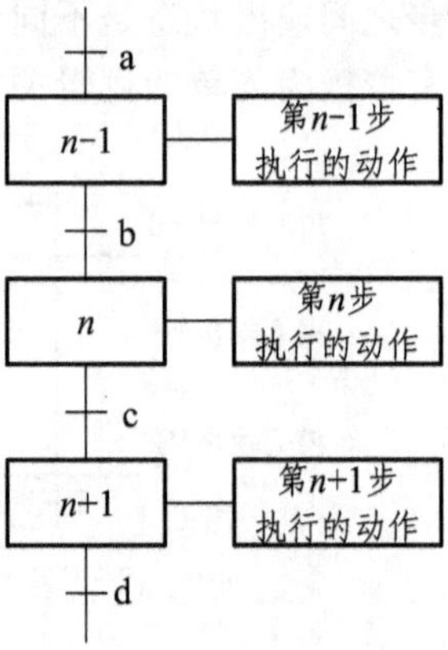

图 4.3　功能表图的一般形式

2. 初始步

与系统的初始状态相对应的步称为初始步。初始状态一般是系统等待启动命令的相对静止的状态。初始步用双线方框表示，每一个功能表图至少应该有一个初始步。

3. 动 作

一个控制系统可以划分为被控系统和施控系统，例如在数控车床系统中，数控装置是施控系统，而车床是被控系统。对于被控系统，在某一步中要完成某些“动作”，对于施控系统，在某一步中则要向被控系统发出某些“命令”，将动作或命令简称为动作，并用矩形框中的文字或符号表示，该矩形框应与相应的步的符号相连。如果某一步有几个动作，可以用如图 4.4 所示的两种画法来表示，但是图中并不隐含这些动作之间的任何顺序。

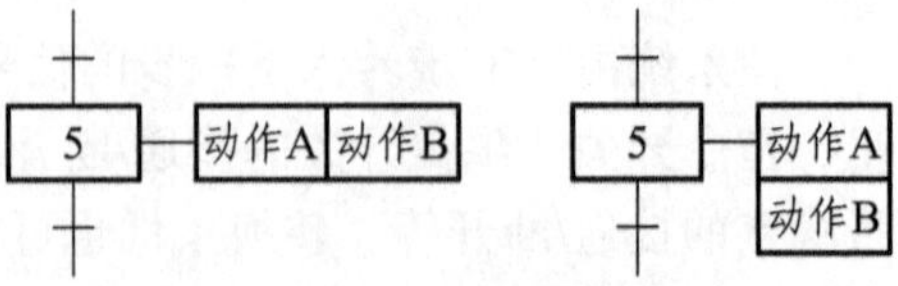

图 4.4　多个动作的表示

4. 活动步

当系统正处于某一步时，该步处于活动状态，称该步为“活动步”。步处于活动状态时，相应的动作被执行。若为保持型动作则该步不活动时继续执行该动作，若为非保持型动作则指该步不活动时，动作也停止执行。一般在功能表图中保持型的动作应该用文字或助记符标注，而非保持型动作不要标注。

（二）有向连线、转换与转换条件

1. 有向连线

在功能表图中，随着时间的推移和转换条件的实现，将会发生步的活动状态的顺序进展，这种进展按有向连线规定的路线和方向进行。在画功能表图时，将代表各步的方框按它们成为活动步的先后次序顺序排列，并用有向连线将它们连接起来。活动状态的进展方向习惯上是从上到下或从左至右，在这两个方向有向连线上的箭头可以省略。如果不是上述的方向，应在有向连线上用箭头注明进展方向。

2. 转　换

转换是用有向连线上与有向连线垂直的短划线来表示，转换将相邻两步分隔开。步的活动状态的进展是由转换的实现来完成的，并与控制过程的发展相对应。

3. 转换条件

转换条件是与转换相关的逻辑条件，转换条件可以用文字语言、布尔代数表达式或图形符号标注在表示转换的短线的旁边。转换条件 X 和 $\overline{X}$ 分别表示在逻辑信号 X 为“1”状态和“0”状态时转换实现。符号 X↑ 和 X↓ 分别表示当 X 从 0→1 状态和从 1→0 状态时转换实现。使用最多的转换条件表示方法是布尔代数表达式，如转换条件 $(X0+X3)\cdot\overline{C0}$。

（三）功能表图的基本结构

1. 单序列

单序列由一系列相继激活的步组成，每一步的后面仅接有一个转换，每一个转换的后面只有一个步，如图 4.5（a）所示。

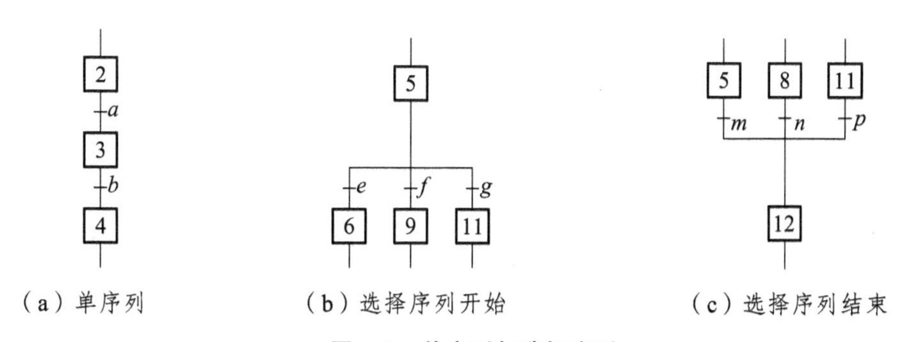

图 4.5　单序列与选择序列

2. 选择序列

选择序列的开始称为分支，如图 4.5（b）所示，转换符号只能标在水平连线之下。如果步 2 是活动的，并且转换条件 $e=1$，则发生由步 5→步 6 的进展；如果步 5 是活动的，并且 $f=1$，则发生由步 5→步 9 的进展。在某一时刻一般只允许选择一个序列。

选择序列的结束称为合并，如图 4.4（c）所示。如果步 5 是活动步，并且转换条件 $m=1$，则发生由步 5→步 12 的进展；如果步 8 是活动步，并且 $n=1$，则发生由步 8→步 12 的进展。

3. 并行序列

并行序列的开始称为分支，如图 4.6（a）所示，当转换条件的实现导致几个序列同时激活时，这些序列称为并行序列。当步 4 是活动步，并且转换条件 $a=1$、3、7、9 这三步同时变为活动步，同时步 4 变为不活动步。为了强调转换的同步实现，水平连线用双线表示。步 3、7、9 被同时激活后，每个序列中活动步的进展将是独立的。在表示同步的水平双线之上，只允许有一个转换符号。

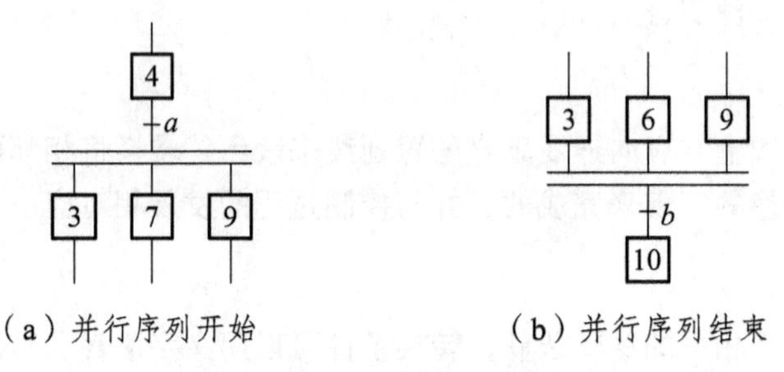

图 4.6 并行序列

并行序列的结束称为合并，如图 4.6（b）所示，在表示同步的水平双线之下，只允许有一个转换符号。当直接连在双线上的所有前级步都处于活动状态，并且转换条件 $b=1$ 时，才会发生步 3、6、9 到步 10 的进展，即步 3、6、9 同时变为不活动步，而步 10 变为活动步。并行序列表示系统的几个同时工作的独立部分的工作情况。

4. 子 步

如见图 4.7 所示，某一步可以包含一系列子步和转换，通常这些序列表示整个系统的一个完整的子功能。子步的使用使系统的设计者在总体设计时容易抓住系统的主要矛盾，用更加简洁的方式表示系统的整体功能和概貌，而不是一开始就陷入某些细节之中。设计者可以从最简单的对整个系统的全面描述开始，然后画出更详细的功能表图，子步中还可以包含更详细的子步，这使设计方法的逻辑性很强，可以减少设计中的错误，缩短总体设计和查错所需要的时间。

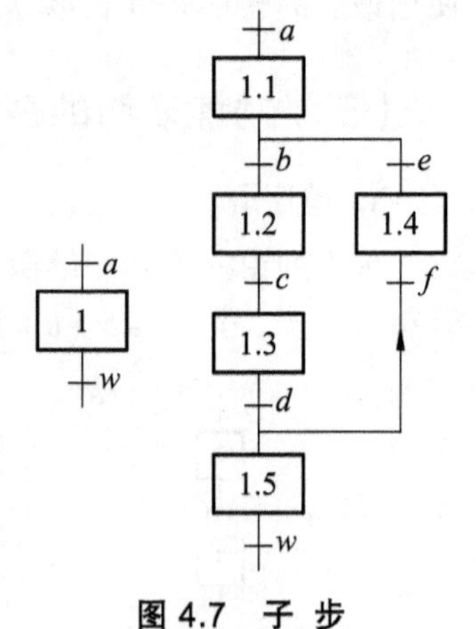

图 4.7 子 步

（四）转换实现的基本规则

1. 转换实现的条件

在功能表图中，步的活动状态的进展是由转换的实现来完成的。转换实现必须同时满足两个条件：

（1）该转换所有的前级步都是活动步。

（2）相应的转换条件得到满足。

如果转换的前级步或后续步不止一个，转换的实现称为同步实现，如图 4.8 所示。

2. 转换实现应完成的操作

转换的实现应完成两个操作：

（1）使所有由有向连线与相应转换符号相连的后续步都变为活动步。

（2）使所有由有向连线与相应转换符号相连的前级步都变为不活动步。

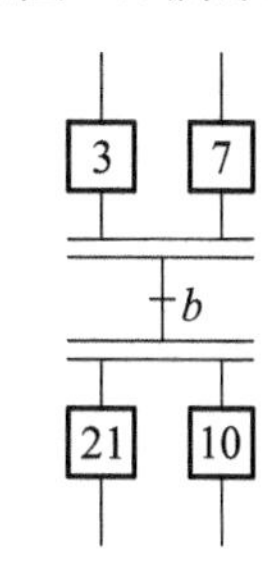

图 4.8　转换的同步实现

（五）绘制功能表图应注意的问题

（1）两个步绝对不能直接相连，必须用一个转换将它们隔开。

（2）两个转换也不能直接相连，必须用一个步将它们隔开。

（3）功能表图中初始步是必不可少的，它一般对应于系统等待启动的初始状态，这一步可能没有什么动作执行，因此很容易遗漏这一步。如果没有该步，无法表示初始状态，系统也无法返回停止状态。

（4）只有当某一步所有的前级步都是活动步时，该步才有可能变成活动步。如果用无断电保持功能的编程元件代表各步，则 PLC 开始进入 RUN 方式时各步均处于“0”状态，因此必须要有初始化信号，将初始步预置为活动步，否则功能表图中永远不会出现活动步，系统将无法工作。

（六）绘制功能表图举例

某组合机床液压滑台进给运动示意图如图 4.9 所示，其工作过程分成原位、快进、工进、快退四步，相应的转换条件为 SB、SQ1、SQ2、SQ3。液压滑台系统各液压元件动作情况如表 4.1 所示。根据上述功能表图的绘制方法，液压滑台系统的功能表图如图 4.9（a）所示。

表 4.1　液压元件动作表

工　步	元件		
	YV1	YV2	YV3
原　位	−	−	−
快　进	+	−	−
工　进	+	−	+
快　退	−	+	−

如果 PLC 已经确定，可直接用编程元件 M300 ~ M303（FX 系列）来代表这四步，设输入/输出设备与 PLC 的 I/O 点对应关系如表 4.2 所示，则可直接画出如图 4.9（b）所示的功能表图接线图，图中 M8002 为 FX 系列 PLC 的产生初始化脉冲的特殊辅助继电器。

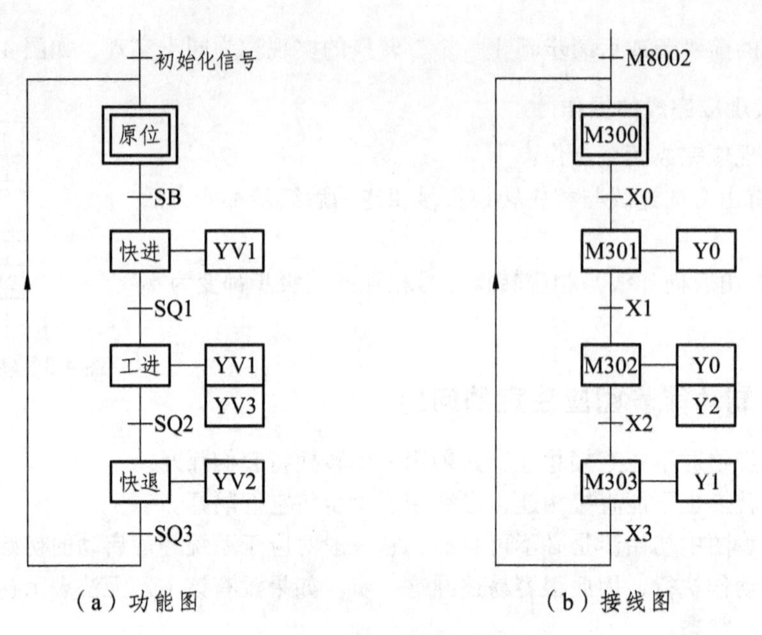

图 4.9　液压滑台系统的功能表图

表 4.2　输入/输出设备与 PLC I/O 对应关系

PLC　I/O	X0	X1	X2	X3	Y0	Y1	Y2
输入/输出设备	SB	SQ1	SQ2	SQ3	YV1	YV2	YV3

任务三　自动焊锡机功能图绘制

按前面介绍的方法，根据对自动焊锡机的工作过程分析，可以按顺序设计法的基本步骤进行功能图的绘制：

一、步的划分

根据工作过程，步分为：启动机器→除渣机械手上升→除渣机械手左行→除渣机械手下降→除渣机械手右行→托盘上升→托盘右行→托盘下降→工件焊锡→托盘上升→托盘左行→托盘下降→托盘停止，转换条件为各动作的位置信号。

二、确定输入/输出设备与 PLC I/O 对应关系

根据自动焊锡机动作控制要求示意图 4.10，I/O 点数计算所需要 10 个输入 8 个输出点确定输入/输出设备与 PLC　I/O 对应关系如表 4.3 所示。

表 4.3　自动锡焊机 I/O 表

输　入		输　出	
X0	启　动 SB1	Y0	除渣上行
X1	位置开关 SQ1	Y1	除渣下行
X2	位置开关 SQ2	Y2	除渣左行
X3	位置开关 SQ3	Y3	除渣右行
X4	位置开关 SQ4	Y4	托盘上行
X5	位置开关 SQ5	Y5	托盘下行
X6	位置开关 SQ6	Y6	托盘左行
X7	位置开关 SQ7	Y7	托盘右行
X10	位置开关 SQ8		
X11	停　止 SB2		

三、绘制自动焊锡机功能图

根据自动焊锡机的分步和转换条件以及 I/O 分配可能绘制功能图如图 4.10 所示。

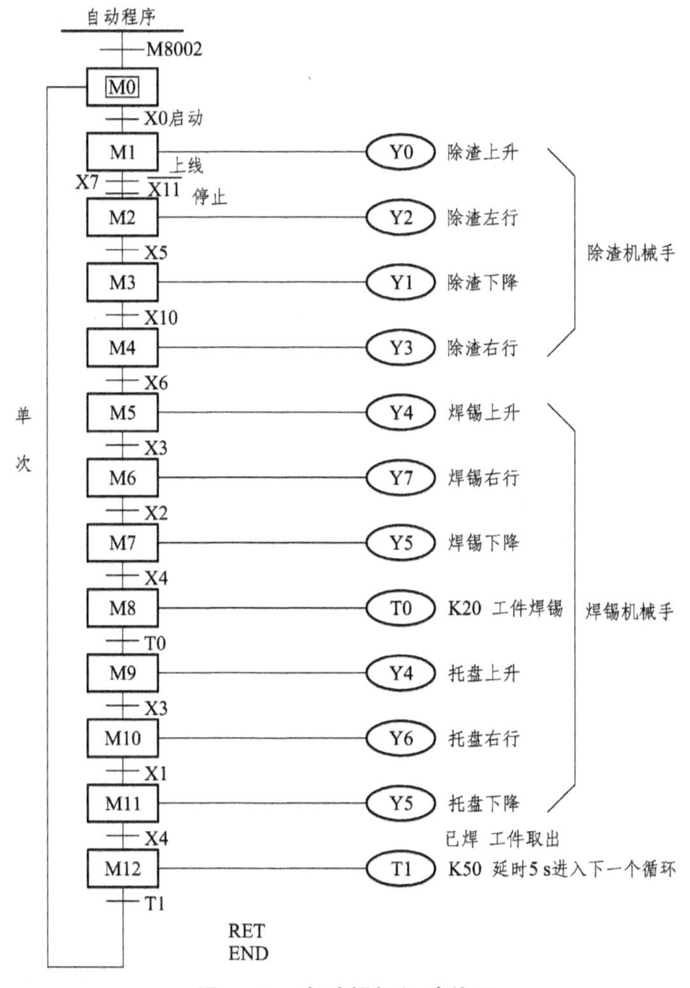

图 4.10　自动焊锡机功能图

任务四　自动焊锡机梯形图的编程

梯形图的编程方式是指根据功能表图设计出梯形图的方法。为了适应各厂家的 PLC 在编程元件、指令功能和表示方法上的差异，下面主要介绍使用通用指令的编程方式、以转换为中心的编程方式、使用 STL 指令的编程方式和仿 STL 指令的编程方式。

为了便于分析，我们假设刚开始执行用户程序时，系统已处于初始步（用初始化脉冲 M8002 将初始步置位），代表其余各步的编程元件均为 OFF，为转换的实现做好了准备。

一、使用通用指令的编程方式

编程时用辅助继电器来代表步。某一步为活动步时，对应的辅助继电器为“1”状态，转换实现时，该转换的后续步变为活动步。由于转换条件大都是短信号，即它存在的时间比它激活的后续步为活动步的时间短，因此应使用有记忆（保持）功能的电路来控制代表步的辅助继电器。属于这类的电路有“起保停电路”和具有相同功能的使用 SET、RST 指令的电路。

如图 4.11（a）所示 M_{i-1}、M_i 和 M_{i+1} 是功能表图中顺序相连的 3 步，X_i 是步 M_i 之前的转换条件。

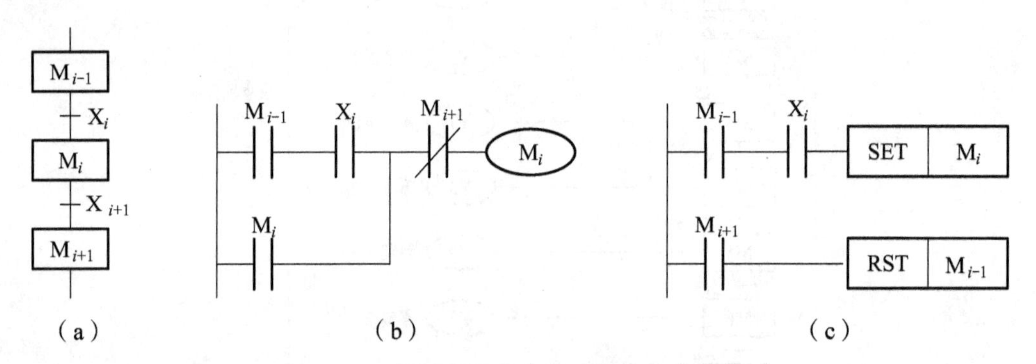

图 4.11　使用通用指令的编程方式示意图

编程的关键是找出它的启动条件和停止条件。根据转换实现的基本规则，转换实现的条件是它的前级步为活动步，并且满足相应的转换条件，所以步 M_i 变为活动步的条件是 M_{i-1} 为活动步，并且转换条件 $X_i=1$，在梯形图中则应将 M_{i-1} 和 X_i 的常开触点串联后作为控制 M_i 的启动电路，如图 4.11（b）所示。当 M_i 和 X_{i+1} 均为“1”状态时，步 M_{i+1} 变为活动步，这时步 M_i 应变为不活动步，因此可以将 $M_{i+1}=1$ 作为使 M_i 变为“0”状态的条件，即将 M_{i+1} 的常闭触点与 M_i 的线圈串联。也可用 SET、RST 指令来代替“起保停电路”，如图 4.11（c）所示。

这种编程方式仅仅使用与触点和线圈有关的指令，任何一种 PLC 的指令系统都有这一类指令，所以称为使用通用指令的编程方式，可以适用于任意型号的 PLC。

如图 4.12 所示是根据液压滑台系统的功能表图[见图 4.9（b）]使用通用指令编写的梯

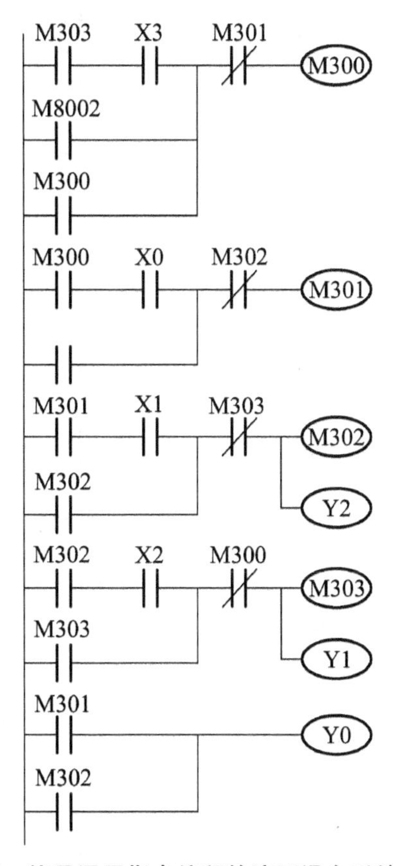

图 4.12　使用通用指令编程的液压滑台系统梯形图

形图。开始运行时应将 M300 置为“1”状态，否则系统无法工作，故将 M8002 的常开触点作为 M300 置为“1”条件。M300 的前级步为 M303，后续步为 M301。由于步是根据输出状态的变化来划分的，所以梯形图中输出部分的编程极为简单，可以分为两种情况来处理：

（1）某一输出继电器仅在某一步中为“1”状态，如 Y1 和 Y2 就属于这种情况，可以将 Y1 线圈与 M303 线圈并联，Y2 线圈与 M302 线圈并联。看起来用这些输出继电器来代表该步（如用 Y1 代替 M303），可以节省一些编程元件，但 PLC 的辅助继电器数量是充足、够用的，且多用编程元件并不增加硬件费用，所以一般情况下全部用辅助继电器来代表各步，具有概念清楚、编程规范、梯形图易于阅读和容易查错的优点。

（2）某一输出继电器在几步中都为“1”状态，应将代表各有关步的辅助继电器的常开触点并联后，驱动该输出继电器的线圈。如 Y0 在快进、工进步均为“1”状态，所以将 M301 和 M302 的常开触点并联后控制 Y0 的线圈。注意，为了避免出现双线圈现象，不能将 Y0 线圈分别与 M301 和 M302 的线圈并联。

根据图 4.10 自动焊锡机功能图表编制梯形图如图 4.13。

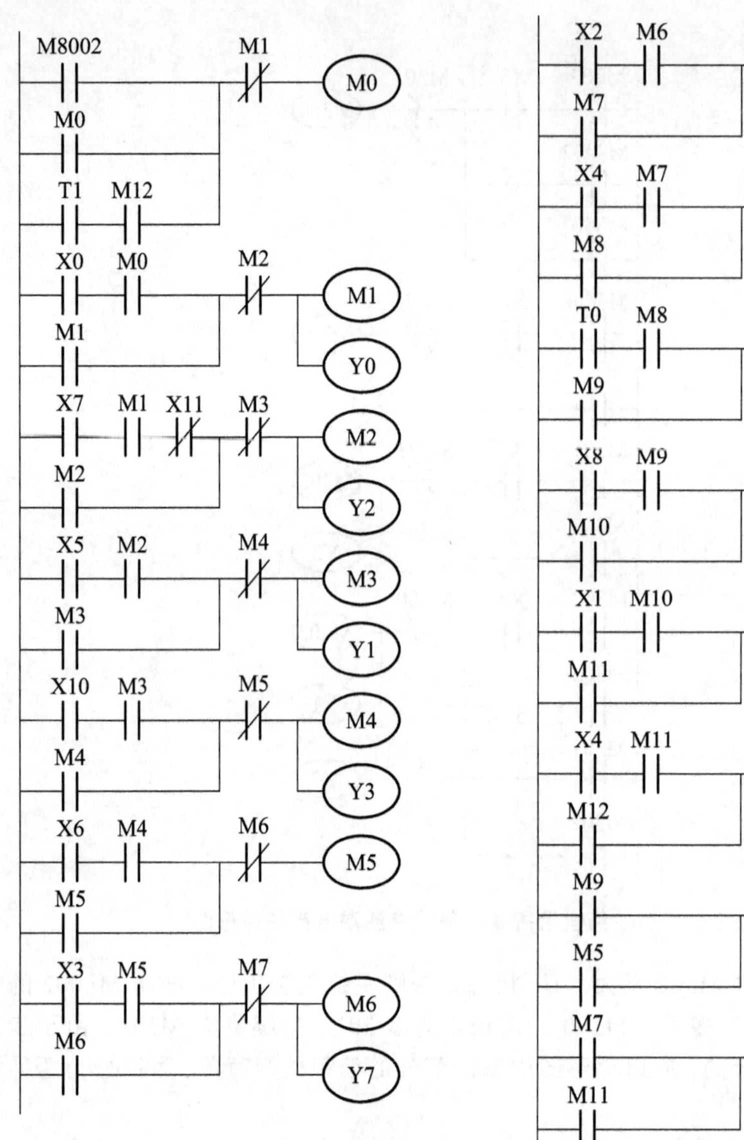

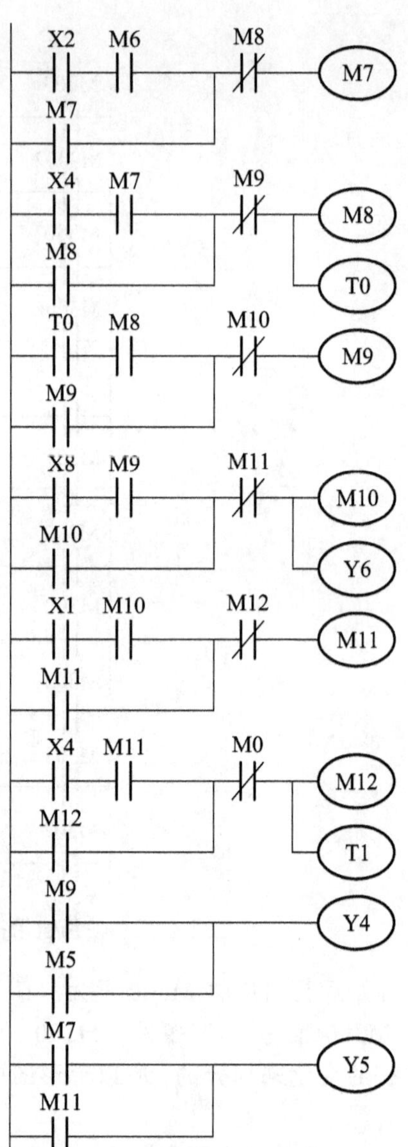

图 4.13 自动焊锡机梯形图

根据梯形图 4.13 写出指令表程序如表 4.4 所示。

表 4.4 自动焊锡机指令表

LD	T1	AND	M3	OUT	T0
AND	M12	OR	M4		K20
OR	M0	ANI	M5	LD	T0
OR	M8002	OUT	M4	AND	M8
ADI	M1	OUT	Y3	OR	M9
OUT	M0	LD	X6	ANI	M10

续表 4.4

LD	X0	AND	M4	OUT	M9
AND	M0	OR	M5	LD	X8
OR	M1	ANI	M6	AND	M9
ANI	M2	OUT	M5	OR	M10
OUT	M1	LD	X3	ANI	M11
OUT	Y0	AND	M5	OUT	M10
LD	X7	OR	M6	OUT	Y6
ANI	X11	ANI	M7	LD	X4
AND	M1	OUT	M6	AND	M11
OR	M2	OUT	Y7	OR	M12
ANI	M3	LD	X2	ANI	M0
OUT	M2	AND	M6	OUT	M12
OUT	Y2	OR	M7	OUT	T1
LD	X5	ANI	M8		K50
AND	M2	OUT	M7	LD	M9
OR	M3	LD	X4	OR	M5
ANI	M4	AND	X7	OUT	Y4
OUT	M3	OR	M8	LD	M7
OUT	Y1	ANI	M9	OR	M11
LD	X10	OUT	M8	OUT	Y5
				END	

二、使用 STL 指令的编程方式

许多 PLC 厂家都设计了专门用于编制顺序控制程序的指令和编程元件，如美国 GE 公司和 GOULD 公司的鼓形控制器、日本东芝公司的步进顺序指令、三菱公司的步进梯形指令等。

1. 步进梯形指令

步进梯形指令（Step Ladder Instruction）简称为 STL 指令。FX 系列就有 STL 指令及 RET 复位指令。利用这两条指令，可以很方便地编制顺序控制梯形图程序。

FX_{2N}系列 PLC 的状态器 S0 ~ S9 用于初始步，S10 ~ S19 用于返回原点，S20 ~ S499 为通用状态，S500 ~ S899 有断电保持功能，S900 ~ S999 用于报警。用它们编制顺序控制程序时，应与步进梯形指令一起使用。FX 系列还有许多用于步进顺控编程的特殊辅助继电器以及使状态初始化的功能指令 IST，使 STL 指令用于设计顺序控制程序更加方便。

使用 STL 指令的状态器的常开触点称为 STL 触点，它们在梯形图中的元件符号如图 4.14 所示。图中可以看出功能表图与梯形图之间的对应关系，STL 触点驱动的电路块具有三个功能：对负载的驱动处理、指定转换条件和指定转换目标。

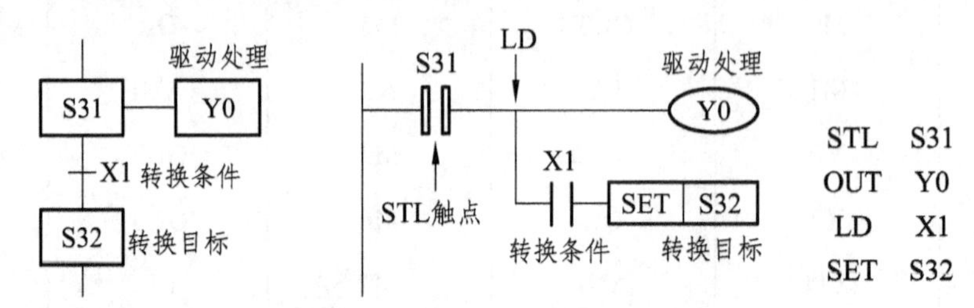

图 4.14 STL 指令与功能表图

除了后面要介绍的并行序列的合并对应的梯形图外，STL 触点是与左侧母线相连的常开触点，当某一步为活动步时，对应的 STL 触点接通，该步的负载被驱动。当该步后面的转换条件满足时，转换实现，即后续步对应的状态器被 SET 指令置位，后续步变为活动步，同时与前级步对应的状态器被系统程序自动复位，前级步对应的 STL 触点断开。

使用 STL 指令时应该注意以下一些问题：

（1）与 STL 触点相连的触点应使用 LD 或 LDI 指令，即 LD 点移到 STL 触点的右侧，直到出现下一条 STL 指令或出现 RET 指令，RET 指令使 LD 点返回左侧母线。各个 STL 触点驱动的电路一般放在一起，最后一个电路结束时一定要使用 RET 指令。

（2）STL 触点可以直接驱动或通过别的触点驱动 Y、M、S、T 等元件的线圈，STL 触点也可以使 Y、M、S 等元件置位或复位。

（3）STL 触点断开时，CPU 不执行它驱动的电路块，即 CPU 只执行活动步对应的程序。在没有并行序列时，任何时候只有一个活动步，因此大大缩短了扫描周期。

（4）由于 CPU 只执行活动步对应的电路块，使用 STL 指令时允许双线圈输出，即同一元件的几个线圈可以分别被不同的 STL 触点驱动。实际上在一个扫描周期内，同一元件的几条 OUT 指令中只有一条被执行。

（5）STL 指令只能用于状态寄存器，在没有并行序列时，一个状态寄存器的 STL 触点在梯形图中只能出现一次。

（6）STL 触点驱动的电路块中不能使用 MC 和 MCR 指令，但是可以使用 CJP 和 EJP 指令。当执行 CJP 指令跳入某一 STL 触点驱动的电路块时，不管该 STL 触点是否为“1”状态，均执行对应的 EJP 指令之后的电路。

（7）与普通的辅助继电器一样，可以对状态寄存器使用 LD、LDI、AND、ANI、OR、ORI、SET、RST、OUT 等指令，这时状态器触点的画法与普通触点的画法相同。

（8）使状态器置位的指令如果不在 STL 触点驱动的电路块内，执行置位指令时系统程序不会自动将前级步对应的状态器复位。

如图 4.15 所示小车一个周期内的运动路线由 4 段组成，它们分别对应于 S31 ~ S34 所代表的 4 步，S0 代表初始步。

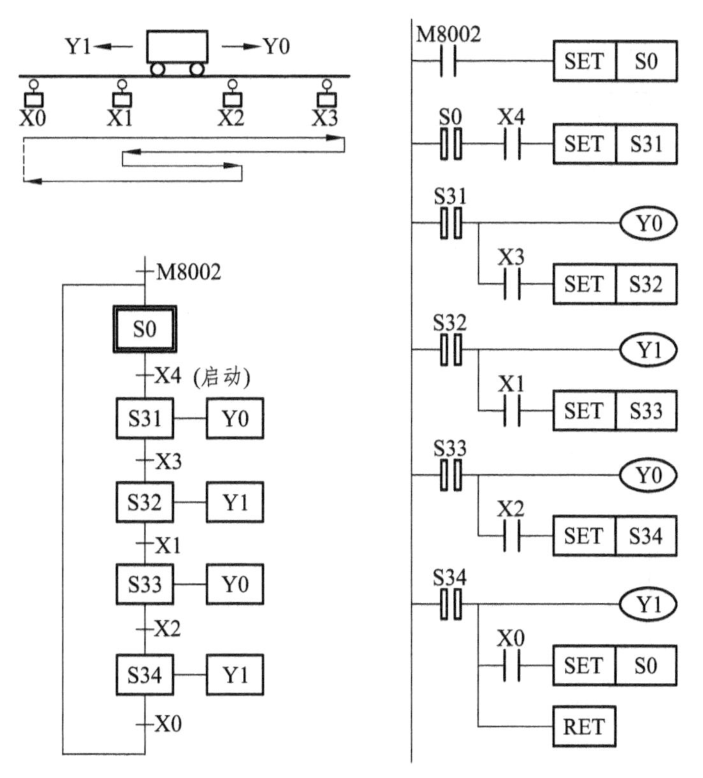

图 4.15　小车控制系统功能表图与梯形图

假设小车位于原点（最左端），系统处于初始步，S0 为“1”状态。按下启动按钮 X4，系统由初始步 S0 转换到步 S31。S31 的 STL 触点接通，Y0 的线圈“通电”，小车右行，行至最右端时，限位开关 X3 接通，使 S32 置位，S31 被系统程序自动置为“0”状态，小车变为左行，小车将这样一步一步地顺序工作下去，最后返回起始点，并停留在初始步。图 4.15 中的梯形图对应的指令表程序如表 4.5 所示.。

表 4.5　小车控制系统指令表

LD	M8002	OUT	Y0	SET	S33	OUT	Y1
SET	S0	LD	X3	STL	S33	LD	X0
STL	S0	SET	S32	OUT	Y0	SET	S0
LD	X4	STL	S32	LD	X2	RET	
SET	S31	OUT	Y1	SET	S34		
STL	S31	LD	X1	STL	S34		

2. STL 的功能图

根据自动焊锡机工作过程绘制使用 STL 的功能图 4.16 梯形图程序和指令表可根据上例自行练习。

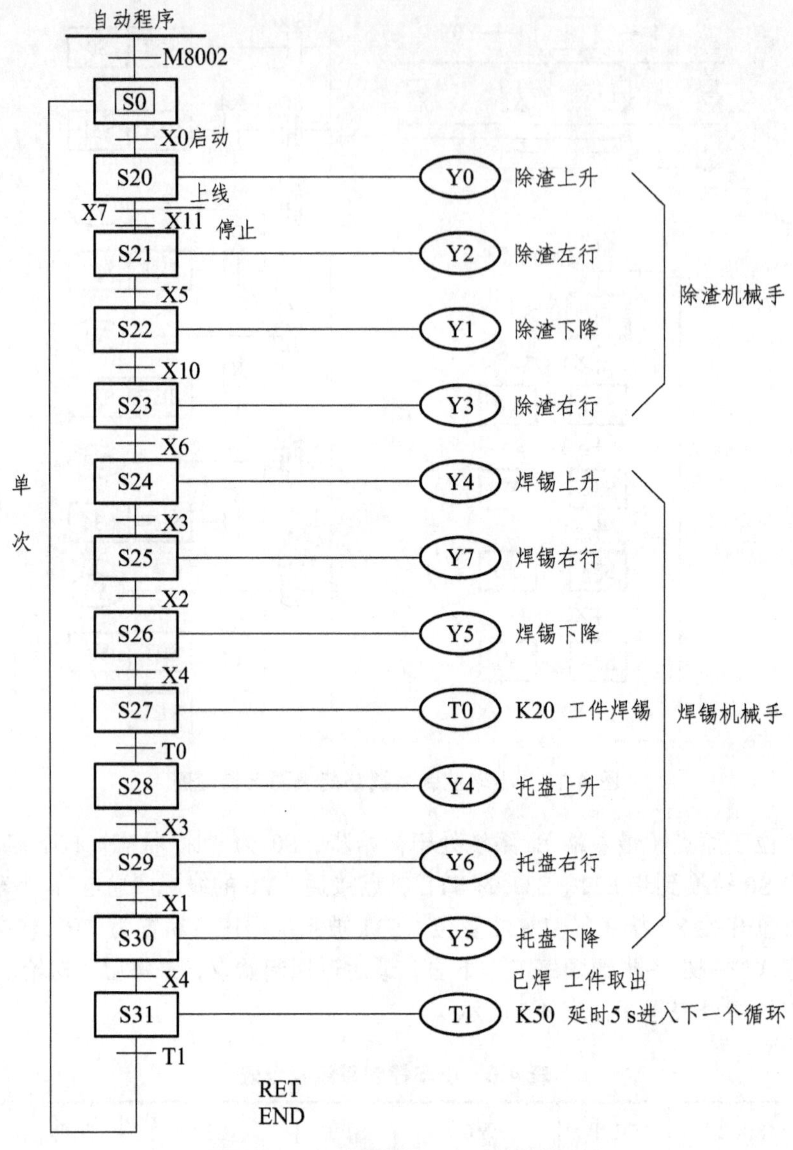

图 4.16 自动焊锡机 STL 的功能图

三、以转换为中心的编程方式

如图 4.17 所示为以转换为中心的编程方式设计的梯形图与功能表图的对应关系。图中要实现 X_i 对应的转换必须同时满足两个条件：前级步为活动步（$M_{i-1}=1$）和转换条件满足（$X_i=1$），所以用 M_{i-1} 和 X_i 的常开触点串联组成的电路来表示上述条件。两个条件同时满足时，该电路接通时，此时应完成两个操作：将后续步变为活动步（用 SET M_i 指令将 M_i 置位）和将前级步变为不活动步（用 RST M_{i-1} 指令将 M_{i-1} 复位）。这种编程方式与转换实现的基本规则之间有着严格的对应关系，用它编制复杂的功能表图的梯形图时，更能显示出它的优越性。

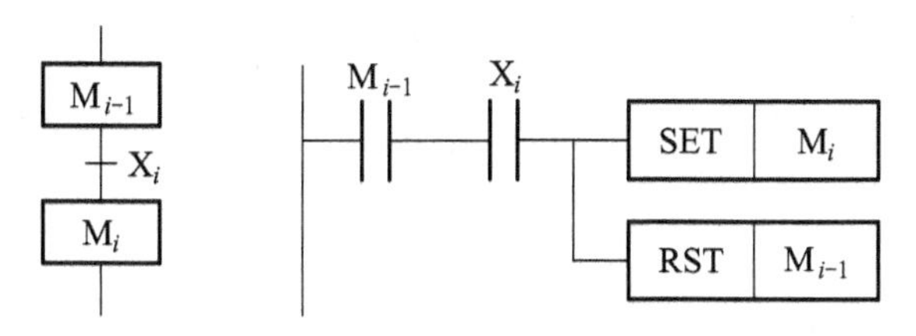

图 4.17　以转换为中心的编程方式

如图 4.18 所示为某信号灯控制系统的时序图、功能表图和梯形图。初始步时仅红灯亮，按下启动按钮 X0，4 s 后红灯灭、绿灯亮，6 s 后绿灯和黄灯亮，再过 5 s 后绿灯和黄灯灭、红灯亮。按时间的先后顺序，将一个工作循环划分为 4 步，并用定时器 T0 ~ T3 来为 3 段时间定时。开始执行用户程序时，用 M8002 的常开触点将初始步 M300 置位。按下启动按钮 X0 后，梯形图第 2 行中 M300 和 X0 的常开触点均接通，转换条件 X0 的后续步对应的 M301 被置位，前级步对应的辅助继电器 M300 被复位。M301 变为“1”状态后，控制 Y0（红灯）仍然为“1”状态，定时器 T0 的线圈通电，4 s 后 T0 的常开触点接通，系统将由第 2 步转换到第 3 步，依此类推。

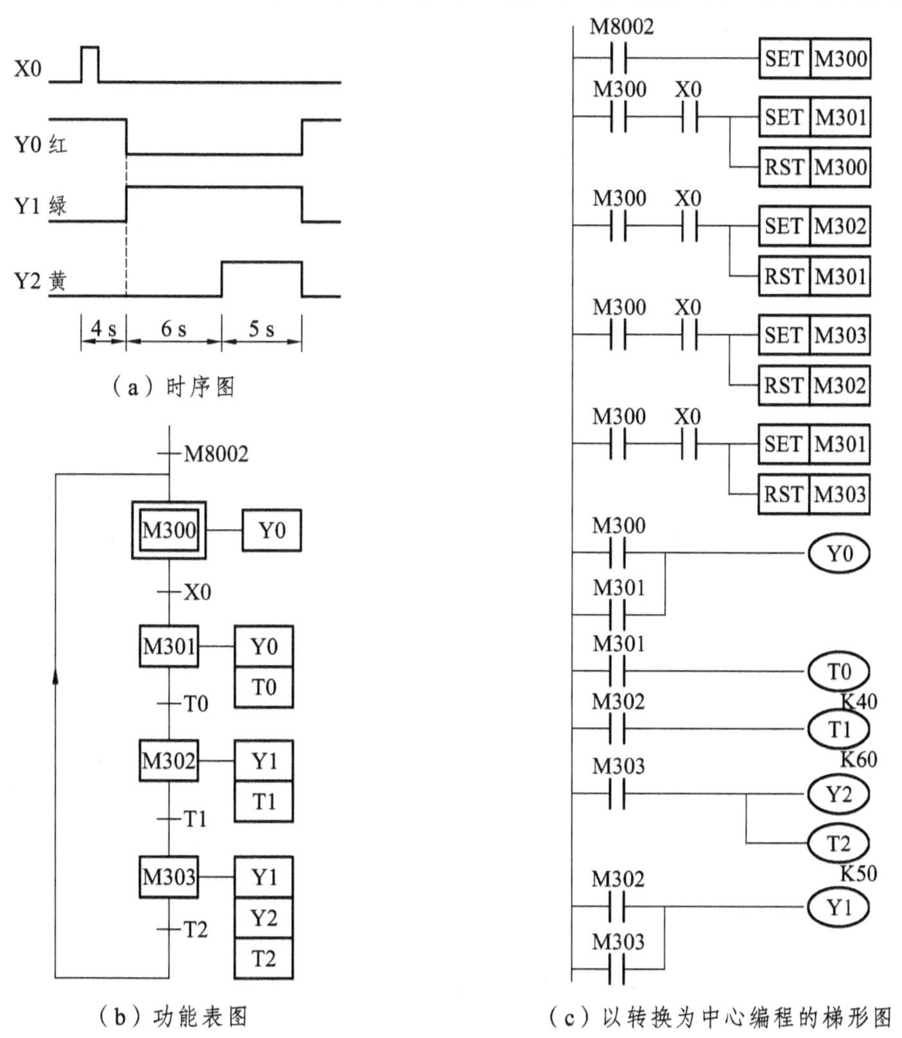

图 4.18　某信号灯控制系统

使用这种编程方式时，不能将输出继电器的线圈与 SET、RST 指令并联，这是因为图 4.18 中前级步和转换条件对应的串联电路接通的时间是相当短的，转换条件满足后前级步马上被复位，该串联电路被断开，而输出继电器线圈至少应该在某一步活动的全部时间内接通。

四、仿 STL 指令的编程方式

对于没有 STL 指令的 PLC，也可以仿照 STL 指令的设计思路来设计顺序控制梯形图，这就是下面要介绍的仿 STL 指令的编程方式。

如图 4.19 所示为某加热炉送料系统的功能表图与梯形图。除初始步外，各步的动作分别为开炉门、推料、推料机返回和关炉门，分别用 Y0、Y1、Y2、Y3 驱动动作。X0 是启动按钮，X1 ~ X4 分别是各动作结束的限位开关。与左侧母线相连的 M300 ~ M304 的触点，其作用与 STL 触点相似，它右边的电路块的作用为驱动负载、指定转换条件和转换目标，以及使前级步的辅助继电器复位。

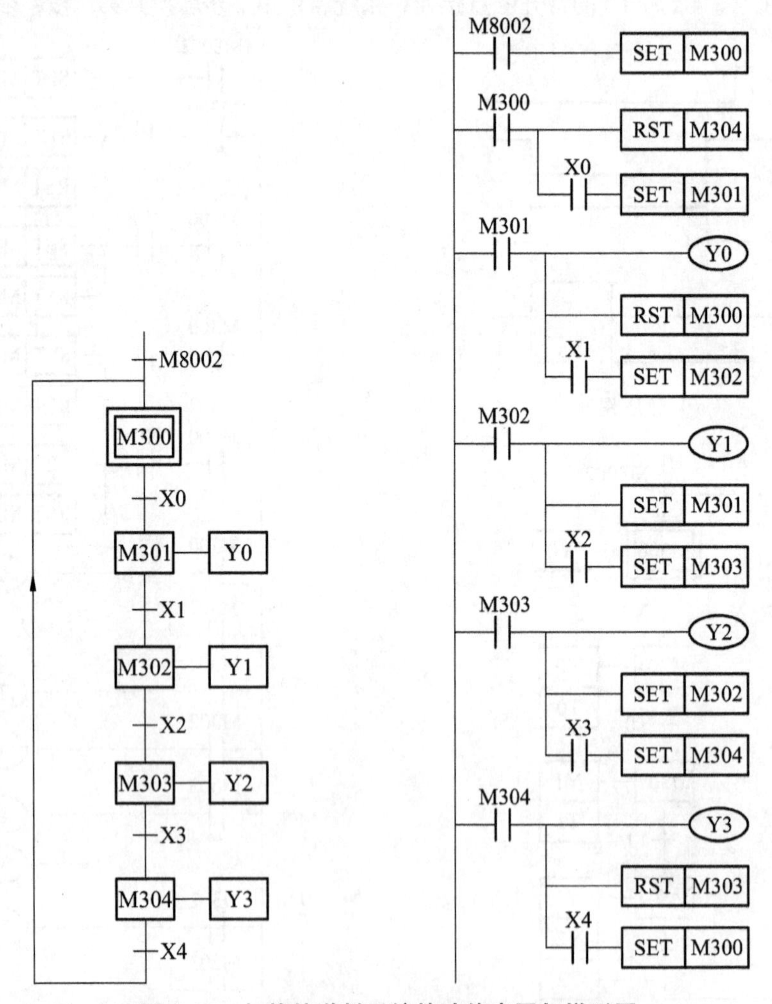

图 4.19　加热炉送料系统的功能表图与梯形图

由于这种编程方式用辅助继电器代替状态器，用普通的常开触点代替 STL 触点，因此，与使用 STL 指令的编程方式相比，有以下的不同之处：

（1）与代替 STL 触点的常开触点（如图 4.19 中 M300 ~ M304 的常开触点）相连的触点，应使用 AND 或 ANI 指令，而不是 LD 或 LDI 指令。

（2）在梯形图中用 RST 指令来完成代表前级步的辅助继电器的复位，而不是由系统程序自动完成。

（3）不允许出现双线圈现象，当某一输出继电器在几步中均为“1”状态时，应将代表这几步的辅助继电器常开触点并联来控制该输出继电器的线圈。

任务五　功能表图中几个特殊编程问题

一、跳步与循环

复杂的控制系统不仅 I/O 点数多，功能表图也相当复杂，除包括前面介绍的功能表图的基本结构外，还包括跳步与循环控制，而且系统往往还要求设置多种工作方式，如手动和自动（包括连续、单周期、单步等）工作方式。手动程序比较简单，一般用经验法设计，自动程序的设计一般用顺序控制设计法。

1. 跳　步

如图 4.20 所示用状态器来代表各步，当步 S31 是活动步，并且 X5 变为“1”时，将跳过步 S32，由步 S31 进展到步 S33。这种跳步与 S31→S32→S33 等组成的“主序列”中有向连线的方向相同，称为正向跳步。当步 S34 是活动步，并且转换条件 $X4\cdot\overline{C0}=1$ 时，将从步 S34 返回到步 S33，这种跳步与“主序列”中有向连线的方向相反，称为逆向跳步。显然，跳步属于选择序列的一种特殊情况。

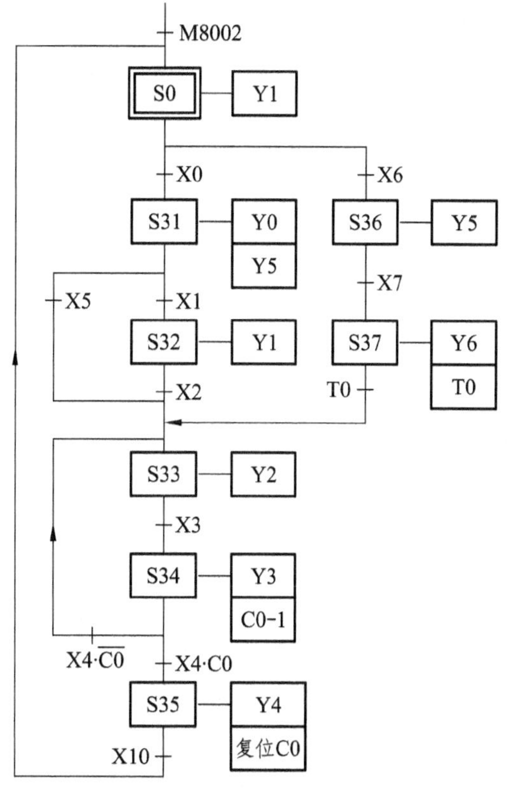

图 4.20　含有跳步和循环的功能表图

2. 循　环

在设计梯形图程序时，经常遇到一些需要多次重复的操作，如果一次一次地编程，显然是非常繁琐的。我们常常采用循环的方式来设计功能表图和梯形图，如图 4.20 所示，假设要求重复执行 10 次由步 S33 和步 S34 组成的工艺过程，用 C0 控制循环次数，它的设定值等于循环次数 10。每执行一次循环，在步 S34 中使 C0 的当前值减 1，这一操作是将 S34 的常开触点接在 C0 的计数脉冲输入端来实现的，当步 S34 变为活动步时，S34 的常开触点由断开变为接通，使 C0 的当前值减 1。每次执行循环的最后一步，都根据 C0 的当前值是否为零来判别是否应结束循环，图中用步 S34 之后选择序列的分支来实现的。假设 X4 为“1”，如果循环未结束，C0 的常闭触点闭合，转换条件 $X4\cdot\overline{C0}$ 满足并返回步 S33；当 C0 的当前值减为 0，其常开触点接通，转换条件 $X4\cdot C0$ 满足，将由步 S34 进展到步 S35。

在循环程序执行之前或执行完后，应将控制循环的计数器复位，才能保证下次循环时循环计数。复位操作应放在循环之外，图 4.20 中计数器复位在步 S0 和步 S25 显然比较方便。

二、选择序列和并行序列的编程

循环和跳步都属于选择序列的特殊情况。对选择序列和并行序列编程的关键在于对它们的分支和合并的处理，转换实现的基本规则是设计复杂系统梯形图的基本准则。与单序列不同的是，在选择序列和并行序列的分支、合并处，某一步或某一转换可能有几个前级步或几个后续步，在编程时应注意这个问题。

（一）选择序列的编程

1. 使用 STL 指令的编程

如图 4.21 所示，步 S0 之后有一个选择序列的分支，当步 S0 是活动步，且转换条件 X0 为“1”时，将执行左边的序列，如果转换条件 X3 为“1”状态，将执行右边的序列。步 S32 之前有一个由两条支路组成的选择序列的合并，当 S31 为活动步，转换条件 X1 得到满足，或者 S33 为活动步，转换条件 X4 得到满足，都将使步 S32 变为活动步，同时系统程序使原来的活动步变为不活动步。

如图 4.22 所示为对图 4.21 采用 STL 指令编写的梯形图，对于选择序列的分支，步 S0 之后的转换条件为 X0 和 X3，可能分别进展到步 S31 和 S33，所以在 S0 的 STL 触点开始的电路块中，有分别由 X0 和 X3 作为置位条件的两条支路。对于选择序列的合并，由 S31 和 S33 的 STL 触点驱动的电路块中的转换目标均为 S32。

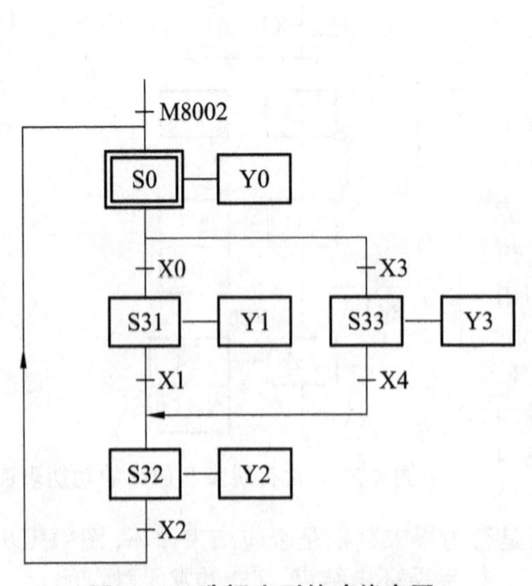

图 4.21　选择序列的功能表图一

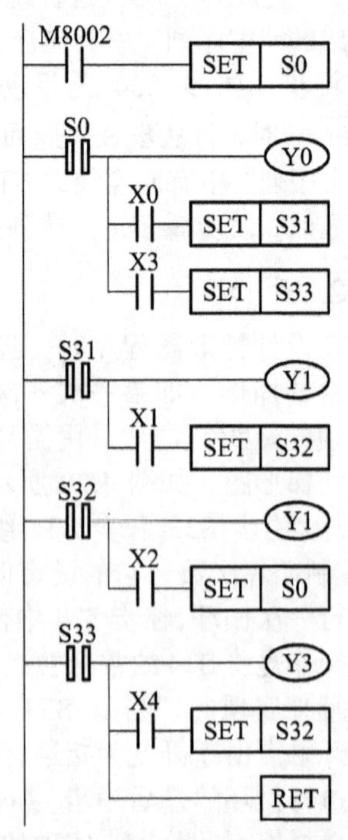

图 4.22　选择序列的梯形图一

在设计梯形图时，其实没有必要特别留意选择序列的如何处理，只要正确地确定每一步的转换条件和转换目标即可。

2. 使用通用指令的编程

如图 4.24 所示对图 4.23 功能表图使用通用指令编写的梯形图，对于选择序列的分支，当后续步 M301 或 M303 变为活动步时，都应使 M300 变为不活动步，所以应将 M301 和 M303 的常闭触点与 M300 线圈串联。对于选择序列的合并，当步 M301 为活动步，并且转换条件 X1 满足，或者步 M303 为活动步，并且转换条件 X4 满足，步 M302 都应变为活动步，M302 的启动条件应为：M301·X1＋M303·X4，对应的启动电路由两条并联支路组成，每条支路分别由 M301、X1 和 M303、X4 的常开触点串联而成。

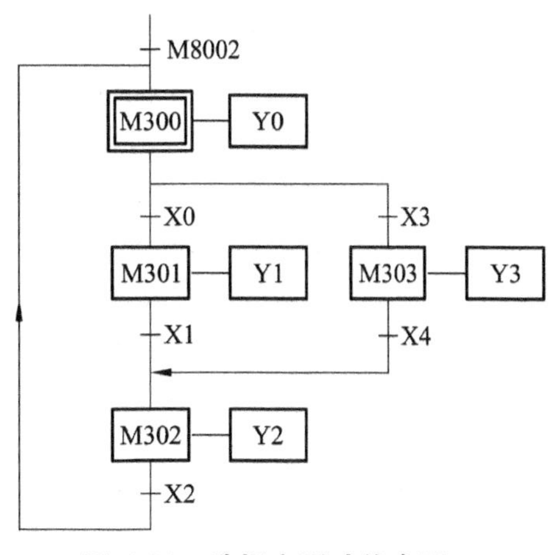

图 4.23　选择序列功能表图二

3. 以转换为中心的编程

如图 4.25 所示是对图 4.23 采用以转换为中心的编程方法设计的梯形图。用仿 STL 指令的编程方式来设计选择序列的梯形图，请读者自己编写。

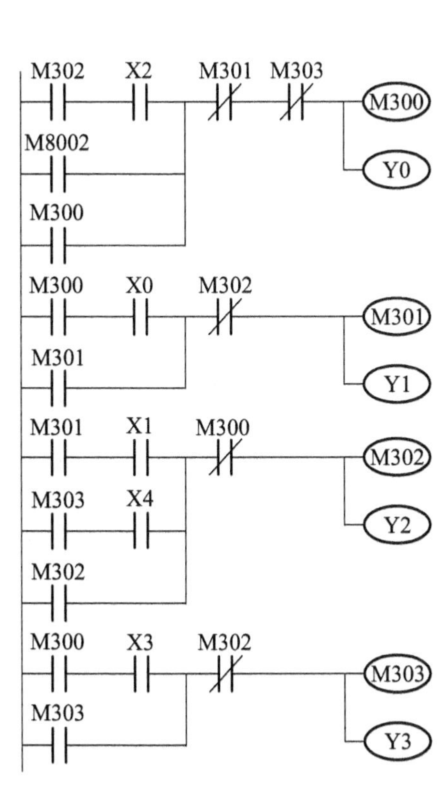

图 4.24　选择序列的梯形图二

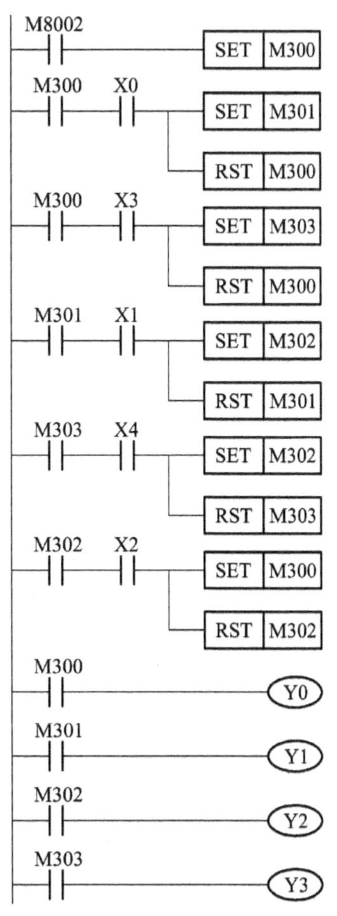

图 4.25　选择序列的梯形图三

（二）并行序列的编程

1. 使用 STL 指令的编程

如图 4.26 所示为包含并行序列的功能表图，由 S31、S32 和 S34、S35 组成的两个序列是并行工作的，设计梯形图时应保证这两个序列同时开始和同时结束，即两个序列的第一步 S31 和 S34 应同时变为活动步，两个序列的最后一步 S32 和 S35 应同时变为不活动步。并行序列的分支的处理是很简单的，当步 S0 是活动步，并且转换条件 X0 = 1，步 S31 和 S34 同时变为活动步，两个序列开始同时工作。当两个前级步 S32 和 S35 均为活动步且转换条件满足，将实现并行序列的合并，即转换的后续步 S33 变为活动步，转换的前级步 S32 和 S35 同时变为不活动步。

如图 4.27 所示是对图 4.26 功能表图采用 STL 指令编写的梯形图。对于并行序列的分支，当 S0 的 STL 触点和 X0 的常开触点均接通时，S31 和 S34 被同时置位，系统程序将前级步 S0 变为不活动步；对于并行序列的合并，用 S32、S35 的 STL 触点和 X2 的常开触点组成的串联电路使 S33 置位。在图 4.27 中，S32 和 S35 的 STL 触点出现了两次，如果不涉及并行序列的合并，同一状态器的 STL 触点只能在梯形图中使用一次，当梯形图中再次使用该状态器时，只能使用该状态器的一般的常开触点和 LD 指令。另外，FX 系列 PLC 规定串联的 STL 触点的个数不能超过 8 个，换句话说，一个并行序列中的序列数不能超过 8 个。

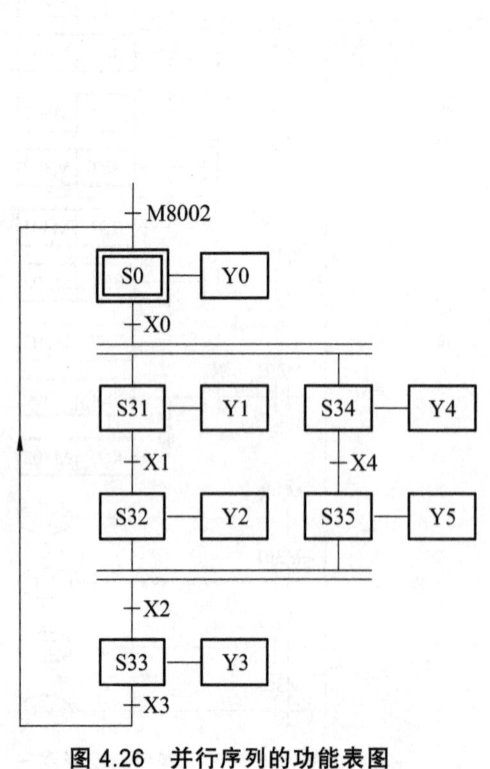

图 4.26　并行序列的功能表图

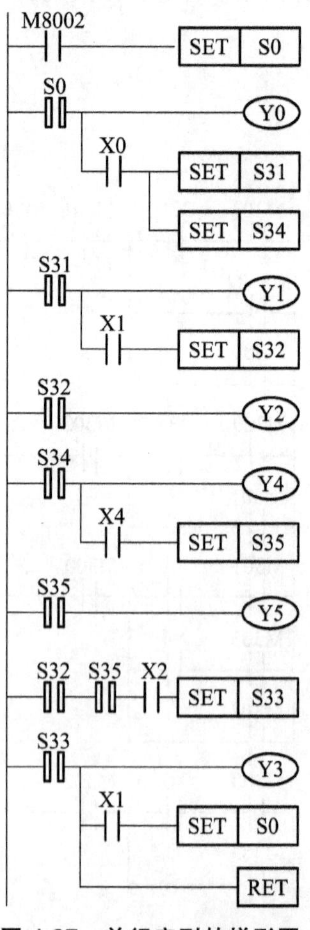

图 4.27　并行序列的梯形图

2. 使用通用指令的编程

如图 4.28 所示的功能表图包含了跳步、循环、选择序列和并行序列等基本环节。

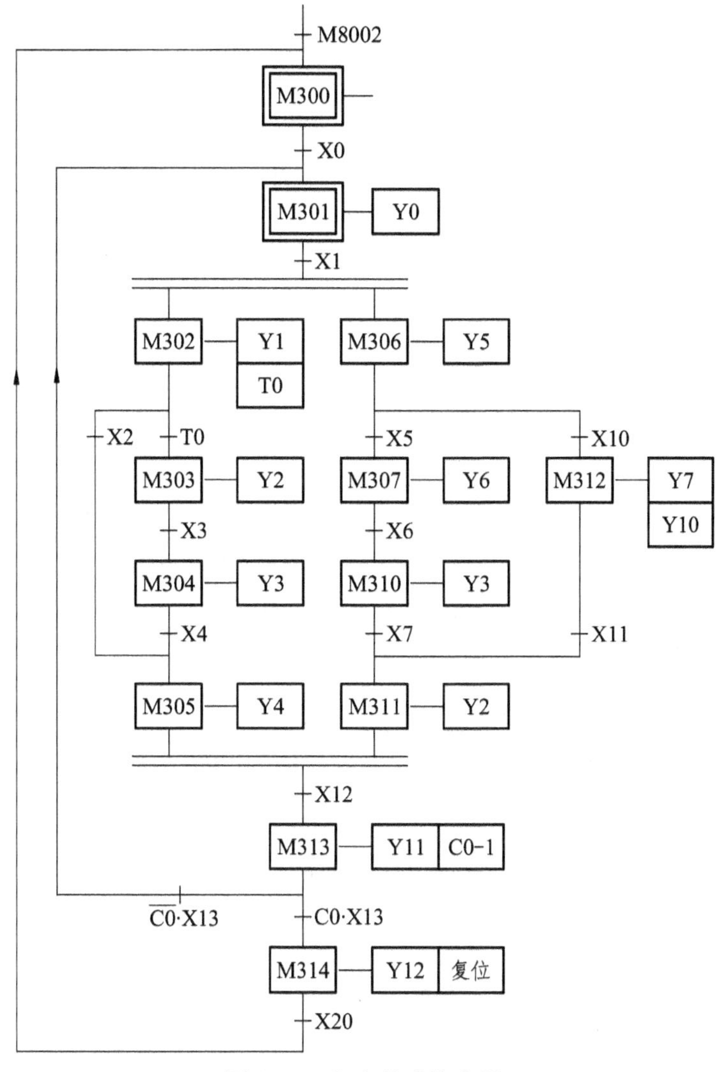

图 4.28 复杂的功能表图

如图 4.29 所示是对图 4.28 的功能表图采用通用指令编写的梯形图。步 M301 之前有一个选择序列的合并，有两个前级步 M300 和 M313，M301 的启动电路由两条串联支路并联而成。M313 与 M301 之间的转换条件为 $\overline{C0}$·X13，相应的启动电路的逻辑表达式为 M313·$\overline{C0}$·X13，该串联支路由 M313、X13 的常开触点和 C0 的常闭触点串联而成，另一条启动电路则由 M300 和 X0 的常开触点串联而成。步 M301 之后有一个并行序列的分支，当步 M301 是活动步，并且满足转换条件 X1，步 M302 与步 M306 应同时变为活动步，这是用 M301 和 X1 的常开触点组成的串联电路分别作为 M302 和 M306 的启动电路来实现的，与此同时，步 M301 应变为不活动步。步 M302 和 M306 是同时变为活动步的，因此只需要将 M302 的常闭触点与 M301 的线圈串联就行了。

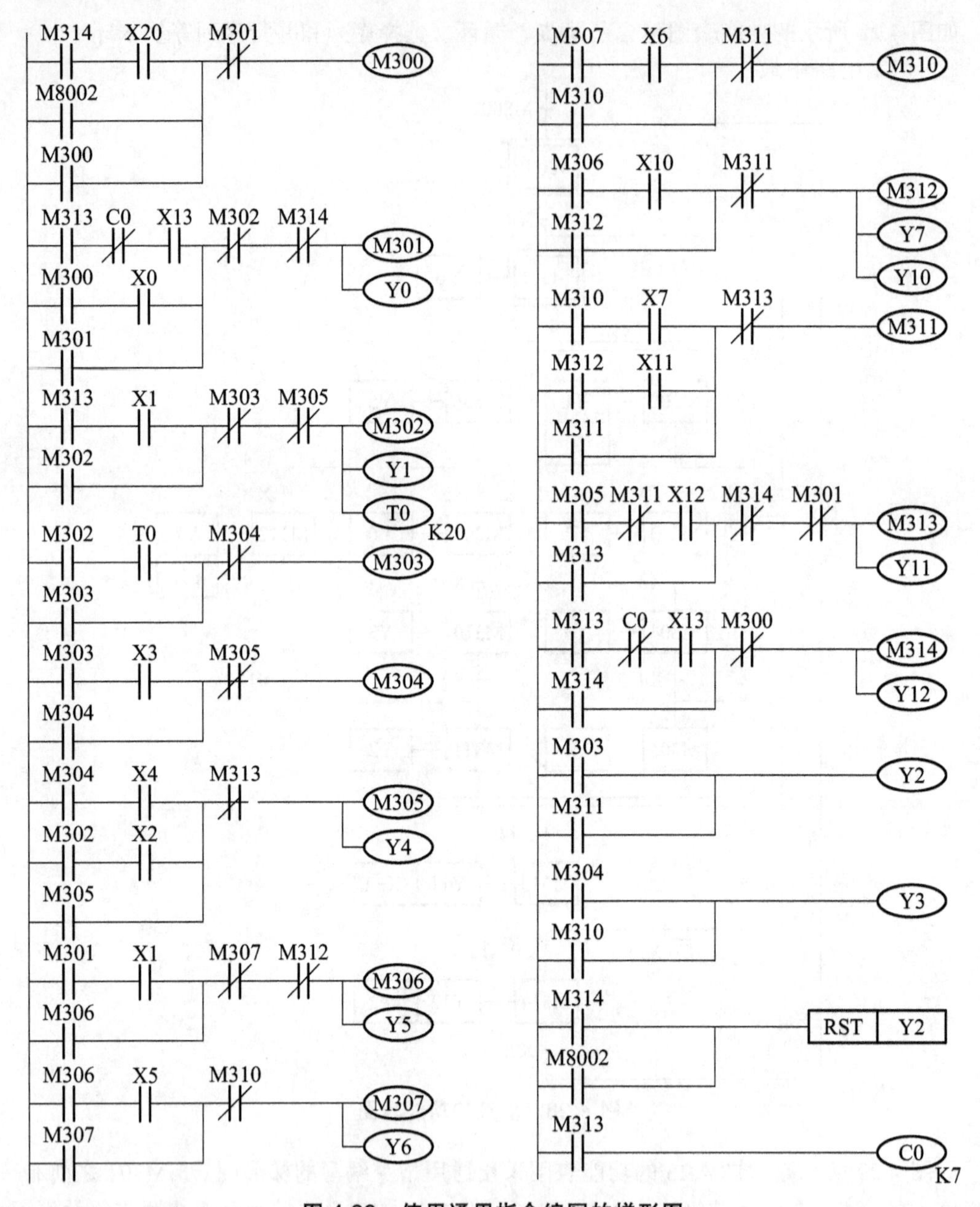

图 4.29　使用通用指令编写的梯形图

步 M313 之前有一个并行序列的合并，该转换实现的条件是所有的前级步（即步 M305 和 M311）都是活动步和转换条件 X12 满足。由此可知，应将 M305，M311 和 X12 的常开触点串联，作为控制 M313 的启动电路。M313 的后续步为步 M314 和 M301，M313 的停止电路由 M314 和 M301 的常闭触点串联而成。

编程时应该注意以下几个问题：

（1）不允许出现双线圈现象。

（2）当 M314 变为“1”状态后，C0 被复位（见图 4.29），其常闭触点闭合。下一次扫描开始时 M313 仍为“1”状态（因为在梯形图中 M313 的控制电路放在 M314 的上面），使 M301 的控制电路中最上面的一条启动电路接通，M301 的线圈被错误地接通，出现了 M314 和 M301 同时为“1”状态的异常情况。为了解决这一问题，将 M314 的常闭触点与 M301 的线圈串联。

（3）如果在功能表图中仅有由两步组成的小闭环，如图 4.30（a）所示，则相应的辅助继电器的线圈将不能“通电”。例如在 M202 和 X2 均为“1”状态时，M203 的启动电路接通，但是这时与它串联的 M202 的常闭触点却是断开的，因此 M203 的线圈将不能“通电”。出现上述问题的根本原因是步 M202 既是步 M203 的前级步，又是它的后序步。如图 4.30（b）所示在小闭环中增设一步就可以解决这一问题，这一步只起延时作用，延时时间可以取得很短，对系统的运行不会有什么影响。

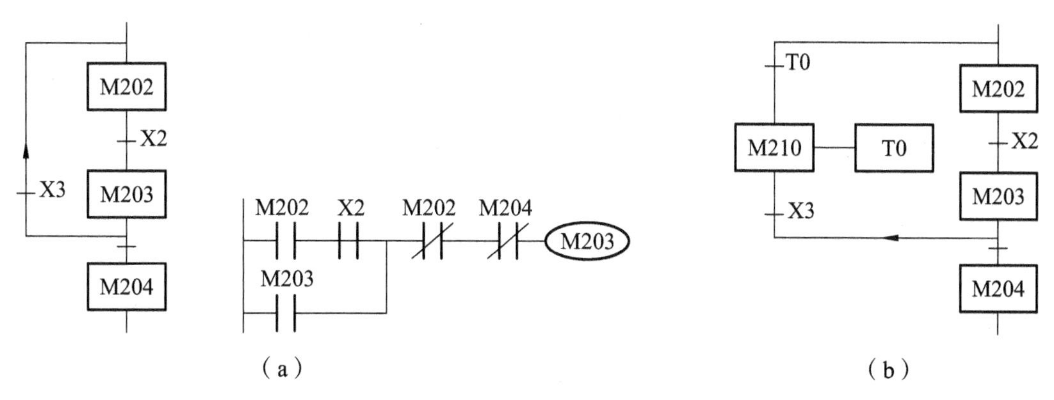

图 4.30　仅有两步的小闭环的处理

3. 使用以转换为中心的编程

与选择序列的编程基本相同，只是要注意并行序列分支与合并处的处理。

4. 使用仿 STL 指令的编程

如图 4.31 所示是对图 4.29 功能表图采用仿 STL 指令编写的梯形图。在编程时用接在左侧母线上与各步对应的辅助继电器的常开触点，分别驱动一个并联电路块。这个并联电路块的功能如下：驱动只在该步为“1”状态的负载的线圈；将该步所有的前级步对应的辅助继电器复位；指明该步之后的一个转换条件和相应的转换目标。以 M301 的常开触点开始的电路块为例，当 M301 为“1”状态时，仅在该步为“1”状态的负载 Y0 被驱动，前级步对应的辅助继电器 M300 和 M313 被复位。当该步之后的转换条件 X1 为“1”状态时，后续步对应的 M302 和 M306 被置位。

如果某步之后有多个转换条件，可将它们分开处理，例如步 M302 之后有两个转换，其中转换条件 T0 对应的串联电路放在电路块内，接在左侧母线上的 M302 的另一个常开触点和转换条件 X2 的常开触点串联，作为 M305 置位的条件。某一负载如果在不同的步为“1”状态，它的线圈不能放在各对应步的电路块内，而应该用相应辅助继电器的常开触点的并联电路来驱动它。

技术文件形成与整理按项目三中任务六的要求完成（略）。

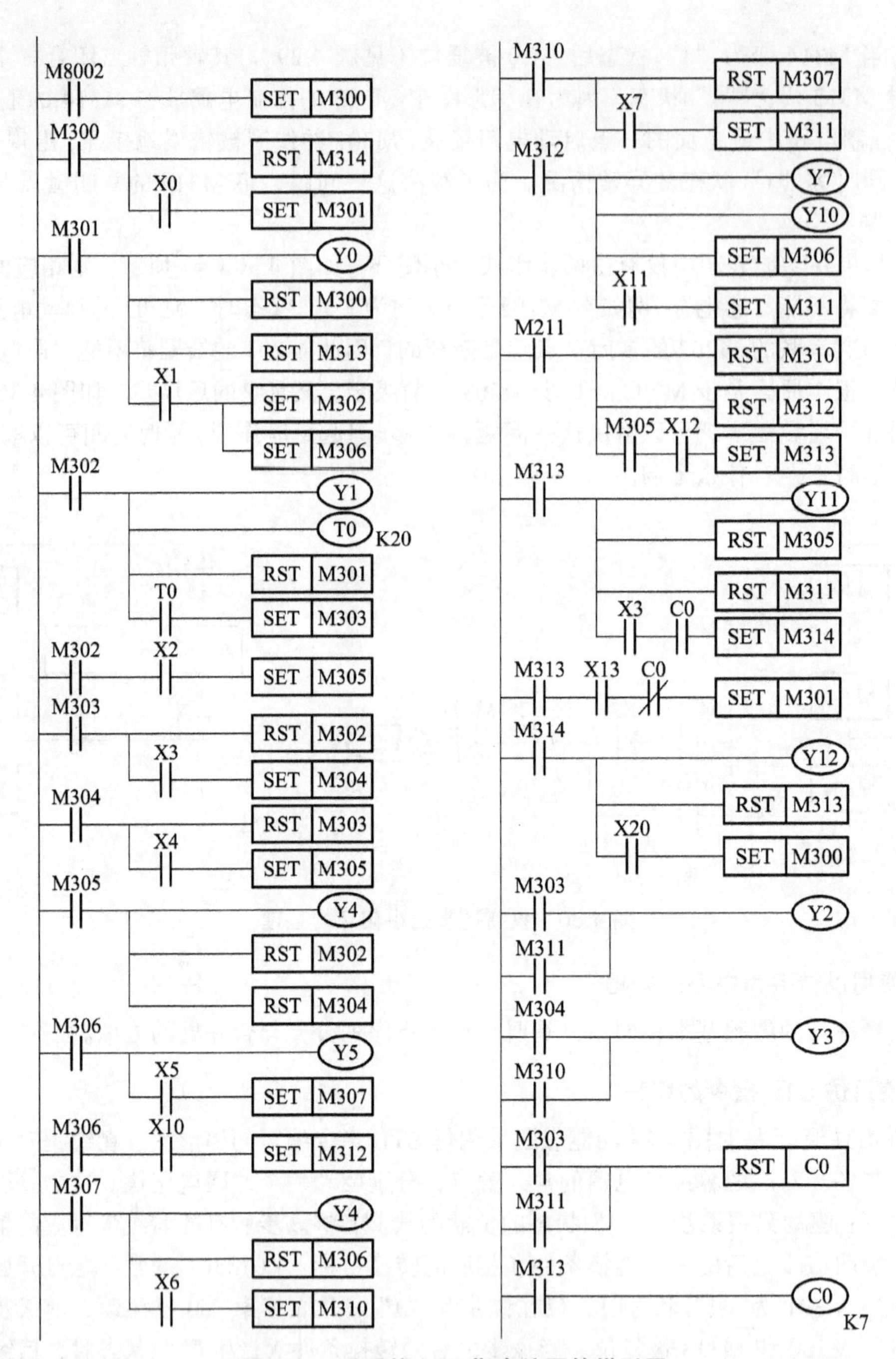

图 4.31　采用仿 STL 指令编写的梯形图

技能训练　对卧式镗床控制线路的 PLC 技术改造

一、概　述

PLC 控制取代继电器控制已是大势所趋，如果用 PLC 改造继电器控制系统，根据原有的继电器电路图来设计梯形图显然是一条捷径。这是由于原有的继电器控制系统经过长期的使用和考验，已经被证明能完成系统要求的控制功能，而继电器电路图又与梯形图有很多相似之处，因此可以将继电器电路图经过适当的“翻译”，从而设计出具有相同功能的 PLC 梯形图程序，所以将这种设计方法称为“移植设计法”或“翻译法”。

在分析 PLC 控制系统的功能时，可以将 PLC 想象成一个继电器控制系统中的控制箱。PLC 外部接线图描述的是这个控制箱的外部接线,PLC 的梯形图程序是这个控制箱内部的“线路图”，PLC 输入继电器和输出继电器是这个控制箱与外部联系的“中间继电器”，这样就可以用分析继电器电路图的方法来分析 PLC 控制系统。

我们可以将输入继电器的触点想象成对应的外部输入设备的触点，将输出继电器的线圈想象成对应的外部输出设备的线圈。外部输出设备的线圈除了受 PLC 的控制外，可能还会受外部触点的控制。用上述的思想就可以将继电器电路图转换为功能相同的 PLC 外部接线图和梯形图。

二、移植设计法的编程步骤

1. 分析原有系统的工作原理

了解被控设备的工艺过程和机械的动作情况，根据继电器电路图分析和掌握控制系统的工作原理。

2. PLC 的 I/O 分配

确定系统的输入设备和输出设备，进行 PLC 的 I/O 分配，画出 PLC 外部接线图。

3. 建立其他元器件的对应关系

确定继电器电路图中的中间继电器、时间继电器等各器件与 PLC 中的辅助继电器和定时器的对应关系。

以上 2 和 3 两步建立了继电器电路图中所有的元器件与 PLC 内部编程元件的对应关系，对于移植设计法而言，这非常重要。在这过程中应该处理好以几个问题：

（1）继电器电路中的执行元件应与 PLC 的输出继电器对应，如交直流接触器、电磁阀、电磁铁、指示灯等。

（2）继电器电路中的主令电器应与 PLC 的输入继电器对应，如按钮、位置开关、选择开关等。热继电器的触点可作为 PLC 的输入，也可接在 PLC 外部电路中，主要是看 PLC 的输入点是否富裕。注意处理好 PLC 内、外触点的常开和常闭的关系。

（3）继电器电路中的中间继电器与 PLC 的辅助继电器对应。

（4）继电器电路中的时间继电器与 PLC 的定时器或计数器对应，但要注意：时间继电器有通电延时型和断电延时型两种，而定时器只有“通电延时型”一种。

4. 设计梯形图程序

根据上述的对应关系，将继电器电路图“翻译”成对应的“准梯形图”，再根据梯形图的编程规则将“准梯形图”转换成结构合理的梯形图。对于复杂的控制电路可化整为零，先进行局部的转换，最后再综合起来。

5. 仔细校对、认真调试

对转换后的梯形图一定要仔细校对、认真调试，以保证其控制功能与原图相符。

三、卧式镗床 PLC 技术改造实现

1. 卧式镗床继电器控制系统分析

如图 4.32 所示为某卧式镗床继电器控制系统的电路图，包括主电路、控制电路、照明电

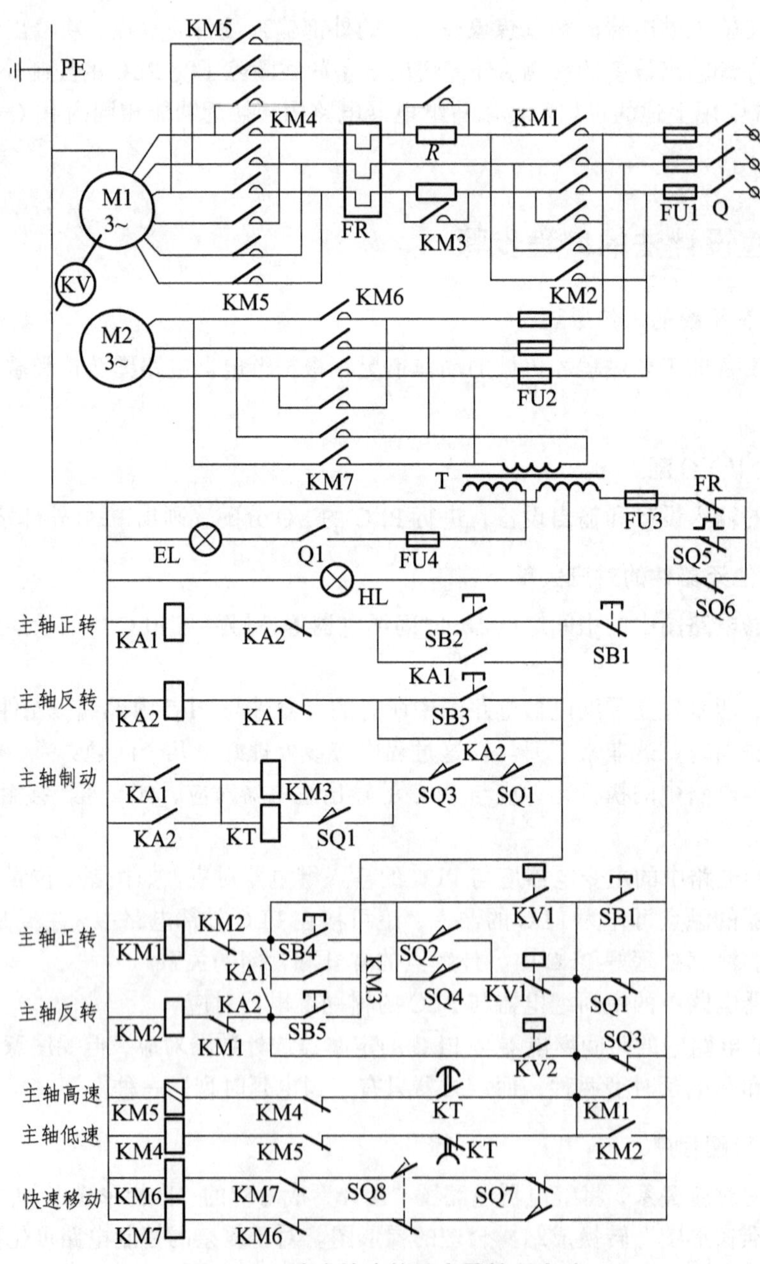

图 4.32 卧式镗床的继电器控制电路

路和指示电路。镗床的主轴电机 M1 是双速异步电动机，中间继电器 KA1 和 KA2 控制主轴电机的启动和停止，接触器 KM1 和 KM2 控制主轴电机的正反转，接触器 KM4、KM5 和时间继电器 KT 控制主轴电机的变速，接触器 KM3 用来短接串在定子回路的制动电阻。SQ1、SQ2 和 SQ3、SQ4 是变速操纵盘上的限位开关，SQ5 和 SQ6 是主轴进刀与工作台移动互锁限位开关，SQ7 和 SQ8 是镗头架和工作台的正、反向快速移动开关。

2. 画 PLC 外部接线图

改造后的 PLC 控制系统的外部接线图中，主电路、照明电路和指示电路同原电路不变，控制电路的功能由 PLC 实现，PLC 的 I/O 接线图如图 4.33 所示。

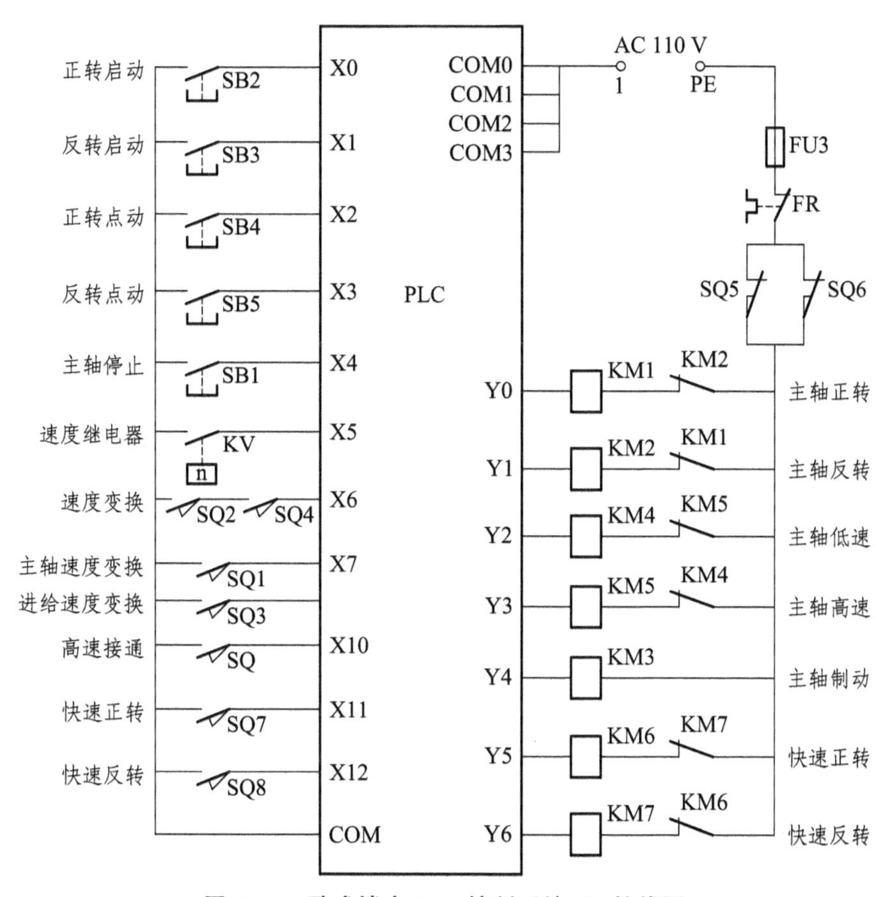

图 4.33　卧式镗床 PLC 控制系统 I/O 接线图

3. 设计梯形图

根据 PLC 的 I/O 对应关系，再加上原控制电路（图 4.32）中 KA1、KA2 和 KT 分别与 PLC 内部的 M300、M301 和 T0 相对应，可设计出 PLC 的梯形图如图 4.34 所示。

设计过程中应注意梯形图与继电器电路图的区别。梯形图是一种软件，是 PLC 图形化的程序，PLC 梯形图是串行工作的，而在继电器电路图中，各电器可以同时动作（并行工作）。

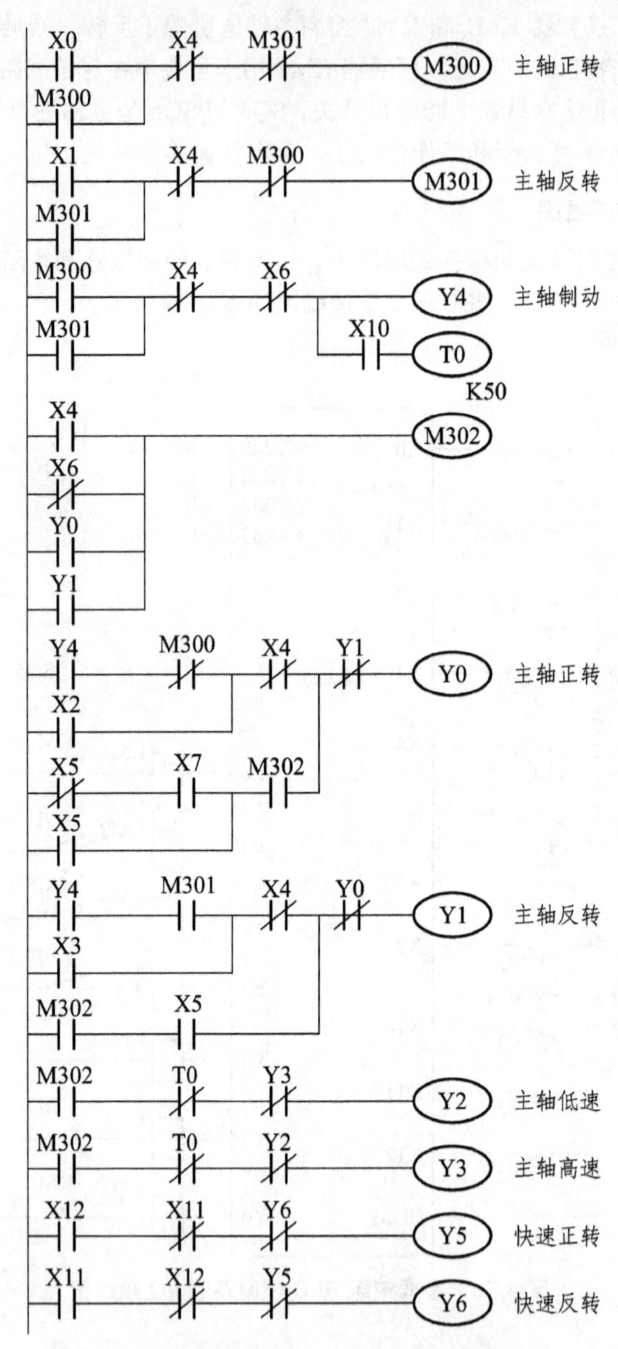

图 4.34　卧式镗床 PLC 控制系统的梯形图

移植设计法主要是用来对原有机电控制系统进行改造，这种设计方法没有改变系统的外部特性，对于操作工人来说，除了控制系统的可靠性提高之外，改造前后的系统没有什么区别，他们不用改变长期形成的操作习惯。这种设计方法一般不需要改动控制面板及器件，因此可以减少硬件改造的费用和改造的工作量。

拓展学习　PLC程序的逻辑设计法

逻辑设计方法的是以逻辑组合或逻辑时序的方法和形式来设计PLC程序，可分为组合逻辑设计法和时序逻辑设计法两种。这些设计方法既有严密可循的规律性，明确可行的设计步骤，又具有简便、直观和十分规范的特点。

一、PLC程序的组合逻辑设计法

（一）逻辑函数与梯形图的关系

组合逻辑设计法的理论基础是逻辑代数。我们知道，逻辑代数的三种基本运算"与"、"或"、"非"都有着非常明确的物理意义。逻辑函数表达式的线路结构与PLC梯形图相互对应，可以直接转化。

如图4.35所示为逻辑函数与梯形图的相关对应关系，其中图4.35（a）是多变量的逻辑"与"运算函数与梯形图，图4.35（b）为多变量"或"运算函数与梯形图，图4.35（c）为多变量"或"/"与"运算函数与梯形图，图4.35（d）为多变量"与"/"或"运算函数与梯形图。

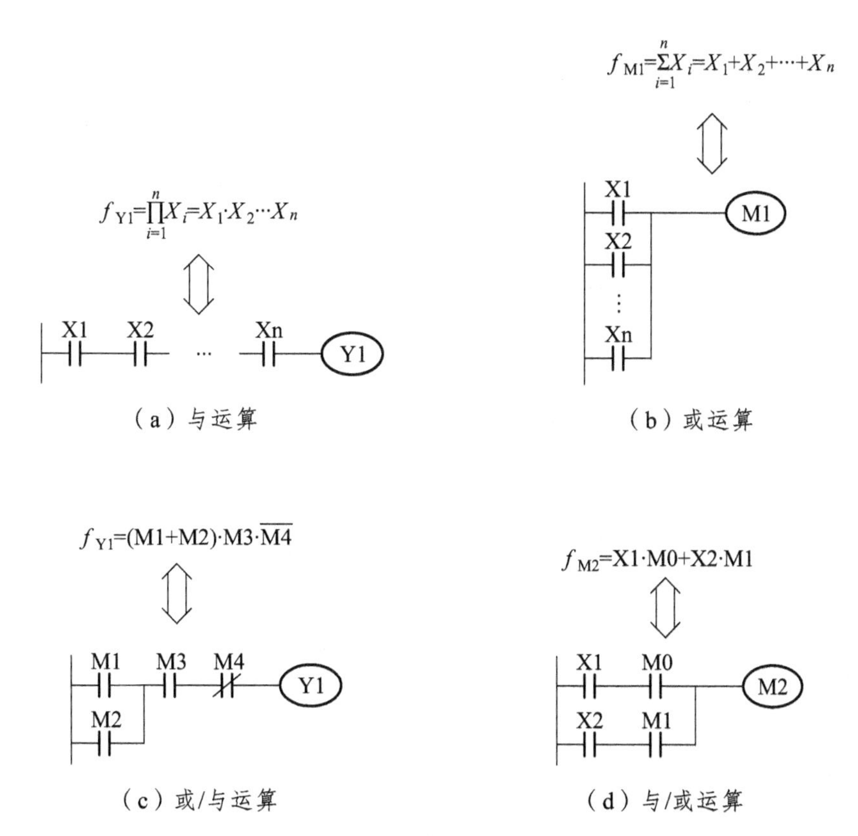

图4.35　逻辑函数与梯形图

由图 4.35 可知，当一个逻辑函数用逻辑变量的基本运算式表达出来后，实现这个逻辑函数的梯形图也就确定了。

（二）组合逻辑设计法的编程步骤

组合逻辑设计法适合于设计开关量控制程序，它是对控制任务进行逻辑分析和综合，将元件的通、断电状态视为以触点通、断状态为逻辑变量的逻辑函数，对经过化简的逻辑函数，利用 PLC 逻辑指令可顺利地设计出满足要求且较为简练的程序。这种方法设计思路清晰，所编写的程序易于优化。

用组合逻辑设计法进行程序设计一般可分为以下几个步骤：

（1）明确控制任务和控制要求，通过分析工艺过程绘制工作循环和检测元件分布图，取得电气执行元件功能表。

（2）详细绘制系统状态转换表。通常它由输出信号状态表、输入信号状态表、状态转换主令表和中间记忆装置状态表四个部分组成。状态转换表全面、完整地展示了系统各部分、各时刻的状态和状态之间的联系及转换，非常直观，对建立控制系统的整体联系、动态变化的概念有很大帮助，是进行系统的分析和设计的有效工具。

（3）根据状态转换表进行系统的逻辑设计，包括列写中间记忆元件的逻辑函数式和列写执行元件（输出量）的逻辑函数式。这两个函数式组，既是生产机械或生产过程内部逻辑关系和变化规律的表达形式，又是构成控制系统实现控制目标的具体程序。

（4）将逻辑设计的结果转化为 PLC 程序。逻辑设计的结果（逻辑函数式）能够很方便地过渡到 PLC 程序，特别是语句表形式，其结构和形式都与逻辑函数式非常相似，很容易直接由逻辑函数式转化。当然，如果设计者需要由梯形图程序作为一种过渡，或者选用的 PLC 的编程器具有图形输入的功能，则也可以首先由逻辑函数式转化为梯形图程序。

（三）组合逻辑设计举例

下面通过步进电机环形分配器的 PLC 程序来进行说明：

1. 工作原理

步进电机控制主要有三个重要参数即转速、转过的角度和转向。由于步进电机的转动是由输入脉冲信号控制，所以转速是由输入脉冲信号的频率决定，而转过的角度由输入脉冲信号的脉冲个数决定。转向由环形分配器的输出通过步进电机 A、B、C 相绕组来控制，环形分配器通过控制各相绕组通电的相序来控制步进电机转向。

如图 4.36 给出了一个双向三相六拍环形分配器的逻辑电路。电路的输出除决定于复位信号 RESET 外，还决定于输出端 Q_A、Q_B、Q_C 的历史状态及控制信号——EN 使能信号、CON 正反转控制信号和输入脉冲信号。其真值表如表 4.6 所示。

2. 程序设计

程序设计采用组合逻辑设计法，由真值表可知：

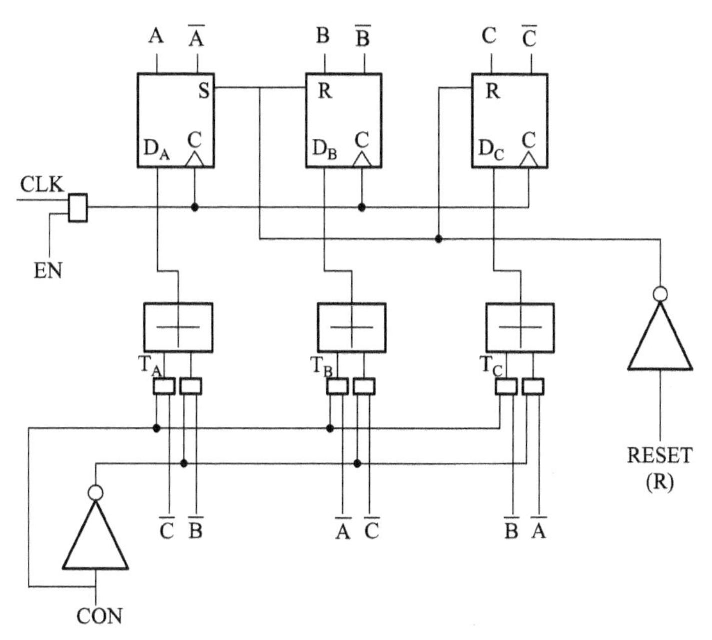

图 4.36 步进电机环形分配器

表 4.6 真值表

CON			1			0		
Z	EN	CLK	A	B	C	A	B	C
1	Φ	Φ	1	0	0	1	0	0
0	1	↑	1	0	1	1	1	0
0	1	↑	0	0	1	0	1	0
0	1	↑	0	1	1	0	1	1
0	1	↑	0	1	0	0	0	1
0	1	↑	1	1	0	1	0	1
0	1	↑	1	0	0	1	0	0

当 CON = 0 时，输出 Q_A、Q_B、Q_C 的逻辑关系为：

$$Q_A^n = \overline{Q}_B^{n-1} \qquad Q_B^n = \overline{Q}_C^{n-1} \qquad Q_C^n = \overline{Q}_A^{n-1}$$

当 CON = 1 时，输出 Q_A、Q_B、Q_C 的逻辑关系为：

$$Q_A^n = \overline{Q}_C^{n-1} \qquad Q_B^n = \overline{Q}_A^{n-1} \qquad Q_C^n = \overline{Q}_B^{n-1}$$

当 CON = 0，正转时步进机 A、B、C 相线圈的通电相序为：

$$A \to AB \to B \to BC \to C \to CA \to A\cdots\cdots$$

当 CON = 1，反转时各相线圈通电相序为：

$$A \to AC \to C \to CB \to B \to BA \to A\cdots\cdots$$

Q_A、Q_B、Q_C 的状态转换条件为输入脉冲信号上升沿到来，状态由前一状态转为后一状态，所以在梯形图中引入了上升沿微分指令。

PLC 输入/输出元件地址分配见表 4.7。

表 4.7　PLC 输入/输出元件地址分配表

PLC　IN	代　号	PLC　OUT	代　号
X0	CLK	Y0	Q_A
X1	EN	Y1	Q_B
X2	RESET	Y2	Qc
X3	CON		

根据逻辑关系画出步进电机环形分配器的 PLC 梯形图，如图 4.37 所示。

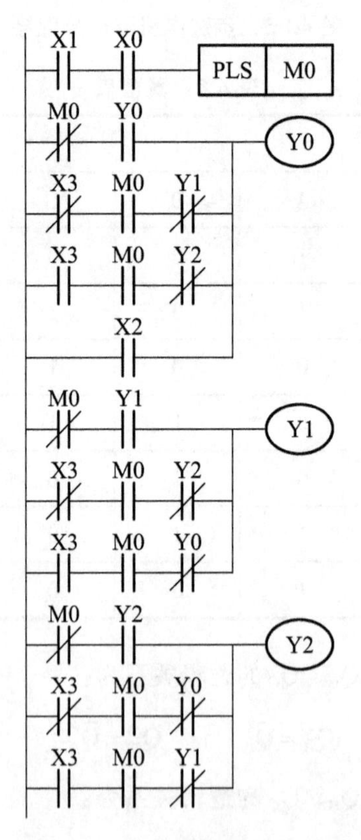

图 4.37　环形分配器的梯形图

梯形图工作原理简单分析如下：设初始状态为 RESET 有效。X2 常开触点闭合，Y0 输出为“1”状态，Y1、Y2 为“0”状态，RESET 无效后，上述三输出状态各自保持原状态。CON＝0（X3＝0），当 EN（X1＝1）有效，且有输入脉冲信号 CLK（X0）输入，CLK（X0）

上升沿到来，M0 辅助继电器常开触点闭合一个扫描周期。在此期间，各输出继电器状态自保持失效，Y0 输出保持为“1”状态，Y1 输出由“0”变“1”，Y2 输出状态为“0”。一个扫描周期过后，M0 常开触点断开，常闭触点闭合，各输出继电器状态恢复自保持，等待下一个输入脉冲信号上升沿的到来。其他部分请读者自己分析。

二、PLC 程序的时序逻辑设计法

（一）概　述

时序逻辑设计法适用 PLC 各输出信号的状态变化有一定的时间顺序的场合，在程序设计时根据画出的各输出信号的时序图，理顺各状态转换的时刻和转换条件，找出输出与输入及内部触点的对应关系，并进行适当化简。一般来讲，时序逻辑设计法应与经验法配合使用，否则将可能使逻辑关系过于复杂。

（二）时序逻辑设计法的编程步骤

（1）根据控制要求，明确输入/输出信号个数。

（2）明确各输入和各输出信号之间的时序关系，画出各输入和输出信号的工作时序图。

（3）将时序图划分成若干个时间区段，找出区段间的分界点，弄清分界点处输出信号状态的转换关系和转换条件

（4）PLC 的 I/O、内部辅助继电器和定时器/计数器等进行分配。

（5）列出输出信号的逻辑表达式，根据逻辑表达式画出梯形图。

（6）通过模拟调试，检查程序是否符合控制要求，结合经验设计法进一步修改程序。

（三）时序逻辑设计举例

1. 控制要求

有 A1 和 A2 两台电机，按下启动按钮后，Al 运转 10 min，停止 5 min，A2 与 A1 相反，即 A1 停止时 A2 运行，A1 运行时 A2 停止，如此循环往复，直至按下停车按钮。

2. I/O 分配

X0 为启动按钮、X1 为停车按钮、Y0 为 A1 电机接触器线圈、Y1 为 A2 电机接触器线圈。

3. 画时序图

为了使逻辑关系清晰，用中间继电器 M0 作为运行控制继电器，且用 T0 控制 A1 运行时间，T1 控制 A1 停车时间。根据要求画出时序图如图 4.38 所示，由该图可以看出，T0 和 T1 组成闪烁电路，其逻辑关系表达式如下：

$$Y0 = M0 \cdot \overline{T0} \qquad Y1 = M0 \cdot \overline{Y0}$$

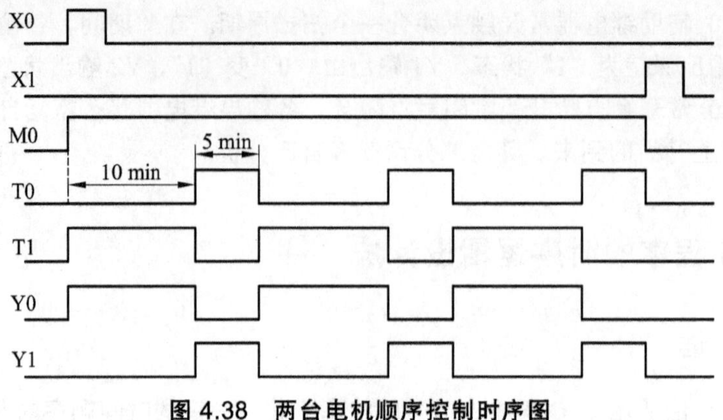

图 4.38　两台电机顺序控制时序图

4. 设计梯形图

结合逻辑关系画出的梯形图如图 4.39 所示。最后，还应分析一下所画梯形图是否符合控制要求。

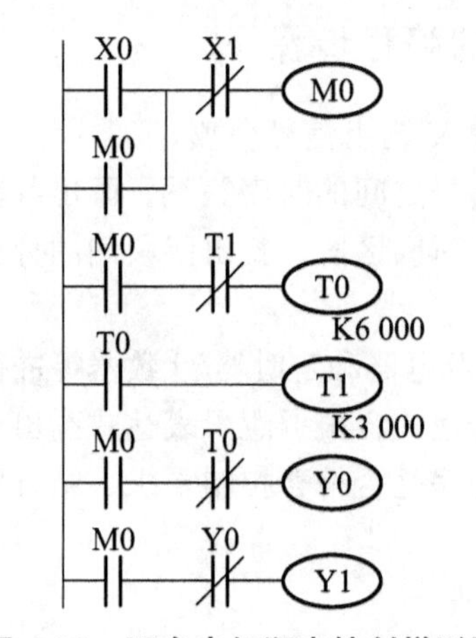

图 4.39　两台电机顺序控制梯形图

习　题

1. 用 PC 设计一个先输入优先电路。辅助继电器 M200 ~ 203 分别表示接受 X0 ~ X3 的输入信号（若 X0 有输入，M200 线圈接通，依此类推）。电路功能如下：

（1）当末加复位信号时（X4 无输入），这个电路仅接受最先输入的信号，而对以后的输入不予接收。

（2）当有复位信号时（X4 加一短脉冲信号），该电路复位，可重新接受新的输入信号。

2. 某广告牌上有六个字，每个字显示 1 秒后六个字一起显示 2 s，然后全灭。1 s 后再从第一个字开始显示，重复上述过程。试用 PLC 实现该功能。

3. 粉末冶金制品压制机如图 4..40 所示。装好粉末后，按一下启动按钮 X0，冲头下行。将粉末压紧后，压力继电器 X1 接通。保压延时 5 s 后，冲头上行至 X2 接通。然后模具下行至 X3 接通。取走成品后，工人按一下按钮 X5，模具上行至 X4 接通，统返回初始状态。画出功能表图并设计出梯形图（要示用三种不同的编程方式将功能表图转换成梯形图）。

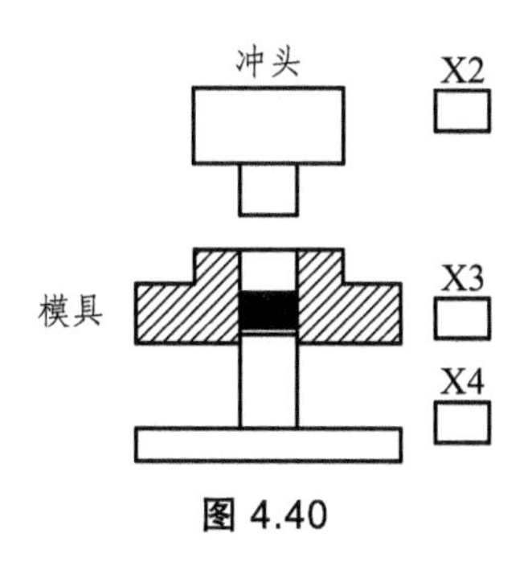

图 4.40

4. 某动力头按如图 4.41（a）所示的步骤动作：快进、工进 1、工进 2、快退。输出 Y0 ~ Y3 在各步的状态如图 4.41（b）所示，表中的“1”、“0”分别表示接通和断开。设计该动力头系统的梯形图程序，要求设置手动、连续、单周期、单步 4 种工作方式。

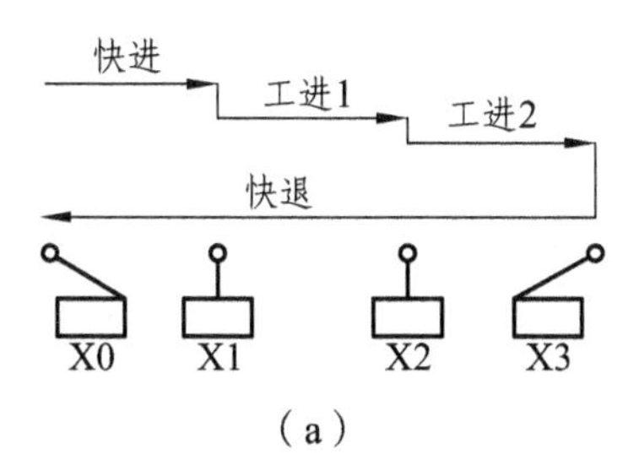

（a）

	Y0	Y1	Y2	Y3
快进	0	1	1	0
工进1	1	1	0	0
工进2	0	1	0	0
快退	0	0	1	1

（b）

图 4.41

5. 设计一个十字路口交通指挥信号灯控制系统，其示意图如图 4.42 所示。具体控制要求是：设置一个控制开关，当它闭合时，信号灯系统开始工作；当它断开时，信号灯全部熄灭。信号灯工作循环如图 4.42（b）所示。试画出 PLC 的 I/O 接线图、设计出梯形图并加以调试。

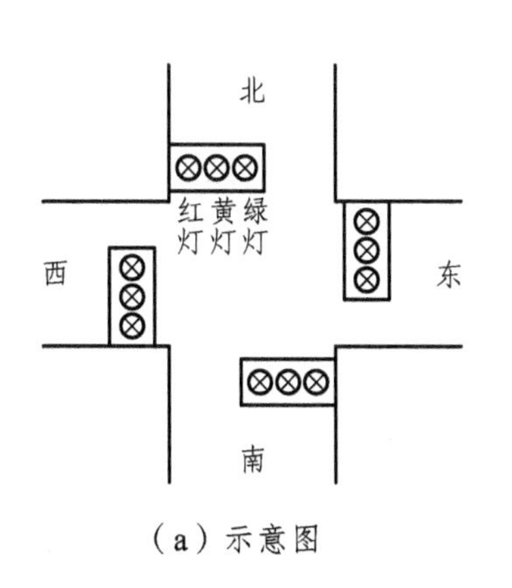

（a）示意图

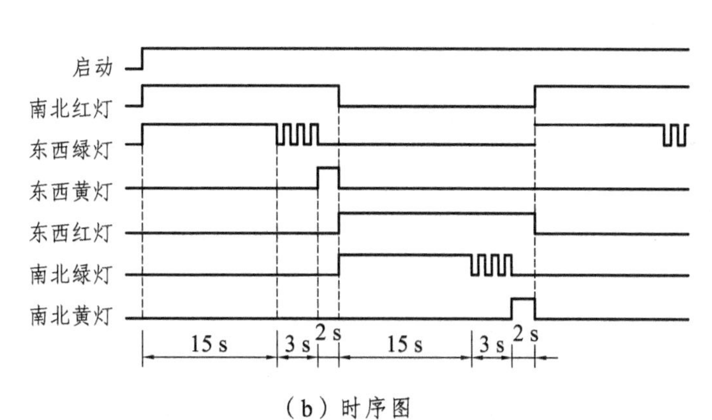

（b）时序图

图 4.42

项目五　PLC控制装置设计与调试

【项目任务单】

<table>
<tr><td>项目任务</td><td colspan="2">PLC控制装置设计与调试</td><td>参考学时</td><td>10</td></tr>
<tr><td>项目描述</td><td colspan="4">机械手的PLC控制装置设计与调试</td></tr>
<tr><td rowspan="3">项目目标</td><td>专业知识</td><td colspan="3">复杂系统设计原则
复杂系统设计步骤
提高程序质量的基本方法
PLC通讯
PLC网络技术</td></tr>
<tr><td>专业技能</td><td colspan="3">PLC系统设计调试
提高程序质量
PLC通讯与组网
PLC安装调试工艺方法</td></tr>
<tr><td>职业素养</td><td colspan="3">安全、文明、诚信、规范、新技术应用</td></tr>
<tr><td>项目任务</td><td colspan="4">1. 复杂系统设计设计原则与方法
2. 系统情景分析
3. 程序编制
4. 程序调试
5. 整理和编写技术文件</td></tr>
<tr><td>任务完成评价</td><td colspan="4">系统功能分析是否清楚
设计方法是否合理
程序质量
程序调试步骤
技术文件规范性</td></tr>
</table>

任务一　复杂系统设计原则与方法

一、PLC控制系统设计的基本原则和步骤

PLC控制系统的基本设计原则和步骤在项目三中已经详细介绍在这只针对本项目要求掌握的复杂系统设计。

二、复杂程序的设计方法

实际的 PLC 应用系统往往比较复杂，复杂系统不仅需要的 PLC 输入/输出点数多，而且为了满足生产的需要，很多工业设备都需要设置多种不同的工作方式，常见的有手动和自动（连续、单周期、单步）等工作方式。

在设计这类具有多种工作方式的系统的程序时，经常采用以下的程序设计思路与步骤：

1. 确定程序的总体结构

将系统的程序按工作方式和功能分成若干部分，如：公共程序、手动程序、自动程序等部分。手动程序和自动程序是不同时执行的，所以用跳转指令将它们分开，用工作方式的选择信号作为跳转的条件。如图 5.1 所示为一个典型的具有多种工作方式的系统的程序的总体结构。选择手动工作方式时 X10 为“1”状态，将跳过自动程序，执行公用程序和手动程序；选择自动工作方式时 X10 为“0”状态，将跳过手动程序，执行公用程序和自动程序。确定了系统程序的结构形式，然后分别对每一部分程序进行设计。

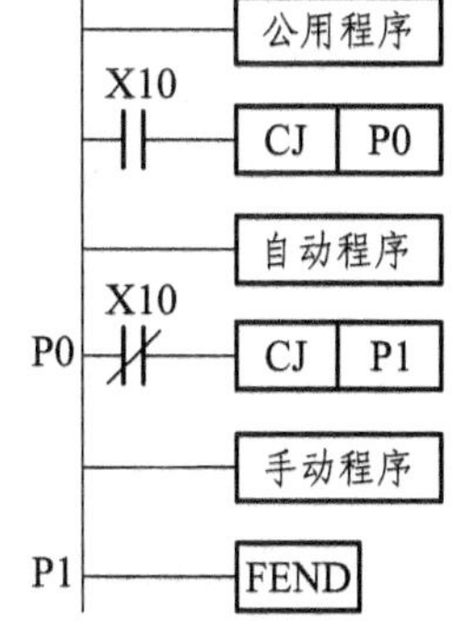

图 5.1　复杂程序结构的一般形式

2. 分别设计局部程序

公共程序和手动程序相对较为简单，一般采用经验设计法进行设计；自动程序相对比较复杂，对于顺序控制系统一般采用顺序控制设计法，先画出其自动工作过程的功能表图，再选择某种编程方式来设计梯形图程序。

3. 程序的综合与调试

进一步理顺各部分程序之间的相互关系，并进行程序的调试

三、PLC 程序内容和质量

（一）PLC 程序的内容

PLC 应用程序应最大限度地满足被控对象的控制要求，在构思程序主体的框架后，要以它为主线，逐一编写实现各控制功能或各子任务的程序。经过不断他调整和完善。使程序能完成所要求的控制功能。另外，PLC 应用程序通常还应包括以下几个方面的内容：

1. 初始化程序

在 PLC 上电后，一般都要做一些初始化的操作。其作用是为启动做必要的准备，并避免系统发生误动作。初始化程序的主要内容为：将某些数据区、计数器进行清零；使某些数据区恢复所需数据；对某些输出量置位或复位；显示某些初始状态等等。

2. 检测、故障诊断、显示程序

应用程序一般都设有检测、故障诊断和显示程序等内容。这些内容可以在程序设计基本

完成时再进行添加。它们也可以是相对独立的程序段。

3. 保护、连锁程序

各种应用程序中，保护和连锁是不可缺少的部分。它可以杜绝由于非法操作而引起的控制逻辑混乱，保证系统的运行更安全、可靠。因此要认真考虑保护和连锁的问题。通常在 PLC 外部也要设置连锁和保护措施。

（二）PLC 程序的质量

对同一个控制要求，即使选用同一个机型的 PLC，用不同设计方法所编写的程序，其结构也可能不同。尽管几种程序都可以实现同一控制功能，但是程序的质量却可能差别很大。程序的质量可以由以下几个方面来衡量：

1. 程序的正确性

应用程序的好坏，最根本的一条就是正确。所谓正确的程序必须能经得起系统运行实践的考验，离开这一条对程序所做的评价都是没有意义的。

2. 程序的可靠性好

好的应用程序可以保证系统在正常和非正常（短时掉电再复电、某些被控量超标、某个环节有故障等）工作条件下都能安全可靠地运行，也能保证在出现非法操作（如按动或误触动了不该动作的按钮）等情况下不至于出现系统控制失误。

3. 参数的易调整性好

PLC 控制的优越性之一就是灵活性好，容易通过修改程序或参数而改变系统的某些功能。例如，有的系统在一定情况下需要变动某些控制量的参数（如定时器或计数器的设定值等），在设计程序时必须考虑怎样编写才能易于修改。

4. 程序要简练

编写的程序应尽可能简练，减少程序的语句，一般可以减少程序扫描时间，提高 PLC 对输入信号的响应速度。当然，如果过多地使用那些执行时间较长的指令，有时虽然程序的语句较少，但是其执行时间也不一定短。

5. 程序的可读性好

程序不仅仅给设计者自己看，系统的维护人员也要读。另外，为了有利于交流，也要求程序有一定的可读性。

任务二　机械手系统情景分析

一、机械手功能分析

如图 5.2 所示是一台工件传送的气动机械手的动作示意图，其作用是将工件从 A 点传递到B点。气动机械手的升降和左右移行作分别由两个具有双线圈的两位电磁阀驱动气缸来完成，其中上升与下降对应电磁阀的线圈分别为 YV1 与 YV2，左行、右行对应电磁阀的线圈分别为 YV3 与 YV4。一旦电磁阀线圈通电，就一直保持现有的动作，直到相对的另一线圈通电为止。气动机械手的夹紧、松开的动作由只有一个线圈的两位电磁阀驱动的气缸完成，线圈（YV5）断电夹住工件，线圈（YV5）通电，松开工件，以防止停电时的工件跌落。机械手的工作臂都设有上、下限位和左、右限位的位置开关 SQ1、SQ2 和 SQ3、SQ4，夹持装置不带限位开关，它是通过一定的延时来表示其夹持动作的完成。机械手在最上面、最左边且除松开的电磁线圈（YV5）通电外其他线圈全部断电的状态为机械手的原位。

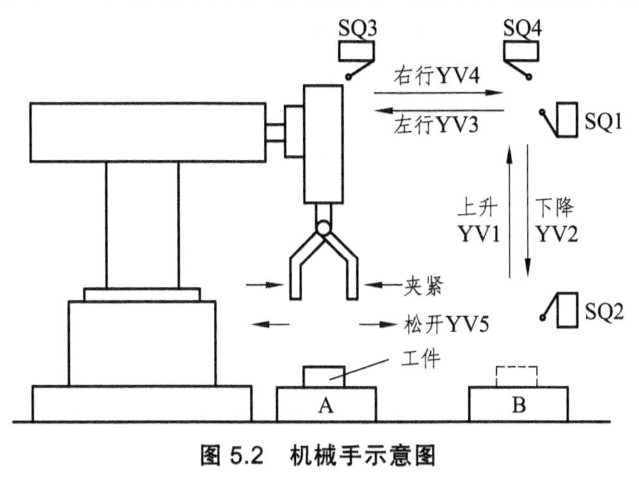

图 5.2　机械手示意图

机械手的操作面板分布情况如图 5.3 所示，机械手具有手动、单步、单周期、连续和回原位五种工作方式，用开关 SA 进行选择。手动工作方式时，用各操作按钮（SB5、SB6、SB7、SB8、SB9、SB10、SB11）来点动执行相应的各动作；单步工作方式时，每按一次启动按钮（SB3），向前执行一步动作；单周期工作方式时，机械手在原位，按下启动按钮 SB3，自动地执行一个工作周期的动作，最后返回原位（如果在动作过程中按下停止按钮 SB4，机械手停在该工序上，再按下启动按钮 SB3，则又从该工序继续工作，最后停在原位）；连续工作方

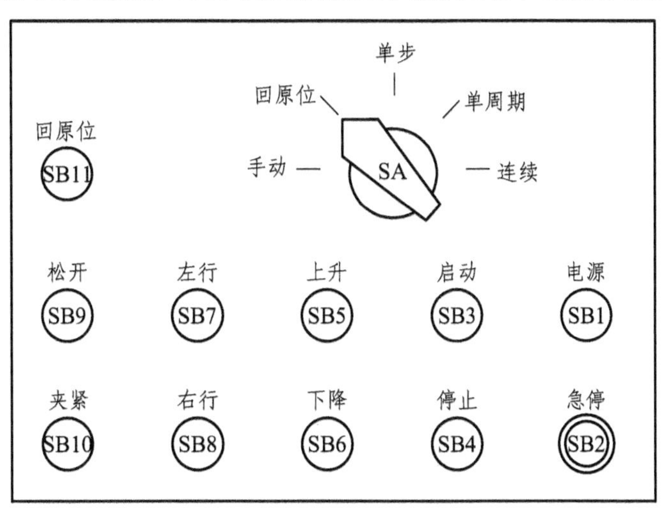

图 5.3　机械手操作面板示意图

式时，机械手在原位，按下启动按钮（SB3），机械手就连续重复进行工作（如果按下停止按钮 SB4，机械手运行到原位后停止）；返回原位工作方式时时，按下“回原位”按钮 SB11，机械手自动回到原位状态。

二、PLC 的 I/O 分配

如图 5.4 所示为 PLC 的 I/O 接线图，选用 FX_{2N}—48 MR 的 PLC，系统共有 18 个输入设备和 5 个输出设备分别占用 PLC 的 18 个输入点和 5 个输出点，请读者考虑是否可以用本章第四节介绍的方法来减少占用 PLC 的 I/O 点数。为了保证在紧急情况下（包括 PLC 发生故障时），能可靠地切断 PLC 的负载电源，设置了交流接触器 KM。在 PLC 开始运行时按下“电源”按钮 SB1，使 KM 线圈得电并自锁，KM 的主触点接通，给输出设备提供电源；出现紧急情况时，按下“急停”按钮 SB2，KM 触点断开电源。

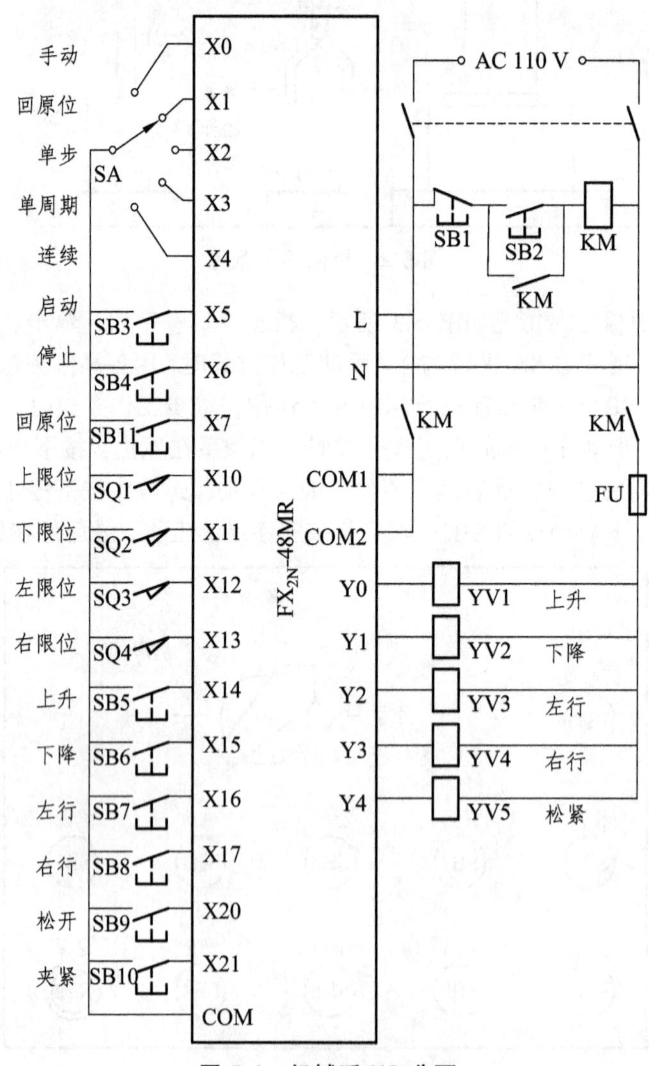

图 5.4 机械手 I/O 分配

任务三　机械手系统 PLC 程序设计

一、程序的总体结构

如图 5.5 所示为机械手系统的 PLC 梯形图程序的总体结构，将程序分为公用程序、自动程序、手动程序和回原位程序四个部分，其中自动程序包括单步、单周期和连续工作的程序，这是因为它们的工作都是按照同样的顺序进行，所以将它们合在一起编程更加简单。梯形图中使用跳转指令使得自动程序、手动程序和回原位程序不会同时执行。假设选择“手动”方式，则 X0 为 ON、X1 为 OFF，此时 PLC 执行完公用程序后，将跳过自动程序到 P0 处，由于 X0 常闭触点为断开，故执行“手动程序”，执行到 P1 处，由于 X1 常闭触点为闭合，所以又跳过回原位程序到 P2 处；假设选择分“回原位”方式，则 X0 为 OFF、X1 为 ON，跳过自动程序和手动程序执行回原位程序；假设选择“单步”或“单周期”或“连续”方式，则 X0、X1 均为 OFF，此时执行完自动程序后，跳过手动程序和回原位程序。

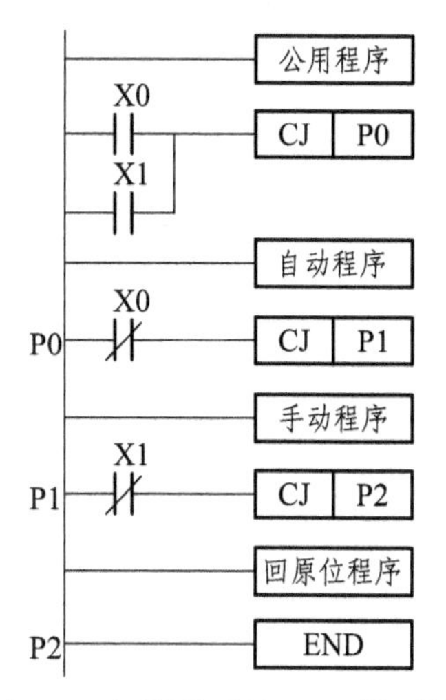

图 5.5　机械手系统 PLC 梯形图的总体结构

二、各部分程序的设计

1. 公用程序

公用程序如图 5.6 所示，左限位开关 X12、上限位开关 X10 的常开触点和表示机械手松开的 Y4 的常开触点的串联电路接通时，辅助继电器 M0 变为 ON，表示机械手在原位。

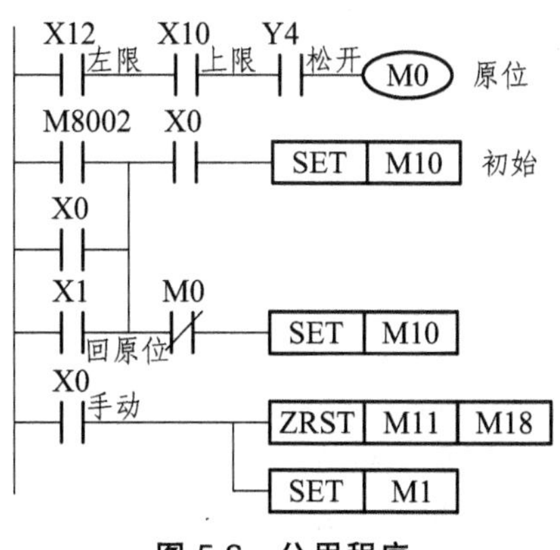

图 5.6　公用程序

公用程序用于自动程序和手动程序相互切换的处理，当系统处于手动工作方式时，必须将除初始步以外的各步对应的辅助继电器（M11—M18）复位，同时将表示连续工作状态的 M1 复位，否则当系统从自动工作方式切换到手动工作方式，然后又返回自动工作方式时，可能会出现同时有两个活动步的异常情况，引起错误的动作。

当机械手处于原点状态（M0 为 ON），在开始执行用户程序（M8002 为 ON）、系统处于手动状态或回原点状态（X0 或 X1 为 ON）时，初始步对应的 M1O 将被置位，为进入单步、单同期和连续工作方式做好准备。如果此时 M0 为 OFF 状态，M1O 将被复位，初始步为不活动步，系统不能在单步、单周期和连续工作方式下工作。

2. 手动程序

手动程序如图 5.7 所示，手动工作时用 X14 ~ X21 对应的 6 个按钮控制机械手的上升、下降、左行、右行、松开和夹紧。为了保证系统的安全运行，在手动程序中设置了一些必要的联锁，例如上升与下降之间、左行与右行之间的互锁；上升、下降、左行、右行的限位；上限位开关 X10 的常开触点与控制左、右行的 Y2 和 Y3 的线圈串联，使得机械手升到最高位置才能左右移动，以防止机械手在较低位置运行时与别的物体碰撞。

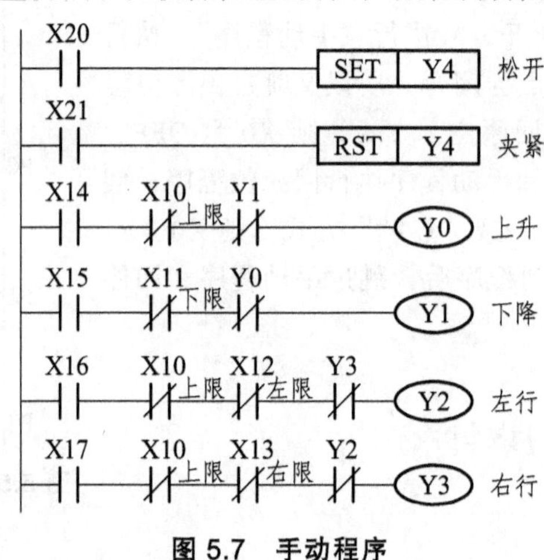

图 5.7　手动程序

3. 自动程序

如图 5.8 所示为机械手系统自动程序的功能表图。使用通用指令的编程方式设计出的自动程序如图 5.9 所示，也可采用其他编程方式编程，在此不再赘述。

系统工作在连续、单周期（非单步）工作方式时，X2 的常闭触点接通，使 M2（转换允许）ON，串联在各步电路中的 M2 的常开触点接通，允许步与步之间的转换。

假设选择的是单周期工作方式，此时 X3 为 ON，X1 和 X2 的常闭触点闭合，M2 为 ON，允许转换。在初始步时按下启动按钮 X5，在 M11 的电路中，M1O、X5、M2 的常开触点和 X12 的常闭触点均接通，使 M11 为 ON，系统进入下降步，Y1 为 ON，机械手下降；机械手碰到下限位开关 X11 时，M12 变为 ON，转换到夹紧步，Y4 被复位，工件被夹紧；同时 TO 得电，2 s 以后 TO 的定时时间到，其常开触点接通，使系统进入上升步。系统将这样一步一步地往下工作，当机械手在步 M18 返回最左边时，X4 为 ON，因为此时不是连续工作方式，M1 处于 OFF 状态，转换条件 $\overline{\mathrm{M1}}\cdot$X12 满足，系统返回并停留在初始步 M10。

在连续工作方式，X4 为 ON，在初始状态按下启动按钮 X5，与单周期工作方式时相同，M11 变为 ON，机械手下降，与此同时，控制连续工作的 M1 为 ON，往后的工作过程与单周期工作方式相同。当机械手在步 M18 返回最左边时，X12 为 ON，因为 M1 为 ON，转换条件 M7 · X4 满足，系统将返回步 M11，反复连续地工作下去。按下停止按钮

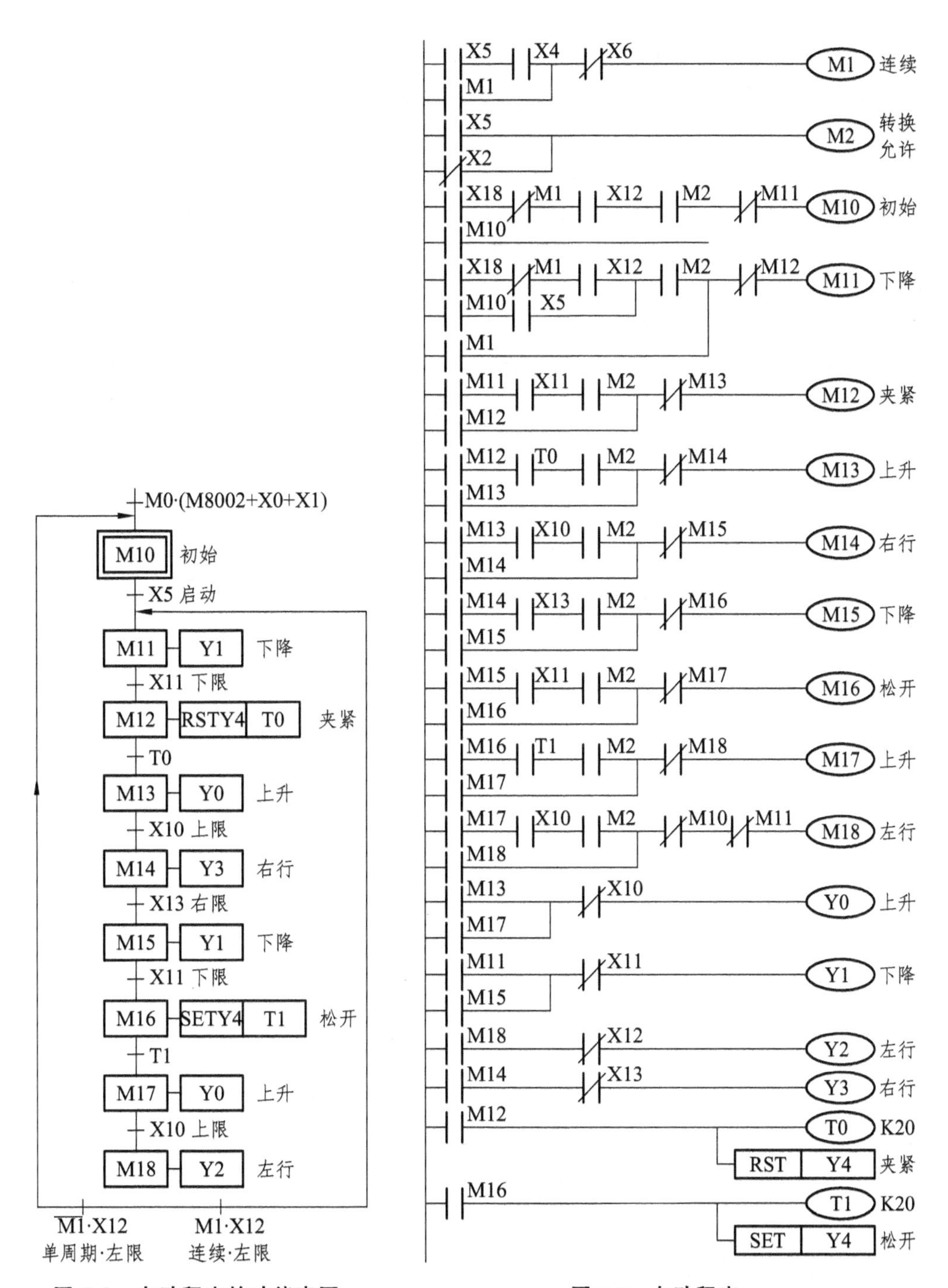

图 5.8　自动程序的功能表图　　　　**图 5.9　自动程序**

X6 后，M1 变为 OFF，但是系统不会立即停止工作，在完成当前工作周期的全部动作后，在步 M18 返回最左边，左限位开关 X12 为 ON，转换条件 $\overline{\text{M1}}$ · X12 满足，系统才返回并停留在初始步。

如果系统处于单步工作方式，X2 为 ON，它的常闭触点断开，“转换允许”辅助继电器 M2 在一般情况下为 OFF，不允许步与步之间的转换。设系统处于初始状态，M10 为 ON，按下启动按钮 X5，M2 变为 ON，使 M11 为 ON，系统进入下降步。放开启动按钮后，M2 马上变为 OFF。在下降步，YO 的得电，机械手降到下限位开关 X11 处时，与 YO 的线圈串联的 X11 的常闭触点断开，使 YO 的线圈断电，机械手停止下降。X11 的常开触点闭合后，如果没有按启动按钮，X5 和 M2 处于 OFF 状态，一直要等到按下启动按钮，M5 和 M2 变为 ON，M2 的常开触点接通，转换条件 X11 才能使 M12 接通，M12 得电并自保持，系统才能由下降步进入夹紧步。以后在完成某一步的操作后，都必须按一次启动按钮，系统才能进入下一步。

在输出程序部分，X10～X13 的常闭触点是为单步工作方式设置的。以下降为例，当小车碰到限位开关 X11 后，与下降步对应的辅助继电器 M11 不会马上变为 OFF，如果 YO 的线圈不与 X11 的常闭触点串联，机械手不能停在下限位开关 X11 处，还会继续下降，这种情况下可能造成事故。

4. 回原点程序

如图 5.10 所示为机械手自动回原点程序的梯形图。在回原点工作方式（X1 为 ON），按下回原点启动按钮 X7，M3 变为 ON，机械手松开和上升，升到上限位开关时 X10 为 0 N，机械手左行，到左限位处时，X12 变为 ON，左行停止并将 M3 复位。这时原点条件满足，M0 为 ON，在公用程序中，初始步 M0 被置位，为进入单周期、连续和单步工作方式做好了准备。

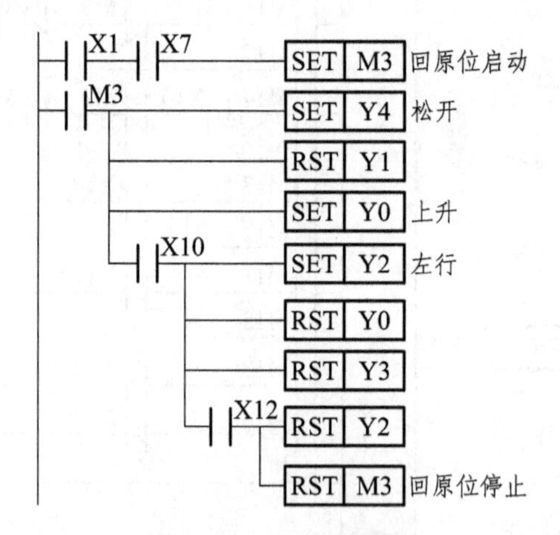

图 5.10 回原位程序

三、程序综合与模拟调试

由于在分部分程序设计时已经考虑各部分之间的相互关系，因此只要将公用程序（见图 5.6）、手动程序（见图 5.7）、自动程序（见图 5.9）和回原位程序（见图 5.10）按照机械手程序总体结构（见图 5.5）综合起来即为机械手控制系统的 PLC 程序。

模拟调试时各部分程序可先分别调试，然后再进行全部程序的调试，也可直接进行全部程序的调试。

任务四　PLC 控制系统安装工艺与方法

虽然 PLC 具有很高的可靠性，并且有很强的抗干扰能力，但在过于恶劣的环境或安装使用不当等情况下，都有可能引起 PLC 内部信息的破坏而导致控制混乱，甚至造成内部元件损坏。为了提高 PLC 系统运行的可靠性，使用时应注意以下几个方面的问题。

一、适合的工作环境

1. 环境温度适宜

各生产厂家对 PLC 的环境温度都有一定的规定。通常 PLC 允许的环境温度约在 0～55 °C。因此，安装时不要把发热量大的元件放在 PLC 的下方；PLC 四周要有足够的通风散热空间；不要把 PLC 安装在阳光直接照射或离暖气、加热器、大功率电源等发热器件很近的场所；安装 PLC 的控制柜最好有通风的百叶窗，如果控制柜温度太高，应该在柜内安装风扇强迫通风。

2. 环境湿度适宜

PLC 工作环境的空气相对湿度一般要求小于 85%，以保证 PLC 的绝缘性能。湿度太大也会影响模拟量输入/输出装置的精度。因此，不能将 PLC 安装在结露、雨淋的场所。

3. 注意环境污染

不宜把 PLC 安装在有大量污染物（如灰尘、油烟、铁粉等）、腐蚀性气体和可燃性气体的场所，尤其是有腐蚀性气体的地方，易造成元件及印刷线路板的腐蚀。如果只能安装在这种场所，在温度允许的条件下，可以将 PLC 封闭；或将 PLC 安装在密闭性较高的控制室内，并安装空气净化装置。

4. 远离振动和冲击源

安装 PLC 的控制柜应当远离有强烈振动和冲击场所，尤其是连续、频繁的振动。必要时可以采取相应措施来减轻振动和冲击的影响，以免造成接线或插件的松动。

5. 远离强干扰源

PLC 应远离强干扰源，如大功率晶闸管装置、高频设备和大型动力设备等，同时 PLC 还应该远离强电磁场和强放射源，以及易产生强静电的地方。

二、合理的安装与布线

1. 注意电源安装

电源是干扰进入 PLC 的主要途径。PLC 系统的电源有两类：外部电源和内部电源。外部电源是用来驱动 PLC 输出设备（负载）和提供输入信号的，又称用户电源，同一台 PLC 的外部电源可能有多规格。外部电源的容量与性能由输出设备和 PLC 的输入电路决定。由于

PLC 的 I/O 电路都具有滤波、隔离功能，所以外部电源对 PLC 性能影响不大。因此，对外部电源的要求不高。

内部电源是 PLC 的工作电源，即 PLC 内部电路的工作电源。它的性能好坏直接影响到 PLC 的可靠性。因此，为了保证 PLC 的正常工作，对内部电源有较高的要求。一般 PLC 的内部电源都采用开关式稳压电源或原边带低通滤波器的稳压电源。

在干扰较强或可靠性要求较高的场合，应该用带屏蔽层的隔离变压器，对 PLC 系统供电。还可以在隔离变压器二次侧串接 LC 滤波电路。同时，在安装时还应注意以下问题：

（1）隔离变压器与 PLC 和 I/O 电源之间最好采用双绞线连接，以控制串模干扰。

（2）系统的动力线应足够粗，以降低大容量设备启动时引起的线路压降。

（3）PLC 输入电路用外接直流电源时，最好采用稳压电源，以保证正确的输入信号。否则可能使 PLC 接收到错误的信号。

2. 远离高压

PLC 不能在高压电器和高压电源线附近安装，更不能与高压电器安装在同一个控制柜内。在柜内 PLC 应远离高压电源线，二者间距离应大于 200 mm。

3. 合理的布线

（1）I/O 线、动力线及其他控制线应分开走线，尽量不要在同一线槽中布线。

（2）交流线与直流线、输入线与输出线最好分开走线。

（3）开关量与模拟量的 I/O 线最好分开走线，对于传送模拟量信号的 I/O 线最好用屏蔽线，且屏蔽线的屏蔽层应一端接地。

（4）PLC 的基本单元与扩展单元之间电缆传送的信号小、频率高，很容易受干扰，不能与其他的连线敷埋在同一线槽内。

（5）PLC 的 I/O 回路配线，必须使用压接端子或单股线，不宜用多股绞合线直接与 PLC 的接线端于连接，否则容易出现火花。

（6）与 PLC 安装在同一控制柜内，虽不是由 PLC 控制的感性元件，也应并联 RC 或二极管消弧电路。

三、正确的接地

良好的接地是 PLC 安全可靠运行的重要条件。为了抑制干扰，PLC 一般最好单独接地，与其他设备分别使用各自的接地装置，如图 5.11（a）所示；也可以采用公共接地，如图 5.11（b）所示；但禁止使用如图 5.11（c）所示的串联接地方式，因为这种接地方式会产生 PLC 与设备之间的电位差。

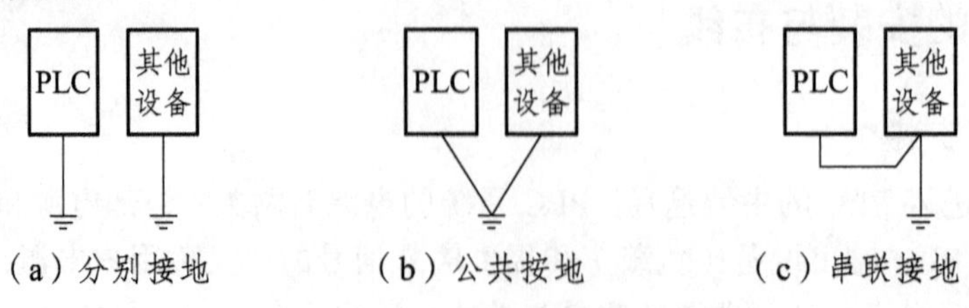

图 5.11　PLC 的接地

PLC 的接地线应尽量短，使接地点尽量靠近 PLC。同时，接地电阻要小于 100 Ω，接地线的截面应大于 2 mm^2。

另外，PLC 的 CPU 单元必须接地，若使用了 I/O 扩展单元等，则 CPU 单元应与它们具有共同的接地体，而且从任一单元的保护接地端到地的电阻都不能大于 100 Ω。

四、必需的安全保护环节

1. 短路保护

当 PLC 输出设备短路时，为了避免 PLC 内部输出元件损坏，应该在 PLC 外部输出回路中装上熔断器，进行短路保护。最好在每个负载的回路中都装上熔断器。

2. 互锁与联锁措施

除在程序中保证电路的互锁关系，PLC 外部接线中还应该采取硬件的互锁措施，以确保系统安全可靠地运行，如电动机正、反转控制，要利用接触器 KM1、KM2 常闭触点在 PLC 外部进行互锁。在不同电机或电器之间有联锁要求时，最好也在 PLC 外部进行硬件联锁。采用 PLC 外部的硬件进行互锁与联锁，这是 PLC 控制系统中常用的做法。

3. 失压保护与紧急停车措施

PLC 外部负载的供电线路应具有失压保护措施，当临时停电再恢复供电时，不按下“启动”按钮 PLC 的外部负载就不能自行启动。这种接线方法的另一个作用是，当特殊情况下需要紧急停机时，按下“停止”按钮就可以切断负载电源，而与 PLC 毫无关系。

五、必要的软件措施

有时硬件措施不一定完全消除干扰的影响，采用一定的软件措施加以配合，对提高 PLC 控制系统的抗干扰能力和可靠性起到很好的作用。

1. 消除开关量输入信号抖动

在实际应用中，有些开关输入信号接通时，由于外界的干扰而出现时通时断的“抖动”现象。这种现象在继电器系统中由于继电器的电磁惯性一般不会造成什么影响，但在 PLC 系统中，由于 PLC 扫描工作的速度快，扫描周期比实际继电器的动作时间短得多，所以抖动信号就可能被 PLC 检测到，从而造成错误的结果。因此，必须对某些“抖动”信号进行处理，以保证系统正常工作。

如图 5.12（a）所示，输入 X0 抖动会引起输出 Y0 发生抖动，可采用计数器或定时器，经过适当编程，以消除这种干扰。

如图 5.12（b）所示为消除输入信号抖动的梯形图程序。当抖动干扰 X0 断开时间间隔$\Delta t < K\times 0.1s$，计数器 C0 不会动作，输出继电器 Y0 保持接通，干扰不会影响正常工作；只有当 X0 抖动断开时间$\Delta t \geqslant K\times 0.1s$ 时，计数器 C0 计满 K 次动作，C0 常闭断开，输出继电器 Y0 才断开。K 为计数常数，实际调试时可根据干扰情况而定。

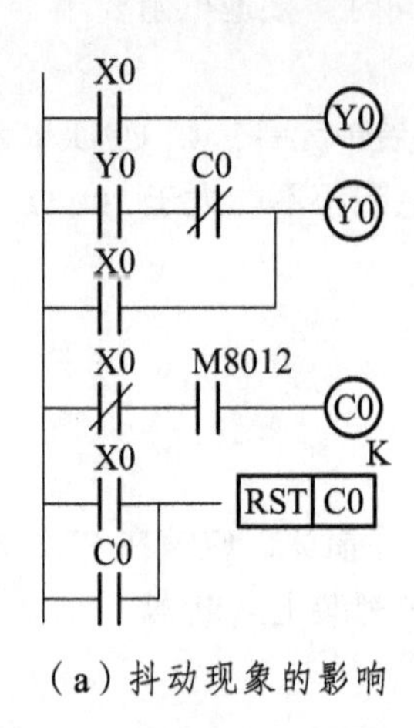

（a）抖动现象的影响

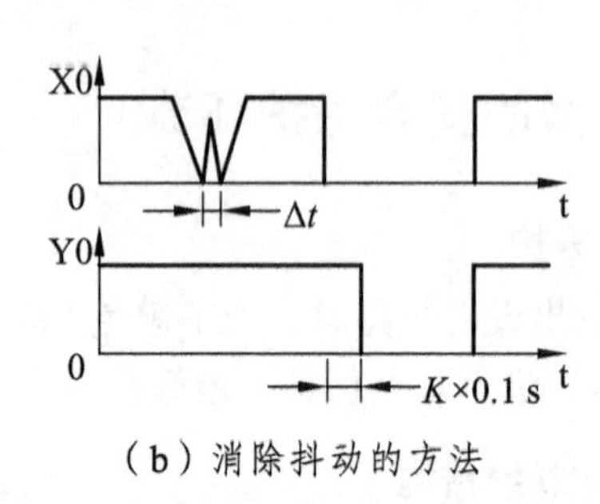

（b）消除抖动的方法

图 5.12 输入信号抖动的影响及消除

2. 故障的检测与诊断

PLC 的可靠性很高且本身有很完善的自诊断功能，如果 PLC 出现故障，借助自诊断程序可以方便地找到故障的原因，排除后就可以恢复正常工作。

大量的工程实践表明，PLC 外部输入、输出设备的故障率远远高于 PLC 本身的故障率，而这些设备出现故障后，PLC 一般不能觉察出来，可能使故障扩大，直至强电保护装置动作后才停机，有时甚至会造成设备和人身事故。停机后，查找故障也要花费很多时间。为了及时发现故障，在没有酿成事故之前使 PLC 自动停机和报警，也为了方便查找故障，提高维修效率，可用 PLC 程序实现故障的自诊断和自处理。

现代的 PLC 拥有大量的软件资源，如 FX_{2N} 系列 PLC 有几千点辅助继电器、几百点定时器和计数器，有相当大的裕量，可以把这些资源利用起来，用于故障检测。

1）超时检测

机械设备在各工步的动作所需的时间一般是不变的，即使变化也不会太大，因此可以以这些时间为参考，在 PLC 发出输出信号，相应的外部执行机构开始动作时启动一个定时器定时，定时器的设定值比正常情况下该动作的持续时间长 20%左右。例如设某执行机构（如电动机）在正常情况下运行 50 s 后，它驱动的部件使限位开关动作，发出动作结束信号。若该执行机构的动作时间超过 60 s（即对应定时器的设定时间），PLC 还没有接收到动作结束信号，定时器延时接通的常开触点发出故障信号，该信号停止正常的循环程序，启动报警和故障显示程序，使操作人员和维修人员能迅速判别故障的种类，及时采取排除故障的措施。

2）逻辑错误检测

在系统正常运行时，PLC 的输入、输出信号和内部的信号（如辅助继电器的状态）相互之间存在着确定的关系，如出现异常的逻辑信号，则说明出现了故障。因此，可以编制一些常见故障的异常逻辑关系，一旦异常逻辑关系为 ON 状态，就应按故障处理。例如某机械运动过程中先后有两个限位开关动作，这两个信号不会同时为 ON 状态，若它们同时为 ON，说明至少有一个限位开关被卡死，应停机进行处理。

3. 消除预知干扰

某些干扰是可以预知的，如 PLC 的输出命令使执行机构（如大功率电动机、电磁铁）动作，常常会伴随产生火花、电弧等干扰信号，它们产生的干扰信号可能使 PLC 接收错误的信息。在容易产生这些干扰的时间内，可用软件封锁 PLC 的某些输入信号，在干扰易发期过去后，再取消封锁。

六、采用冗余系统或热备用系统

某些控制系统（如化工、造纸、冶金、核电站等）要求有极高的可靠性，如果控制系统出现故障，由此引起停产或设备损坏将造成极大的经济损失。因此，仅仅通过提高 PLC 控制系统的自身可靠性是满足不了要求。在这种要求极高可靠性的大型系统中，常采用冗余系统或热备用系统来有效地解决上述问题。

1. 冗余系统

所谓冗余系统是指系统中有多余的部分，没有它系统照样工作，但在系统出现故障时，这多余的部分能立即替代故障部分而使系统继续正常运行。冗余系统一般是在控制系统中最重要的部分（如 CPU 模块）由两套相同的硬件组成，当某一套出现故障立即由另一套来控制。是否使用两套相同的 I/O 模块，取决于系统对可靠性的要求程度。

如图 5.13（a）所示，两套 CPU 模块使用相同的程序并行工作，其中一套为主 CPU 模块，一块为备用 CPU 模块。在系统正常运行时，备用 CPU 模块的输出被禁止，由主 CPU 模块来控制系统的工作。同时，主 CPU 模块还不断通过冗余处理单元（RPU）同步地对备用 CPU 模块的 I/O 映像寄存器和其他寄存器进行刷新。当主 CPU 模块发出故障信息后，RPU 在 1～3 个扫描周期内将控制功能切换到备用 CPU。I/O 系统的切换也是由 RPU 来完成。

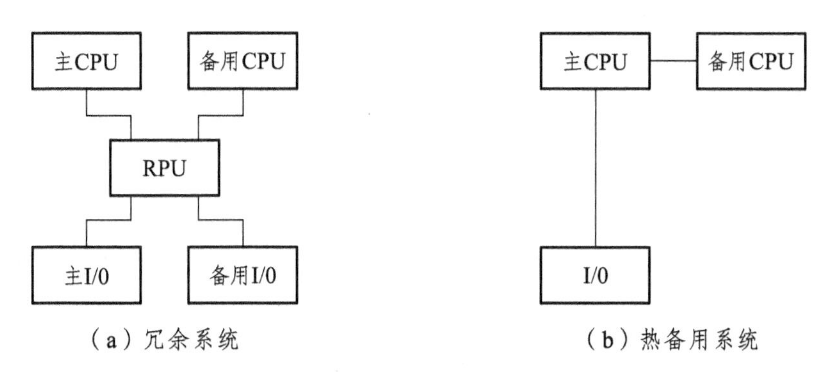

图 5.13　冗余系统与执备用系统

2. 热备用系统

热备用系统的结构较冗余系统简单，虽然也有两个 CPU 模块在同时运行一个程序，但没有冗余处理单元 RPU。系统两个 CPU 模块的切换，是由主 CPU 模块通过通信口与备用 CPU 模块进行通信来完成的。如图 5.13（b）所示，两套 CPU 通过通讯接口连在一起。当系统出现故障时，由主 CPU 通知备用 CPU，并实现切换，其切换过程一般较慢。

任务五　PLC 控制系统的维护和故障诊断

一、PLC 控制系统的维护

PLC 的可靠性很高，但环境的影响及内部元件的老化等因素，也会造成 PLC 不能正常工作。如果等到 PLC 报警或故障发生后再去检查、修理，总归是被动的。如果能经常定期地做好维护、检修，就可以做到系统始终工作在最佳状态下。因此，定期检修与做好日常维护是非常重要的。一般情况下检修时间以每 6 个月至 1 年 1 次为宜，当外部环境条件较差时，可根据具体情况缩短检修间隔时间。

PLC 日常维护检修的一般内容如表 5.1 所示。

表 5.1　PLC 维护检修项目、内容

序号	检修项目	检修内容
1	供电电源	在电源端子处测电压变化是否在标准范围内
2	外部环境	环境温度（控制柜内）是否在规定范围 环境湿度（控制柜内）是否在规定范围 积尘情况（一般不能积尘）
3	输入输出电源	在输入、输出端子处测电压变化是否在标准范围内
4	安装状态	各单元是否可靠固定、有无松动 连接电缆的连接器是否完全插入旋紧 外部配件的螺钉是否松动
5	寿命元件	锂电池寿命等

二、PLC 的故障诊断

任何 PLC 都具有自诊断功能，当 PLC 异常时应该充分利用其自诊断功能以分析故障原因。一般当 PLC 发生异常时，首先请检查电源电压、PLC 及 I/O 端子的螺丝和接插件是否松动，以及有无其他异常。然后再根据 PLC 基本单元上设置的各种 LED 的指示灯状况，以检查 PLC 自身和外部有无异常。

下面以 FX 系列 PLC 为例，来说明根据 LED 指示灯状况以诊断 PLC 故障原因的方法。

1. 电源指示（[POWER]LED 指示）

当向 PLC 基本单元供电时，基本单元表面上设置的[POWER]LED 指示灯会亮。如果电源合上但[POWER]LED 指示灯不亮，请确认电源接线。另外，若同一电源有驱动传感器等时，请确认有无负载短路或过电流。若不是上述原因，则可能是 PLC 内混入导电性异物或其他异常情况，使基本单元内的保险丝熔断，此时可通过更换保险丝来解决。

2. 出错指示（[EPROR]LED 闪烁）

当程序语法错误（如忘记设定定时器或计数器的常数等），或有异常噪音、导电性异物混入等原因而引起程序内存的内容变化时，[EPROR]LED 会闪烁，PLC 处于 STOP 状态，同时输出全部变为 OFF。在这种情况下，应检查程序是否有错，检查有无导电性异物混入和高强度噪音源。

发生错误时，8009、8060～8068 其中之一的值被写入特殊数据寄存器 D8004 中，假设这个写入 D8004 中内容是 8064，则通过查看 D8064 的内容便可知道出错代码。与出错代码相对应的实际出错内容参见 PLC 使用手册的错误代码表。

3. 出错指示（[EPROR]LED 灯亮）

由于 PLC 内部混入导电性异物或受外部异常噪音的影响，导致 CPU 失控或运算周期超过 200 ms，则 WDT 出错，[EPROR]LED 灯亮，PLC 处于 STOP，同时输出全部都变为 OFF。此时可进行断电复位，若 PLC 恢复正常，请检查一下有无异常噪音发生源和导电性异物混入的情况。另外，请检查 PLC 的接地是否符合要求。

检查过程如果出现[EPROR]LED 灯亮→闪烁的变化，请进行程序检查。如果[EPROR]LED 依然一直保持灯亮状态时，请确认一下程序运算周期是否过长（监视 D8012 可知最大扫描时间）。

如果进行了全部的检查之后，[EPROR]LED 的灯亮状态仍不能解除，应考虑 PLC 内部发生了某种故障，请与厂商联系。

4. 输入指示

不管输入单元的 LED 灯亮还是灭，请检查输入信号开关是否确实在 ON 或 OFF 状态。如果输入开关的额定电流容量过大或由于油侵入等原因，容易产生接触不良。当输入开关与 LED 灯亮用电阻并联时，即使输入开关 OFF 但并联电路仍导通，仍可对 PLC 进行输入。如果使用光传感器等输入设备，由于发光/受光部位粘有污垢等，引起灵敏度变化，有可能不能完全进入“ON”状态。在比 PLC 运算周期短的时间内，不能接收到 ON 和 OFF 的输入。如果在输入端子上外加不同的电压时，会损坏输入回路。

5. 输出指示

不管输出单元的 LED 灯亮还是灭，如果负载不能进行 ON 或 OFF 时，主要是由于过载、负载短路或容量性负载的冲击电流等，引起继电器输出接点黏合，或接点接触面不好导致接触不良。

拓展学习一　应用 FX_{2N} 组合机床控制线路的 PLC 控制装置的设计与调试（PLC 在四工位组合机床控制系统中的应用）

一、概　述

四工位组合机床由四个工作滑台各载一个加工动力头，组成四个加工工位完成对零件进行铣端面、钻孔、扩孔和攻丝等工序的加工，采用回转工作台传送零件，有夹具、上、下料机械手和进料器四个辅助装置以及冷却和液压系统。系统中除加工动力头的主轴由电动机驱动以外，其余各运动部分均由液压驱动。机床的四个动力头同时对一个零件进行加工，一次加工完成一个零件。

二、控制要求和工作方式

本机床共有连续全自动工作循环、单机半自动循环和手动调整三种工作方式。连续全自动和单机半自动循环的控制要求为：按下启动按钮，上料机械手向前，将待加工零件送到夹具上，同时进料装置进料，然后上料机械手退回原位，进料装置放料，回转工作台自动微抬并转位，接着四个工作滑台向前，四个动力头同时加工，加工完成后，各工作滑台退回原位，下料机械手向前抓住零件，夹具松开，下料机械手退回原位并取走已加工完的零件，完成一个工作循环，并开始下一个工作循环，实现全自动工作方式。如果选择预停，则每个工作循环完成后，机床自动停止在初始位置，等到再次发出启动命令后，才开始下一个循环，这就是半自动循环工作方式。

三、系统的硬件构成

本组合机床由 PLC 组成的电控系统共有各种输入信号约 37 个，输出信号 25 个。输入元件中包括工作方式选择开关、启动、预停、急停按钮，用于检测各工位工作进程的行程开关和压力继电器等等。输出元件包括控制各动力头主轴电动机运行的接触器线圈，控制各工位向前与向后、快速以及攻丝、退丝、夹紧、松开的电磁换向阀线圈。根据组合机床的工作特点，选用三菱 FX_{2N}-64 MR 型 PLC，即可满足输入输出信号的数量要求，同时由于各工位动作频率不是很高，但控制线路电流较大，故选用继电器输出方式的 PLC，系统的输入输出信号地址分配表如表 5.3 所示。

表 5.2　四工位组合机床输入输出信号地址分配表

输入				输出			
功能	地址	功能	地址	功能	地址	功能	地址
回原点	X0	快转工	X24	动力头		快速	Y20
手动	X1	终点	X25	铣端面	Y0	扩孔	
半自动	X2	过载	X26	钻孔	Y1	向前	Y21
全自动	X3	点动	X27	扩孔	Y2	向后	Y22
夹紧	X4	钻孔动力头		攻丝	Y3	快速	Y23
松开	X5	原位	X30	退丝	Y4	攻丝	
进料	X6	已快进	X31	上料进	Y5	攻丝	Y24
放料	X7	已工进	X32	上料退	Y6	快退	Y25
润滑压力	X10	点动	X33	下料进	Y7		
总停	X11	扩孔动力头		下料退	Y10		
启动	X12	原位	X34	夹紧机构		润滑电机	Y26
预停	X13	已快进	X35	夹紧	Y11	冷却电机	Y27
紧急停止	X14	已工进	X36	松开	Y12	蜂鸣器	Y30
冷却泵开	X15	点动	X37	铣端面			
冷却泵停	X16	攻丝动力头		向前	Y13		
上料原位	X17	原位	X40	向后	Y14		
上料终点	X20	已快进	X41	快速	Y15		
下料原位	X21	已攻丝	X42	钻孔			
下料终点	X22	已退丝	X43	向前	Y16		
铣端面动力头		点动	X44	向后	Y17		
原位	X23						

四、PLC 控制系统的软件设计

本机床 PLC 控制系统的软件由公用程序、全自动程序、半自动程序、手动程序、全线自动回原点程序以及故障报警程序等六部分组成，程序总体结构图如图 5.14 所示。

公用程序主要用来处理组合机床的各种操作信号，如启动、预停、紧急停止以及各工位的原位信号、机床启动前应具备的各种初始信号、工作方式选择信号、各种复位信号，并将处理结果作为机床启动、停止、程序转换或故障报警等的依据，公用程序一般采用经验法设计，其流程图如图 5.15 所示。

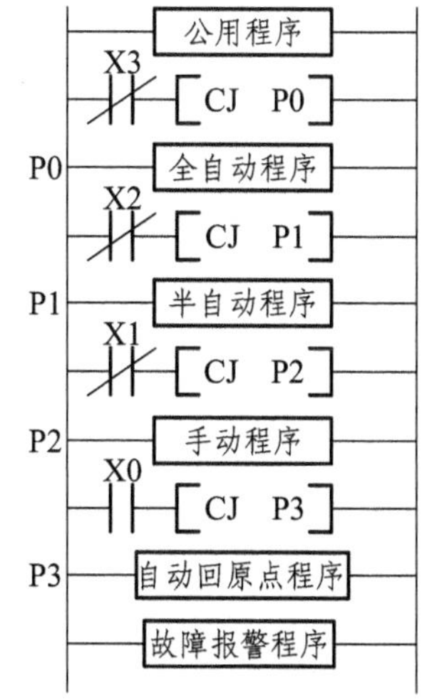

公用程序
X3 [CJ P0]
P0 全自动程序
X2 [CJ P1]
P1 半自动程序
X1 [CJ P2]
P2 手动程序
X0 [CJ P3]
P3 自动回原点程序
故障报警程序

图 5.14　PLC 的总体结构图

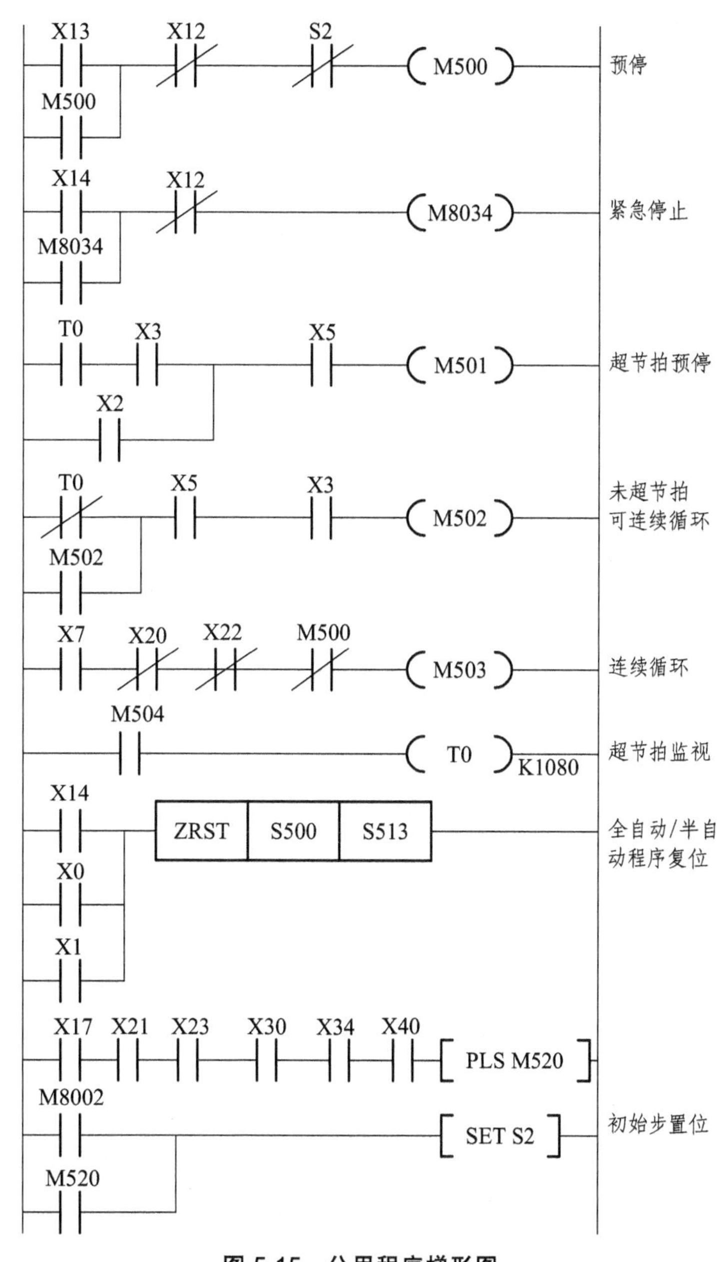

图 5.15　公用程序梯形图

故障报警程序包括故障的检测与显示，故障检测由传感器完成，再送入PLC，故障显示采取分类组合显示的方法，将所有的故障检测信号按层次分成组，每组各包括几种故障。本系统分为：故障区域，故障部件（动力头、滑台、夹具等），故障元件三个层次。当具体的故障发生时，检测信号同时送往区域、部件、元件三个显示组。这样就可以指示故障发生在某区域、某部件、某元件上。

全自动程序是软件中最重要的部分，它用来实现组合机床在无人参与的情况下对成批工件进行自动地连续加工。在全自动工作方式下，当机床具备所有初始条件后，按下启动按钮（X12），机床即按控制要求所述工艺过程工作，各动力头进行各自的工作循环，循环结束时重新回到各自的初始位置并停止。本文以铣端面和钻孔工位为例，着重分析全自动程序的设计，结合表5.1 I/O地址的分配，可以画出这两个工位的状态流程图如图5.16所示。

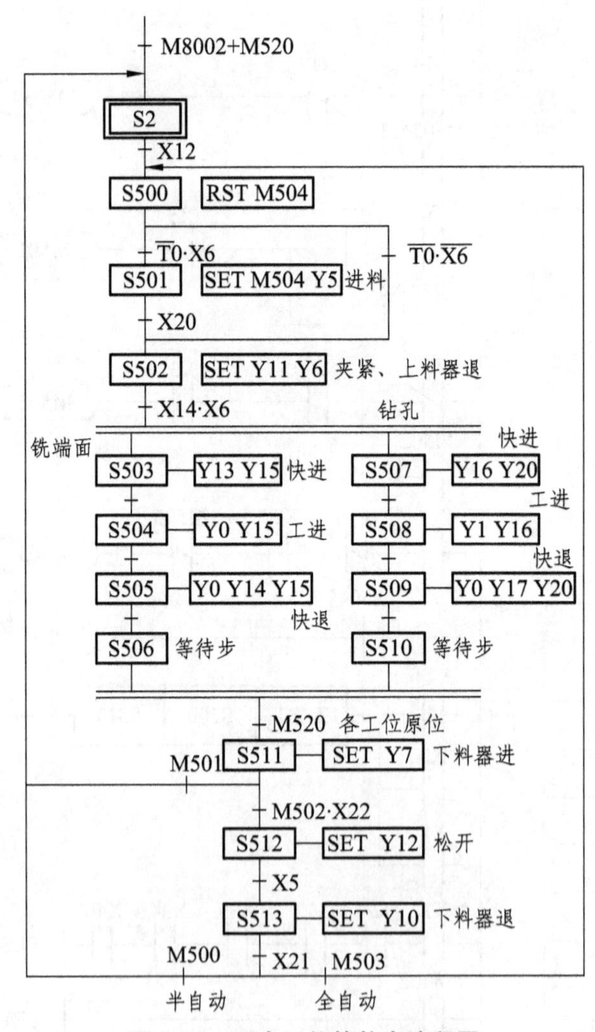

图5.16 两个工位的状态流程图

需要指出的是：在图5.16中，我们设置了预停功能和超节拍保护功能。

（1）预停功能：当按下预停按钮X13，M500为“1”态，M503为“0”态（见图5.15）。

这样当组合机床进展到 S513 步且 X21 = 1，将转入初始步 S2，并自动停止，而不会转入 S500 进入下一个循环。

（2）超节拍保护：当组合机床进行超节拍保护时，超节拍监控定时器 T0 将动作（由 S500 置位 M504），使 M501 为“1”态，M502 为“0”态（见图 5.15），当机床进行到 S511 步时，将转入初始步（S2）停止，不会继续往下运动。

依照上述方法，同样可以把其他几部分的程序流程图设计出来。

五、系统调试与运行

系统调试将手动与自动操作控制独立分开，自动操作控制首先保证单机程序调试成功后，再转入连续控制，最后连接整个系统试运行。由于 PLC 可灵活、方便地通过编程来改变控制过程，使调试变得更简单。本系统经过一段时间运行表明，该系统性能可靠，自动化程度高，完全能满足生产工艺要求，它不仅提高了生产效率，而且大大减轻了劳动强度，改善了工作环境。

拓展学习二　可编程控制器通信与网络技术

近年来，工厂自动化网络得到了迅速的发展，相当多的企业已经在大量地使用可编程设备，如 PLC、工业控制计算机、变频器、机器人、柔性制造系统等。将不同厂家生产的这些设备连在一个网络上，相互之间进行数据通信，由企业集中管理，已经是很多企业必须考虑的问题。本章主要介绍有关 PLC 的通信与工厂自动化通信网络方面的初步知识。

一、PLC 通信基础

当任意两台设备之间有信息交换时，它们之间就产生了通信。PLC 通信是指 PLC 与 PLC、PLC 与计算机、PLC 与现场设备或远程 I/O 之间的信息交换。

PLC 通信的任务就是将地理位置不同的 PLC、计算机、各种现场设备等，通过通信介质连接起来，按照规定的通信协议，以某种特定的通信方式高效率地完成数据的传送、交换和处理。本节就通信方式、通信介质、通信协议及常用的通信接口等内容加以介绍。

（一）通信方式

1. 并行通信与串行通信

数据通信主要有并行通信和串行通信两种方式。

并行通信是以字节或字为单位的数据传输方式，除了 8 根或 16 根数据线、一根公共线外，还需要数据通信联络用的控制线。并行通信的传送速度快，但是传输线的根数多，成本高，一般用于近距离的数据传送。并行通信一般用于 PLC 的内部，如 PLC 内部元件之间、PLC 主机与扩展模块之间或近距离智能模块之间的数据通信。

串行通信是以二进制的位（bit）为单位的数据传输方式，每次只传送一位，除了地线外，在一个数据传输方向上只需要一根数据线，这根线既作为数据线又作为通信联络控制线，数据和联络信号在这根线上按位进行传送。串行通信需要的信号线少，最少的只需要两三根线，适用于距离较远的场合。计算机和 PLC 都备有通用的串行通信接口，工业控制中一般使用串行通信。串行通信多用于 PLC 与计算机之间、多台 PLC 之间的数据通信。

在串行通信中，传输速率常用比特率（每秒传送的二进制位数）来表示，其单位是比特/秒（bit/s）或 bps。传输速率是评价通信速度的重要指标。常用的标准传输速率有 300、600、1 200、2 400、4 800、9 600 和 19 200 bps 等。不同的串行通信的传输速率差别极大，有的只有数百 bps，有的可达 100 Mbps。

2. 单工通信与双工通信

串行通信按信息在设备间的传送方向又分为单工、双工两种方式。

单工通信方式只能沿单一方向发送或接收数据。双工通信方式的信息可沿两个方向传送，每一个站既可以发送数据，也可以接收数据。

双工方式又分为全双工和半双工两种方式。数据的发送和接收分别由两根或两组不同的数据线传送，通信的双方都能在同一时刻接收和发送信息，这种传送方式称为全双工方式；用同一根线或同一组线接收和发送数据，通信的双方在同一时刻只能发送数据或接收数据，这种传送方式称为半双工方式。在 PLC 通信中常采用半双工和全双工通信。

3. 异步通信与同步通信

在串行通信中，通信的速率与时钟脉冲有关，接收方和发送方的传送速率应相同，但是实际的发送速率与接收速率之间总是有一些微小的差别，如果不采取一定的措施，在连续传送大量的信息时，将会因积累误差造成错位，使接收方收到错误的信息。为了解决这一问题，需要使发送和接收同步。按同步方式的不同，可将串行通信分为异步通信和同步通信。

异步通信的信息格式如图 5.17 所示，发送的数据字符由一个起始位、7~8 个数据位、1 个奇偶校验位（可以没有）和停止位（1 位、1.5 或 2 位）组成。通信双方需要对所采用的信息格式和数据的传输速率作相同的约定。接收方检测到停止位和起始位之间的下降沿后，将它作为接收的起始点，在每一位的中点接收信息。由于一个字符中包含的位数不多，即使发送方和接收方的收发频率略有不同，也不会因两台机器之间的时钟周期的误差积累而导致错位。异步通信传送附加的非有效信息较多，它的传输效率较低，一般用于低速通信，PLC 一般使用异步通信。

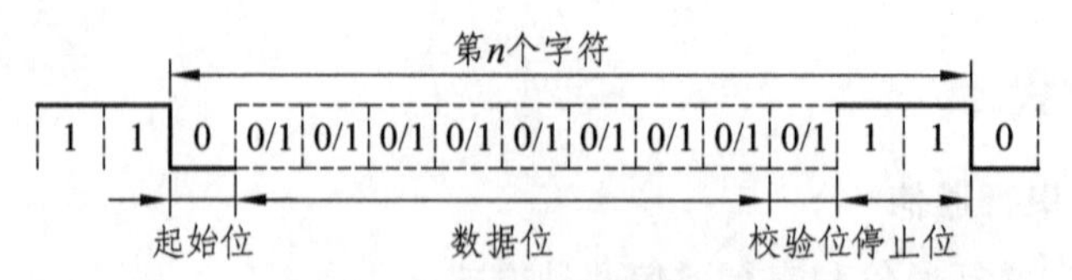

图 5.17　异步通信的信息格式

同步通信以字节为单位（一个字节由 8 位二进制数组成），每次传送 1~2 个同步字符、若干个数据字节和校验字符。同步字符起联络作用，用它来通知接收方开始接收数据。在同步通信中，发送方和接收方要保持完全的同步，这意味着发送方和接收方应使用同一时钟脉冲。在近距离通信时，可以在传输线中设置一根时钟信号线。在远距离通信时，可以在数据流中提取出同步信号，使接收方得到与发送方完全相同的接收时钟信号。由于同步通信方式不需要在每个数据字符中加起始位、停止位和奇偶校验位，只需要在数据块（往往很长）之前加一两个同步字符，所以传输效率高，但是对硬件的要求较高，一般用于高速通信。

4. 基带传输与频带传输

基带传输是按照数字信号原有的波形（以脉冲形式）在信道上直接传输，它要求信道具有较宽的通频带。基带传输不需要调制解调，设备花费少，适用于较小范围的数据传输。基带传输时，通常对数字信号进行一定的编码，常用数据编码方法有非归零码 NRZ、曼彻斯特编码和差动曼彻斯特编码等。后两种编码不含直流分量、包含时钟脉冲、便于双方自同步，所以应用广泛。

频带传输是一种采用调制解调技术的传输形式。发送端采用调制手段，对数字信号进行某种变换，将代表数据的二进制“1”和“0”，变换成具有一定频带范围的模拟信号，以适应在模拟信道上传输；接收端通过解调手段进行相反变换，把模拟的调制信号复原为“1”或“0”。常用的调制方法有频率调制、振幅调制和相位调制。具有调制、解调功能的装置称为调制解调器，即 Modem。频带传输较复杂，传送距离较远，若通过市话系统配备 Modem，则传送距离可不受限制。

PLC 通信中，基带传输和频带传输两种传输形式都有采用，但多采用基带传输。

（二）通信介质

通信介质就是在通信系统中位于发送端与接收端之间的物理通路。通信介质一般可分为导向性和非导向性介质两种。导向性介质有双绞线、同轴电缆和光纤等，这种介质将引导信号的传播方向；非导向性介质一般通过空气传播信号，它不为信号引导传播方向，如短波、微波和红外线通信等。

以下仅简单介绍几种常用的导向性通信介质。

1. 双绞线

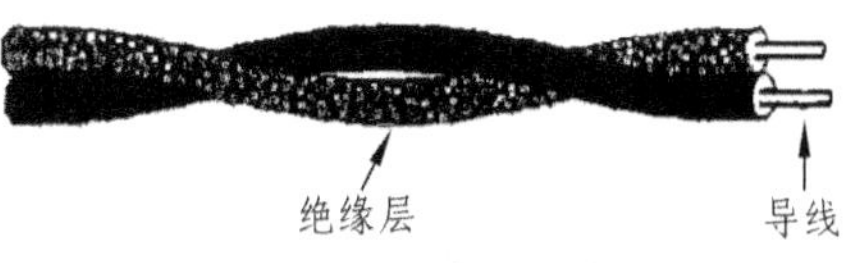

图 5.18　双绞线示意图

双绞线是一种廉价而又广为使用的通信介质，它由两根彼此绝缘的导线按照一定规则以螺旋状绞合在一起的，如图 5.18 所示。这种结构能在一定程度上减弱来自外部的电磁干扰及相邻双绞线引起的串音干扰。但在传输距离、带宽和数据传输速率等方面双绞线仍有其一定的局限性。

双绞线常用于建筑物内局域网数字信号传输。这种局域网所能实现的带宽取决于所用导线的质量、长度及传输技术。只要选择、安装得当，在有限距离内数据传输率达到 10 Mbps。当距离很短且采用特殊的电子传输技术时，传输率可达 100 Mbps。

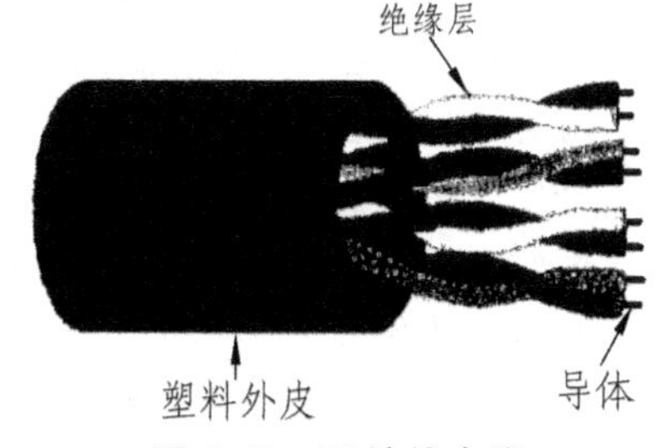

图 5.19　双绞线电缆

在实际应用中，通常将许多对双绞线捆扎在一起，用起保护作用的塑料外皮将其包裹起来制成电缆。采用上述方法制成的电缆就是非屏蔽双绞线电缆，如图 5.19 所示。为了便于识别导线和导线间的配对关系，双绞线电缆中每根导线使用不同颜色的绝缘层。为了减少双绞线间的相互串扰，电缆中相邻双绞线一般采用不同的绞合长度。非屏蔽双绞线电缆价格便宜、直径小节省空间、使用方便灵活、易于安装，是目前最常用的通信介质。

美国电器工业协会（EIA）规定了 6 种质量级别的双绞线电缆，其中 1 类线档次最低，只适于传输语音；6 类线档次最高，传输频率可达到 250 MHz。网络综合布线一般使用 3、4、5 类线。3 类线传输频率为 16 MHz，数据传输率可达 10 Mbps；4 类线传输频率为 20 MHz，数据传输率可达 16 Mbps；5 类线传输频率为 100 MHz，数据传输可达 100 Mbps。

非屏蔽双绞线易受干扰，缺乏安全性。因此，往往采用金属包皮或金属网包裹以进行屏蔽，这种双绞线就是屏蔽双绞线。屏蔽双绞线抗干扰能力强，有较高的传输速率，100 m 内可达到 155 Mbps。但其价格相对较贵，需要配置相应的连接器，使用时不是很方便。

2. 同轴电缆

如图 5.20 所示，同轴电缆由内、外层两层导体组成。内层导体是由一层绝缘体包裹的单股实心线或绞合线（通常是铜制的），位于外层导体的中轴上；外层导体是由绝缘层包裹的金属包皮或金属网。同轴电缆的最外层是能够起保护作用的塑料外皮。同轴电缆的外层导体不仅能够充当导体的一部分，而且还起到屏蔽作用。这种屏蔽一方面能防止外部环境造成的干扰，另一方面能阻止内层导体的辐射能量干扰其他导线。

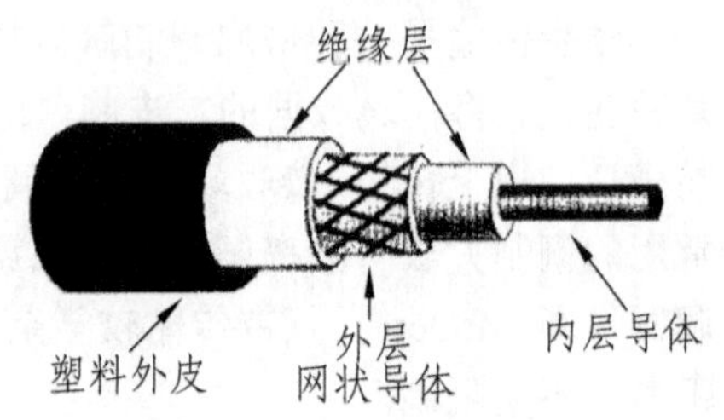

图 5.20　同轴电缆

与双绞线相比，同轴电线抗干扰能力强，能够应用于频率更高、数据传输速率更快的情况。对其性能造成影响的主要因素来自衰损和热噪声，采用频分复用技术时还会受到交调噪声的影响。虽然目前同轴电缆大量被光纤取代，但它仍广泛应用于有线电视和某些局域网中。

目前得到广泛应用的同轴电缆主要有 50 Ω电缆和 75 Ω电缆这两类。50 Ω电缆用于基带数字信号传输，又称基带同轴电缆。电缆中只有一个信道，数据信号采用曼彻斯特编码方式，数据传输速率可达 10 Mbps，这种电缆主要用于局域以太网。75 Ω电缆是 CATV 系统使用的标准，它既可用于传输宽带模拟信号，也可用于传输数字信号。对于模拟信号而言，其工作频率可达 400 MHz。若在这种电缆上使用频分复用技术，则可以使其同时具有大量的信道，每个信道都能传输模拟信号。

3. 光　纤

光纤是一种传输光信号的传输媒介。光纤的结构如图 5.21 所示，处于光纤最内层的纤芯是一种横截面积很小、质地脆、易断裂的光导纤维，制造这种纤维的材料可以是玻璃也可以是塑料。纤芯的外层裹有一个包层，它由折射率比纤芯小的材料制成。正是由于在纤芯与包层之间存在着折射率的差异，光信号才得以通过全反射在纤芯中不断向前传播。在光纤的最外层则是起保护作用的外套。通常都是将多根光纤扎成束并裹以保护层制成多芯光缆。

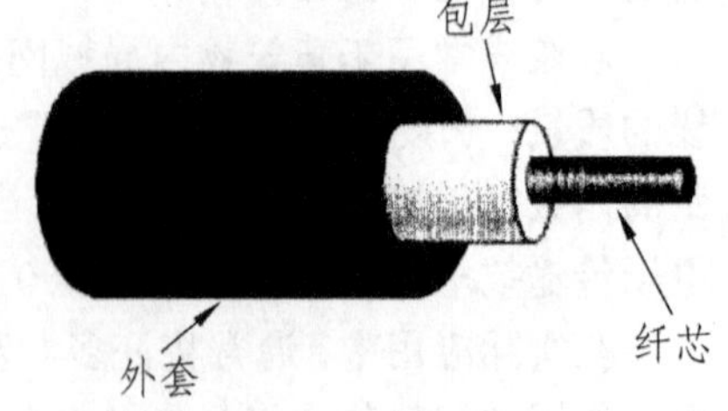

图 5.21　光纤的结构

从不同的角度考虑，光纤有多种分类方式。根据制作材料的不同，光纤可分为石英光纤、塑料光纤、玻璃光纤等；根据传输模式不同，光纤可分为多模光纤和单模光纤；根据纤芯折射率的分布不同，光纤可以分为突变型光纤和渐变型光纤；根据工作波长的不同，光纤可分为短波长光纤、长波长光纤和超长波长光纤。

单模光纤的带宽最宽，多模渐变光纤次之，多模突变光纤的带宽最窄；单模光纤适于大容量远距离通信，多模渐变光纤适于中等容量中等距离的通信，而多模突变光纤只适于小容量的短距离通信。

在实际光纤传输系统中，还应配置与光纤配套的光源发生器件和光检测器件。目前最常见的光源发生器件是发光二极管（LED）和注入激光二极管（ILD）。光检测器件是在接收端能够将光信号转化成电信号的器件，目前使用的光检测器件有光电二极管（PIN）和雪崩光电二极管（APD），光电二极管的价格较便宜，然而雪崩光电二极管却具有较高的灵敏度。

与一般的导向性通信介质相比，光纤具有很多优点：

（1）光纤支持很宽的带宽，其范围大约在 $10^{14} \sim 10^{15}$ Hz 之间，这个范围覆盖了红外线和可见光的频谱。

（2）具有很快的传输速率，当前限制其所能实现的传输速率的因素来自信号生成技术。

（3）光纤抗电磁干扰能力强，由于光纤中传输的是不受外界电磁干扰的光束，而光束本身又不向外辐射，因此它适用于长距离的信息传输及安全性要求较高的场合。

（4）光纤衰减较小，中继器的间距较大。采用光纤传输信号时，在较长距离内可以不设置信号放大设备，从而减少了整个系统中继器的数目。

当然光纤也存在一些缺点，如系统成本较高、不易安装与维护、质地脆易断裂等。

（三）PLC 常用通信接口

PLC 通信主要采用串行异步通信，其常用的串行通信接口标准有 RS-232C、RS-422A 和 RS-485 等。

1. RS-232C

RS-232C 是美国电子工业协会 EIA 于 1969 年公布的通信协议，它的全称是“数据终端设备（DTE）和数据通信设备（DCE）之间串行二进制数据交换接口技术标准”。RS-232C 接口标准是目前计算机和 PLC 中最常用的一种串行通信接口。

RS-232C 采用负逻辑，用 −15 ~ −5 V 表示逻辑“1”，用 +5 ~ +15 V 表示逻辑“0”。噪声容限为 2 V，即要求接收器能识别低至 +3 V 的信号作为逻辑“0”，高到 −3 V 的信号作为逻辑“1”。RS-232C 只能进行一对一的通信，RS-232C 可使用 9 针或 25 针的 D 型连接器，表 5.3 列出了 RS-232C 接口各引脚信号的定义以及 9 针与 25 针引脚的对应关系。PLC 一般使用 9 针的连接器。

表 5.3 RS-232C 接口引脚信号的定义

引脚号（9 针）	引脚号（25 针）	信号	方向	功能
1	8	DCD	IN	数据载波检测
2	3	RxD	IN	接收数据
3	2	TxD	OUT	发送数据
4	20	DTR	OUT	数据终端装置（DTE）准备就绪
5	7	GND		信号公共参考地

续表 5.3

引脚号(9针)	引脚号(25针)	信号	方向	功能
6	6	DSR	IN	数据通信装置（DCE）准备就绪
7	4	RTS	OUT	请求传送
8	5	CTS	IN	清除传送
9	22	CI（RI）	IN	振铃指示

如图 5.22（a）所示为两台计算机都使用 RS-232C 直接进行连接的典型连接；如图 5.22（b）所示为通信距离较近时只需 3 根连接线。

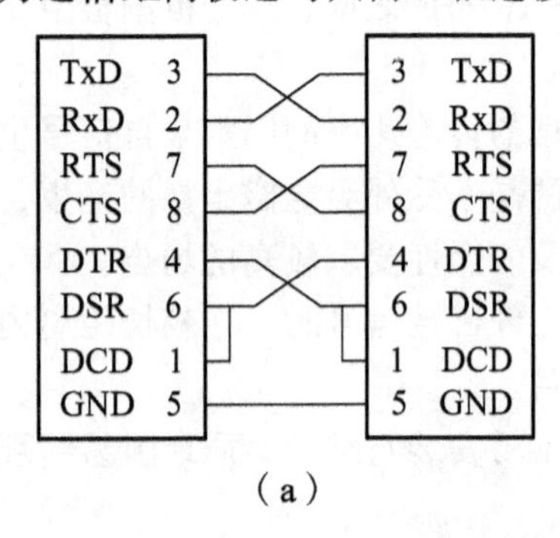

（a）

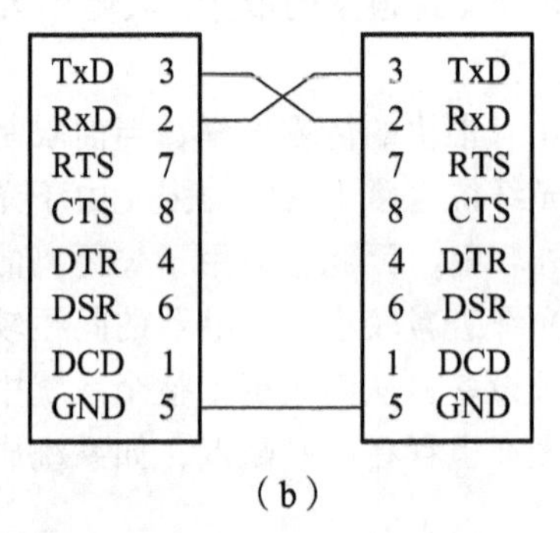

（b）

图 5.22　两个 RS-232C 数据终端设备的连接

如图 5.23 所示 RS-232-C 的电气接口采用单端驱动、单端接收的电路，容易受到公共地线上的电位差和外部引入的干扰信号的影响，同时还存在以下不足之处：

（1）传输速率较低，最高传输速度速率为 20 kbps。

（2）传输距离短，最大通信距离为 15 m。

（3）接口的信号电平值较高，易损坏接口电路的芯片，又因为与 TTL 电平不兼容故需使用电平转换电路方能与 TTL 电路连接。

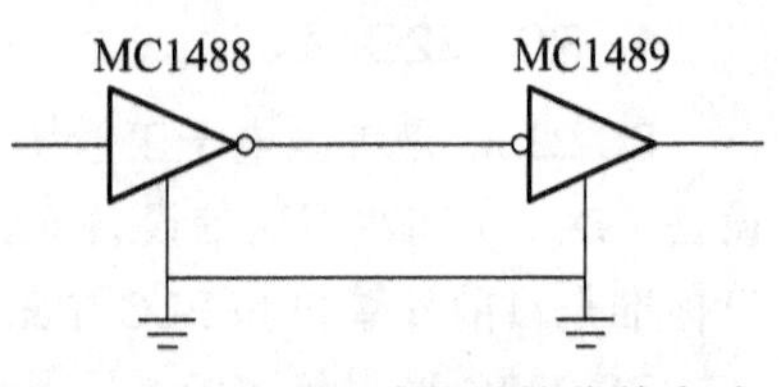

图 5.23　单端驱动单端接收的电路

2. RS-422

针对 RS-232C 的不足，EIA 于 1977 年推出了串行通信标准 RS-499，对 RS-232C 的电气特性作了改进，RS-422A 是 RS-499 的子集。

如图 5.24 所示由于 RS-422A 采用平衡驱动、差分接收电路，从根本上取消了信号地线，大大减少了地电平所带来的共模干扰。平衡驱动器相当于两个单端驱动器，其输入信号相同，两个输出信号互为反相信号，图中的小圆圈表示反相。外部输入的干扰信号是以共模方式出现的，两极传输线上的共模干扰信号相同，因接收器是差分输入，共模信号可以互相抵消。只要接收器有足够的抗共模干扰能力，就能从干扰信号中识别出驱动器输出的有用信号，从而克服外部干扰的影响。

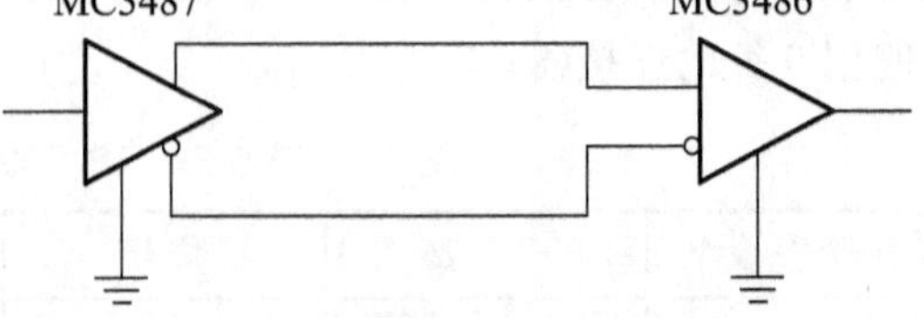

图 5.24　平衡驱动差分接收的电路

RS-422 在最大传输速率 10 Mbps 时，允许的最大通信距离为 12 m。传输速率为 100 kbps

时，最大通信距离为 1 200 m。一台驱动器可以连接 10 台接收器。

3. RS-485

RS-485 是 RS-422 的变形，RS-422A 是全双工，两对平衡差分信号线分别用于发送和接收，所以采用 RS422 接口通信时最少需要 4 根线。RS-485 为半双工，只有一对平衡差分信号线，不能同时发送和接收，最少只需二根连线。

如图 5.25 所示使用 RS-485 通信接口和双绞线可组成串行通信网络，构成分布式系统，系统最多可连接 128 个站。

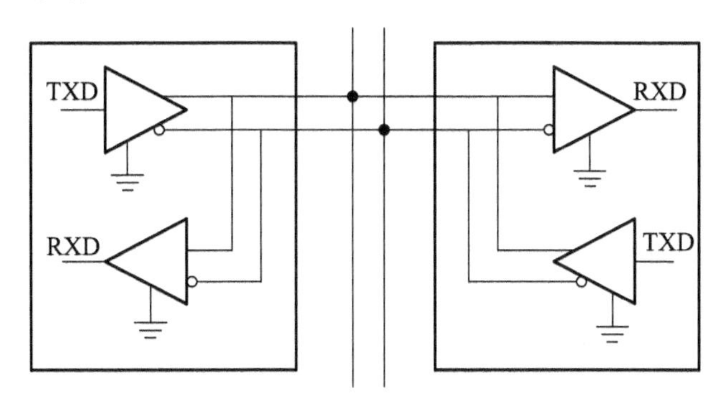

图 5.25　采用 RS-485 的网络

RS-485 的逻辑“1”以两线间的电压差为 + 2 ~ + 6 V 表示，逻辑“0”以两线间的电压差为 − 6 ~ − 2 V 表示。接口信号电平比 RS-232-C 降低了，就不易损坏接口电路的芯片，且该电平与 TTL 电平兼容，可方便与 TTL 电路连接。由于 RS-485 接口具有良好的抗噪声干扰性、高传输速率（10 Mbps）、长的传输距离（1 200 m）和多站能力（最多 128 站）等优点，所以在工业控制中广泛应用。

RS-422/RS485 接口一般采用使用 9 针的 D 型连接器。普通微机一般不配备 RS-422 和 RS-485 接口，但工业控制微机基本上都有配置。如图 5.26 所示 RS232C/RS422 转换器的电路原理图。

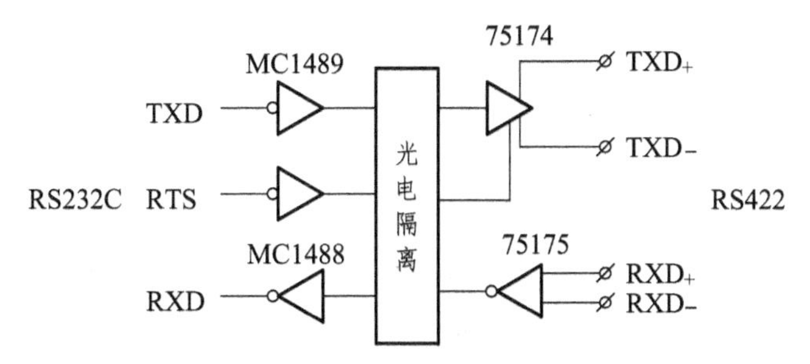

图 5.26　RS232C/RS422 转换的电路原理

（四）计算机通信标准

1. 开放系统互连模型

为了实现不同厂家生产的智能设备之间的通信，国际标准化组织 ISO 提出了如图 5.27 所示开放系统互连模型 OSI（Open System Interconnection），作为通信网络国际标准化的参考模型，它详细描述了软件功能的 7 个层次。七个层次自下而上依次为：物理层、数据链路层、网络层、传送层、会话层、表示层和应用层。每一层都尽可能自成体系，均有明确的功能。

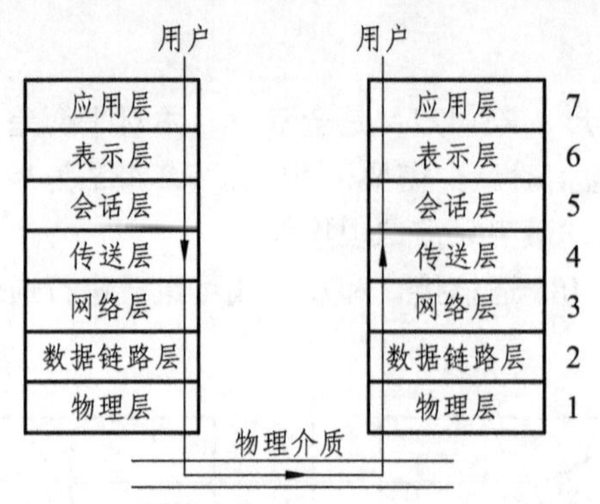

图 5.27 开放系统互连（OSI）参考模型

1）物理层（Physical Layer）

物理层是为建立、保持和断开在物理实体之间的物理连接，提供机械的、电气的、功能性的和规程的特性。它是建立在传输介质之上，负责提供传送数据比特位“0”和“1”码的物理条件。同时，定义了传输介质与网络接口卡的连接方式以及数据发送和接收方式。常用的串行异步通信接口标准 RS-232C、RS-422 和 RS-485 等就属于物理层。

2）数据链路层（Datalink Layer）

数据键路层通过物理层提供的物理连接，实现建立、保持和断开数据链路的逻辑连接，完成数据的无差错传输。为了保证数据的可靠传输，数据链路层的主要控制功能是差错控制和流量控制。在数据链路上，数据以帧格式传输，帧是包含多个数据比特位的逻辑数据单元，通常由控制信息和传输数据两部分组成。常用的数据链路层协议是面向比特的串行同步通信协议——同步数据链路控制协议/高级数据链路控制协议（SDLC/HDLC）。

3）网络层（Network Layer）

网络层完成站点间逻辑连接的建立和维护，负责传输数据的寻址，提供网络各站点间进行数据交换的方法，完成传输数据的路由选择和信息交换的有关操作。网络层的主要功能是报文包的分段、报文包阻塞的处理和通信子网内路径的选择。常用的网络层协议有 X.25 分组协议和 IP 协议。

4）传输层（Transport Layer）

传输层是向会话层提供一个可靠的端到端（end-to-end）的数据传送服务。传输层的信号传送单位是报文（Message），它的主要功能是流量控制、差错控制、连接支持。典型的传输层协议是因特网 TCP/IP 协议中的 TCP 协议。

5）会话层（Session Layer）

两个表示层用户之间的连接称为会话，对应会话层的任务就是提供一种有效的方法，组织和协调两个层次之间的会话，并管理和控制它们之间的数据交换。网络下载中的断点续传就是会话层的功能。

6）表示层（Presentation Layer）

表示层用于应用层信息内容的形式变换，如数据加密/解密、信息压缩/解压和数据兼容，把应用层提供的信息变成能够共同理解的形式。

7）应用层（Application Layer）

应用层作为参考模型的最高层，为用户的应用服务提供信息交换，为应用接口提供操作标准。七层模型中所有其他层的目的都是为了支持应用层，它直接面向用户，为用户提供网络服务。常用的应用层服务有电子邮件（Email）、文件传输（FTP）和 Web 服务等。

OSI 7 层模型中，除了物理层和物理层之间可直接传送信息外，其他各层之间实现的都是间接的传送。在发送方计算机的某一层发送的信息，必须经过该层以下的所有低层，通过传输介质传送到接收方计算机，并层层上送直至到达接收方中与信息发送层相对应的层。

OSI 7 层参考模型只是要求对等层遵守共同的通信协议，并没有给出协议本身。OSI 7 层协议中，高 4 层提供用户功能，低 3 层提供网络通信功能。

2. IEEE802 通信标准

IEEE802 通信标准是 IEEE（国际电工与电子工程师学会）的 802 分委员会从 1981 年至今颁布的一系列计算机局域网分层通信协议标准草案的总称。它把 OSI 参考模型的底部两层分解为逻辑链路控制子层（LLC）、媒体访问子层（MAC）和物理层。前两层对应于 OSI 模型中的数据链路层，数据链路层是一条链路（Link）两端的两台设备进行通信时所共同遵守的规则和约定。

IEEE802 的媒体访问控制子层对应于多种标准，其中最常用的为 3 种，即带冲突检测的载波侦听多路访问（CSMA/CD）协议、令牌总线（Token Bus）和令牌环（Token Ring）。

1）CSMA/CD 协议

CSMA/CD（Carrier-Sense Multiple Access with Collision Detection）通信协议的基础是 XEROX 公司研制的以太网（Ethernet），各站共享一条广播式的传输总线，每个站都是平等的，采用竞争方式发送信息到传输线上。当某个站识别到报文上的接收站名与本站的站名相同时，便将报文接收下来。由于没有专门的控制站，两个或多个站可能因同时发送信息而发生冲突，造成报文作废，因此必须采取措施来防止冲突。

发送站在发送报文之前，先监听一下总线是否空闲，如果空闲，则发送报文到总线上，称之为“先听后讲”。但是这样做仍然有发生冲突的可能，因为从组织报文到报文在总线上传输需一段时间，在这一段时间内，另一个站通过监听也可能会认为总线空闲并发送报文到总线上，这样就会因两站同时发送而发生冲突。

为了防止冲突，可以采取两种措施：一种是发送报文开始的一段时间，仍然监听总线，采用边发送边接收的办法，把接收到的信息和自己发送的信息相比较，若相同则继续发送，称之为“边听边讲”；若不相同则发生冲突，立即停止发送报文，并发送一段简短的冲突标志。通常把这种“先听后讲”和“边听边讲”相结合的方法称为 CSMA/CD，其控制策略是竞争发送、广播式传送、载体监听、冲突检测、冲突后退和再试发送；另一种措施是准备发送报文的站先监听一段时间，如果在这段时间内总线一直空闲，则开始作发送准备，准备完毕，真正要将报文发送到总线上之前，再对总线作一次短暂的检测，若仍为空闲，则正式开始发送；若不空闲，则延时一段时间后再重复上述的二次检测过程。

2）令牌总线

令牌总线是 IEEE802 标准中的工厂媒质访问技术，其编号为 802.4。它吸收了 GM 公司支持的 MAP（Manufacturing Automation Protocol，即制造自动化协议）系统的内容。

在令牌总线中，媒体访问控制是通过传递一种称为令牌的特殊标志来实现的。按照逻辑顺序，令牌从一个装置传递到另一个装置，传递到最后一个装置后，再传递给第一个装置，如此同而复始，形成一个逻辑环。令牌有“空”、“忙”两个状态，令牌网开始运行时，由指定站产生一个空令牌沿逻辑环传送。任何一个要发送信息的站都要等到令牌传给自己，判断为“空”令牌时才发送信息。发送站首先把令牌置成“忙”，并写入要传送的信息、发送站名和接收站名，然后将载有信息的令牌送入环网传输。令牌沿环网循环一周后返回发送站时，信息已被接收站拷贝，发送站将令牌置为“空”，送上环网继续传送，以供其他站使用。如果在传送过程中令牌丢失，由监控站向网中注入一个新的令牌。

令牌传递式总线能在很重的负荷下提供实时同步操作，传送效率高，适于频繁、较短的数据传送，因此它最适合于需要进行实时通信的工业控制网络。

3）令牌环

令牌环媒质访问方案是 IBM 开发的，它在 IEEE802 标准中的编号为 802.5，它有些类似于令牌总线。在令牌环上，最多只能有一个令牌绕环运动，不允许两个站同时发送数据。令牌环从本质上看是一种集中控制式的环，环上必须有一个中心控制站负责网的工作状态的检测和管理。

二、PC 与 PLC 通信的实现

个人计算机（以下简称 PC）具有较强的数据处理功能，配备着多种高级语言，若选择适当的操作系统，则可提供优良的软件平台，开发各种应用系统，特别是动态画面显示等。随着工业 PC 的推出，PC 在工业现场运行的可靠性问题也得到了解决，用户普遍感到，把 PC 连入 PLC 应用系统可以带来一系列的好处。

（一）概　述

1. PC 与 PLC 实现通信的意义

把 PC 连入 PLC 应用系统具有以下四个方面作用：

（1）构成以 PC 为上位机，单台或多台 PLC 为下位机的小型集散系统，可用 PC 实现操作站功能。

（2）在 PLC 应用系统中，把 PC 开发成简易工作站或者工业终端，可实现集中显示、集中报警功能。

（3）把 PC 开发成 PLC 编程终端，可通过编程器接口接入 PLC，进行编程、调试及监控。

（4）把 PC 开发成网间连接器，进行协议转换，可实现 PLC 与其他计算机网络的互联。

2. PC 与 PLC 实现通信的方法

把 PC 连入 PLC 应用系统是为了向用户提供诸如工艺流程图显示、动态数据画面显示、报表编制、趋势图生成、窗口技术以及生产管理等多种功能，为 PLC 应用系统提供良好、物美价廉的人机界面。但这对用户的要求较高，用户必须做较多的开发工作，才能实现 PC 与 PLC 的通信。

为了实现 PC 与 PLC 的通信，用户应当做如下工作：

（1）判别 PC 上配置的通信口是否与要连入的 PLC 匹配，若不匹配，则增加通信模板。

（2）要清楚 PLC 的通信协议，按照协议的规定及帧格式编写 PC 的通信程序。PLC 中配有通信机制，一般不需用户编程。若 PLC 厂家有 PLC 与 PC 的专用通信软件出售，则此项任务较容易完成。

（3）选择适当的操作系统提供的软件平台，利用与 PLC 交换的数据编制用户要求的画面。

（4）若要远程传送，可通过 Modem 接入电话网。若要 PC 具有编程功能，应配置编程软件。

3. PC 与 PLC 实现通信的条件

从原则上讲，PC 连入 PLC 网络并没有什么困难。只要为 PC 配备该种 PLC 网专用的通信卡以及通信软件，按要求对通信卡进行初始化，并编制用户程序即可。用这种方法把 PC 连入 PLC 网络存在的唯一问题是价格问题。在 PC 上配上 PLC 制造厂生产的专用通信卡及专用通信软件常会使 PC 的价格数倍甚至十几倍的升高。

用户普遍感兴趣的问题是，能否利用 PC 中已普遍配有的异步串行通信适配器加上自己编写的通信程序把 PC 连入 PLC 网络，这也正是本节所要重点讨论的问题。

带异步通信适配器的 PC 与 PLC 通信并不一定行得通，只有满足如下条件才能实现通信。

（1）只有带有异步通信接口的 PLC 及采用异步方式通信的 PLC 网络才有可能与带异步通信适配器的 PC 互连。同时还要求双方采用的总线标准一致，都是 RS-232C，或者都是 RS-422（RS-485），否则要通过“总线标准变换单元”变换之后才能互连。

（2）要通过对双方的初始化，使波特率、数据位数、停止位数、奇偶校验都相同。

（3）用户必须熟悉互联的 PLC 采用的通信协议。严格地按照协议规定为 PC 编写通信程序。在 PLC 一方不需用户编写通信程序。

满足上述三个条件，PC 就可以与 PLC 互联通信。如果不能满足这些条件则应配置专用网卡及通信软件实现互联。

4. PC 与 PLC 互联的结构形式

用户把带异步通信适配器的 PC 与 PLC 互联通信时通常采用如图 5.28 所示的两种结构形式。一种为点对点结构，PC 的 COM 口与 PLC 的编程器接口或其他异步通信口之间实现点对点链接，如图 5.28（a）所示。另一种为多点结构，PC 与多台 PLC 共同连在同一条串行总线上，如图 5.28（b）所示。多点结构采用主从式存取控制方法，通常以 PC 为主站，多台 PLC 为从站，通过周期轮询进行通信管理。

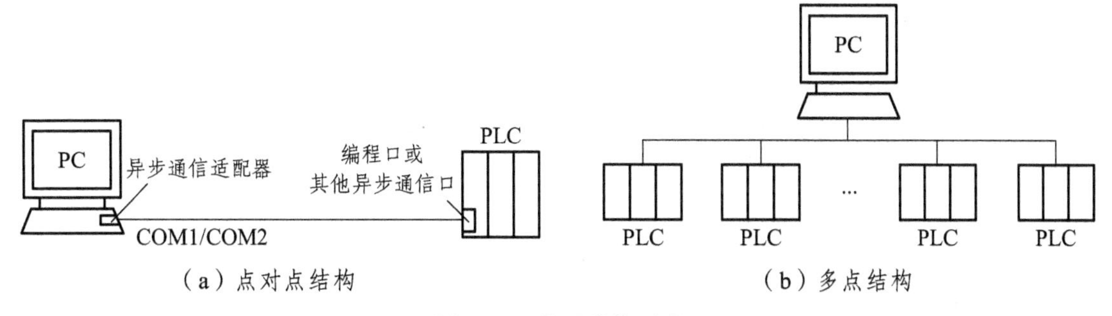

图 5.28　常用结构形式

5. PC 与 PLC 互联通信方式

目前 PC 与 PLC 互联通信方式主要有以下几种：

（1）通过 PLC 开发商提供的系统协议和网络适配器，构成特定公司产品的内部网络其通信协议不公开。互联通信必须使用开发商提供的上位组态软件，并采用支持相应协议的外设。这种方式其显示画面和功能往往难以满足不同用户的需要。

（2）购买通用的上位组态软件，实现 PC 与 PLC 的通信。这种方式除了要增加系统投资外，其应用的灵活性也受到一定的局限。

（3）利用 PLC 厂商提供的标准通信口或由用户自定义的自由通信口实现 PC 与 PLC 互联通信。这种方式不需要增加投资，有较好的灵活性，特别适合于小规模控制系统。

本节主要介绍利用标准通信口或由用户自定义的自由通信口实现 PC 与 PLC 的通信。

（二）PC 与 FX 系列 PLC 通信的实现

1. 硬件连接

一台 PC 机可与一台或最多 16 台 FX 系列 PLC 通信，PC 与 PLC 之间不能直接连接。如图 5.29（a）、（b）为点对点结构的连接，图（a）中是通过 FX-232AW 单元进行 RS-232C/RS-422 转换与 PLC 编程口连接，图（b）中通过在 PLC 内部安装的通信功能扩展板 FX-232-BD 与 PC 连接；如图 5.29c 所示为多点结构的连接，FX-485-BD 为安装在 PLC 内部的通信功能扩展板，FX-485PC-IF 为 RS-232C 和 RS-485 的转换接口。除此之外当然还可以通过其他通信模块进行连接，不再一一赘述。下面以 PC 与 PLC 之间点对点通信为例。

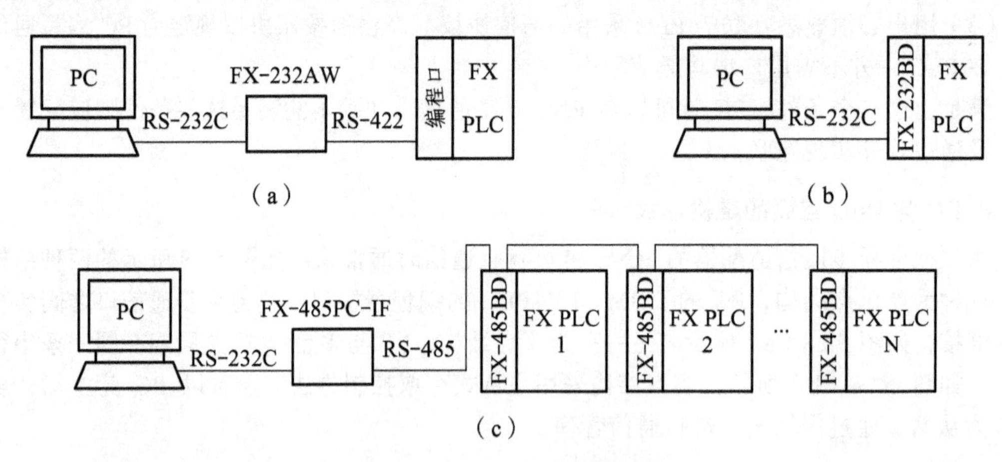

图 5.29 PC 与 FX 的硬件连接图

2. FX 系列 PLC 通信协议

PC 中必须依据所连接 PLC 的通信规程来编写通信协议，所以我们先要熟悉 FX 系列 PLC 的通信协议。

1）数据格式

FX 系列 PLC 采用异步格式，由 1 位起始位、7 位数据位、1 位偶校验位及 1 位停止位组成，比特率为 9 600 bps，字符为 ASCⅡ码。数据格式如图 5.30 所示。

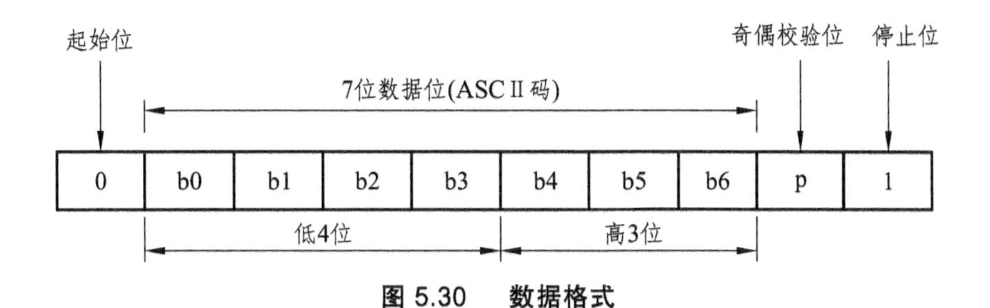

图 5.30 数据格式

2）通信命令

FX 系列 PLC 有 4 条通信命令，分别是读命令、写命令、强制通命令、强制断命令，如表 5.4 所示。

表 5.4 FX 系列 PLC 的通信命令表

命 令	命令代码	目标软继电器	功能
读命令	‘0’ 即 ASCⅡ码 ‘30 H’	X，Y，M，S，T，C，D	读取软继电器状态、数据
写命令	‘1’ 即 ASCⅡ码 ‘31 H’	X，Y，M，S，T，C，D	把数据写入软继电器
强制通命令	‘7’ 即 ASCⅡ码 ‘37 H’	X，Y，M，S，T，C	强制某位 on
强制断命令	‘0’ 即 ASCⅡ码 ‘38 H’	X，Y，M，S，T，C	强制某位 off

3）通信控制字符

FX 系列 PLC 采用面向字符的传输规程，用到 5 个通信控制字符，如表 5.5 所示。

表 5.5 FX 系列 PLC 通信控制字符表

控制字符	ASCⅡ码	功能说明
ENQ	05 H	PC 发出请求
ACK	06 H	PLC 对 ENQ 的确认回答
NAK	15 H	PLC 对 ENQ 的否认回答
STX	02 H	信息帧开始标志
ETX	03 H	信息帧结束标志

注：当 PLC 对计算机发来的 ENQ 不理解时，用 NAK 回答。

4）报文格式

计算机向 PLC 发送的报文格式为：

STX	**CMD**	数据段	**ETX**	**SUMH**	**SUML**

其中，STX 为开始标志：02 H；ETX 为结束标志：03 H；CMD 为命令的 ASCⅡ码；SUMH、SUML 为按字节求累加和，溢出不计。由于每字节十六进制数变为两字节的 ASCⅡ码，故校验和为 SUMH 与 SUML。

数据段格式与含义为：

字节1~字节4	字节5/字节6	第1数据		第2数据		第3数据		……	第*N*数据	
软继电器首址	读/写字节数	上位	下位	上位	下位	上位	下位	……	上位	下位

注：写命令的数据段有数据，读命令的数据段则无数据。

PLC向PC发送的应答报文格式为：

STX	数据段	ETX	SUMH	SUML

注：对读命令的应答报文数据段为要读取的数据，一个数据占两字节，分上位下位。

数据段格式与含义为：

第1数据		第2数据		……	第*N*数据	
上位	下位	上位	下位	……	上位	下位

注：对写命令的应答报文无数据段，而用ACK及NAK作应答内容。

5）传输规程

PC与FX系列PLC间采用应答方式通信，传输出错，则组织重发。其传输过程如图5.31所示。

PLC根据PC的命令，在每个循环扫描结束处的END语句后组织自动应答，无需用户在PLC一方编写程序。

PC PLC

ENQ

ACK

命令报文

应答报文

图5.31 传输过程

3. PC通信程序的编写

编写PC的通信程序可采用汇编语言编写，或采用各种高级语言编写，或采用工控组态软件，或直接采用PLC厂家的通信软件（如三菱的MELSE MEDOC等）。

下面利用VB 6.0以一个简单的例子来说明编写通信程序的要点。假设PC要求从PLC中读入从D123开始的4个字节的数据（D123、D124），其传输应答过程及报文如图5.32所示。

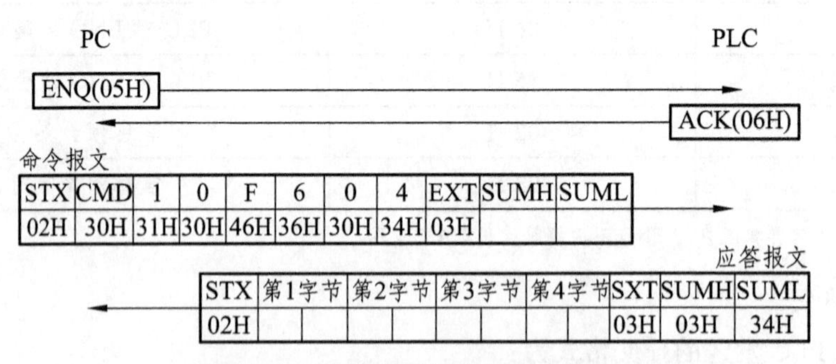

图5.32 传输应答过程及命令报文

命令报文中10F6H为D123的地址，04 H表示要读入4个字节的数据。校验和SUM＝30H＋31H＋30H＋46H＋36H＋30H＋34H＋03H＝174H，溢出部分不计，故SUMH＝7，SUAIL＝4，相应的ASCⅡ码为“37H”，“34H”。应答报文中4个字节的十六进制数，其相应的ASCⅡ码为8个字节，故应答报文长度为12个字节。

根据PC与FX系列PLC的传输应答过程，利用VB的MSComm控件可以编写如下通信程序实现 PC 与 FX 系列 PLC 之间的串行通信，以完成数据的读取。MSComm 控件可以采用轮询或事件驱动的方法从端口获取数据。在这个例子中使用了轮询方法。

（1）通信口初始化。

```
Private Sub Initialize()
MSComm1. CommPort  = 1
MSComm1. Settings = “9600, E, 7, 1”
MSComm1. InBufferSize = 1024
MSComml. OutBuffersize = 1024
MSComm1. InputLen = 0
MSComml. InputMode = comInputText
MSComm1. Handshaking = comNone
MSComm1. PortOpen = True
End Sub
```

（2）请求通信与确认。

```
Private Function MakeHandshaking()As Boolean
Dim InPackage As String
MSComml. OutBufferCount = 0
MSComml. InBufferCount = 0
MSComml. OutPut = Chr（&H5）
Do
DoEvents
Loop Until MSComml. InBufferCount = 1
InPackage = MSComml. Input
If InPackage = Chr（&H6）Then
MakeHandShaking = True
Else
MakeHandshaking = False
End If
End Function
```

（3）发送命令报文。

```
Private Sub SendFrame()
Dim Outstring As String
MSComml. OutBufferCount = 0
MSComml. InBufferCount = 0
Outstrin = Chr（&H2）+″ on″ +″ 10 F604″ + Chr（&H3）+″ 74″
MSComml. Output = Outstring
End Sub
```

（4）读取应答报文。

```
Private Sub ReceiveFrame()
```

```
Dim Instring As String
Do
DoEvents
Loop Until MSComml. InBufferCount = 12
InString = MSComml. Inpult
End Sub
```

（三）PC 与 S7-200 系列 PLC 通信的实现

S7-200 系列 PLC 有通信方式有三种：一种是点对点（PPI）方式，用于与该公司 PLC 编程器或其他人机接口产品的通信，其通信协议是不公开的。另一种为 DP 方式，这种方式使得 PLC 可以通过 Profibus-DP 通信接口接入 Profibus 现场总线网络，从而扩大 PLC 的使用范围。最后一种方式是自由口通信（Freeport）方式，由用户定义通信协议，实现 PLC 与外设的通信。以下采用自由口通信方式，实现 PC 与 S7-200 系列 PLC 通信。

1. PC 与 S7-200 系列 PLC 通信连接

PC 为 RS232C 接口，S7-200 系列自由口为 RS485。因此 PC 的 RS232 接口必须先通过 RS232/RS485 转换器，再与 PLC 通信端口相连接，连接媒质可以是双绞线或电缆线。西门子公司提供的 PC/PPI 电缆带有 RS232/RS485 转换器，可直接采用 PC/PPI 电缆，因此在不增加任何硬件的情况下，可以很方便地将 PLC 和 PC 的连接，如图 5.33 所示。也可实现多点连接。

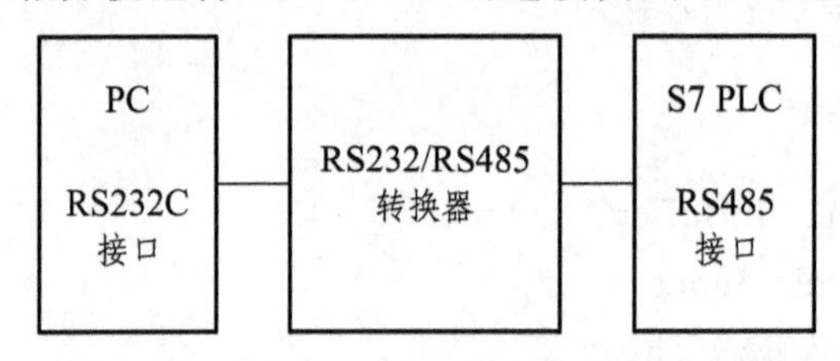

图 5.33　PC 与 S7-200 系列 PLC 的连接

2. S7-200 系列 PLC 自由通信口初始化及通信指令

在该通信方式下，通信端口完全由用户程序所控制，通信协议也由用户设定。PC 机与 PLC 之间是主从关系，PC 机始终处于主导地位。PLC 的通信编程首先是对串口初始化，对 S7-200PLC 的初始化是通过对特殊标志位 SMB30（端口 0）、SMB130（端口 1）写入通信控制字，设置通信的波特率，奇偶校验位、停止位和字符长度。显然，这些设定必须与 PC 的设定相一致。SMB30 和 SMB130 的各位及含义如图 5.34 所示。

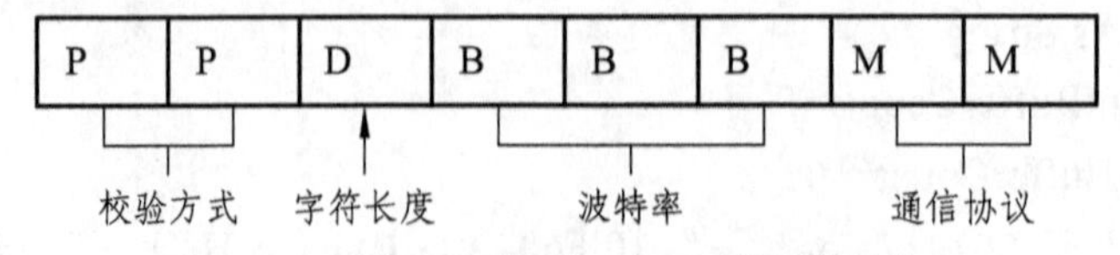

图 5.34　SMB30 和 SMB130 的各位及含义

图 5.34 中，校验方式：00 和 11 均为无校验、01 为偶校验、10 为奇校验；字符长度：0 为传送字符有效数据是 8 位、1 为有效数据是 7 位；波特率：000 为 38400baud、001 为 19200baud、010 为 9600baud、011 为 4800baud、100 为 2400baud、101 为 1200baud、110 为

600baud、111 为 300baud；通信协议：00 为 PPI 协议从站模式、01 为自由口协议、10 为 PPI 协议主站模式、11 为保留，缺省设置为 PPI 协议从站模式。

XMT 及 RCV 命令分别用于 PLC 向外界发送与接收数据。当 PLC 处于 RUN 状态下时，通信命令有效，当 PLC 处于 STOP 状态时通信命令无效。

XMT 命令将指定存储区内的数据通过指定端口传送出去，当存储区内最后一个字节传送完毕，PLC 将产生一个中断，命令格式为 XMT TABLE，PORT，其中 PORT 指定 PLC 用于发送的通信端口，TABLE 为是数据存储区地址，其第一个字节存放要传送的字节数，即数据长度，最大为 255。

RCV 命令从指定的端口读入数据存放在指定的数据存储区内，当最后一个字节接收完毕，PLC 也将产生一个中断，命令格式为 RCV TABLE，PO RT，PLC 通过 PORT 端口接收数据，并将数据存放在 TBL 数据存储区内，TABLE 的第一个字节为接收的字节数。

在自由口通信方式下，还可以通过字符中断控制来接收数据，即 PLC 每接收一个字节的数据都将产生一个中断。因而，PLC 每接收一个字节的数据都可以在相应的中断程序中对接收的数据进行处理。

3. 通信程序流程图及工作过程

在上述通信方式下，由于只用两根线进行数据传送，所以不能够利用硬件握手信号作为检测手段。因而在 PC 机与 PLC 通信中发生误码时，将不能通过硬件判断是否发生误码，或者当 PC 与 PLC 工作速率不一样时，就会发生冲突。这些通信错误将导致 PLC 控制程序不能正常工作，所以必须使用软件进行握手，以保证通信的可靠性。

由于通信是在 PC 机以及 PLC 之间协调进行的，所以 PC 机以及 PLC 中的通信程序也必须相互协调，即当一方发送数据时另一方必须处于接收数据的状态。如图 5.35 和图 5.36 所示分别为 PC、PLC 的通信程序流程。

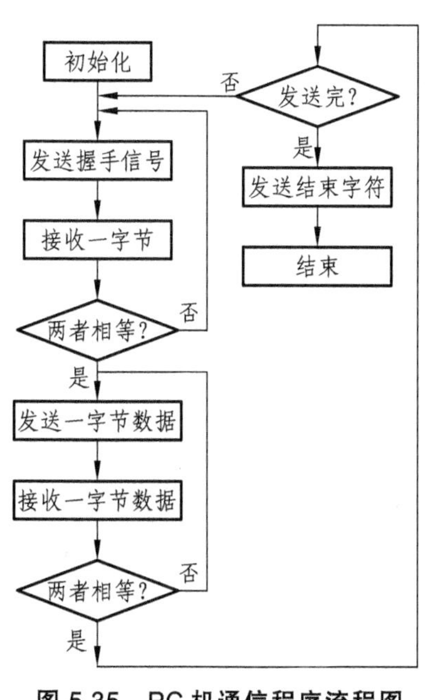

图 5.35　PC 机通信程序流程图

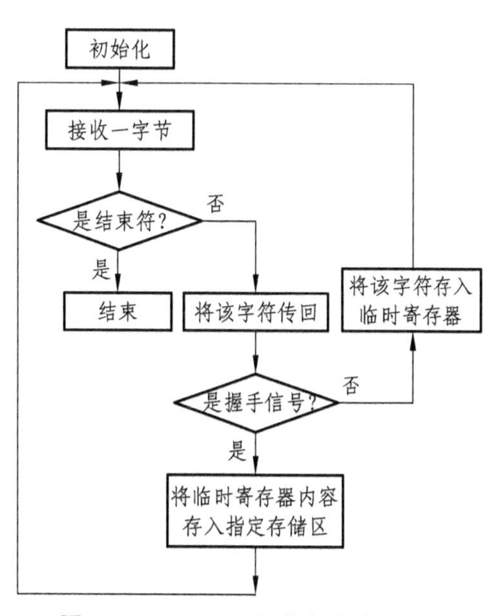

图 5.36　S7-PLC 通信程序流程图

通信程序的工作过程：PC 每发送一个字节前首先发送握手信号，PLC 收到握手信号后将其传送回 PC，PC 只有收到 PLC 传送回来的握手信号后才开始发送一个字节数据。PLC 收到这个字节数据以后也将其回传给 PC，PC 将原数据与 PLC 传送回来的数据进行比较，若两者不同，则说明通信中发生了误码，PC 机重新发送该字节数据；若两者相同，则说明 PLC 收到的数据是正确的，PC 机发送下一个握手信号，PLC 收到这个握手信号后将前一次收到的数据存入指定的存储区。这个工作过程重复一直持续到所有的数据传送完成。

采用软件握手以后，不管 PC 与 PLC 的速度相差多远，发送方永远也不会超前于接收方。软件握手的缺点是大大降低了通信速度，因为传送每一个字节，在传送线上都要来回传送两次，并且还要传送握手信号。但是考虑到控制的可靠性以及控制的时间要求，牺牲一点速度是值得的，也是可行的。

PLC 方的通信程序只是 PLC 整个控制程序中的一小部分，可将通信程序编制成 PLC 的中断程序，当 PLC 接收到 PC 发送的数据以后，在中断程序中对接收的数据进行处理。PC 方的通信程序可以采用 VB、VC 等语言，也可直接采用西门子专用组态软件，如 STEP7、WinCC。

（四）PC 与 CPM1A 系列 PLC 通信的实现

1. PC 与 CPM1A 系列 PLC 的连接

如图 5.37（a）所示的点对点结构的连接方式，称为 1：1 HOST Link 通信方式。CPM1A 系列 PLC 没有 RS232C 串行通信端口，它是通过外设通信口与上位机进行通信的，因此 CPM1A 需配置 RS232C 通信适配器 CPM1-CIF01（其模式开关应设置在“HOST”）才能使用。1：1 HOST Link 通信时，上位机发出指令信息给 PLC，PLC 返回响应信息给上位机。这时，上位机可以监视 PLC 的工作状态，例如可跟踪监测、进行故障报警、采集 PLC 控制系统中的某些数据等。还可以在线修改 PLC 的某些设定值和当前值，改写 PLC 的用户程序等。

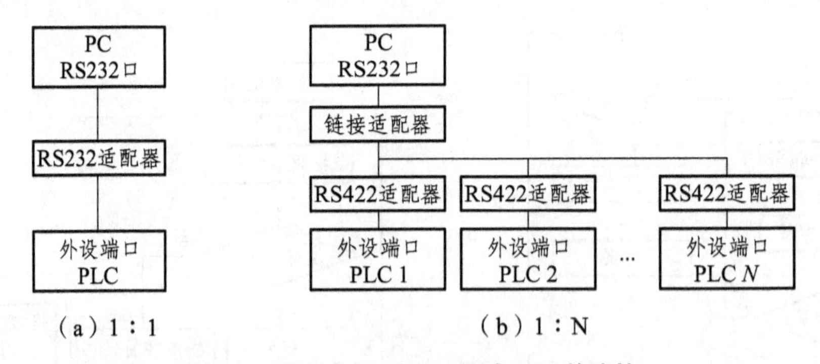

图 5.37　PC 与 CPM1A 系列 PLC 的连接

如图 5.37（b）所示的为多点结构的连接方式，称为 1：N HOST Link 通信方式，一台上位机最多可以连接 32 台 PLC。在这种通信方式下，上位机要通过链接适配器 B500—AL004 与 CPM1A 系列 PLC 连接，每台 PLC 都要在通信口配一个 RS422 适配器。利用 1:N HOST Link 通信方式，可以用一台上位机监控多台 PLC 的工作状态，实现集散控制。

2. 通信协议

OMRON 公司 CPM1A 型 PLC 与上位计算机通信的顺序是上位机先发出命令信息给 PLC，

PLC 返回响应信息给上位机。每次通信发送/接受的一组数据称为一“帧”。帧由少于 131 个字符的数据构成，若发送数据要进行分割帧发送，分割帧的结尾用 CR 码一个字符的分界符来代替终止符。发送帧的一方具有发送权，发送方发送完一帧后，将发送权交给接受方。

发送帧的基本格式为：

@	机号	识别码	正文	FCS	终止符

其中 @——为帧开始标志；

机号——指定与上位机通信的 PLC（在 PLC 的 DM6653 中设置）；

识别码——该帧的通信命令码（两个字节）；

正文——设置命令参数；

FCS——帧校验码（两个字符），它是从@开始到正文结束的所有字符的 ASCⅡ码按位异或运算的结果；

终止符——命令结束符，设置“*”和“回车”两个字符表示命令结束。

响应的基本格式为：

@	机号	识别码	结束码	正文	FCS	终止符

其中 @——为帧开始标志；

机号 ——应答的 PLC 号，与上位机指定的 PLC 号相同；

识别码 ——该帧的通信命令码，和上位机所发的命令码相同；

结束码 ——返回命令结束有无错误等状态；

正文 ——设置命令参数，仅在上位机有读数据时生效；

FCS ——帧校验码，由 PLC 计算给出，计算方法同上；

终止符 ——命令结束符。

3. PLC 的通信设置

通信前需在系统设定区域的 DM6650 ~ DM6653 中进行通信条件设定，具体内容见表 5.6。

表 5.6 PLC 通信设定区功能说明

通道地址	位	功能		缺省值
DM6650	00 ~ 07	上位链接	外设通信口通信条件标准格式设定： 00：标准设定（启动位：1 位；字长：7 位；奇偶校验：偶；停止位：2 位；比特率：9 600 bps） 01：个别设定（由 DM6651 设定）	外设通信口设为上位链接
	08 ~ 11	1∶1 链接（主动方）	外设通信口 1：1 链接区域设定： 0：LR00 ~ LR15	
	12 ~ 15	全模式	外设通信口使用模式设定； 0：上位链接；　　2：1∶1 链接从动方； 3：1∶1 链接主动方；　　4：NT 链接	

续表 5.6

通道地址	位	功能		缺省值
DM6651	00～07	上位链接	外设通信口比特率设定： 00：1 200 bps；　01：2 400 bps；　02：4 800 bps； 03：9 600 bps；　04：19 200 bps（可选）	
	08～15	上位链接	外设通信口帧格式设定： 　　启动位　字长　停止位　奇偶校验 00：　1　7　1　偶校验 01：　1　7　1　奇校验 02：　1　7　1　无校验 03：　1　7　2　偶校验 04：　1　7　2　奇校验 05：　1　7　2　无校验 06：　1　8　1　偶校验 07：　1　8　1　奇校验 08：　1　8　1　无校验 09：　1　8　2　偶校验 10：　1　8　2　奇校验 11：　1　8　2　无校验	
DM6652	00～15	上位链接	外设通信的发送延时设定： 设定值：0000～9999（BCD），单位 10 ms	
DM6653	00～07	上位链接	外设通信时，上位 Link 模式的机号设定： 设定值：00～31（BCD）	
	08～15	不可使用		

4. 通信过程

通信开始先由上位机依次对 PLC 发出一串字符的测试帧命令。为充分利用上位机 CPU 的时间，可使上位机与 PLC 并行工作，在上位机等待 PLC 回答信号的同时，使 CPU 处理其他任务。某 PLC 在接到上位机的一个完整帧以后，首先判断是不是自己的代号，若不是就不予理睬，若是就发送呼叫回答信号。上位机接到回答信号后，与发送测试的数据比较，若两者无误，发出可以进行数据通信的信号，转入正常数据通信，否则提示用户检查线路重新测试或通信失败。

三、PLC 网络

（一）生产金字塔结构与工厂计算机控制系统模型

PLC 制造厂家常用生产金字塔 PP（Productivity Pyramid）结构来描述它的产品能提供的功能。如图 5.38 所示为美国 A-B 公司和德国 SIEMENS 公司的生产金字塔。尽管这些生产金字塔结构层数不同，各层功能有所差异，但它们都表明 PLC 及其网络在工厂自动化系统中，由上到下，在各层都发挥着作用。这些金字塔的共同特点是：上层负责生产管理，下层负责现场控制与检测，中间层负责生产过程的监控及优化。

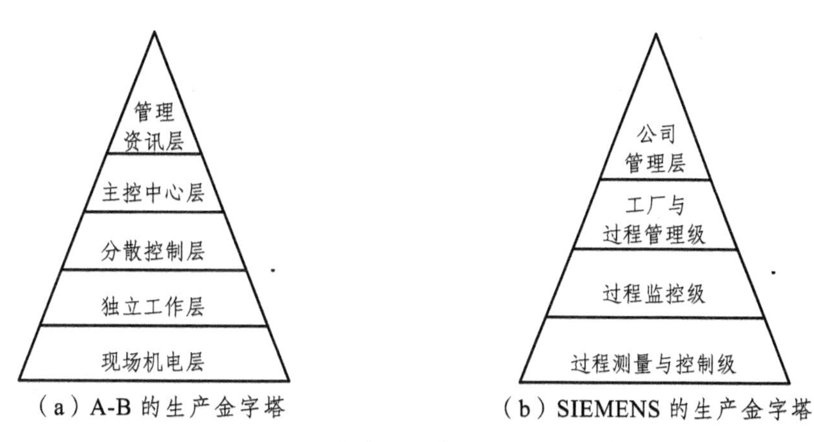

（a）A-B 的生产金字塔　　（b）SIEMENS 的生产金字塔

图 5.38　生产金字塔结构示意图

美国国家标准局曾为工厂计算机控制系统提出过一个如图 5.39 所示的 NBS 模型，它分为 6 级，并规定了每一级应当实现的功能，这一模型获得了国际广泛的承认。

国际标准化组织（ISO）对企业自动化系统的建模进行了一系列研究，也提出了一个如图 5.40 所示的 6 级模型。尽管它与 NBS 模型各级内涵，特别是高层内涵有所差别，但两者在本质上是相同的，这说明现代工业企业自动化系统应当是一个既负责企业管理经营又负责控制监控的综合自动化系统。它的高 3 级负责经营管理，低 3 级负责生产控制与过程监控。

Corporate	公司级
Plant	工厂级
Area	区间级
Cell/Supervisory	单元/监控级
Equipmenr	设备级
Device	装置级

图 5.39　NBS 模型

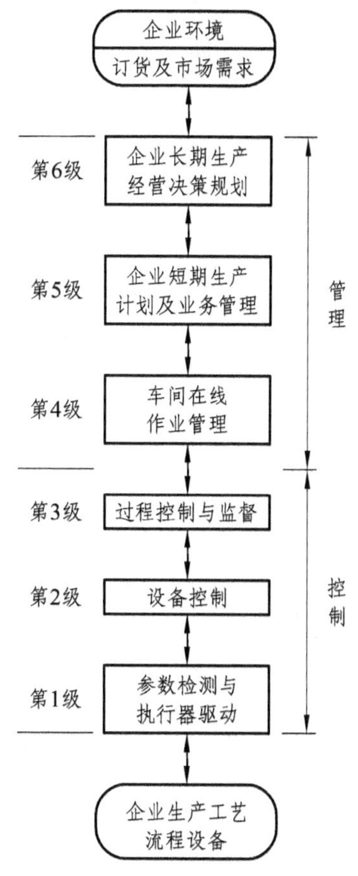

图 5.40　ISO 企业自动化模型

（二）PLC 网络的拓扑结构

PLC 及其网络发展到现在，已经能够实现 NBS 或 ISO 模型要求的大部分功能，至少可以实现 4 级以下 NBS 模型或 ISO 模型功能。

PLC 要提供金字塔功能或者说要实现 NBS 或 ISO 模型要求的功能，采用单层子网显然是不行的。因为不同层所实现的功能不同，所承担的任务的性质不同，导致它们对通信的要求也就不一样。在上层所传送的主要是些生产管理信息，通信报文长，每次传输的信息量大，要求通信的范围也比较广，但对通信实时性的要求却不高。而在底层传送的主要是些过程数据及控制命令，报文不长，每次通信量不大，通信距离也比较近，但对实时性及可靠性的要求却比较高。中间层对通信的要求正好居于两者之间。

由于各层对通信的要求相差甚远，如果采用单级子网，只配置一种通信协议，势必顾此失彼，无法满足所有各层对通信的要求。只有采用多级通信子网，构成复合型拓扑结构，在不同级别的子网中配置不同的通信协议，才能满足各层对通信的不同要求。

PLC 网络的分级与生产金字塔的分层不是一一对应的关系，相邻几层的功能，若对通信要求相近，则可合并，由一级子网去实现。采用多级复合结构不仅使通信具有适应性，而且具有良好的可扩展性，用户可以根据投资情况及生产的发展，从单台 PLC 到网络、从底层向高层逐步扩展。下面列举几个有代表性公司的 PLC 网络结构。

1. 三菱公司的 PLC 网络

三菱公司 PLC 网络继承了传统使用的 MELSEC 网络，并使其在性能、功能、使用简便等方面更胜一筹。Q 系列 PLC 提供层次清晰的三层网络，针对各种用途提供最合适的网络产品，如图 5.41 所示。

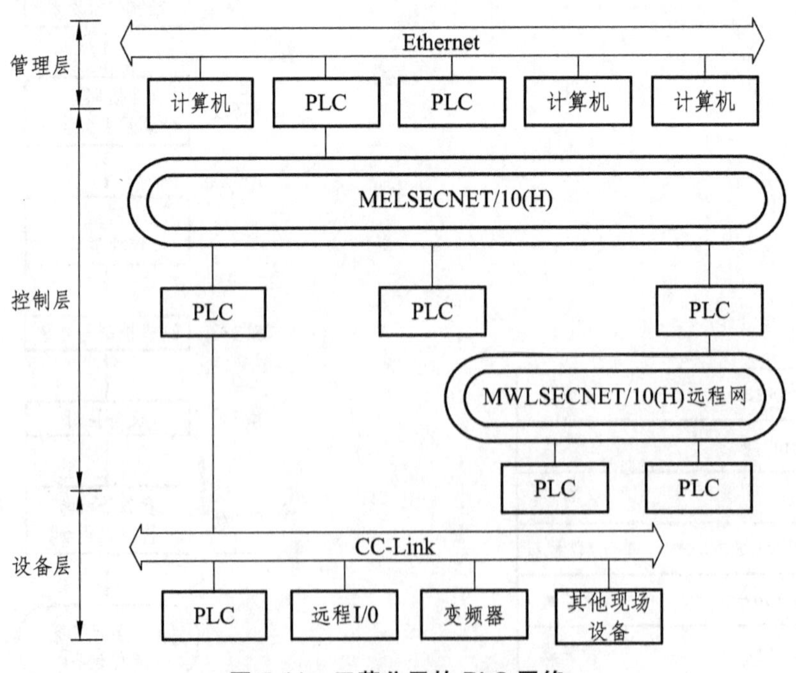

图 5.41　三菱公司的 PLC 网络

1）信息层/Ethernet（以太网）

信息层为网络系统中最高层，主要是在 PLC、设备控制器以及生产管理用 PC 之间传输生产管理信息、质量管理信息及设备的运转情况等数据，信息层使用最普遍的 Ethernet。它不仅能够连接 windows 系统的 PC、UNIX 系统的工作站等，而且还能连接各种 FA 设备。Q 系列 PLC 系列的 Ethernet 模块具有了日益普及的因特网电子邮件收发功能，使用户无论在世界的任何地方都可以方便地收发生产信息邮件，构筑远程监视管理系统。同时，利用因特网的 FTP 服务器功能及 MELSEC 专用协议可以很容易的实现程序的上传/下载和信息的传输。

2）控制层/MELSECNET/10（H）

是整个网络系统的中间层，在是 PLC、CNC 等控制设备之间方便且高速地进行处理数据互传的控制网络。作为 MELSEC 控制网络的 MELSECNET/10，以它良好的实时性、简单的网络设定、无程序的网络数据共享概念，以及冗余回路等特点获得了很高的市场评价，被采用的设备台数在日本达到最高，在世界上也是屈指可数的。而 MELSECNET/H 不仅继承了 MELSECNET/10 优秀的特点，还使网络的实时性更好，数据容量更大，进一步适应市场的需要。但目前 MELSECNET/H 只有 Q 系列 PLC 才可使用。

3）设备层/现场总线 CC-Link

设备层是把 PLC 等控制设备和传感器以及驱动设备连接起来的现场网络，为整个网络系统最底层的网络。采用 CC-Link 现场总线连接，布线数量大大减少，提高了系统可维护性。而且，不只是 ON/OFF 等开关量的数据，还可连接 ID 系统、条形码阅读器、变频器、人机界面等智能化设备，从完成各种数据的通信，到终端生产信息的管理均可实现，加上对机器动作状态的集中管理，使维修保养的工作效率也大有提高。在 Q 系列 PLC 中使用，CC-Link 的功能更好，而且使用更简便。

在三菱的 PLC 网络中进行通信时，不会感觉到有网络种类的差别和间断，可进行跨网络间的数据通信和程序的远程监控、修改、调试等工作，而无需考虑网络的层次和类型。

MELSECNET/H 和 CC-Link 使用循环通信的方式，周期性自动地收发信息，不需要专门的数据通信程序，只需简单的参数设定即可。MELSECNET/H 和 CC-Link 是使用广播方式进行循环通信发送和接收的，这样就可做到网络上的数据共享。

对于 Q 系列 PLC 使用的 Ethernet、MELSECNET/H、CC-Link 网络，可以在 GX Developer 软件画面上设定网络参数以及各种功能，简单方便。

另外，Q 系列 PLC 除了拥有上面所提到的网络之外，还可支持 PROFIBUS、Modbus、DeviceNet、ASi 等其他厂商的网络，还可进行 RS-232/RS-422/RS-485 等串行通信，通过数据专线、电话线进行数据传送等多种通信方式。

2. SIEMENS 公司的 PLC 网络

西门子 PLC 的网络是适合不同的控制需要制定的，也为各个网络层次之间提供了互连模块或装置，利用它们可以设计出满足各种应用需求的控制管理网络。西门子 S7 系列 PLC 网络如图 5.42 所示，它采用 3 级总线复合型结构，最底一级为远程 I/O 链路，负责与现场设备通信，在远程 I/O 链路中配置周期 I/O 通信机制。中间一级为 Profibus 现场总线或主从式多点链路。前者是一种新型现场总线，可承担现场、控制、监控三级的通信，采用令牌方式与主从轮询相结合的存取控制方式；后者为一种主从式总线，采月主从轮询式通信。最高一层为工业以太网，它负责传送生产管理信息。在工业以太网通信协议的下层中配置以 802.3 为核心的以太网协议，在上层向用户提供 TF 接口，实现 AP 协议与 MMS 协议。

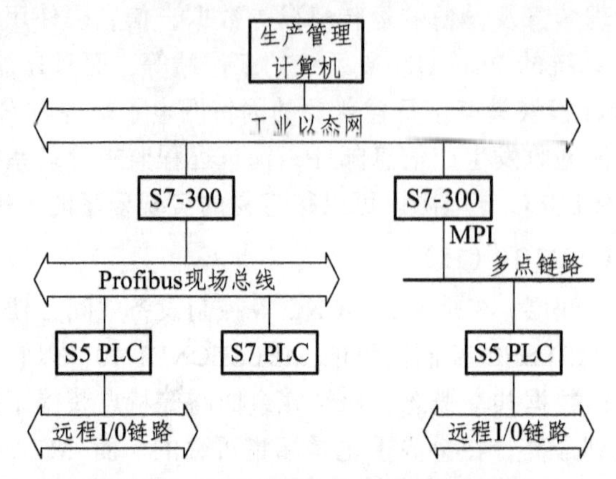

图 5.42　SIEMENS 公司的 PLC 网络

3. OMRON 公司的 PLC 网络

OMRON PLC 网络类型较多，功能齐全，可以适用各种层次工业自动化网络的不同需要。如图 5.43 所示为 OMRON 公司的 PLC 网络系统的结构体系示意图。

OMRON 的 PLC 网络结构体系大体分为三个层次：信息层、控制层和器件层。信息层是最高层，负责系统的管理与决策，除了 Ethemet 网外，HOST Link 网也可算在其中，因为 HOST Link 网主要用于计算机对 PLC 的管理和监控。控制层是中间层，负责生产过程的监控、协调和优化，该层的网络有 SYSMAC NET、SYSMAC Link、Controller Link 和 PLC Link 网。器件层是最低层，为现场总线网，直接面对现场器件和设备，负责现场信号的采集及执行元件的驱动，有 CompoBus/D、CompoBus/S 和 Remote I/O 网。

Ethernet 属于大型网，它的信息处理功能很强，支持 FINS 通信、TCP/IP 和 UDP/IP 的 Socket（接驳）服务、FTP 服务。HOST Link 网是 OMRON 推出较早、使用较广的一种网。上位计算机使用 HOST 通信协议与 PLC 通信，可以对网中的各台 PLC 进行管理与监控。

SYSMAC NET 网属于大型网，是光纤环网，主要是实现有大容量数据链接和节点间信息通信。它适用于地理范围广、控制区域大的场合，是一种大型集散控制的网络。SYSMAC Link 网属于中型网，采用总线结构，适用于中规模集散控制的网络。Controller Link 网（控制器网）是 SYSMAC Link 网的简化，相比而言，规模要小一些，但实现简单。PLC Link 网的主要功能是各台 PLC 建立数据链接（容量较小），实现数据信息共享，它适用于控制范围较大，需要多台 PLC 参与控制且控制环节相互关联的场合。

CompoBus/D 是一种开放、多主控的器件网，开放性是其特色。它采用了美国 AB 公司制定的 DeviceNet 通信规约，只要符合 DeviceNet 标准，就可以接入其中。其主要功能有远程开关量和远程模拟量的 I/O 控制及信息通信。这是一种较为理想的控制功能齐全、配置灵活、实现方便的控制网络。CompoBus/S 也为器件网，是一种高速 ON/OFF 现场控制总线，使用 CompoBus/S 专用通信协议。CompoBus/S 的功能虽不及 CompoBus/D，但它实现简单，通信速度更快，主要功能有远程开关量的 I/O 控制。Remote I/O 网实际上是 PLC I/O 点的远程扩展，适用于工业自动化的现场控制。

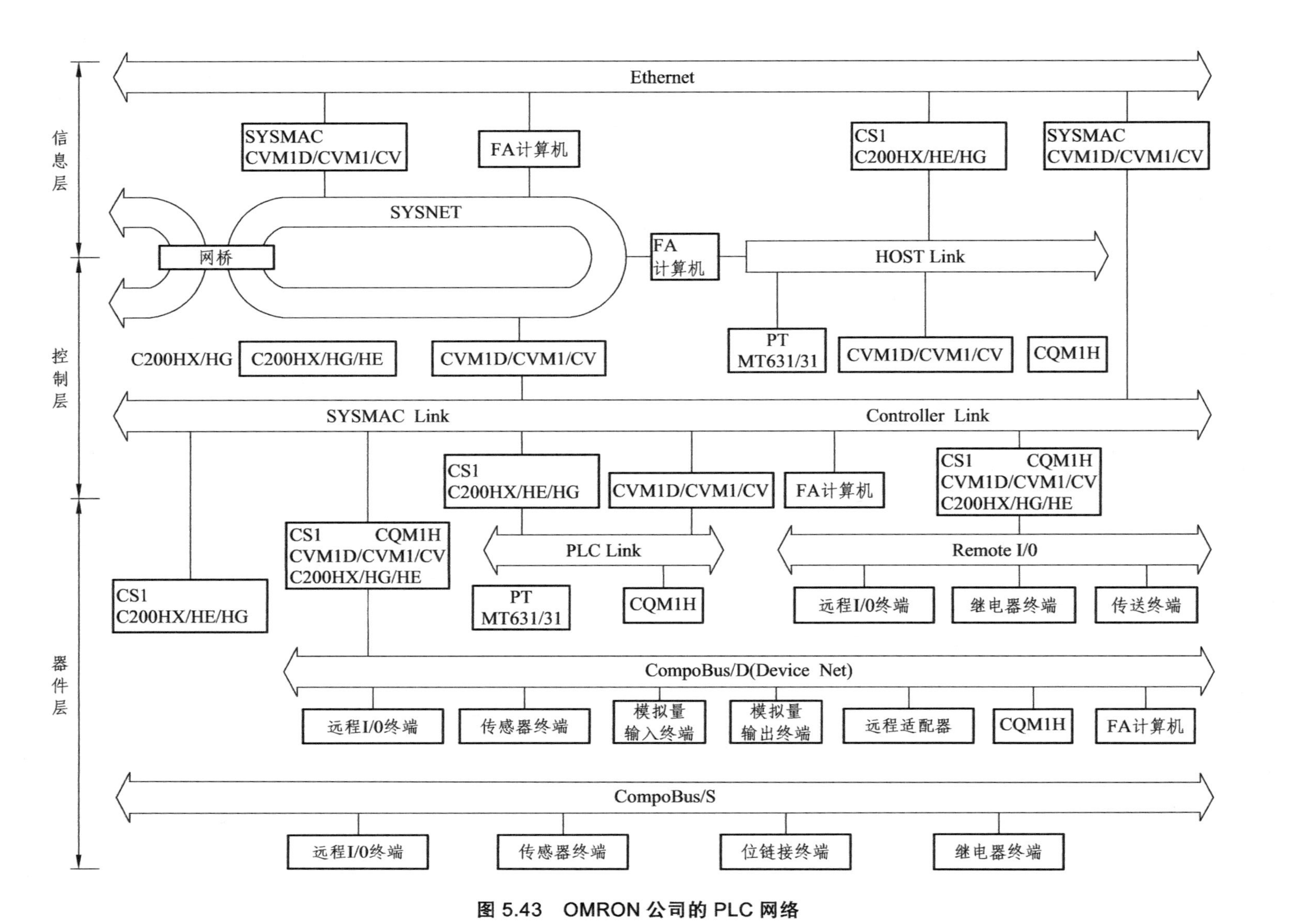

图 5.43 OMRON 公司的 PLC 网络

Controller Link 网推出时间较晚，只有新型号 PLC（如 C200 H、CV、CS1、CQM1 H 等）才能入网，随着 Controller Link 网的不断发展和完善，其功能已覆盖了控制层其他三种网络。

目前，在信息层、控制层和器件层这三个网络层次上，OMRON 主推 Ethernet、Controller Link 和 CompoBus/D 三种网。

（三）PLC 网络各级子网通信协议配置的规律

通过以上典型 PLC 网络的介绍，可以看出 PLC 网络各级子网通信协议配置的规律如下：

（1）PLC 网络通常采用 3 级或 4 级子网构成的复合型拓扑结构，各级子网中配置不同的通信协议，以适应不同的通信要求。

（2）在 PLC 网络中配置的通信协议分两类：一类是通用协议，一类是公司专用协议。

（3）在 PLC 网络的高层子网中配置的通用协议主要有两种，一种是 MAP 规约（全 MAP3.0），一种是 Ethernet 协议，这反映 PLC 网络标准化与通用化的趋势。PLC 网的互联，PLC 网与其他局域网的互联将通过高层进行。

（4）在 PLC 网络的低层子网及中间层子网采用公司专用协议。其最底层由于传递过程数据及控制命令，这种信息很短，对实时性要求又较高，常采用周期 I/O 方式通信；中间层负责传送监控信息，信息长度居于过程数据及管理信息之间，对实时性要求也比较高，其通信协议常用令牌方式控制通信，也有采用主从方式控制通信的。

（5）PC 加入不同级别的子网，必须按所连入的子网配置通信模板，并按该级子网配置的通信协议编制用户程序，一般在 PLC 中不需编制程序。对于协议比较复杂的干网，可购置厂家供应的通信软件装入 PC 中，将使用户通信程序编制变得比较简单方便。

（6）PLC 网络低层子网对实时性要求较高，其采用的协议大多为塌缩结构，只有物理层、链路层及应用层；而高层子网传送管理信息，与普通网络性质接近，又要考虑异种网互联，因此高层子网的通信协议大多为 7 层。

（四）PLC 网络中常用的通信方式

PLC 网络是由几级子网复合而成，各级子网的通信过程是由通信协议决定的，而通信方式是通信协议最核心的内容。通信方式包括存取控制方式和数据传送方式。所谓存取控制（也称访问控制）方式是指如何获得共享通信介质使用权的问题，而数据传送方式是指一个站取得了通信介质使用权后如何传送数据的问题。

1. 周期 I/O 通信方式

周期 I/O 通信方式常用于 PLC 的远程 I/O 链路中。远程 I/O 链路按主从方式工作，PLC 远程 I/O 主单元为主站，其他远程 I/O 单元皆为从站。在主站中设立一个“远程 I/O 缓冲区”，采用信箱结构，划分为几个分箱与每个从站一一对应，每个分箱再分为两格，一格管发送，一格管接收。主站中通信处理器采用周期扫描方式，按顺序与各从站交换数据，把与其对应的分箱中发送分格的数据送给从站，从从站中读取数据放入与其对应的分箱的接收分格中。这样周而复始，使主站中的“远程 I/O 缓冲区”得到周期性的刷新。

在主站中 PLC 的 CPU 单元负责用户程序的扫描，它按照循环扫描方式进行处理，每个周期都有一段时间集中进行 I/O 处理，这时它对本地 I/O 单元及远程 I/O 缓冲区进行读写操作。PLC 的 CPU 单元对用户程序的周期性循环扫描，与 PLC 通信处理器对各远程 I/O 单元的周期性扫描是异步进行的。尽管 PLC 的 CPU 单元没有直接对远程 I/O 单元进行操作，但是由于远程 I/O 缓冲区获得周期性刷新，PLC 的 CPU 单元对远程 I/O 缓冲区的读写操作，就相当于直接访问了远程 I/O 单元。这种通信方式简单、方便，但要占用 PLC 的 I/O 区，因此只适用于少量数据的通信。

2. 全局 I/O 通信方式

全局 I/O 通信方式是一种串行共享存储区的通信方式，它主要用于带有链接区的 PLC 之间的通信。

全局 I/O 方式的通信原理如图 5.44 所示。在 PLC 网络的每台 PLC 的 I/O 区中各划出一块来作为链接区，每个链接区都采用邮箱结构。相同编号的发送区与接收区大小相同，占用相同的地址段，一个为发送区，其他皆为接收区。采用广播方式通信。PLC1 把 1 # 发送区的数据在 PLC 网络上广播，PLC2、PLC3 收听到后把它接收下来存入各自的 1 # 接收区中。PLC2 把 2 # 发送区数据在 PLC 网上广播，PLC1、PLC3 把它接收下来存入各自的 2 # 接收区中。PLC3 把 3 # 发送区数据在 PLC 网上广播，PLC1、PLC2 把它接收下来存入各自的 3 # 接收区中。显然通过上述广播通信过程，PLC1、PLC2、PLC3 的各链接区中数据是相同的，这个过程称为等值化过程。通过等值化通信使得 PLC 网络中的每台 PLC 的链接区中的数据保持一致。它既包含着自己送出去的数据，也包含着其他 PLC 送来的数据。由于每台 PLC 的链接区大小一样，占用的地址段相同，每台 PLC 只要访问自己的链接区，就等于访问了其他 PLC 的链接区，也就相当于与其他 PLC 交换了数据。这样链接区就变成了名副其实的共享存储区，共享区成为各 PLC 交换数据的中介。

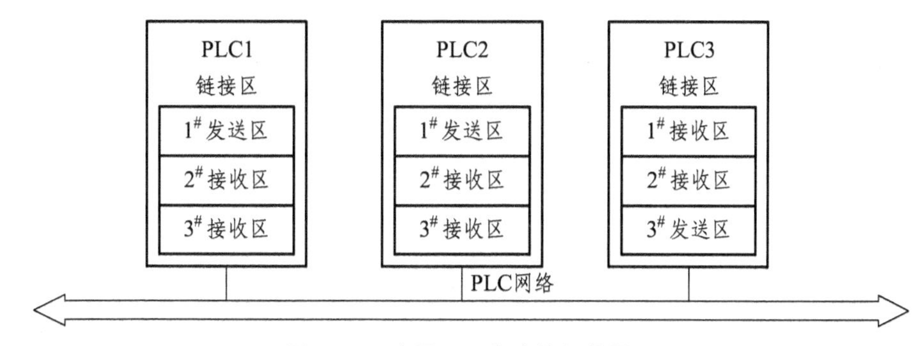

图 5.44　全局 I/O 方式的通信原理

链接区可以采用异步方式刷新（等值化），也可以采用同步方式刷新。异步方式刷新与 PLC 中用户程序无关，由各 PLC 的通信处理器按顺序进行广播通信，周而复始，使其所有链接区保持等值化；同步方式刷新是由用户程序中对链接区的发送指令启动一次刷新，这种方式只有当链接区的发送区数据变化时才刷新。

全局 I/O 通信方式中，PLC 直接用读写指令对链接区进行读写操作，简单、方便、快速，但应注意在一台 PLC 中对某地址的写操作在其他 PLC 中对同一地址只能进行读操作。与周期 I/O 方式一样，全局 I/O 方式也要占用 PLC 的 I/O 区，因而只适用于少量数据的通信。

3. 主从总线通信方式

主从总线通信方式又称为1∶N通信方式，是指在总线结构的PLC子网上有N个站，其中只有1个主站，其他皆是从站。

1∶N通信方式采用集中式存取控制技术分配总线使用权，通常采用轮询表法。所谓轮询表是一张从机号排列顺序表，该表配置在主站中，主站按照轮询表的排列顺序对从站进行询问，看它是否要使用总线，从而达到分配总线使用权的目的。

对于实时性要求比较高的站，可以在轮询表中让其从机号多出现几次，赋予该站较高的通信优先权。在有些1∶N通信中把轮询表法与中断法结合使用，紧急任务可以打断正常的周期轮询，获得优先权。

1∶N通信方式中当从站获得总线使用权后有两种数据传送方式。一种是只允许主从通信，不允许从从通信，从站与从站要交换数据，必须经主站中转；另一种是既允许主从通信也允许从从通信，从站获得总线使用权后先安排主从通信，再安排自己与其他从站之间的通信。

4. 令牌总线通信方式

令牌总线通信方式又称为N∶N通信方式是指在总线结构的PLC子网上有N个站，它们地位平等没有主站与从站之分，也可以说N个站都是主站。

N∶N通信方式采用令牌总线存取控制技术。在物理总线上组成一个逻辑环，让一个令牌在逻辑环中按一定方向依次流动，获得令牌的站就取得了总线使用权。令牌总线存取控制方式限定每个站的令牌持有时间，保证在令牌循环一周时每个站都有机会获得总线使用权，并提供优先级服务，因此令牌总线存取控制方式具有较好的实时性。

取得令牌的站有两种数据传送方式，即无应答数据传送方式和有应答数据传送方式。采用无应答数据传送方式时，取得令牌的站可以立即向目的站发送数据，发送结束，通信过程也就完成了；而采用有应答数据传送方式时，取得令牌的站向目的站发送完数据后并不算通信完成，必须等目的站获得令牌并把应答帧发给发送站后，整个通信过程才结束。后者比前者的响应时间明显增长，实时性下降。

5. 浮动主站通信方式

浮动主站通信方式又称N∶M通信方式，适用于总线结构的PLC网络，是指在总线上有M个站，其中N（N<M）个为主站，其余为从站。

N∶M通信方式采用令牌总线与主从总线相结合的存取控制技术。首先把N个主站组成逻辑环，通过令牌在逻辑环中依次流动，在N个主站之间分配总线使用权，这就是浮动主站的含义。获得总线使用权的主站再按照主从方式来确定在自己的令牌持有时间内与哪些站通信。一般在主站中配置有一张轮询表，可按轮询表上排列的其他主站号及从站号进行轮询。获得令牌的主站对于用户随机提出的通信任务可按优先级安排在轮询之前或之后进行。

获得总线使用权的主站可以采用多种数据传送方式与目的站通信，其中以无应答无连接方式速度最快。

6. CSMA/CD 通信方式

CSMA/CD通信方式是一种随机通信方式，适用于总线结构的PLC网络，总线上各站地位平等，没有主从之分，采用CSMA/CD存取控制方式，即“先听后讲，边讲边听”。

CSMA/CD 存取控制方式不能保证在一定时间周期内，PLC 网络上每个站都可获得总线使用权，因此这是一种不能保证实时性的存取控制方式。但是它采用随机方式，方法简单，而且见缝插针，只要总线空闲就抢着上网，通信资源利用率高，因而在 PLC 网络中 CSMA/CD 通信法适用于上层生产管理子网。

CSMA/CD 通信方式的数据传送方式可以选用有连接、无连接、有应答、无应答及广播通信中的每一种，可按对通信速度及可靠性的要求进行选择。

以上是 PLC 网络中常用的通信方式，此外还有少量的 PLC 网络采用其他通信方式，如令牌环的通信方式等。另外，在新近推出的 PLC 网络中，常常把多种通信方式集成配置在某一级子网上，这也是今后技术发展的趋势。

四、现场总线技术

随着控制、计算机、通信、网络等技术的发展，信息交换沟通的领域正在迅速覆盖从工厂的现场设备层到控制、管理的各个层次，覆盖从工段、车间、工厂、企业乃至世界各地的市场。信息技术的飞速发展，引起了自动化系统结构的变革，逐步形成以网络集成自动化系统为基础的企业信息系统。现场总线（Fieldbus）就是顺应这一形势发展起来的新技术。

（一）现场总线概述

20 世纪 80 年代中期开始发展起来的现场总线已成为当今自动化领域技术发展的热点之一，被誉为自动化领域的计算机局域网。它的出现，标志着工业控制技术领域又一新时代的开始，并将对该领域的发展产生重要影响。

1. 现场总线的定义

现场总线（Fieldbus）是应用在生产现场、在测量控制设备之间实现双向、串行、多点数字通信的系统，也被称为开放式、数字化、多点通信的底层控制网络。它在制造业、流程工业、交通、楼宇等方面的自动化系统中具有广泛的应用前景。

现场总线技术将通用或专用微处理器置入传统的测量控制仪表，使它们具有数字计算和数字通信能力，采用一定的通信介质作为总线，按照公开、规范的通信协议，在位于现场的多个微机化测量控制设备之间及现场仪表与远程监控计算机之间，实现数据传输与信息交换，形成适应实际需要的自控系统。简而言之，它把分散的测量控制设备变成网络节点，以现场总线为纽带，把它们连接成可以相互沟通信息、共同完成自控任务的网络系统。现场总线将控制功能彻底下放到现场，降低了安装成本和维护费用。

基于现场总线的控制系统被称为现场总线控制系统（FCS，Fieldbus Control System）。FCS 实质是一种开放的、具有互操作性的、彻底分散的分布式控制系统。

2. 现场总线的国际标准

从 1984 年 IEC（国际电工委员会）开始制定现场总线国际标准至今，争夺现场总线国际标准的大战持续了 16 年之久。先后经过 9 次投票表决，最后通过协商、妥协，于 2000 年 1 月 4 日 IEC TC65（负责工业测量和控制的第 65 标准化技术委员会）通过了 8 种类型的现场总线作为新的IEC61 158国际标准。

（1）类型1 IEC技术报告（即FF的H1）。

（2）类型2 ControlNet（美国 Rockwell公司支持）。

（3）类型3 Profibus（德国 Siemens公司支持）。

（4）类型4 P—Net（丹麦 Process Data公司支持）。

（5）类型5 FF HSE（即原FF的H2，Fisher-Rosemount等公司支持）。

（6）类型6 Swift Net（美国波音公司支持）。

（7）类型7 World FIP（法国 Alstom公司支持）。

（8）类型8 Interbus（德国Phoenix Conact公司支持）。

加上IEC TC17 B通过的3种现场总线国际标准，即SDS（Smart Distributed System）。ASI（Actuator Sensor Interface）和DeviceNet，此外，ISO还有一个ISO 11898的CAN（Control Area Network），所以一共有12种之多。现场总线的国际标准虽然制定出来了，但它与IEC（国际电工委员会）于1984年开始制定现场总线标准时的初衷是相违背的。

3. 现场总线的发展现状

1）多种总线共存

现场总线国际标准IEC61158中采用了8种协议类型以及其他一些现场总线。每种总线都有其产生的背景和应用领域。不同领域的自动化需求各有其特点，因此在某个领域中产生的总线技术一般对本领域的满足度高一些，应用多一些，适用性好一些。据美国ARC公司的市场调查，世界市场对各种现场总线的需求为：过程自动化15%（FF、PROFIBUS-PA、WorldFIP），医药领域18%（FF、PROFIBUS-PA、WorldFIP），加工制造15%（PROFIBUS-DP、DeviceNet），交通运输15%（PROFIBUS-DP、DeviceNet），航空、国防34%（PROFIBUS-FMS、LonWorks、ControlNet、DeviceNet），农业未统计（P-NET、CAN、PROFIBUS-PA/DP、DeviceNet、ControlNet），楼宇未统计（LonWorks、PROFIBUS-FMS、DeviceNet）。由此可见，随着时间的推移，占有市场80%左右的总线将只有六七种，而且其应用领域比较明确，如FF、PROFIBUS-PA适用于冶金、石油、化工、医药等流程行业的过程控制，PROFIBUS-DP、DeviceNet适用于加工制造业，LonWorks、PROFIBUS-FMS、DeviceNet适用于楼宇、交通运输、农业。但这种划分又不是绝对的，相互之间又互有渗透。

2）总线应用领域不断拓展

每种总线都力图拓展其应用领域，以扩张其势力范围。在一定应用领域中已取得良好业绩的总线，往往会进一步根据需要向其他领域发展。如Profibus在DP的基础上又开发出PA，以适用于流程工业。

3）不断成立总线国际组织

大多数总线都成立了相应的国际组织，力图在制造商和用户中创造影响，以取得更多方面的支持，同时也想显示出其技术是开放的。如WorldFIP国际用户组织、FF基金会、Profibus国际用户组织、P-Net国际用户组织及ControlNet国际用户组织等。

4）每种总线都以企业为支撑

各种总线都以一个或几个大型跨国公司为背景，公司的利益与总线的发展息息相关，如

Profibus 以 Siemens 公司为主要支持，ControlNet 以 Rockwe11 公司为主要背景，WorldFIP 以 ALSTOM 公司为主要后台。

5）一个设备制造商参加多个总线组织

大多数设备制造商都积极参加不止一个总线组织，有些公司甚至参加 2 ~ 4 个总线组织。道理很简单，装置是要挂在系统上的。

6）各种总线相继成为自己国家或地区标准

每种总线大多将自己作为国家或地区标准，以加强自己的竞争地位。现在的情况是：P-Net 已成为丹麦标准，Profibus 已成为德国标准，WorldFIP 已成为法国标准。上述 3 种总线于 1994 年成为并列的欧洲标准 EN50170。其他总线也都成为各地区的技术规范。

7）在竞争中协调共存

协调共存的现象在欧洲标准制定时就出现过，欧洲标准 EN50170 在制定时，将德、法、丹麦 3 个标准并列于一卷之中，形成了欧洲的多总线的标准体系，后又将 ControlNet 和 FF 加入欧洲标准的体系。各重要企业，除了力推自己的总线产品之外，也都力图开发接口技术，将自己的总线产品与其他总线相连接，如施耐德公司开发的设备能与多种总线相连接。在国际标准中，也出现了协调共存的局面。

8）以太网成为新热点

以太网正在工业自动化和过程控制市场上迅速增长，几乎所有远程 I/O 接口技术的供应商均提供一个支持 TCP/IP 协议的以太网接口，如 Siemens、Rockwell、GE-Fanuc 等，他们除了销售各自 PLC 产品，同时提供与远程 I/O 和基于 PC 的控制系统相连接的接口。FF 现场总线正在开发高速以太网，这无疑大大加强了以太网在工业领域的地位。

4. 现场总线的发展趋势

虽然现场总线的标准统一还有种种问题，但现场总线控制系统的发展却已经是一个不争的事实。随着现场总线思想的日益深入人心，基于现场总线的产品和应用的不断增多，现场总线控制系统体系结构日益清晰，具体发展趋势表现在以下几个方面。

1）网络结构趋向简单化

早期的 MAP 模型由 7 层组成，现在 Rockwe11 公司提出了 3 层结构自动化，Fisher Rosemount 公司提出了 2 层自动化，还有的公司甚至提出 1 层结构，由以太网一通到底。目前比较达成共识的是 3 层设备、2 层网络的 3 + 2 结构。3 层设备是位于底层的现场设备，如传感器/执行器以及各种分布式 I/O 设备等，位于中间的控制设备，如 PLC、工业在制计算机、专用控制器等；位于上层的是操作设备，如操作站、工程师站、数据服务器、－般工作站等；2 层网络是现场设备与控制设备之间的控制网，以及控制设备与操作设备之间的管理网。

2）大量采用成熟、开放和通用的技术

在管理网的通信协议上，越来越多的企业采用最流行的 TCP/IP 协议加以太网，操作设备一般采用工业 PC 甚至普通 PC，控制设备一般采用标准的 PLC 或者是工业控制计算机等，而控制网络就是各种现场总线的应用领域。

由此可见，新型的现场总线控制系统与传统的控制系统（如 DCS、PLC）之间并不是完全取而代之的关系，而是继承、融合、提高的关系。

（二）现场总线的特点与优点

1. FCS 与 DCS 的比较

如图 5.45 所示，FCS 打破了传统 DCS（集散控制系统）的结构形式。DCS 中位于现场的设备与位于控制室的控制器之间均为一对一的物理连接。FCS 采用了智能设备，把原 DCS 中处于控制室的控制模块、输入/输出模块置于现场设备中，加上现场设备具有通信能力，现场设备之间可直接传送信号，因而控制系统的功能可不依赖于控制室里的计算机或控制器，直接在现场完成，实现了彻底的分散控制。另外，由于 FCS 采用数字信号代替模拟信号，可以实现一对电线上传输多个信号，同时又为多个设备供电。这为简化系统结构、节约硬件设备、节约连接电缆与各种安装、维护费用创造了条件。表 5.7 详细说明了 FCS 与 DCS 的对比。

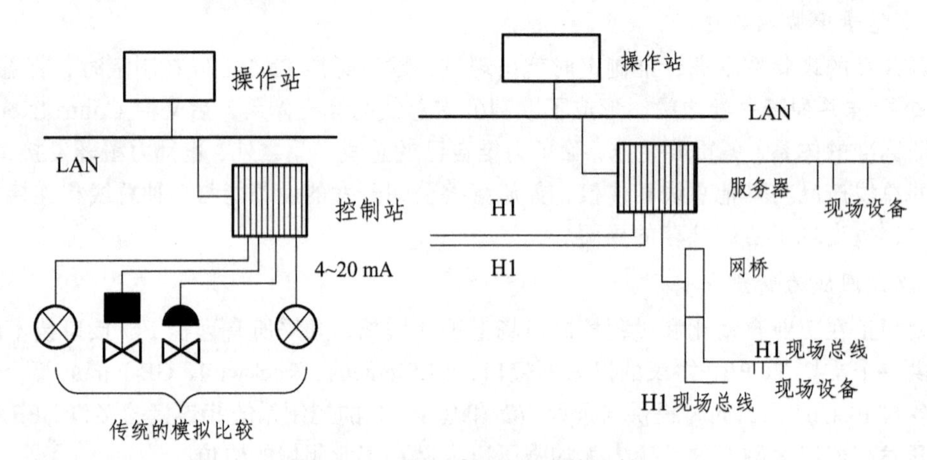

图 5.45　DCS 与 FCS 结构比较

表 5.7　DCS 与 FCS 的比较

	DCS	FCS
结构	一对一；一对传输线接一对仪表，单向传输一个信号	一对多；一对传输线接多台仪表，双向传输多个信号
可靠性	可靠性差；模拟信号传输不仅精度低，而且容易受干扰	可靠性好；数字信号传输抗干扰能力强，精度高
失控状态	操作员在控制室既不了解模拟仪表的工作状况，也不能对其进行参数调整，更不能预测故障，导致操作员对仪表处于“失控”状态	操作员在控制室既可以了解现场设备或现场仪表的工作状况，也能对设备进行参数调整，还可以预测或寻找故障，始终处于操作员的远程监视与可控状态之中
互换性	尽管模拟仪表统一了信号标准（4～20 mA DC），可是大部分技术参数仍由制造商自定，致使不同品牌的仪表无法互换	用户可以自由选择不同制造商提供的性能价格比最优的现场设备和仪表，并将不同品牌的仪表互连。即使某台仪表故障，换上其他品牌的同类仪表照样工作，实现“即接即用”
仪表	模拟仪表只具有检测、变换、补偿等功能	智能仪表除了具有模拟仪表的检测、变换、补偿等功能外，还具有数字通信能力，并且具有控制和运算能力
控制	所有控制功能集中在控制站中	控制功能分散在各个智能仪表中

2. 现场总线的特点

现场总线系统打破了传统控制系统的结构形式，其在技术上具有以下特点：

1）系统的开放性

现场总线致力于建立统一的工厂底层网络的开放系统。用户可根据自己的需要，通过现场总线把来自不同厂商的产品组成大小随意的开放互联系统。

2）互操作性与互用性

互操作性是指实现互联设备间、系统间的信息传送与沟通；而互用性则意味着不同生产厂家的性能类似的设备可实现相互替换。

3）现场设备的智能化与功能自治性

它将传感测量、补偿计算、工程量处理与控制等功能分散到现场设备中完成，仅靠现场设备即可完成自动控制的基本功能，并可随时诊断设备的运行状态。

4）系统结构的高度分散性

现场总线构成一种新的全分散式控制系统的体系结构，从根本上改变了集中与分散相结合的 DCS 体系，简化了系统结构，提高了可靠性。

5）对现场环境的适应性

现场总线是专为现场环境而设计的，支持各种通信介质，具有较强的抗干扰能力，能采用两线制实现供电与通信，并可满足本质安全防爆要求等。

3. 现场总线的优点

由于现场总线系统结构的简化，使控制系统从设计、安装、投运到正常生产运行及检修维护，都体现出优越性。现场总线的优点如下：

1）节省硬件数量与投资

由于分散在现场的智能设备能直接执行多种传感、测量、控制、报警和计算功能，因而可减少变送器的数量，不再需要单独的调节器、计算单元等，也不再需要 DCS 系统的信号调理、转换、隔离等功能单元及其复杂接线，还可以用工控 PC 机作为操作站，从而节省了一大笔硬件投资，并可减少控制室的占地面积。

2）节省安装费用

现场总线系统的接线十分简单，一对双绞线或一条电缆上通常可挂接多个设备，因而电缆、端子、槽盒、桥架的用量大大减少，连线设计与接头校对的工作量也大大减少。当需要增加现场控制设备时，无需增设新的电缆，可就近连接在原有的电缆上，既节省了投资，又减少了设计、安装的工作量。据有关典型试验工程的测算资料表明，可节约安装费用 60%以上。

3）节省维护开销

现场控制设备具有自诊断与简单故障处理的能力，并通过数字通信将相关的诊断维护信息送往控制室，用户可以查询所有设备的运行，诊断维护信息，以便早期分析故障原因并快速排除，缩短了维护停工时间，同时由于系统结构简化，连线简单而减少了维护工作量。

4）用户具有高度的系统集成主动权

用户可以自由选择不同厂商所提供的设备来集成系统。避免因选择了某一品牌的产品而限制了使用设备的选择范围，不会为系统集成中不兼容的协议、接口而一筹莫展，使系统集成过程中的主动权牢牢掌握在用户手中。

5）提高了系统的准确性与可靠性

现场设备的智能化、数字化，与模拟信号相比，从根本上提高了测量与控制的精确度，减少了传送误差。简化的系统结构，设备与连线减少，现场设备内部功能加强，减少了信号的往返传输，提高了系统的工作可靠性。

此外，由于它的设备标准化，功能模块化，因而还具有设计简单，易于重构等优点。

（三）几种有影响的现场总线

1. FF

基金会现场总线（FF，Foundation Fieldbus）是目前最具发展前景、最具竞争力的现场总线之一。以 Fisher-Rosemount 公司为首，联合 80 家公司组成的 ISP 组织和以 Honeywell 公司为首，联合欧洲 150 家公司组成的 WorldFIP 北美分部，这两大集团于 1994 年合并，成立现场总线基金会，致力于开发统一的现场总线标准。FF 目前拥有 120 多个成员，包括世界上最主要的自动化设备供应商：A-B、ABB、Foxboro、Honeywell、Smar、FUJI Electric 等。

FF 的通信模型以 ISO/OSI 开放系统模型为基础，采用了物理层、数据链路层、应用层，并在其上增加了用户层，各厂家的产品在用户层的基础上实现。FF 总线采用的是令牌总线通信方式，可分为周期通信和非周期通信。FF 目前有高速和低速两种通信速率，其中低速总线协议 H1 已于 1996 年发表，现在已应用于工作现场，高速协议原定为 H2 协议，但目前 H2 很有可被 HSE 取而代之。H1 的传输速率为 31.25 kbps，传输距离可达 1 900 m，可采用中继器延长传输距离，并可支持总线供电，支持本质安全防爆环境；HSE 目前的通信速率为 10 Mbps，更高速的以太网正在研制中。FF 可采用总线型、树型、菊花链等网络拓扑结构，网络中的设备数量取决于总线带宽、通信段数、供电能力和通信介质的规格等因素。FF 支持双绞线、同轴电缆、光缆和无线发射等传输介质，物理传输协议符合 IEC1157-2 标准，编码采用曼彻斯特编码。FF 总线拥有非常出色的互操作性，这在于 FF 采用了功能模块和设备描述语言（DDL，Device Description Language）使得现场节点之间能准确、可靠地实现信息互通。

2. LonWorks

LonWorks 是由美国 Echelon 公司推出并由它与摩托罗拉、东芝公司共同倡导，于 1990 年正式公布而形成的。它采用了 ISO/OSI 模型的全部 7 层通信协议，采用了面向对象的设计方法，通过网络变量把网络通信设计简化为参数设置，其通信速率从 300 bps 至 1.5 Mbps 不等，直接通信距离可达 2 700 m（78 kbps，双绞线）。支持双绞线、同轴电缆、光纤、射频、红外线、电力线等多种通信介质，并开发了相应的本质安全防爆产品，被誉为通用控制网络。

LonWorks 技术所采用的 LonTaLk 协议被封装在称为 Neuron 的神经元芯片中得以实现。集成芯片中有 3 个 8 位 CPU，第 1 个用于完成 OSI 模型中第 1 层和第 2 层的功能，称为媒体访问控制处理器，实现介质访问的控制与处理；第 2 个用于完成第 3～6 层的功能，称为网络处理器，进行网络变量的寻址、处理、背景诊断、路径选择、软件计时、网络管理，并负责网络通信控制，收发数据包等；第3个是应用处理器，执行操作系统服务与用户代码。芯片中还具有存储信息缓冲区，以实现CPU之间的信息传递，并作为网络缓冲区和应用缓冲区。

Echelon公司的技术策略是鼓励各原始设备制造商（OEM）运用LonWorks技术和神经元芯片，开发自己的应用产品，据称目前已有 2 600 多家公司在不同程度上采用了LonWorks技术，1 000多家公司已经推出了LonWorks产品，并进一步组织起Lon MARK互操作协会，开发推广LonWorks技术与产品进行LonMark认证。它已被广泛应用在楼宇自动化、家庭自动化。保安系统、办公设备、交通运输、工业过程控制等行业。另外，在开发智能通信接口、智能传感器方面，LonWorks神经元芯片也具有独特的优势。

3. PROFIBUS

PROFIBUS是Process Field Bus的缩写，它是1989年由以Siemens为首的13家公司和5家科研机构在联合开发的项目中制定的标准化规范。1996年 PROFIBUS成为德国国家标准DIN 19245，同时又是欧洲标准EN 50170。PROFIBUS在实际应用中业绩斐然，在众多总线中居于前列，广泛应用于各种行业，也是最具竞争力的现场总线之一。

目前的PROFIBUS有3种系列：PROFIBUS-DP、PROFIBUS-PA和PROFIBUS-FMS。PROFIBUS-DP的最大传输速率为12 Mbps，应用于现场级，高速、廉价的传输形式适于自控系统与现场设备之间的实时通信。PROFIBUS-FMS用于车间级，即中、下层，要求面向对象，提供较大数据量的通信服务，它有被以太网取代的趋势。PROFIBUS-PA专为过程自动化设计，它采用 IEC1157-2 传输技术，可用于有爆炸危险的环境中。PROFIBUS-DP和PROFIBUS-FMS使用同样的传输技术和总线访问协议，它们可以在同一根电缆上同时操作，而PROFIBUS-PA设备通过分段耦合器也可方便地集成到PROFIBUS-DP网络。

PROFIBUS 有 3 种传输类型：PROFIBUS-DP 和 PROFIBUS-FMS 的 RS-485（H2）、PROFIBUS-PA的IEC1157-2（H1）、光纤（FO）。

PROFIBUS参考模型遵循ISO/OSI模型，它同FF一样也省略了（3～6）层，增加了用户层。PROFIBUS-DP使用第1层、第2层和用户接口。PROFIBUS-FMS分1层、2层和7层均加以定义，PROFIBUS-PA的数据传输沿用PROFIBUS-DP的协议，只是在上层增加了描述现场设备行为的PA行规。它的总线访问方式为：主站之间通信采用令牌传输，主站和从站之间采用主从方式。PROFIBUS 可以采用总线型、树型、星型等网络拓扑，总线上最多可挂接 127 个站点。PROFIBUS行规的制定为遵循PROFIBUS协议的设备之间的互操作奠定了基础。通过对设备指定符合PROFIBUS行规的过程参数、工作参数、厂家特定参数，设备之间就可以实现互操作。

4. CAN

CAN是控制器局域网络（Controller Area NetWork）的简称。它是德国Bosch公司及几个半导体集成电路制造商开发出来的，起初是专门为汽车工业设计的，目的是为了节省接线的工作量，后来由于自身的特点被广泛地应用于各行各业。它的芯片由摩托罗拉、Intel等公司生产。国际CAN的用户及制造商组织（简称CIA）于1993年在欧洲成立，其主要是为了解决CAN总线实际应用中的问题，提供CAN产品及开发工具，推广CAN总线的应用。目前CAN已由ISO TC22技术委员会批准为国际标准，在现场总线中，它是唯一被国际标准化组织批准的现场总线。

CAN 协议也遵循 ISO/OSI 模型，采用了其中的物理层、数据链路层与应用层。CAN 采用多主工作方式，节点之间不分主从，但节点之间有优先级之分，通信方式灵活，可实现点对点、一点对多点及广播方式传输数据，无需调度。CAN 采用的是非破坏性总线仲裁技术，按优先级发送，可以大大节省总线冲突仲裁时间，在重负荷下表现出良好的性能。CAN 采用短帧结构传输，每帧有效字节为 8 个，传输时间短，受干扰的概率低。而且每帧信息都有 CRC 校验和其他检错措施，保证数据出错率极低。当节点严重错误时，具有自动关闭功能，使总线上其他节点不受影响，所以 CAN 是所有总线中最为可靠的。CAN 总线可采用双绞线、同轴电缆或光纤作为传输介质。它的直接通信距离最远可达 10 km，通信速率最高达 1 Mbps（通信距离为 40 m 时），总线上可挂设备数主要取决于总线驱动电路，最多可达 110 个。但 CAN 不能用于防爆区。

5. HART

HART 是 Highway Addressable Remote Transducer 的编写。最早由 Rosemonut 公司开发并得到 80 多家著名仪表公司的支持，于 1993 年成立了 HART 通信基金会。这种被称为可寻址远程传感器高速通道的开放通信协议，其特点是在现有模拟信号传输线上实现数字信号通信，属于模拟系统向数字系统转变过程中的过渡性产品，因而在当前的过渡时期具有较强的市场竞争能力，得到了较快发展。

HART 规定了一系列命令，按命令方式工作。它有 3 类命令，第 1 类称为通用命令，这是所有设备都理解、执行的命令；第 2 类称为一般行为命令，所提供的功能可以在许多现场设备（尽管不是全部）中实现，这类命令包括最常用的现场设备的功能库；第 3 类称为特殊设备命令，以便在某些设备中实现特殊功能，这类命令既可以在基金会中开放使用，又可以为开发此命令的公司所独有。在一个现场设备中通常可发现同时存在这 3 类命令。

HART 采用统一的设备描述语言 DDL。现场设备开发商采用这种标准语言来描述设备特性，由 HART 基金会负责登记管理这些设备描述并把它们编为设备描述字典，主设备运用 DDL 技术来理解这些设备的特性参数而不必为这些设备开发专用接口。但这种模拟数字混合信号制，导致难以开发出一种能满足各公司要求的通信接口芯片。HART 能利用总线供电，可满足本质防爆要求，并可组成由手持编程器与管理系统主机作为主设备的双主设备系统。

（四）PROFIBUS-DP 现场总线

PROFIBUS 的最大优点在于具有稳定的国际标准 EN50170 作保证，并经实际应用验证具有普遍性。目前已广泛应用于制造业自动化、流程工业自动化和楼宇、交通电力等领域。

PROFIBUS 由 3 个兼容部分组成，即 PROFIBUS-DP（Decentralized Periphery，分布 I/O 系统）、PROFIBUS-PA（Process Automation，现场总线信息规范）和 PROFIBUS-FMS（Fieldbus Message Specification，过程自动化）。

PROFIBUS-DP 是一种高速、低成本通信，专门用于设备级控制系统与分散式 I/O 的通信。使用 PROFIBUS-DP 可取代 24 V DC 或 4 ~ 20 mA 信号传输。PORFIBUS-PA 专为过程自动化设计，可使传感器和执行机构连在一根总线上，并有本质安全规范。PROFIBUS-FMS 用于车间级监控网络，是一个令牌结构的实时多主网络。

1. PROFIBUS 的协议结构

PROFIBUS 协议结构是根据 ISO7498 国际标准，以 OSI 作为参考模型的。PROFIBUS-DP 定义了第 1、2 层和用户接口。第 3 到 7 层未加描述。用户接口规定了用户及系统以及不同设备可调用的应用功能，并详细说明了各种不同 PROFIBUS-DP 设备的设备行为。PROFIBUS-FMS 定义了第 1、2、7 层，应用层包括现场总线信息规范（FMS）和低层接口（LLI）。FMS 包括了应用协议并向用户提供了可广泛选用的强有力的通信服务；LLI 协调不同的通信关系并提供不依赖设备的第 2 层访问接口。PROFIBUS-PA 的数据传输采用扩展的 PROFIBUS-DP 协议。另外，PA 还描述了现场设备行为的 PA 行规。根据 IEC1157-2 标准，PA 的传输技术可确保其本质安全性，而且可通过总线给现场设备供电。使用连接器可在 DP 上扩展 PA 网络。

2. PROFIBUS 的传输技术

PROFIBUS 提供了三种数据传输型式：RS-485 传输、IEC1157-2 传输和光纤传输。

1）RS-485 传输技术

RS-485 传输是 PROFIBUS 最常用的一种传输技术，通常称之为 H2。RS-485 传输技术用于 PROFIBUS-DP 与 PROFIBUS-FMS。

RS-485 传输技术基本特征是：网络拓扑为线性总线，两端有有源的总线终端电阻；传输速率为 9.6 kbps ~ 12 Mbps；介质为屏蔽双绞电缆，也可取消屏蔽，取决于环境条件；不带中继时每分段可连接 32 个站，带中继时可多到 127 个站。

RS-485 传输设备安装要点：全部设备均与总线连接；每个分段上最多可接 32 个站（主站或从站）；每段的头和尾各有一个总线终端电阻，确保操作运行不发生误差；两个总线终端电阻必须一直有电源；当分段站超过 32 个时，必须使用中继器用以连接各总线段，串联的中继器一般不超过 4 个；传输速率可选用 9.6 kbps ~ 12 Mbps，一旦设备投入运行，全部设备均需选用同一传输速率。电缆最大长度取决于传输速率。

采用 RS-485 传输技术的 PROFIBUS 网络最好使用 9 针 D 型插头。当连接各站时，应确保数据线不要拧绞，系统在高电磁发射环境下运行应使用带屏蔽的电缆，屏蔽可提高电磁兼容性（EMC）。如用屏蔽编织线和屏蔽箔，应在两端与保护接地连接，并通过尽可能的大面积屏蔽接线来覆盖，以保持良好的传导性。

2）IEC1157-2 传输技术

IEC1157-2 的传输技术用于 PROFIBUS-PA，能满足化工和石油化工业的要求。它可保持其本质安全性，并通过总线对现场设备供电。IEC1157-2 是一种位同步协议，可进行无电流的连续传输，通常称为 H1。

3）光纤传输技术

PROFIBUS 系统在电磁干扰很大的环境下应用时，可使用光纤导体，以增加高速传输的距离。可使用两种光纤导体：一种是价格低廉的塑料纤维导体，供距离小于 50m 情况下使用；另一种是玻璃纤维导体，供距离小于 1 km 情况下使用。

许多厂商提供专用总线插头可将 RS-485 信号转换成光纤导体信号或将光纤导体信号转换成 RS-485 信号。

3. PROFIBUS 总线存取控制技术

PROFIBUS-DP、FMS、PA 均采用一样的总线存取控制技术，它是通过 OSI 参考模型第 2 层（数据链路层）来实现的，它包括保证数据可靠性技术及传输协议和报文处理。在 PROFIBUS 中，第 2 层称之为现场总线数据链路层（FDL，Fieldbus Data Link）。介质存取控制（M A C，Medium Access Control）具体控制数据传输的程序，MAC 必须确保在任何一个时刻只有一个站点发送数据。PROFIBUS 协议的设计要满足介质存取控制的两个基本要求：

（1）在复杂的自动化系统（主站）间的通信，必须保证在确切限定的时间间隔中，任何一个站点要有足够的时间来完成通信任务。

（2）在复杂的程序控制器和简单的 I/O 设备（从站）间通信，应尽可能快速又简单地完成数据的实时传输。

因此 PROFIBUS 主站之间采用令牌传送方式，主站与从站之间采用主从方式。令牌传递程序保证每个主站在一个确切规定的时间内得到总线存取权（令牌），令牌在所有主站中循环一周的最长时间是事先规定的。在 PROFIBUS 中，令牌传递仅在各主站之间进行。主站得到总线存取令牌时可依照主-从通信关系表与所有从站通信，向从站发送或读取信息，也可依照主-主通信关系表与所有主站通信。所以可能有 3 种系统配置：纯主-从系统、纯主-主系统和混合系统。

在总线系统初建时，主站介质存取控制 MAC 的任务是制定总线上的站点分配并建立逻辑环。在总线运行期间，断电或损坏的主站必须从环中排除，新上电的主站必须加入逻辑环。

第 2 层的另一重要工作任务是保证数据的高度完整性。PROFIBUS 在第 2 层按照非连接的模式操作，除提供点对点逻辑数据传输外，还提供多点通信，包括广播和选择广播功能。

4. PROFIBUS-DP 基本功能

PROFIBUS-DP 用于现场设备级的高速数据传送，主站周期地读取从站的输入信息并周期地向从站发送输出信息。总线循环时间必须要比主站（PLC）程序循环时间短。除周期性用户数据传输外，PROFIBUS-DP 还提供智能化设备所需的非周期性通信以进行组态、诊断和报警处理。

1）PROFIBUS-DP 基本特征

采用 RS-485 双绞线、双线电缆或光缆传输，传输速率从 9.6 kbps 到 12 Mbps。各主站间令牌传递，主站与从站间为主-从传送。支持单主或多主系统，总线上最多站点（主-从设备）数为 126。采用点对点（用户数据传送）或广播（控制指令）通信。循环主-从用户数据传送和非循环主-主数据传送。控制指令允许输入和输出同步。同步模式为输出同步；锁定模式为输入同步。

DP 主站和 DP 从站间的循环用户有数据传送。各 DP 从站的动态激活和可激活。DP 从站组态的检查。强大的诊断功能，三级诊断信息。输入或输出的同步。通过总线给 DP 从站赋予地址。通过总线对 DP 主站（DPM1）进行配置，每 DP 从站的输入和输出数据最大为 246 字节。所有信息的传输按海明距离 HD = 4 进行。DP 从站带看门狗定时器（Watchdog Timer）。对 DP 从站的输入/输出进行存取保护。DP 主站上带可变定时器的用户数据传送监视。

每个 PROFIBUS-DP 系统包括 3 种类型设备：第一类 DP 主站（DPM1）、第二类 DP 主站（DPM2）和 DP 从站。DPM1 是中央控制器，它在预定的周期内与分散的站（如 DP 从站）交换信息。典型的 DPM1 如 PLC、PC 等；DPM2 是编程器、组态设备或操作面板，在 DP 系统组态操作时使用，完成系统操作和监视目的；DP 从站是进行输入和输出信息采集和发送的外围设备，是带二进制值或模拟量输入输出的 I/O 设备、驱动器、阀门等。

经过扩展的 PROFIBUS-DP 诊断能对故障进行快速定位。诊断信息在总线上传输并由主站采集。诊断信息分 3 级：本站诊断操作，即本站设备的一般操作状态，如温度过高、压力过低；模块诊断操作，即一个站点的某具体 I/O 模块故障；通道诊断操作，即一个单独输入/输出位的故障。

2）PROFIBUS-DP 允许构成单主站或多主站系统

在同一总线上最多可连接 126 个站点。系统配置的描述包括：站数、站地址、输入/输出地址、输入/输出数据格式、诊断信息格式及所使用的总线参数。

PROFIBUS-DP 单主站系统中，在总线系统运行阶段，只有一个活动主站。如图 5.46 所示为 PROFIBUS-DP 单主站系统，PLC 作为主站。

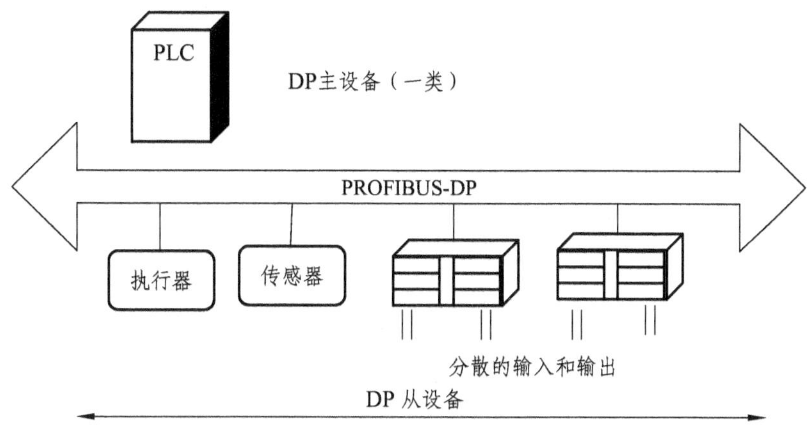

图 5.46　PROFIBUS-DP 单主站系统

PROFIBUS-DP 多主站系统中总线上连有多个主站。总线上的主站与各自从站构成相互独立的子系统。如图 5.47 所示，任何一个主站均可读取 DP 从站的输入/输出映像，但只有一个 DP 主站允许对 DP 从站写入数据。

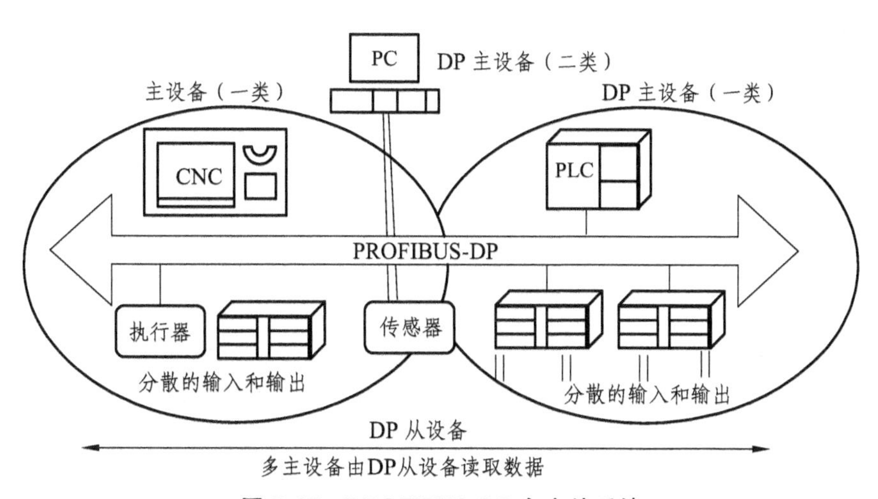

图 5.47　PROFIBUS-DP 多主站系统

3）PROFIBUS-DP 系统行为

PROFIBUS-DP 系统行为主要取决于 DPM1 的操作状态，这些状态由本地或总线的配置设备所控制，主要有运行、清除和停止 3 种状态。在运行状态下，DPM1 处于输入和输出数据的循环传输，DPM1 从 DP 从站读取输入信息并向 DP 从站写入输出信息；在清除状态下，DPM1 读取 DP 从站的输入信息并使输出信息保持在故障安全状态；在停止状态下，DPM1 和 DP 从站之间没有数据传输。

DPM1 设备在一个预先设定的时间间隔内，以有选择的广播方式将其本地状态周期性地发送到每一个有关的 DP 从站。如果在 DPM1 的数据传输阶段中发生错误，DPM1 将所有相关的 DP 从站的输出数据立即转入清除状态，而 DP 从站将不再发送用户数据。在此之后，DPM1 转入清除状态。

4）DPM1 和 DP 从站间的循环数据传输

DPM1 和相关 DP 从站之间的用户数据传输是由 DPM1 按照确定的递归顺序自动进行。在对总线系统进行组态时，用户对 DP 从站与 DPM1 的关系作出规定，确定哪些 DP 从站被纳入信息交换的循环周期，哪些被排斥在外。

DMPI 和 DP 从站之间的数据传送分为参数设定、组态和数据交换 3 个阶段。在参数设定阶段，每个从站将自己的实际组态数据与从 DPM1 接受到的组态数据进行比较。只有当实际数据与所需的组态数据相匹配时，DP 从站才进入用户数据传输阶段。因此，设备类型、数据格式、长度以及输入/输出数量必须与实际组态一致。

5）DPM1 和系统组态设备间的循环数据传输

除主-从功能外，PROFIBUS-DP 允许主-主之间的数据通信，这些功能使组态和诊断设备通过总线对系统进行组态。

6）同步和锁定模式

除 DPM1 设备自动执行的用户数据循环传输外，DP 主站设备也可向单独的 DP 从站、一组从站或全体从站同时发送控制命令。这些命令通过有选择的广播命令发送的。使用这一功能将打开 DP 从站的同级锁定模式，用于 DP 从站的事件控制同步。

主站发送同步命令后，所选的从站进入同步模式。在这种模式中，所编址的从站输出数据锁定在当前状态下。在这之后的用户数据传输周期中，从站存储接收到输出的数据，但它的输出状态保持不变；当接收到下一同步命令时，所存储的输出数据才发送到外围设备上。用户可通过非同步命令退出同步模式。

锁定控制命令使得编址的从站进入锁定模式。锁定模式将从站的输入数据锁定在当前状态下，直到主站发送下一个锁定命令时才可以更新。用户可以通过非锁定命令退出锁定模式。

7）保护机制

对 DP 主站 DPM1 使用数据控制定时器对从站的数据传输进行监视。每个从站都采用独立的控制定时器，在规定的监视间隔时间中，如数据传输发生差错，定时器就会超时，一旦发生超时，用户就会得到这个信息。如果错误自动反应功能“使能”，DPM1 将脱离操作状态，并将所有关联从站的输出置于故障安全状态，并进入清除状态。

5. PROFIBUS 控制系统的几种形式

1）配置类型

根据现场设备是否具备 PROFIBUS 接口，控制系统的配置有总线接口型、单一总线型、混合型 3 种形式。

（1）总线接口型。现场设备不具备 PROFIBUS 接口，采用分散式 I/O 作为总线接口与现场设备连接。这种形式在应用现场总线技术初期容易推广。如果现场设备能分组，组内设备相对集中，这种模式会更好地发挥现场总线技术的优点。

（2）单一总线型。现场设备都具备 PROFIBUS 接口，这是一种理想情况。可使用现场总线技术，实现完全的分布式结构，可充分获得这一先进技术所带来的利益。新建项目若能具有这种条件，就目前来看，这种方案设备成本会较高。

（3）混合型。现场设备部分具备 PROFIBUS 接口，这将是一种相当普遍的情况。这时应采用 PROFIBUS 现场设备加分散式 I/O 混合使用的办法。无论是旧设备改造还是新建项目，希望全部使用具备 PROFIBUS 接口现场设备的场合可能不多，分散式 I/O 可作为通用的现场总线接口，是一种灵活的集成方案。

2）结构类型

根据实际应用需要及经费情况，通常有以下 6 种结构类型：

（1）以 PLC 或控制器做 1 类主站，不设监控站，但调试阶段配置一台编程设备。这种结构类型，PLC 或控制器完成总线通信管理、从站数据读写、从站远程参数化工作。

（2）以 PLC 或控制器做 1 类主站，监控站通过串口与 PLC 一对一的连接。这种结构类型，监控站不在 PROFIBUS 网上，不是 2 类主站，不能直接读取从站数据和完成远程参数化工作。监控站所需的从站数据只能从 PLC 控制器中读取。

（3）以 PLC 或其他控制器做 1 类主站，监控站（2 类主站）连接 PROFIBUS 总线上。这种结构类型，监控站在 PROFIBUS 网上作为 2 类主站，可完成远程编程、参数化及在线监控功能。

（4）使用 PC 机加 PROFIBUS 网卡做 1 类主站，监控站与 1 类主站一体化。这是一个低成本方案，但 PC 机应选用具有高可靠性、能长时间连续运行的工业级 PC 机。对于这种结构类型，PC 机故障将导致整个系统瘫痪。另外，通信厂商通常只提供一个模板的驱动程序，总线控制、从站控制程序、监控程序可能要由用户开发，因此应用开发工作量可能会较大。

（5）坚固式 PC 机（OMOPACT COMPUTER）+ PROFIBUS 网卡 + SOFTPLC 的结构形式。由于采用坚固式 PC 机（COMOPACT COMPUTER），系统可靠性将大大增强，足以使用户信服。但这是一台监控站与 1 类主站一体化控制器工作站，要求它的软件完成如下功能：主站应用程序的开发、编辑、调试，执行应用程序，从站远程参数化设置，主/从站故障报警及记录，监控程序的开发、调试，设备在线图形监控、数据存储及统计、报表等。

近来出现一种称为 SOFTPLC 的软件产品，是将通用型 PC 机改造成一台由软件（软逻辑）实现的 PLC。这种软件将 PLC 的编程（IEC 1131）及应用程序运行功能和操作员监控站的图形监控开发、在线监控功能集成到一台坚固式 PC 机上，形成一个 PLC 与监控站一体的控制器工作站。

（6）使用两级网络结构，这种方案充分考虑了未来扩展需要，比如要增加几条生产线即扩展出几条 DP 网络，车间监控要增加几个监控站等，都可以方便进行扩展。采用了两级网络结构形式，充分考虑了扩展余地。

（五）CC-Link 现场总线

融合了控制与信息处理的现场总线 CC-Link（Control & Communication Link）是一种省配线、信息化的网络，它不但具备高实时性、分散控制、与智能设备通信、RAS 等功能，而且依靠与诸多现场设备制造厂商的紧密联系，提供开放式的环境。Q 系列 PLC 的 CC-Link 模块 QJ61 BTll，在继承 A/QnA 系列特长的同时，还采用了远程设备站初始设定等方便的功能。

为了将各种各样的现场设备直接连接到 CC-Link 上，与国内外众多的设备制造商建立了合作伙伴关系，使用户可以很从容地选择现场设备，以构成开放式的网络。2000 年 10 月，Woodhead、Contec、Digital、NEC、松下电工、三菱等 6 家常务理事公司发起，在日本成立了独立的非盈利性机构“CC-Link 协会”（CC-Link Partner Association，简称 CLPA），旨在有效地在全球范围内推广和普及 CC-Link 技术。到 2001 年 12 月 CLPA 成员数量为 230 多家公司，拥有 360 多种兼容产品。

1. CC-Link 系统的构成

CC-Link 系统只少 1 个主站，可以连接远程 I/O 站、远程设备站、本地站、备用主站、智能设备站等总计 64 个站。CC-Link 站的类型如表 5.8 所示。

表 5.8 CC-Link 站的类型

CC-Link 站的类型	内 容
主 站	控制 CC-Link 上全部站，并需设定参数的站；每个系统中必须有 1 个主站。如 A/QnA/Q 系列 PLC 等
本 地 站	具有 CPU 模块，可以与主站及其他本地站进行通信的站；如 A/QnA/Q 系列 PLC 等
备用主站	主站出现故障时，接替作为主站，并作为主站继续进行数据链接的站；如 A/QnA/Q 系列 PLC 等
远程 I/O 站	只能处理位信息的站，如远程 I/O 模块、电磁阀等
远程设备站	可处理位信息及字信息的站，如 A/D、D/A 转换模块、变频器等
智能设备站	可处理位信息及字信息，而且也可完成不定期数据传送的站，如 A/QnA/Q 系列 PLC、人机界面等

CC-Link 系统可配备多种中继器，可在不降低通信速度的情况下，延长通信距离，最长可达 13.2 km。例如，可使用光中继器，在保持 10 Mbps 通信速度的情况下，将总距离延长至 4 300 m。另外，T 型中继器可完成 T 型连接，更适合现场的连接要求。

2. CC-Link 的通信方式

1）循环通信方式

CC-Link 采用广播循环通信方式。在 CC-Link 系统中，主站、本地站的循环数据区与各个远程 I/O 站、远程设备站、智能设备站相对应，远程输入输出及远程寄存器的数据将被自动刷新。而且，因为主站向远程 I/O 站、远程设备站、智能设备站发出的信息也会传送到其他本地站，所以在本地站也可以了解远程站的动作状态。

2）CC-Link 的链接元件

每一个 CC-Link 系统可以进行总计 4 096 点的位，加上总计 512 点的字的数据的循环通信，通过这些链接元件以完成与远程 I/O、模拟量模块、人机界面、变频器等 FA（工业自动化）设备产品间高速的通信。

CC-Link 的链接元件有远程输入（RX）、远程输出（RY）、远程寄存器（RWw）和远程寄存器（RWr）四种，如表 5.9 所示。远程输入（RX）是从远程站向主站输入的开/关信号（位数据）；远程输出（RY）是从主站向远程站输出的开/关信号（位数据）；远程寄存器（RWw）是从主站向远程站输出的数字数据（字数据）；远程寄存器（RWr）是从远程站向主站输入的数字数据（字数据）。

表 5.9　链接元件一览表

项　目		规　格
整个 CC-Link 系统最大链接点数	远程输入（RX）	2048 点
	远程输出（RY）	2048 点
	远程寄存器（RWw）	256 点
	远程寄存器（RWr）	256 点
每个站的链接点数	远程输入（RX）	32 点
	远程输出（RY）	32 点
	远程寄存器（RWw）	4 点
	远程寄存器（RWr）	4 点

注：CC-Link 中的每个站可根据其站的类型，分别定义为 1 个、2 个、3 个或 4 个站，即通信量可为表 5.10 中“每个站的链接点数”的 1 到 4 倍。

3）瞬时传送通信

在 CC-Link 中，除了自动刷新的循环通信之外，还可以使用不定期收发信息的瞬时传送通信方式。瞬时传送通信可以由主站、本地站、智能设备站发起，可以进行以下的处理：

（1）某一 PLC 站读写另一 PLC 站的软元件数据。

（2）主站 PLC 对智能设备站读写数据。

（3）用 GX Developer 软件对另一 PLC 站的程序进行读写或监控。

（4）上位 PC 等设备读写一台 PLC 站内的软元件数据。

3. CC-Link 的特点

1）通信速度快

CC-Link 达到了行业中最高的通信速度（10 Mbps），可确保需高速响应的传感器输入和智能化设备间的大容量数据的通信。可以选择对系统最合适的通信速度及总的距离见表 5.10。

表 5.10　CC-Link 通信速度和距离的关系

通信速度	10 Mbps	5 Mbps	2.5 Mbps	625 kbps	156 kbps
通信距离	≤100 m	≤160 m	≤400 m	≤900 m	≤1 200 m

注：可通过中继器延长通信距离。

2）高速链接扫描

在只有主站及远程 I/O 站的系统中，通过设定为远程 I/O 网络模式的方法，可以缩短链接扫描时间。

表 5.11 为全部为远程 I/O 站的系统所使用的远程 I/O 网络模式和有各种站类型的系统所使用的远程网络模式（普通模式）的链接扫描时间的比较。

表 5.11　链接扫描时间的比较（通信速度为 10 Mbps 时）

站　数	链接扫描时间/ms	
	远程 I/O 网络模式	远程网络模式（普通模式）
16	1.02	1.57
32	1.77	2.32
64	3.26	3.81

3）备用主站功能

使用备用主站功能时，当主站发生了异常时，备用主站接替作为主站，使网络的数据链接继续进行。而且在备用主站运行过程中，原先的主站如果恢复正常时，则将作为备用主站回到数据链路中。在这种情况下，如果运行中主站又发生异常时，则备用主站又将接替作为主站继续进行数据链接。

4）CC-Link 自动启动功能

在只有主站和远程 I/O 站的系统中，如果不设定网络参数，当接通电源时，也可自动开始数据链接。缺省参数为 64 个远程 I/O 站。

5）远程设备站初始设定功能

使用 GX Developer 软件，无需编写顺序控制程序，就可完成握手信号的控制、初始化参数的设定等远程设备站的初始化。

6）中断程序的启动（事件中断）

当从网络接收到数据，设定条件成立时，可以启动 CPU 模块的中断程序。因此，可以符合有更高速处理要求的系统。中断程序的启动条件，最多可以设定 16 个。

7）远程操作

通过连接在 CC-Link 中的一个 PLC 站上的 GX Developer 软件可以对网络中的其他 PLC 进行远程编程。也可通过专门的外围设备连接模块（作为一个智能设备站）来完成编程。

五、PLC 网络应用实例

（一）三菱 PLC 及网络在汽车总装线上的应用

1. 汽车总装线系统构成与要求

汽车总装线由车身储存工段、底盘装配工段、车门分装输送工段、最终装配工段、动力总成分装、合装工段、前梁分装工段、后桥分装工段、仪表板总装工段、发动机总装工段等构成。

车身储存工段是汽车总装的第一个工序，它采用 ID 系统进行车身型号和颜色的识别。在上件处，由 ID 读写器将车型和颜色代码写入安装在吊具上的存储载体内，当吊具运行到各道岔处由 ID 读写器读出存储载体内的数据，以决定吊具进入不同的储存段。出库时，ID 读写器读出存储载体内的数据，以决定车身送到下件处或重新返回存储段。在下件处，清除存储载体的数据。在上下线间，应在必要的地方增加 ID 读写器，以确定车身信息，防止误操作。采用人机界面以分页显示该工段各工位的运行状况，车身存储情况、饱和程度、故障点等信息。

总装线的所有工段都分为自动操作和手动操作两种形式。自动时，全线由 PLC 程序控制；手动时，操作人员在现场进行操作。整条线在必要的工位应有急停及报警装置。

整个系统以三菱 PLC 及现场总线 CC-Link 为核心控制设备，采用接近或光电开关监测执行结构的位置，调速部分采用三菱 FR-E500 系列变频器进行控制，现场的各种控制信号及执行元件均通过 CC-Link 由 PLC 进行控制。

2. 系统配置

汽车总装线的系统配置如图 5.48 所示。

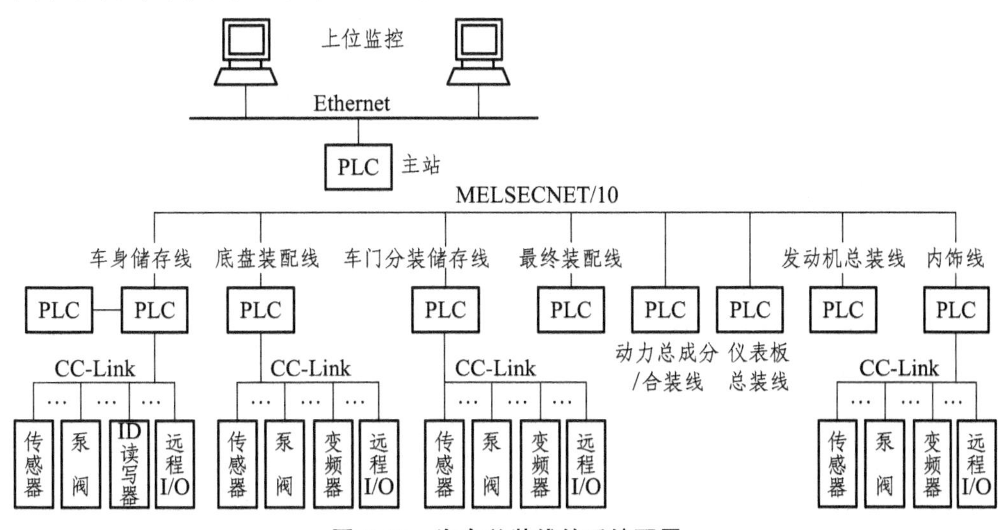

图 5.48　汽车总装线的系统配置

3. 系统功能

本总装线电控系统总体上采用“集中监管，分散控制”的模式，整个系统分三层，即信息层、控制层和设备层。

信息层由安装在中央控制室的操作员站和工程师站构成，操作站的主要作用是向现场的设备及执行机构发送控制指令，并对现场的生产数据、运行状况和故障信息等进行收集监控；工程师站的主要作用是制订生产计划、管理生产信息。它们的连接采用通用的 Ethernet，并通过安装在 MELSECNET/10 网主站 PLC 上的 Ethernet 模块实现与设备控制层各 PLC 间的数据交换。在必要的时候，可以通过工程师站与管理层的计算机网络进行连接，使得管理者可以在办公室对所需要的信息进行查阅。

控制层采用三菱的 MELSECNET/10 网，将总装线各工段上（除前桥和后桥分装工段外）的 8 套 Q2AS PLC 相连接实现数据共享。它具有传输速度高（10 Mbps）、编程简单（无需专用网络指令）、可靠性高、维护方便、信息容量大等特点。车身储存工段采用一台三菱 A975 GOT 人机界面，实现对该工段现场信息的高速响应。

设备层采用四套 CC-Link，分别挂在车身储存工段、底盘装配工段、车门分装储存工段和内饰工段的 PLC 上。CC-Link 现场总线具有传输速度高（最高 10 Mbps）、传输距离长（1 200 m）、设定简单、可靠性高、维护方便、成本低等特点。它通过双绞线将现场的传感器、泵、阀、ID 读写器、变频器及远程 I/O 等设备连接起来，实现了分散控制集中管理。这样变频器的参数、报警信息等数据不但可以方便地由 PLC 进行读写，而且可由上位机和 GOT 通过 PLC 方便地进行监控和参数调整。使用 ID 读写器容易进行车体跟踪，减少了信息交流量，使生产线结构实现高度柔性化，并且有效地提高了自动化程度，节省人力资源。

4. 系统优点

1）保持稳定的自动化生产

本系统内的任何设备发生故障，都不会影响其他操作、过程、设备的运行。即使此系统中的任何一个设备发生故障，甚至掉线，仅仅故障发生处的设备不能进行自动操作，其他所有设备都将连续工作。当故障排除后，设备能够自动恢复运行而不需将整条生产线重新上电。

2）确保产品质量

生产数据被实时收集并监控，并根据这些生产数据可进行必要的修补操作。这些生产数据（包括产品的质量信息）被保存在上位机中，并由上位机进行管理。

3）维护方便

MELSECNET/10 网和 CC-Link 具有方便直观的维护功能，便于查清故障发生点及其原因，可迅速恢复系统的正常运行。上位机实时收集故障发生的原因、时间等历史数据，为以后的维护提供参考。

4）提高系统的柔性

对操作内容及设备的增加或改变的灵活响应是这个系统的显著特点。MELSECNET/10 网和 CC-Link 具有预留站的功能以及 Q2AS PLC 独特的结构化编程的理念，均可以方便地实现对系统生产内容改变的灵活响应。

5）节省人力资源

系统较高的自动化程度有效地节省了人力资源，并极大地改善了操作者的工作环境。

习　题

1. 简述 RS-232C、RS-422 和 RS-485 在原理、性能上的区别。

2. 异步通信中为什么需要起始位和停止位？

3. 如何实现 PC 与 PLC 的通信？有几种互联方式？

4. 试说明 FX 或 S7-200 或 CPM1A 系列 PLC 与 PC 实现通信的原理。

5. 通过对三菱、西门子和欧姆龙 PLC 网络的比较，说明 PLC 网络的特点。

6. PLC 网络中常用的通信方式有哪几种？

7. 现场总线有哪些优点？

8. 通过对 FCS 与 DCS 的比较来说明现场总线的特点？

9. 试比较 PROFIBUS-DP 和 CC-Link 两种现场总线，说明它们的特点。

10. 某系统有自动和手动两种工作方式。现场的输入设备有：6 个行程开关（SQ1-SQ6）和 2 个按钮（SB1-SB2）仅供自动时使用；6 个按钮（SB3-SB8）仅供手动时使用；3 个行程开关（SQ7-SQ9）为自动、手动共用。是否可以使用一台输入只有 12 点 PLC？若可以，试画出 PLC 的输入接线图。

11. 用一个按钮（X1）来控制三个输出（Y1、Y2、Y3）。当 Y1、Y2、Y3 都为 OFF 时，按一下 X1，Y1 为 ON，再按一下 X1，Y1、Y2 为 ON，再按一下 X1，Y1、Y2、Y3 都为 ON，再按 X1，回到 Y1、Y2、Y3 都为 OFF 状态。再操作 X1，输出又按以上顺序动作。试用两种不同的程序设计方法设计其梯形图程序。

12. 用定时器设计一个消除输入信号抖动的梯形图程序。

13. PLC 控制系统安装布线时应注意哪些问题？

14. 如何提高 PLC 控制系统的可靠性？

15. 设计一个可用于 4 支比赛队伍的抢答器。系统至少需要 4 个抢答按钮、1 个复位按钮和 4 个指示灯。试试画出 PLC 的 I/O 接线图、设计出梯形图并加以调试。

16. 设计一个汽车库自动门控制系统，其示意图如图 5.49 所示。具体控制要求是：当汽

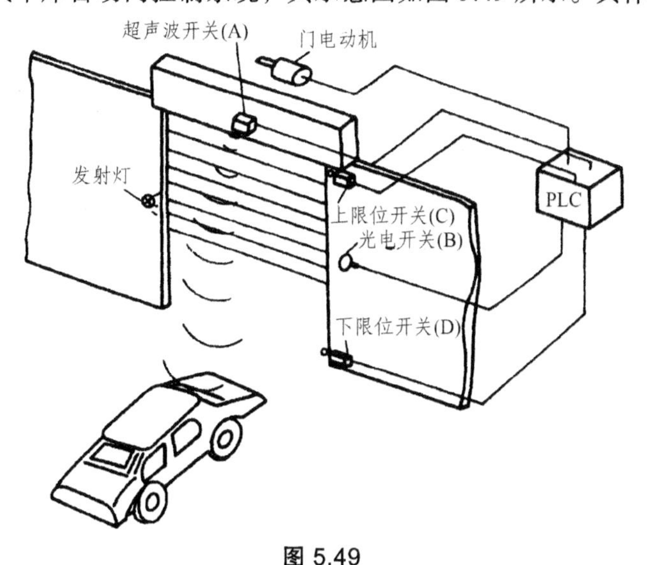

图 5.49

车到达车库门前，超声波开关接收到来车的信号，门电动机正转，门上升，当门升到顶点碰到上限开关，门停止上升，汽车驶入车库后，光电开关发出信号，门电动机反转，门下降，当下降到下限开关后门电动机停止。试画出 PLC 的 I/O 接线图、设计出梯形图程序并加以调试。

17. 如图 5.50 所示为一台机械手用来分选大、小球的工作示意图。系统设有手动、单周期、单步、连续和回原点 5 种工作方式，机械手在最上面、最左边且电磁吸盘断电时，称为系统处于原点状态（或称初始状态）。手动时应设有左行、右行、上升、下降、吸合、释放六个操作按钮；回原点工作方式时应设有回原点启动按钮；单周期、单步、连续工作方式时应设有启动和停止按钮。系统还应该设有启动和急停按钮。图 5.50 中 SQ 为用来检测大小球的光电开关，SQ 为 ON 时为小球，SQ 为 OFF 时为大球。

根据以上要要求，试为该大、小球分选系统设计一套 PLC 控制系统。

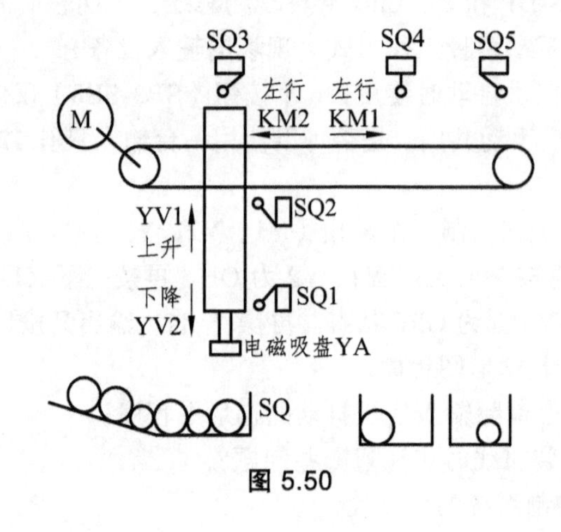

图 5.50

参考文献

[1] 王仁祥. 常用低压电器原理及其控制技术[M]. 北京：机械工业出版社，2001.

[2] 孙平. 电气控制与 PLC[M]. 北京：高等教育出版社，2004.

[3] 许翏，王淑英. 电气控制与 PLC 应用[M]. 北京：机械工业出版社，2010.

[4] 何军. 电工电子技术实用教程[M]. 北京：电子工业出版社，2011.

[5] 廖常初. 可编程序控制器的编程方法与工程应用[M]. 重庆：重庆大学出版社，2001.

[6] 国家标准局. 电气制图及图形符号国家标准汇编[M]. 北京：中国标准出版社，1989.

[7] 常晓玲. 电气控制系统与可编程控制器[M]. 北京：机械工业出版社，2007.

[8] 李稳贤，田华. 可编程控制器应用技术（三菱）[M]. 北京：冶金工业出版社，2008.